令和4年産

野菜生産出荷統計

大臣官房統計部

令和6年5月

農林水産省

目　　　次

利用者のために

Ⅰ　調査結果の概要

Ⅱ　統計表

［付］調査票

［付:品目別目次］

利 用 者 の た め に

1 調査の概要

(1) 調査の目的

　作物統計調査の作付面積調査及び収穫量調査の野菜調査として実施したものであり、野菜の生産に関する実態を明らかにし、食料・農業・農村基本計画における野菜の生産努力目標の策定及び達成状況の検証、野菜の生産振興に資する各種事業の推進、農業保険法（昭和22年法律第185号）に基づく畑作物共済事業の共済金額の算定のための資料を整備することを目的とする。

(2) 調査の根拠法令

　作物統計調査は、統計法（平成19年法律第53号）第9条第1項の規定に基づく総務大臣の承認を受けた基幹統計調査として、作物統計調査規則（昭和46年農林省令第40号）に基づき実施した。

(3) 調査の機構

　本調査は、農林水産省大臣官房統計部及び地方組織（地方農政局、北海道農政事務所、内閣府沖縄総合事務局及び内閣府沖縄総合事務局の農林水産センター。以下同じ。）を通じて行った。

(4) 調査の体系（枠で囲んだ部分が本書に掲載する範囲）

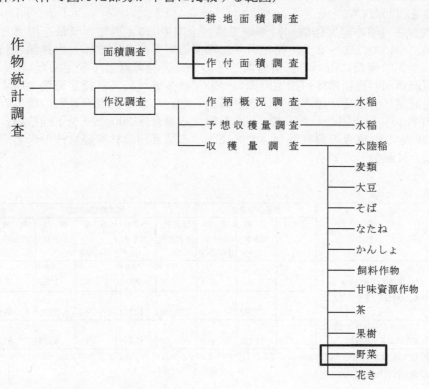

(5) 調査の範囲

　令和4年産については、全国調査として全ての都道府県を調査の対象としている。

　なお、作付面積調査は3年、収穫量調査は6年ごとに実施する全国調査においては、 すべての都道府県を調査の範囲とし、全国調査年以外の年にあっては、主産県（調査対象品目ごとに、直近の全国調査年における作付面積の全国値のおおむね8割を占めるまでの上位都道府県を調査の範囲とし、その範囲に該当しない都道府県であっても、野菜指定産地に指定された区域を含む都道府県及び畑作物共済事業を実施する都道府県）を調査の範囲とし、当該都道府県に所在する農協等の関係団体及び農林業経営体を調査の対象としている。

(6) 調査対象者の選定
  ア　作付面積調査
    関係団体調査（全数調査）
    調査対象品目を取り扱っている全ての農協等及び野菜生産出荷安定法（昭和 41 年法律第 103号）第 10 条第 1 項に規定する登録生産者とした。
  イ　収穫量調査
  （ア）　関係団体調査（全数調査）
    調査対象品目を取り扱っている全ての農協等及び野菜生産出荷安定法第 10 条第 1 項に規定する登録生産者とした。
  （イ）　標本経営体調査（標本調査）
    都道府県ごとの収穫量に占める関係団体の取扱数量の割合が 8 割に満たない都道府県については、2020 年農林業センサスにおいて調査対象品目を販売目的で作付けし、関係団体以外に出荷した農林業経営体から、品目別の作付面積の大きさに比例した確率比例抽出法により抽出を行った。なお、かぶ、ごぼう、れんこん、こまつな、ちんげんさい、ふき、みつば、しゅんぎく、みずな、セルリー、アスパラガス、カリフラワー、にら、にんにく、かぼちゃ、スイートコーン、さやいんげん、さやえんどう、グリーンピース、そらまめ、えだまめ及びしょうがについては、農林業センサスにおいて作付面積を把握していないため、系統抽出法により抽出を行った。
    ただし、当該品目の都道府県別の作付面積が 5 ha に満たない場合は、当該都道府県の標本経営体調査を行わないこととする。
    標本の大きさ（標本経営体数）については、全国の 10 a 当たり収量を指標とした目標精度（指定野菜については 1 ～ 2 ％、指定野菜に準ずる野菜は 2 ～ 3 ％）が確保されるよう、調査対象品目の全国収穫量に占める都道府県ごとのシェアを考慮して設定した 10 a 当たり収量に関する都道府県別の目標精度（指定野菜については 3 ％～ 15 ％、指定野菜に準ずる野菜は 5 ％～ 20 ％）を設定し、必要な標本経営体数を算出した。なお、都道府県別の標本の大きさについては、抽出率 30 ％を上限とした上で、300 を超える場合は 300、20 を下回る場合は抽出率にかかわらず 20 とし、直近の農林業センサスにおける品目別農林業経営体の母集団の大きさに応じて品目ごとに配分している。

(7) 調査対象者数

	関係団体調査			標本経営体調査				
	団体数 ① 団体	有効 回答数 ②	有効 回答率 ③=②/①	母集団 の大きさ ④ 経営体	標本の 大きさ ⑤ 経営体	抽出率 ⑥=⑤/④	有効 回答数 ⑦ 経営体	有効 回答率 ⑧=⑦/⑤
	団体		%	経営体	経営体	%	経営体	%
指定野菜のうち、春植えばれいしょ	798	491	61.5	25,216	2,443	9.7	1,259	51.5
指定野菜のうち、春野菜、夏秋野菜及びたまねぎ	1,382	1,272	92.0	316,105	10,514	3.3	5,206	49.5
指定野菜のうち、秋冬野菜及びほうれんそう並びに指定野菜に準ずる野菜	1,354	1,290	95.3	374,133	13,045	3.5	6,989	53.6

注：　「有効回答数」は、集計に用いた関係団体及び標本経営体の数であり、回答はあったが、当年産において作付けがなかった
    関係団体及び標本経営体は含まれていない。

(8) 調査期日
  収穫期

(9) 調査品目（41 品目）
  ア　指定野菜（14 品目）

類　　別	品　　　　　　　　　　　目
根　菜　類	だいこん、にんじん、ばれいしょ（じゃがいも）、さといも
葉茎菜類	はくさい、キャベツ、ほうれんそう、レタス、ねぎ、たまねぎ
果　菜　類	きゅうり、なす、トマト、ピーマン

イ　指定野菜に準ずる野菜（27品目）

類　別	品　　　　　目
根菜類	かぶ、ごぼう、れんこん、やまのいも
葉茎菜類	こまつな、ちんげんさい、ふき、みつば、しゅんぎく、みずな、セルリー、アスパラガス、カリフラワー、ブロッコリー、にら、にんにく
果菜類	かぼちゃ、スイートコーン、さやいんげん、さやえんどう、グリーンピース、そらまめ（乾燥したものを除く。）、えだまめ
香辛野菜	しょうが
果実的野菜	いちご、メロン（温室メロンを含む。）、すいか

(10)　調査事項
　　ア　作付面積調査
　　　　調査品目別及び季節区分別の作付面積
　　イ　収穫量調査
　　(ア)　関係団体調査（全数調査）
　　　　調査品目別及び季節区分別の作付面積、出荷量（指定野菜の出荷量については、品目別に用途別の内訳として、加工向け及び業務用向け（ばれいしょを除く。））
　　(イ)　標本経営体調査（標本調査）
　　　　調査品目別及び季節区分別の作付面積、出荷量及び自家消費等の量

(11)　調査方法
　　調査は、関係団体に対する往復郵送調査又はオンライン調査及び標本経営体に対する往復郵送調査により行った。

(12)　集計方法
　　ア　都道府県値
　　　　提出された調査票は、農林水産省地方組織において集計した。
　　(ア)　作付面積の集計は、関係団体調査結果を基に、職員又は統計調査員による巡回・見積り及び職員による情報収集により補完している。
　　(イ)　収穫量の集計は、関係団体調査及び標本経営体調査の結果から得られた10a当たり収量に作付面積を乗じて算出し、必要に応じて職員又は統計調査員による巡回及び職員による情報収集により補完している。
　　(ウ)　出荷量の集計は、関係団体調査結果から得られた出荷量及び標本経営体調査結果から得られた10a当たり出荷量等を基に算出している。
　　(エ)　用途別出荷量の集計は、関係団体調査結果から得られた用途別出荷量等を基に算出している。
　　イ　全国値
　　　　農林水産省地方組織から報告された都道府県値を用い、農林水産省大臣官房統計部において集計した。
　　　　また、本年産調査は全国調査年に当たることから、作付面積、収穫量及び出荷量は、都道府県値の積み上げにより算出した。
(13)　市町村別の作付面積、収穫量及び出荷量
　　野菜指定産地が含まれている市町村について作成した。なお、北海道のばれいしょにおいては、全市町村について作成した。

(14)　調査の精度
　　ア　作付面積調査
　　　　関係団体に対する全数調査結果を用いて全国値を算出していることから、実績精度の算出は行っていない。

イ　収穫量調査

本調査結果（全国計）の 10 a 当たり収量を指標とした実績精度を標準誤差率（標準誤差の推定値÷推定値×100）により示すと、次のとおりである。

(ア)　指定野菜

類別	品目	季節区分	標準誤差率(%)	類別	品目	季節区分	標準誤差率(%)
根菜類	だいこん	春	1.6	葉茎菜類	レタス	春	1.2
		夏	2.0			夏秋	0.4
		秋冬	1.3			冬	0.9
	にんじん	春夏	1.0		ねぎ	春	1.5
		秋	2.4			夏	2.2
		冬	1.3			秋冬	1.2
	ばれいしょ	春植え	0.5		たまねぎ	－	2.4
		秋植え	3.2	果菜類	きゅうり	冬春	1.3
	さといも	秋冬	1.6			夏秋	1.3
葉茎菜類	はくさい	春	1.9		なす	冬春	2.1
		夏	1.0			夏秋	2.2
		秋冬	1.0		トマト	冬春	1.0
	キャベツ	春	1.0			夏秋	1.7
		夏秋	0.7		ピーマン	冬春	1.7
		冬	1.0			夏秋	2.1
	ほうれんそう	－	1.2				

(イ)　指定野菜に準ずる野菜

類別	品目	標準誤差率(%)	類別	品目	標準誤差率(%)
根菜類	かぶ	2.5	果菜類	かぼちゃ	1.8
	ごぼう	2.6		スイートコーン	1.6
	れんこん	3.5		さやいんげん	3.5
	やまのいも	2.1		さやえんどう	4.8
葉茎菜類	こまつな	1.1		グリーンピース	5.1
	ちんげんさい	3.0		そらまめ	4.5
	ふき	1.4		えだまめ	2.2
	みつば	1.2	香辛野菜	しょうが	3.6
	しゅんぎく	2.0	果実的野菜	いちご	1.3
	みずな	11.3		メロン	2.3
	セルリー	0.5		すいか	2.1
	アスパラガス	1.8			
	カリフラワー	2.1			
	ブロッコリー	1.0			
	にら	4.3			
	にんにく	1.9			

2　用語の解説

(1)　作付面積

は種又は植付けをしたもののうち、発芽又は定着した延べ面積をいう。

また、温室、ハウス等の施設に作付けされている場合の作付面積は、作物の栽培に直接必要な土地を含めた利用面積とした。したがって、温室・ハウス等の施設間の通路等は施設の管理に必要な土地であり、作物の栽培には直接的に必要な土地とみなされないことから作付面積には含めていない。

なお、れんこん、ふき、みつば、アスパラガス及びにらの作付面積は、株養成期間又は育苗中で、は種又は植付けをしたその年に収穫がない面積を除いた。

(2)　10 a 当たり収量

実際に収穫された 10 a 当たりの収穫量をいい、具体的には作付面積の 10 a 当たりの収穫量とする。

(3)　収穫量

収穫したもののうち、生食用又は加工用として流通する基準を満たすものの重量をいう。

また、収穫量の計量形態は、出荷の関連から出荷形態による重量とした。例えば、だいこんの出荷形態が葉付きの場合は、収穫量も葉付きで、えだまめの出荷形態が枝付きの場合は、収穫量も枝付きで計上した。

(4)　出荷量

収穫量のうち、生食用、加工用又は業務用として販売した量をいい、生産者が自家消費した量、生産物を贈与した量及び種子用又は飼料用として販売した量を差し引いた重量をいう。

また、出荷量の計量形態は、集出荷団体等の送り状の控え又は出荷台帳に記入された出荷時点における出荷荷姿の表示数量（レッテルの表示量目）を用いる。

なお、野菜需給均衡総合推進対策事業及び都道府県等が独自に実施した需給調整事業により産地廃棄された量は、収穫量に含めるが出荷量には含めない。

(5)　生食向け出荷、加工向け出荷及び業務用向け出荷

用途別出荷量については、調査時における仕向けにより区分した。

ア　「生食向け出荷」とは、生食用として出荷したものをいう。

なお、生食向け出荷量は、(4)の出荷量からイの加工向け及びウの業務用向け（ばれいしょを除く。）の出荷量を差し引いた重量である。

イ　「加工向け出荷」とは、加工場又は加工する目的の業者に出荷したもの及び加工されることが明らかなものをいう。この場合、長期保存に供する冷凍用は加工向けに含めた。

ウ　「業務用向け出荷」とは、学校給食、レストラン等の外・中食業者へ出荷したものをいう。

(6)　指定野菜

野菜生産出荷安定法（昭和41年法律第103号）第2条に規定する「消費量が相対的に多く又は多くなることが見込まれる野菜であって、その種類、通常の出荷時期等により政令で定める種別に属するもの」をいう。

具体的には、野菜生産出荷安定法施行令（昭和41年政令第224号）第1条に掲げる次の品目をいう。

なお、本調査においては、ピーマンにはししとう、レタスにはサラダ菜を含むものとして調査を行っている。

キャベツ（春キャベツ、夏秋キャベツ及び冬キャベツ）、きゅうり（冬春きゅうり及び夏秋きゅうり）、さといも（秋冬さといも）、だいこん（春だいこん、夏だいこん及び秋冬だいこん）、たまねぎ、トマト（冬春トマト及び夏秋トマト）、なす（冬春なす及び夏秋なす）、にんじん（春夏にんじん、秋にんじん及び冬にんじん）、ねぎ（春ねぎ、夏ねぎ及び秋冬ねぎ）、はくさい（春はくさい、夏はくさい及び秋冬はくさい）、ばれいしょ、ピーマン（冬春ピーマン及び夏秋ピーマン）、ほうれんそう及びレタス（春レタス、夏秋レタス及び冬レタス）

(7)　指定野菜に準ずる野菜

本調査における「指定野菜に準ずる野菜」とは、野菜生産出荷安定法施行規則（昭和41年農林省令第36号）第8条に掲げる品目のうち次に掲げるものをいう。

なお、本調査においては、メロンの数値には温室メロンの数値を含むものとして調査を行っている。

アスパラガス、いちご、えだまめ、かぶ、かぼちゃ、カリフラワー、グリーンピース、ごぼう、こまつな、さやいんげん、さやえんどう、しゅんぎく、しょうが、すいか、スイートコーン、セルリー、そらまめ（乾燥したものを除く。）、ちんげんさい、にら、にんにく、ふき、ブロッコリー、みずな、みつば、メロン、やまのいも及びれんこん

(8) 年産区分及び季節区分(別表「品目別年産区分・季節区分一覧表」参照)

  ア 年産区分

     原則として、春、夏、秋、冬の4季節区分（収穫・出荷時期区分）を合計して1年産として取り扱った。

     なお、この基準に合わない品目については、主な作型と主たる出荷期間により年産を区分した。

  イ 季節区分

     年間を通じて栽培される品目については、産地、作型によって特定期間に出荷が集中することから、これらを考慮し、主たる出荷期間により季節区分を設定した。

     具体的には、野菜生産出荷安定法施行令第1条に定められた区分である。

(9) 野菜指定産地

    野菜生産出荷安定法第4条の規定に基づき農林水産大臣が指定した産地をいう（令和4年5月6日農林水産省告示第868号）。

(10) 関係団体

    生産者から青果物販売の委託を受けて青果物を出荷する総合農協、専門農協又は有志で組織する任意組合をいう。

3 利用上の注意

(1) この統計表に掲載された統計の全国農業地域及び地方農政局の区分とその範囲は、次のとおりである。

  ア 全国農業地域

全国農業地域名	所 属 都 道 府 県 名
北 海 道	北海道
東 北	青森、岩手、宮城、秋田、山形、福島
北 陸	新潟、富山、石川、福井
関 東・東 山	茨城、栃木、群馬、埼玉、千葉、東京、神奈川、山梨、長野
東 海	岐阜、静岡、愛知、三重
近 畿	滋賀、京都、大阪、兵庫、奈良、和歌山
中 国	鳥取、島根、岡山、広島、山口
四 国	徳島、香川、愛媛、高知
九 州	福岡、佐賀、長崎、熊本、大分、宮崎、鹿児島
沖 縄	沖縄

  イ 地方農政局

地方農政局名	所 属 都 道 府 県 名
東 北 農 政 局	アの東北の所属都道府県名と同じ。
北 陸 農 政 局	アの北陸の所属都道府県名と同じ。
関 東 農 政 局	茨城、栃木、群馬、埼玉、千葉、東京、神奈川、山梨、長野、静岡、岐阜、愛知、三重
東 海 農 政 局	
近 畿 農 政 局	アの近畿の所属都道府県名と同じ。
中国四国農政局	鳥取、島根、岡山、広島、山口、徳島、香川、愛媛、高知
九 州 農 政 局	アの九州の所属都道府県名と同じ。

    注： 東北農政局、北陸農政局、近畿農政局及び九州農政局の結果については、全国農業地域区分における各地域の結果と同じであることから、統計表章はしていない。

(2)　統計数値については、次の方法により四捨五入しており、合計値と内訳の計が一致しない場合がある。

原　　数		7桁以上 (100万)	6桁 (10万)	5桁 (1万)	4桁 (1,000)	3桁以下 (100)
四捨五入する桁数（下から）		3桁	2桁		1桁	四捨五入 しない
例	四捨五入する前（原数）	1,234,567	123,456	12,345	1,234	123
	四捨五入した後（統計数値）	1,235,000	123,500	12,300	1,230	123

(3)　「（参考）対平均収量比」について

　　統計表の「（参考）対平均収量比」とは、10ａ当たり平均収量（原則として、直近7か年のうち最高及び最低を除いた5か年の平均値）に対する当年産の10ａ当たり収量の比率である。

　　なお、10ａ当たり平均収量について、直近7か年の実収量のデータが得られない場合は次の方法により作成するものとし、3か年分の実収量のデータが得られない場合は作成していない。

　ア　6年分の実収量のデータが得られた場合は、最高及び最低を除いた4か年の平均値
　イ　5年分の実収量のデータが得られた場合は、最高及び最低を除いた3か年の平均値
　ウ　3年又は4年分の実収量のデータが得られた場合は、それらの単純平均

(4)　統計表中に使用した記号は、次のとおりである。
　　「0」　：　単位に満たないもの（例：0.4ha　→　0ha）
　　「－」　：　事実のないもの
　　「…」　：　事実不詳又は調査を欠くもの
　　「x」　：　個人又は法人その他の団体に関する秘密を保護するため、統計数値を公表しないもの
　　「nc」　：　計算不能

(5)　秘匿方法について

　　統計調査結果について、生産者数が2以下の場合には、個人又は法人その他の団体に関する調査結果の秘密保護の観点から、当該結果を「x」表示とする秘匿措置を施している。

　　なお、全体（計）からの差引きにより、秘匿措置を講じた当該結果が推定できる場合には、本来秘匿措置を施す必要のない箇所についても「x」表示としている。

(6)　この統計表に掲載された数値を他に転載する場合は、「野菜生産出荷統計」（農林水産省）による旨を記載してください。

(7)　本統計の累年データについては、農林水産省ホームページ「統計情報」の分野別分類「作付面積・生産量、被害、家畜の頭数など」、品目別分類「野菜」の「作況調査（野菜）」で御覧いただけます。

　　なお、統計データ等に訂正があった場合には、ホームページに正誤情報を掲載します。
　　【 https://www.maff.go.jp/j/tokei/kouhyou/sakumotu/sakkyou_yasai/#r 】

4　お問合せ先
農林水産省　大臣官房統計部　生産流通消費統計課　園芸統計班
電話：（代表）03-3502-8111　内線 3680
　　　（直通）03-6744-2044

※　本調査に関する御意見、御要望は、上記問合せ先のほか、農林水産省ホームページでも受け付けております。
　　【 https://www.contactus.maff.go.jp/j/form/tokei/kikaku/160815.html 】

別表

品目別年産区分・季節区分一覧表

類別	品目名	年産区分 (主たる収穫・出荷期間)	季節区分名	季節区分 (主たる収穫・出荷期間)	備考
根菜類	だいこん	令和4年4月～令和5年3月	春 夏 秋冬	4月～6月 7月～9月 10月～3月	
	かぶ	3年9月～4年8月	―	―	
	にんじん	4年4月～5年3月	春夏 秋 冬	4月～7月 8月～10月 11月～3月	
	ごぼう	4年4月～5年3月	―	―	
	れんこん	4年4月～5年3月	―	―	
	ばれいしょ （じゃがいも）	4年4月～5年3月	春植え 〃 秋植え	都府県産 4月～8月 北海道産 9月～10月 11月～3月	
	さといも	4年4月～5年3月	秋冬 その他	6月～3月 4月～5月	
	やまのいも	4年4月～5年3月	―	―	やまのいもには、ながいもを含む。
葉茎菜類	はくさい	4年4月～5年3月	春 夏 秋冬	4月～6月 7月～9月 10月～3月	
	こまつな	4年1月～4年12月	―	―	
	キャベツ	4年4月～5年3月	春 夏秋 冬	4月～6月 7月～10月 11月～3月	
	ちんげんさい	4年1月～4年12月	―	―	
	ほうれんそう	4年4月～5年3月	―	―	
	ふき	4年1月～4年12月	―	―	
	みつば	4年1月～4年12月	―	―	
	しゅんぎく	4年1月～4年12月	―	―	
	みずな	4年1月～4年12月	―	―	
	セルリー	4年1月～4年12月	―	―	
	アスパラガス	4年1月～4年12月	―	―	
	カリフラワー	4年4月～5年3月	―	―	
	ブロッコリー	4年4月～5年3月	―	―	
	レタス	4年4月～5年3月	春 夏秋 冬	4月～5月 6月～10月 11月～3月	レタスには、サラダ菜を含む。
	ねぎ	4年4月～5年3月	春 夏 秋冬	4月～6月 7月～9月 10月～3月	
	にら	4年1月～4年12月	―	―	
	たまねぎ	4年4月～5年3月	― ―	都府県産 4月～3月 北海道産 8月～3月	
	にんにく	4年1月～4年12月	―	―	
果菜類	きゅうり	3年12月～4年11月	冬春 夏秋	12月～6月 7月～11月	
	かぼちゃ	4年1月～4年12月	―	―	
	なす	3年12月～4年11月	冬春 夏秋	12月～6月 7月～11月	
	トマト	3年12月～4年11月	冬春 夏秋	12月～6月 7月～11月	トマトには、加工用トマト、ミニトマトを含む。
	ピーマン	3年11月～4年10月	冬春 夏秋	11月～5月 6月～10月	ピーマンには、ししとうを含む。
	スイートコーン	4年1月～4年12月	―	―	
	さやいんげん	4年1月～4年12月	―	―	
	さやえんどう	3年9月～4年8月	―	―	
	グリーンピース	3年9月～4年8月	―	―	
	そらまめ	4年1月～4年12月	―	―	
	えだまめ	4年1月～4年12月	―	―	
香辛野菜	しょうが	4年4月～5年3月	―	―	
果実的野菜	いちご	3年10月～4年9月	―	―	
	メロン	4年1月～4年12月	―	―	メロンにはアールスフェボリット系メロンを含む。
	すいか	4年1月～4年12月	―	―	

注：季節区分名欄で「その他」とは、統計処理上品目別に設定した季節区分の主たる収穫・出荷期間以外の月を一括したものである。

I　調査結果の概要

1　令和４年産野菜の作付面積、収穫量及び出荷量の動向

令和４年産の野菜（41品目）の作付面積は43万7,000haで、前年産に比べ6,200ha（１％）減少した。
収穫量は1,284万2,000ｔ、出荷量は1,113万7,000ｔで、いずれも前年産並みとなった。

図1　野菜の作付面積、収穫量及び出荷量の推移

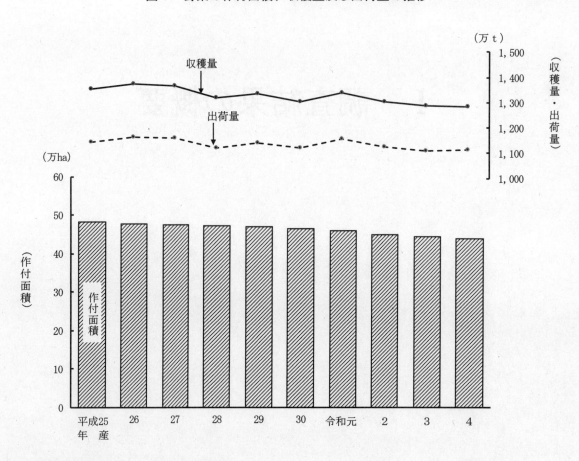

注：本調査の対象は、指定野菜（14品目）及び指定野菜に準じる野菜（27品目）の計41品目である。

表1　令和4年産野菜の作付面積、10a当たり収量、収穫量及び出荷量（全国）

品　　目	作付面積	10a当たり収量	収穫量	出荷量	対前年産比				（参考）対平均収量比
					作付面積	10a当たり収量	収穫量	出荷量	
	ha	kg	t	t	%	%	%	%	%
計	437,000	…	12,842,000	11,137,000	99	nc	100	100	nc
根　菜　類	147,700	…	4,620,000	3,910,000	99	nc	99	100	nc
だ　い　こ　ん	28,100	4,200	1,181,000	986,600	96	98	94	96	99
か　　　ぶ	3,870	2,720	105,100	87,900	97	101	97	97	100
に　ん　じ　ん	16,500	3,530	582,100	525,200	98	94	92	92	103
ご　　ぼ　　う	7,140	1,630	116,700	102,700	96	91	88	88	92
れ　ん　こ　ん	4,020	1,400	56,200	47,300	101	109	109	109	97
ば　れ　い　しょ（じゃがいも）	71,400	3,200	2,283,000	1,933,000	101	104	105	106	105
さ　と　い　も	10,100	1,370	138,700	94,300	97	100	97	98	108
や　ま　の　い　も	6,630	2,370	157,200	133,300	96	92	89	89	103
葉　茎　菜　類	178,300	…	5,328,000	4,721,000	99	nc	101	102	nc
は　く　さ　い	16,000	5,470	874,600	728,400	97	100	97	98	105
こ　ま　つ　な	7,390	1,630	120,100	107,900	100	101	101	101	101
キ　ャ　ベ　ツ	33,900	4,300	1,458,000	1,310,000	99	99	98	98	102
ち　ん　げ　ん　さ　い	2,050	1,960	40,100	35,800	98	98	96	96	100
ほ　う　れ　ん　そ　う	18,900	1,110	209,800	179,000	98	102	100	100	99
ふ　　　　き	419	1,830	7,680	6,600	92	99	91	92	97
み　つ　ば	826	1,620	13,400	12,500	96	102	98	98	103
し　ゅ　ん　ぎ　く	1,730	1,500	26,000	21,600	96	99	96	96	99
み　ず　な	2,320	1,680	39,000	34,900	96	98	94	95	97
セ　ル　リ　ー	532	5,510	29,300	28,100	98	99	98	98	99
ア　ス　パ　ラ　ガ　ス	4,360	596	26,000	23,100	97	106	103	103	111
カ　リ　フ　ラ　ワ　ー	1,250	1,780	22,200	19,200	101	102	103	104	105
ブ　ロ　ッ　コ　リ　ー	17,200	1,010	172,900	157,100	102	99	101	101	99
レ　　タ　　ス	19,900	2,780	552,800	519,900	100	102	101	101	103
ね　　　ぎ	21,800	2,030	442,500	367,700	100	100	100	101	100
に　　ら	1,890	2,870	54,300	49,800	98	98	96	97	99
た　ま　ね　ぎ	25,200	4,840	1,219,000	1,105,000	99	113	111	111	100
に　ん　に　く	2,550	800	20,400	14,000	101	100	101	100	95
果　菜　類	89,800	…	2,229,000	1,916,000	98	nc	98	99	nc
き　ゅ　う　り	9,770	5,620	548,600	476,900	98	101	100	100	108
か　ぼ　ち　ゃ	14,500	1,260	182,900	149,200	100	105	105	106	103
な　　　す	7,950	3,710	294,600	236,900	96	103	99	100	109
ト　　マ　　ト	11,200	6,320	707,900	645,300	98	99	98	98	103
ピ　ー　マ　ン	3,170	4,730	150,000	134,100	99	102	101	101	106
ス　イ　ー　ト　コ　ー　ン	21,300	980	208,800	172,600	99	96	95	97	98
さ　や　い　ん　げ　ん	4,460	742	33,100	22,100	93	98	90	91	103
さ　や　え　ん　ど　う	2,650	728	19,300	13,100	97	101	97	101	106
グ　リ　ー　ン　ピ　ー　ス	600	817	4,900	3,880	95	92	88	87	102
そ　ら　ま　め	1,580	835	13,200	9,470	93	102	95	96	103
え　だ　ま　め	12,700	513	65,200	52,200	99	92	91	93	99
香　辛　野　菜									
し　ょ　う　が	1,690	2,730	46,200	36,800	98	98	95	96	101
果　実　的　野　菜	19,600	…	619,400	553,600	97	nc	98	98	nc
い　ち　ご	4,850	3,320	161,100	149,200	98	99	98	98	107
メ　ロ　ン	5,790	2,460	142,400	130,500	95	100	95	95	105
す　い　か	8,940	3,530	315,900	273,900	97	102	99	99	107

注：　「（参考）対平均収量比」とは、10a当たり平均収量（原則として直近7か年のうち、最高及び最低を除いた5か年の平均値）に対する当年産の
　　　10a当たり収量の比率である（以下、表42まで同じ。）。

12

2　指定野菜の品目別の概要

(1)　だいこん

ア　作付面積

作付面積は2万8,100haで、前年産に比べ1,100ha（4％）減少した。

イ　10a当たり収量

10a当たり収量は4,200kgで、前年産に比べ80kg（2％）下回った。

ウ　収穫量

収穫量は118万1,000tで、前年産に比べ7万t（6％）減少した。

エ　出荷量

出荷量は98万6,600tで、前年産に比べ4万6,400t（4％）減少した。

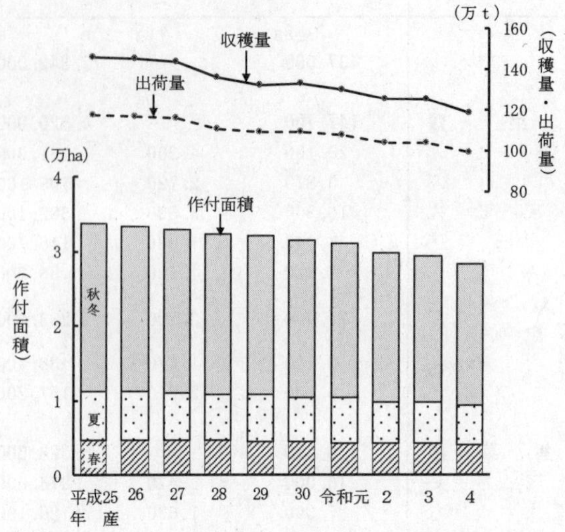

オ　季節区分別の概況

(ｱ)　春だいこん

作付面積は4,050haで、前年産に比べ150ha（4％）減少した。これは、生産者の高齢化等の労力事情により作付中止や規模縮小があったためである。

10a当たり収量は4,750kgで、前年産並みとなった。

収穫量は19万2,400t、出荷量は17万6,500tで、前年産に比べそれぞれ8,100t（4％）、7,300t（4％）減少した。

(ｲ)　夏だいこん

作付面積は5,290haで、前年産に比べ200ha（4％）減少した。これは、生産者の高齢化等の労力事情により作付中止や規模縮小があったためである。

10a当たり収量は3,850kgで、前年産に比べ230kg（6％）下回った。これは、青森県等において、7月中旬から8月中旬の日照不足により根部の肥大が抑制されたこと等による。

収穫量は20万3,800t、出荷量は18万7,400tで、前年産に比べそれぞれ2万t（9％）、1万8,300t（9％）減少した。

(ｳ)　秋冬だいこん

作付面積は1万8,800haで、前年産に比べ700ha（4％）減少した。これは、生産者の高齢化等の労力事情により作付中止や規模縮小があったためである。

10a当たり収量は4,170kgで、前年産に比べ70kg（2％）下回った。

収穫量は78万4,400t、出荷量は62万2,700tで、前年産に比べそれぞれ4万2,300t（5％）、2万700t（3％）減少した。

図2　だいこんの作付面積、収穫量及び出荷量の推移

表2　令和4年産だいこんの作付面積、10a当たり収量、収穫量及び出荷量（全国）

品　目	作付面積	10a当たり収量	収　穫　量	出　荷　量	対　前　年　産　比					(参考)対平均収量比
					作付面積	10a当たり収量	収穫量	出荷量		
	ha	kg	t	t	％	％	％	％		％
だ い こ ん	28,100	4,200	1,181,000	986 600	96	98	94	96		99
春	4,050	4,750	192,400	176 500	96	100	96	96		100
夏	5,290	3,850	203,800	187 400	96	94	91	91		94
秋　冬	18,800	4,170	784,400	622 700	96	98	95	97		100

(2) にんじん

ア 作付面積

作付面積は1万6,500haで、前年産に比べ400ha（2％）減少した。

イ 10a当たり収量

10a当たり収量は3,530kgで、前年産に比べ230kg（6％）下回った。

ウ 収穫量は58万2,100tで、前年産に比べ5万3,400t（8％）減少した。

エ 出荷量

出荷量は52万5,200tで、前年産に比べ4万7,200t（8％）減少した。

オ 季節区分別の概況

(ア) 春夏にんじん

作付面積は3,980haで、前年産に比べ120ha（3％）減少した。これは、生産者の高齢化等の労力事情により作付中止や規模縮小があったためである。

10a当たり収量は3,910kgで、前年産に比べ110kg（3％）下回った。

収穫量は15万5,700t、出荷量は14万3,300tで、前年産に比べいずれも9,100t（6％）減少した。

(イ) 秋にんじん

作付面積は5,050ha で、前年産に比べ190ha（4％）減少した。これは、生産者の高齢化等の労力事情により作付中止や規模縮小があったためである。

10a当たり収量は3,580kg で、前年産に比べ590kg（14％）下回った。これは、北海道において、作柄の良かった前年産に比べ、7月の日照不足により肥大が抑制されたこと等による。

収穫量は18万900t、出荷量は16万5,500tで、前年産に比べそれぞれ3万7,800t（17％）、3万3,300t（17％）減少した。

(ウ) 冬にんじん

作付面積は7,430haで、前年産に比べ140ha（2％）減少した。

10a当たり収量は3,300kgで、前年産に比べ30kg（1％）下回った。

収穫量は24万5,500t、出荷量は21万6,300tで、前年産に比べそれぞれ6,500t（3％）、4,900t（2％）減少した。

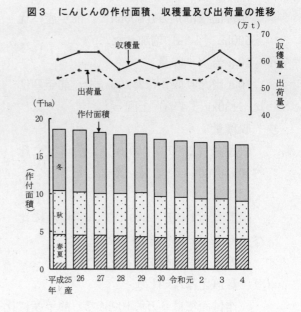

図3　にんじんの作付面積、収穫量及び出荷量の推移

表3　令和4年産にんじんの作付面積、10a当たり収量、収穫量及び出荷量（全国）

品　　目	作付面積	10a当たり収量	収　穫　量	出　荷　量	対　前　年　産　比				(参考) 対平均収量比
					作付面積	10a当たり収量	収穫量	出荷量	
	ha	kg	t	t	％	％	％	％	％
に　ん　じ　ん	16,500	3,530	582,100	525,200	98	94	92	92	103
春　夏	3,980	3,910	155,700	143,300	97	97	94	94	102
秋	5,050	3,580	180,900	165,500	96	86	83	83	98
冬	7,430	3,300	245,500	216,300	98	99	97	98	106

(3)　ばれいしょ（じゃがいも）

ア　作付面積

作付面積は７万1,400haで、前年産に比べ500ha（１％）増加した。

イ　10 a 当たり収量

10 a 当たり収量は3,200kgで、前年産に比べ130kg（４％）上回った。

ウ　収穫量

収穫量は228万3,000 t で、前年産に比べ10万8,000 t （５％）増加した。

エ　出荷量

出荷量は193万3,000 t で、前年産に比べ11万 t （６％）増加した。

オ　季節区分別の概況

(ア)　春植えばれいしょ

作付面積は６万9,100haで、前年産に比べ600ha（１％）増加した。

10a当たり収量は3,250kgで、前年産に比べ130kg（４％）上回った。

収穫量は224万5,000t、出荷量は190万4,000tで、前年産に比べそれぞれ10万6,000t（５％）、10万8,000t（６％）増加した。

(イ)　秋植えばれいしょ

作付面積は2,260haで、前年産に比べ140ha（６％）減少した。これは、生産者の高齢化等の労力事情により作付中止や規模縮小があったためである。

10 a 当たり収量は1,690kgで、前年産に比べ180kg（12％）上回った。これは、前年産が不作であった長崎県において、生育が順調だったこと等による。

収穫量は３万8,300 t 、出荷量は２万9,700 t で、前年産に比べそれぞれ2,000 t （６％）、2,300 t （８％）増加した。

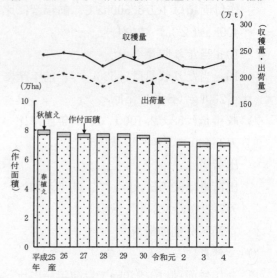

図４　ばれいしょの作付面積、収穫量及び出荷量の推移

表４　令和４年産ばれいしょの作付面積、10a当たり収量、収穫量及び出荷量（全国）

品　　目	作付面積	10 a 当たり収量	収　穫　量	出　荷　量	対　前　年　産　比				（参考）対平均収量比
					作付面積	10 a 当たり収量	収穫量	出荷量	
	ha	kg	t	t	％	％	％	％	％
ばれいしょ	71,400	3,200	2,283,000	1,933,000	101	104	105	106	105
春植え	69,100	3,250	2,245,000	1,904,000	101	104	105	106	105
秋植え	2,260	1,690	38,300	29,700	94	112	106	108	106

（4）　さといも

ア　作付面積

作付面積は1万100haで、前年産に比べ300ha（3％）減少した。

イ　10a当たり収量

10a当たり収量は1,370kgで、前年産並みとなった。

ウ　収穫量

収穫量は13万8,700tで、前年産に比べ4,000t（3％）減少した。

エ　出荷量

出荷量は9万4,300tで、前年産に比べ1,800t（2％）減少した。

オ　季節区分別の概況

秋冬さといも

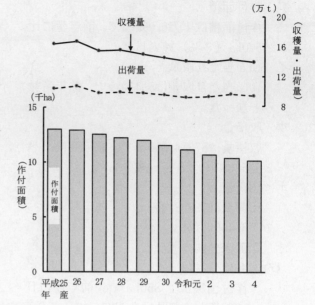

図5　さといもの作付面積、収穫量及び出荷量の推移

作付面積は1万100haで、前年産に比べ300ha（3％）減少した。これは、生産者の高齢化等の労力事情により作付中止や規模縮小があったためである。

10a当たり収量は1,370kgで、前年産並みとなった。

収穫量は13万8,600t、出荷量は9万4,300tで、前年産に比べそれぞれ4,100t（3％）、1,700t（2％）減少した。

表5　令和4年産さといもの作付面積、10a当たり収量、収穫量及び出荷量（全国）

品　　　目	作付面積	10a当たり収　　量	収　穫　量	出　荷　量	対　前　年　産　比					（参考）対平均収量比
					作付面積	10a当たり収　　量	収穫量	出荷量		
	ha	kg	t	t	％	％	％	％		％
さ と い も	10,100	1,370	138,700	94,300	97	100	97	98		108
うち秋冬	10,100	1,370	138,600	94,300	97	100	97	98		108

(5)　はくさい

ア　作付面積

作付面積は1万6,000haで、前年産に比べ500ha（3％）減少した。

イ　10a当たり収量

10a当たり収量は5,470kgで、前年産並みとなった。

ウ　収穫量

収穫量は87万4,600tで、前年産に比べ2万5,300t（3％）減少した。

エ　出荷量

出荷量は72万8,400tで、前年産に比べ1万6,400t（2％）減少した。

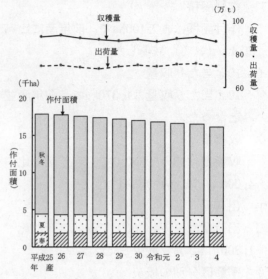

図6　はくさいの作付面積、収穫量及び出荷量の推移

オ　季節区分別の概況

(ア)　春はくさい

作付面積は1,850haで、前年産に比べ20ha（1％）増加した。

10a当たり収量は6,300kgで、前年産に比べ190kg（3％）下回った。

収穫量は11万6,500t、出荷量は10万8,000tで、前年産に比べそれぞれ2,300t（2％）、1,900t（2％）減少した。

(イ)　夏はくさい

作付面積は2,410haで、前年産に比べ30ha（1％）増加した。

10a当たり収量は7,120kgで、前年産に比べ110kg（2％）上回った。

収穫量は17万1,700t、出荷量は15万3,500tで、前年産に比べそれぞれ4,800t（3％）、4,000t（3％）増加した。

(ウ)　秋冬はくさい

作付面積は1万1,800haで、前年産に比べ500ha（4％）減少した。これは、生産者の高齢化等の労力事情により作付中止や規模縮小があったためである。

10a当たり収量は4,970kgで、前年産並みとなった。

収穫量は58万6,500t、出荷量は46万7,000tで、前年産に比べそれぞれ2万7,700t（5％）、1万8,300t（4％）減少した。

表6　令和4年産はくさいの作付面積、10a当たり収量、収穫量及び出荷量（全国）

品　　　目	作付面積	10a当たり収　量	収　穫　量	出　荷　量	対　前　年　産　比					(参考)対平均収量比
					作付面積	10a当たり収　量	収穫量	出荷量	
	ha	kg	t	t	％	％	％	％	％
は　く　さ　い	16,000	5,470	874,600	728,400	97	100	97	98	105
春	1,850	6,300	116,500	108,000	101	97	98	98	99
夏	2,410	7,120	171,700	153,500	101	102	103	103	99
秋　冬	11,800	4,970	586,500	467,000	96	100	95	96	106

(6) キャベツ

ア 作付面積

作付面積は3万3,900haで、前年産に比べ400ha（1％）減少した。

イ 10a当たり収量

10a当たり収量は4,300kgで、前年産に比べ30kg（1％）下回った。

ウ 収穫量

収穫量は145万8,000tで、前年産に比べ2万7,000t（2％）減少した。

エ 出荷量

出荷量は131万tで、前年産に比べ2万t（2％）減少した。

オ 季節区分別の概況

(ア) 春キャベツ

作付面積は8,720ha で、前年産に比べ180ha（2％）減少した。

10a当たり収量は4,130kgで、前年産に比べ60kg（1％）下回った。

収穫量は36万300t、出荷量は32万8,300tで、前年産に比べそれぞれ1万2,200t（3％）、1万1,000t（3％）減少した。

(イ) 夏秋キャベツ

作付面積は1万200haで、前年産に比べ300ha（3％）減少した。 これは、生産者の高齢化等の労力事情により作付中止や規模縮小があったためである。

10a当たり収量は4,900kgで、前年産並みとなった。

収穫量は49万9,400t、出荷量は43万8,600tで、前年産に比べそれぞれ1万7,400t（3％）、1万5,000t（3％）減少した。

(ウ) 冬キャベツ

作付面積は1万5,000haで、前年産並みとなった。

10a当たり収量は3,990kgで、前年産に比べて20kg（1％）上回った。

収穫量は59万8,500tで前年産並みであり、出荷量は54万2,700tで、前年産に比べて5,800t（1％）増加した。

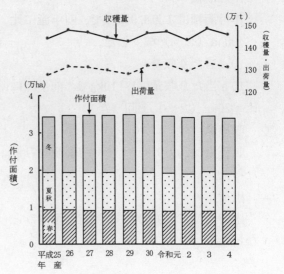

図7　キャベツの作付面積、収穫量及び出荷量の推移

表7　令和4年産キャベツの作付面積、10a当たり収量、収穫量及び出荷量（全国）

品　　目	作付面積	10a当たり収　　量	収穫量	出荷量	対　前　年　産　比				(参考)対平均収量比
					作付面積	10a当たり収　　量	収穫量	出荷量	
	ha	kg	t	t	％	％	％	％	％
キ　ャ　ベ　ツ	33,900	4,300	1,458,000	1,310,000	99	99	98	98	102
春	8,720	4,130	360,300	328,300	98	99	97	97	100
夏　秋	10,200	4,900	499,400	438,600	97	100	97	97	102
冬	15,000	3,990	598,500	542,700	100	101	100	101	101

(7) ほうれんそう

ア 作付面積

　作付面積は 1 万8,900haで、前年産に比べ400ha（2 ％）減少した。

イ 10 a 当たり収量

　10 a 当たり収量は1,110kgで、前年産に比べ20kg（2 ％）上回った。

ウ 収穫量

　収穫量は20万9,800 t で、前年産並みとなった。

エ 出荷量

　出荷量は17万9,000 t で、前年産並みとなった。

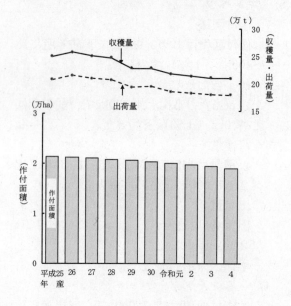

図8　ほうれんそうの作付面積、収穫量及び出荷量の推移

表8　令和4年産ほうれんそうの作付面積、10a当たり収量、収穫量及び出荷量（全国）

品　目	作付面積	10 a 当たり収量	収　穫　量	出　荷　量	対　前　年　産　比				（参考）対平均収量比
					作付面積	10 a 当たり収量	収　穫　量	出　荷　量	
	ha	kg	t	t	％	％	％	％	％
ほうれんそう	18,900	1,110	209,800	179,000	98	102	100	100	99

(8) レタス

ア 作付面積

作付面積は1万9,900haで、前年産並み
となった。

イ 10a当たり収量

10a当たり収量は2,780kgで、前年産に
比べ50kg（2%）上回った。

ウ 収穫量

収穫量は55万2,800tで、前年産に比べ
6,000t（1%）増加した。

エ 出荷量

出荷量は51万9,900tで、前年産に比べ
3,500t（1%）増加した。

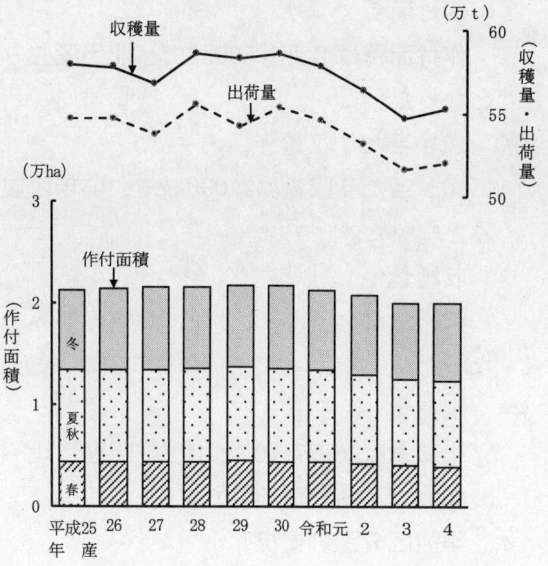

オ 季節区分別の概況

(ア) 春レタス

作付面積は3,930haで、前年産に比べ160ha（4%）減少した。これは、生産者の高齢化等の
労力事情により作付中止や規模縮小があったためである。

10a当たり収量は2,810kgで、前年産に比べ30kg（1%）上回った。

収穫量は11万500t、出荷量は10万3,800tで、前年産に比べいずれも3,300t（3%）減少し
た。

(イ) 夏秋レタス

作付面積は8,480haで、前年産に比べ90ha（1%）増加した。

10a当たり収量は3,090kgで、前年産に比べ50kg（2%）上回った。

収穫量は26万1,900t、出荷量は24万8,400tで、前年産に比べそれぞれ6,800t（3%）、
3,600t（1%）増加した。

(ウ) 冬レタス

作付面積は7,520haで、前年産並みとなった。

10a当たり収量は2,400kgで、前年産に比べ40kg（2%）上回った。

収穫量は18万400t、出荷量は16万7,800tで、前年産に比べそれぞれ2,600t（1%）、3,200t
（2%）増加した。

図9 レタスの作付面積、収穫量及び出荷量の推移

表9 令和4年産レタスの作付面積、10a当たり収量、収穫量及び出荷量（全国）

品　　　目	作付面積	10a当たり収量	収　穫　量	出　荷　量	対　前　年　産　比					(参考)対平均収量比
					作付面積	10a当たり収量	収穫量	出荷量		
	ha	kg	t	t	%	%	%	%		%
レ　タ　ス	19,900	2,780	552,800	519,900	100	102	101	101		103
春	3,930	2,810	110,500	103,800	96	101	97	97		103
夏　秋	8,480	3,090	261,900	248,400	101	102	103	101		102
冬	7,520	2,400	180,400	167,800	100	102	101	102		103

(9) ね ぎ

ア 作付面積

作付面積は2万1,800haで、前年産並み
となった。

イ 10a当たり収量

10a当たり収量は2,030kgで、前年産並
みとなった。

ウ 収穫量

収穫量は44万2,500tで、前年産並みと
なった。

エ 出荷量

出荷量は36万7,700tで、前年産に比べ
3,000t（1％）増加した。

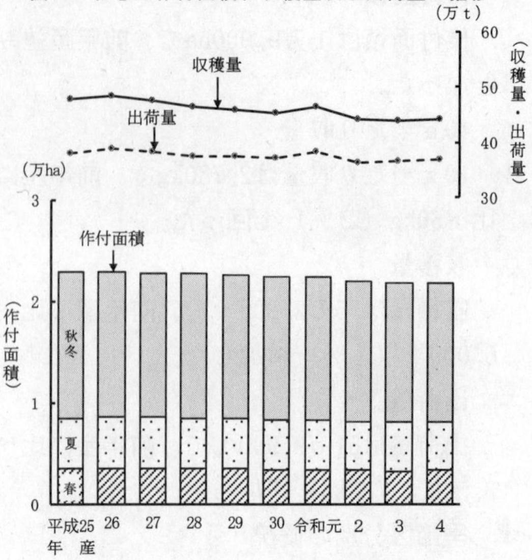

オ 季節区分別の概況

(ア) 春ねぎ

作付面積は3,320haで、前年産に比べ40ha（1％）増加した。

10a当たり収量は2,300kgで、前年産並みとなった。

収穫量は7万6,300t、出荷量は6万8,100tで、前年産に比べそれぞれ1,100t（1％）、
900t（1％）増加した。

(イ) 夏ねぎ

作付面積は4,800haで、前年産に比べ40ha（1％）減少した。

10a当たり収量は1,870kgで、前年産に比べ20kg（1％）上回った。

収穫量は8万9,700t、出荷量は8万300tで、いずれも前年産並みとなった。

(ウ) 秋冬ねぎ

作付面積は1万3,700haで、前年産並みとなった。

10a当たり収量は2,020kgで、前年産並みとなった。

収穫量は27万6,400tで前年産並みとなり、出荷量は21万9,400tで、前年産に比べ2,200t
（1％）増加した。

図10　ねぎの作付面積、収穫量及び出荷量の推移

表10　令和4年産ねぎの作付面積、10a当たり収量、収穫量及び出荷量（全国）

品　　目	作付面積	10a当たり収量	収　穫　量	出　荷　量	対　前　年　産　比				(参考)対平均収量比
					作付面積	10a当たり収量	収穫量	出荷量	
	ha	kg	t	t	％	％	％	％	％
ね　　　ぎ	21,800	2,030	442,500	367,700	100	100	100	101	100
春	3,320	2,300	76,300	68,100	101	100	101	101	97
夏	4,800	1,870	89,700	80,300	99	101	100	100	103
秋　冬	13,700	2,020	276,400	219,400	100	100	100	101	99

（10）　たまねぎ

　ア　作付面積

　　　作付面積は 2 万 5,200ha で、前年産に比べ 300ha（1 ％）減少した。

　イ　10 a 当たり収量

　　　10 a 当たり収量は 4,840kg で、前年産に比べ 540kg（13%）上回った。これは、北海道において、作柄の悪かった前年産に比べ、天候に恵まれ生育が良好で大玉傾向であったこと等による。

　ウ　収穫量

　　　収穫量は121万9,000 t で前年産に比べ 12万3,000 t（11%）増加した。

　エ　出荷量

　　　出荷量は110万5,000 t で前年産に比べ 11万2,100 t（11%）増加した。

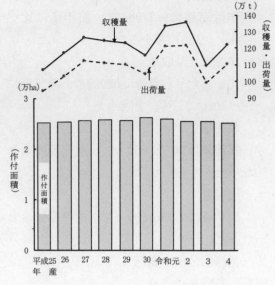

図11　たまねぎの作付面積、収穫量及び出荷量の推移

表11　令和 4 年産たまねぎの作付面積、10a当たり収量、収穫量及び出荷量（全国）

品　　目	作付面積	10 a 当たり収量	収　穫　量	出　荷　量	対　前　年　産　比				(参考)対平均収量比
					作付面積	10 a 当たり収量	収穫量	出荷量	
	ha	kg	t	t	%	%	%	%	%
た ま ね ぎ	25,200	4,840	1,219,000	1,105,000	99	113	111	111	100

(11) きゅうり

ア　作付面積

作付面積は9,770haで、前年産に比べ170ha（２％）減少した。

イ　10ａ当たり収量

10ａ当たり収量は5,620kgで、前年産に比べ70kg（１％）上回った。

ウ　収穫量

収穫量は54万8,600ｔで、前年産並みとなった。

エ　出荷量

出荷量は47万6,900ｔで、前年産並みとなった。

図12　きゅうりの作付面積、収穫量及び出荷量の推移

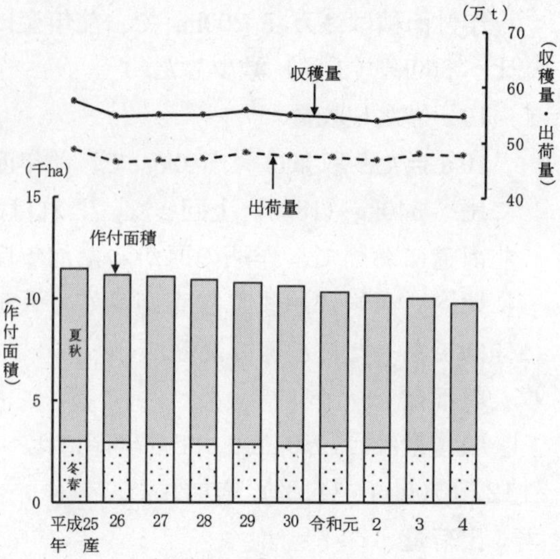

オ　季節区分別の概況

(ｱ)　冬春きゅうり

作付面積は2,580haで、前年産に比べ50ha（２％）減少した。

10ａ当たり収量は１万1,100kgで、前年産に比べ100kg（１％）上回った。

収穫量は28万6,100ｔ、出荷量は26万9,200ｔで、前年産に比べそれぞれ3,600ｔ（１％）、3,300ｔ（１％）減少した。

(ｲ)　夏秋きゅうり

作付面積は7,190haで、前年産に比べ130ha（２％）減少した。

10ａ当たり収量は3,650kgで、前年産に比べ80kg（２％）上回った。

収穫量は26万2,400ｔで前年産並みとなり、出荷量は20万7,800ｔで、前年産に比べ1,400ｔ（１％）増加した。

表12　令和４年産きゅうりの作付面積、10a当たり収量、収穫量及び出荷量（全国）

品目	作付面積	10ａ当たり収量	収穫量	出荷量	対前年産比 作付面積	対前年産比 10ａ当たり収量	対前年産比 収穫量	対前年産比 出荷量	（参考）対平均収量比
	ha	kg	t	t	%	%	%	%	%
きゅうり	**9,770**	**5,620**	**548,600**	**476,900**	**98**	**101**	**100**	**100**	**108**
冬春	2,580	11,100	286,100	269,200	98	101	99	99	105
夏秋	7,190	3,650	262,400	207,800	98	102	100	101	111

(12) な　す

ア　作付面積

作付面積は7,950haで、前年産に比べ310ha（4％）減少した。

イ　10a当たり収量

10a当たり収量は3,710kgで、前年産に比べ110kg（3％）上回った。

ウ　収穫量

収穫量は29万4,600tで、前年産に比べ3,100t（1％）減少した。

エ　出荷量

出荷量は23万6,900tで、前年産並みとなった。

オ　季節区分別の概況

(ア)　冬春なす

作付面積は1,030haで、前年産に比べ10ha（1％）減少した。

10a当たり収量は1万1,100kgで、前年産に比べ100kg（1％）上回った。

収穫量は11万4,600t、出荷量は10万8,000tで、いずれも前年産並みとなった。

(イ)　夏秋なす

作付面積は6,920haで、前年産に比べ310ha（4％）減少した。これは、生産者の高齢化等の労力事情により作付中止や規模縮小があったためである。

10a当たり収量は2,600kgで、前年産に比べ70kg（3％）上回った。

収穫量は18万t、出荷量は12万8,900tで、前年産に比べそれぞれ3,200t（2％）、1,100t（1％）減少した。

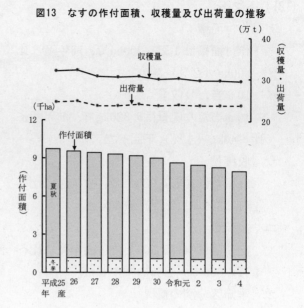

図13　なすの作付面積、収穫量及び出荷量の推移

表13　令和4年産なすの作付面積、10a当たり収量、収穫量及び出荷量（全国）

品　　目	作付面積	10a当たり収量	収　穫　量	出　荷　量	対前年産比 作付面積	10a当たり収量	収穫量	出荷量	(参考)対平均収量比
	ha	kg	t	t	％	％	％	％	％
な　　　す	7,950	3,710	294,600	236,900	96	103	99	100	109
冬　春	1,030	11,100	114,600	108,000	99	101	100	100	102
夏　秋	6,920	2,600	180,000	128,900	96	103	98	99	109

（13）　トマト

ア　作付面積

作付面積は1万1,200haで、前年産に比べ200ha（2％）減少した。

イ　10a当たり収量

10a当たり収量は6,320kgで、前年産に比べ40kg（1％）下回った。

ウ　収穫量

収穫量は70万7,900tで、前年産に比べ1万7,300t（2％）減少した。

エ　出荷量

出荷量は64万5,300tで、前年産に比べ1万4,600t（2％）減少した。

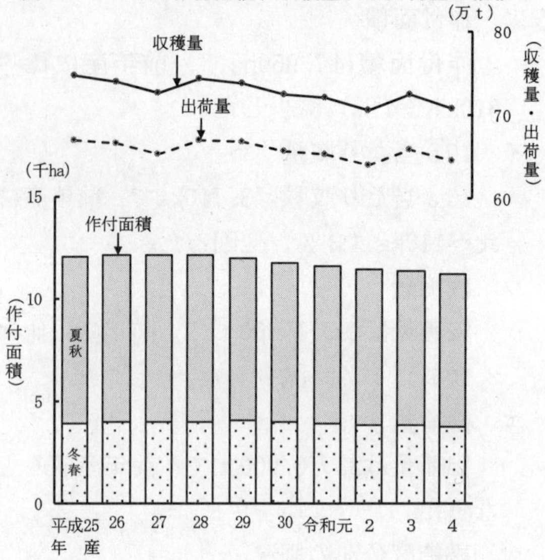

オ　季節区分別の概況

（ア）　冬春トマト

作付面積は3,790haで、前年産に比べ50ha（1％）減少した。

10a当たり収量は1万200kgで、前年産に比べ100kg（1％）下回った。

収穫量は38万5,900t、出荷量は36万6,200tで、前年産に比べそれぞれ9,000t（2％）、9,200t（2％）減少した。

（イ）　夏秋トマト

作付面積は7,380haで、前年産に比べ170ha（2％）減少した。

10a当たり収量は4,360kgで、前年産並みとなった。

収穫量は32万2,000t、出荷量は27万9,100tで、前年産に比べそれぞれ8,300t（3％）、5,400t（2％）減少した。

図14　トマトの作付面積、収穫量及び出荷量の推移

表14　令和4年産トマトの作付面積、10a当たり収量、収穫量及び出荷量（全国）

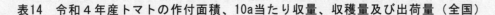

品　　　　目	作付面積	10a当たり収量	収　穫　量	出　荷　量	対　前　年　産　比 作付面積	10a当たり収量	収　穫　量	出　荷　量	（参考）対平均収量比
	ha	kg	t	t	％	％	％	％	％
ト　マ　ト	11,200	6,320	707,900	645,300	98	99	98	98	103
冬　春	3,790	10,200	385,900	366,200	99	99	98	98	101
夏　秋	7,380	4,360	322,000	279,100	98	100	97	98	103

(14) ピーマン

ア　作付面積

作付面積は 3,170ha で、前年産に比べ20ha（1％）減少した。

イ　10a当たり収量

10a当たり収量は4,730kgで、前年産に比べ70kg（2％）上回った。

ウ　収穫量

収穫量は15万 t で、前年産に比べ1,500t（1％）増加した。

エ　出荷量

出荷量は13万4,100 t で、前年産に比べ1,900 t（1％）増加した。

オ　季節区分別の概況

(ア)　冬春ピーマン

作付面積は746haで、前年産に比べ21ha（3％）増加した。これは、宮崎県等において、規模拡大があったためである。

10a当たり収量は1万600kgで、前年産に比べ100kg（1％）上回った。

収穫量は7万8,900 t、出荷量は7万4,600 t で、前年産に比べそれぞれ3,100 t（4％）、3,000 t（4％）増加した。

(イ)　夏秋ピーマン

作付面積は2,420haで、前年産に比べ50ha（2％）減少した。

10a当たり収量は2,940kgで、前年産並みとなった。

収穫量は7万1,200 t、出荷量は5万9,500 t で、前年産に比べそれぞれ1,500 t（2％）、1,000 t（2％）減少した。

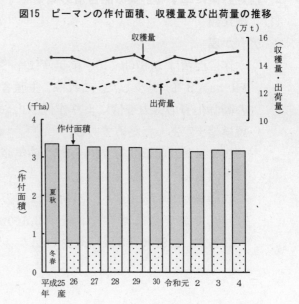

図15　ピーマンの作付面積、収穫量及び出荷量の推移

表15　令和4年産ピーマンの作付面積、10a当たり収量、収穫量及び出荷量（全国）

| 品　　目 | 作付面積 | 10a当たり収量 | 収　穫　量 | 出　荷　量 | 対 前 年 産 比 | | | | (参考)対平均収量比 |
					作付面積	10a当たり収量	収穫量	出荷量	
	ha	kg	t	t	％	％	％	％	％
ピ　ー　マ　ン	3,170	4,730	150,000	134,100	99	102	101	101	106
冬　春	746	10,600	78,900	74,600	103	101	104	104	102
夏　秋	2,420	2,940	71,200	59,500	98	100	98	98	108

3 指定野菜に準ずる野菜の品目別の概要

(1) 根菜類

ア かぶ

作付面積は 3,870ha で、前年産に比べ 140 ha（3％）減少した。これは、生産者の高齢化等の労力事情により作付中止や規模縮小があったためである。

10 a 当たり収量は 2,720kg で、前年産に比べ 20kg（1％）上回った。

収穫量は10万5,100 t 、出荷量は8万 7,900t で前年産に比べそれぞれ3,100t（3％）、2,800t（3％）減少した。

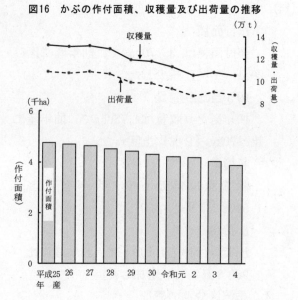

図16 かぶの作付面積、収穫量及び出荷量の推移

表16 令和4年産かぶの作付面積、10a当たり収量、収穫量及び出荷量（全国）

| 品 目 | 作付面積 | 10 a 当たり収量 | 収 穫 量 | 出 荷 量 | 対 前 年 産 比 | | | | (参考)対平均収量比 |
					作付面積	10 a 当たり収量	収 穫 量	出 荷 量	
	ha	kg	t	t	%	%	%	%	%
か ぶ	3,870	2,720	105,100	87,900	97	101	97	97	100

イ ごぼう

作付面積は 7,140ha で、前年産に比べ 270ha（4％）減少した。これは、生産者の高齢化等の労力事情により作付中止や規模縮小があったためである。

10 a 当たり収量は 1,630kg で、前年産に比べ 160kg（9％）下回った。これは、青森県において、8月の大雨による冠水及び長雨による土壌湿潤により腐敗や奇形が発生したこと等による。

収穫量は11万6,700 t 、出荷量は10万 2,700t で、前年産に比べてそれぞれ1万 6,100t（12％）、1万4,000t（12％）減少した。

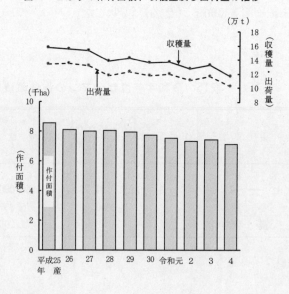

図17 ごぼうの作付面積、収穫量及び出荷量の推移

表17 令和4年産ごぼうの作付面積、10a当たり収量、収穫量及び出荷量（全国）

| 品 目 | 作付面積 | 10 a 当たり収量 | 収 穫 量 | 出 荷 量 | 対 前 年 産 比 | | | | (参考)対平均収量比 |
					作付面積	10 a 当たり収量	収 穫 量	出 荷 量	
	ha	kg	t	t	%	%	%	%	%
ご ぼ う	7,140	1,630	116,700	102,700	96	91	88	88	92

ウ れんこん

作付面積は 4,020ha で、前年産に比べ40ha（1％）増加した。

10a当たり収量は1,400kgで、前年産に比べ110kg（9％）上回った。 これは、作柄の悪かった前年産に比べ、おおむね天候に恵まれ生育が順調であったこと等による。

収穫量は5万6,200t、出荷量は4万7,300tで前年産に比べそれぞれ4,700t（9％）、4,100t（9％）増加した。

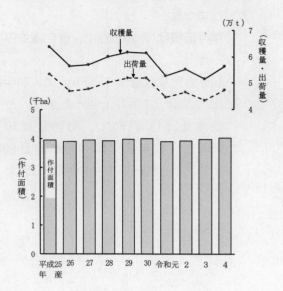

図18　れんこんの作付面積、収穫量及び出荷量の推移

表18　令和4年産れんこんの作付面積、10a当たり収量、収穫量及び出荷量（全国）

品　　目	作付面積	10a当たり収量	収　穫　量	出　荷　量	対　前　年　産　比				（参考）対平均収量比
					作付面積	10a当たり収量	収穫量	出荷量	
	ha	kg	t	t	％	％	％	％	％
れ ん こ ん	4,020	1,400	56,200	47,300	101	109	109	109	97

エ やまのいも

作付面積は 6,630ha で、前年産に比べ260ha（4％）減少した。 これは、生産者の高齢化等の労力事情により作付中止や規模縮小があったためである。

10a当たり収量は 2,370kg で、前年産に比べ200kg（8％）下回った。これは、青森県等において、8月の大雨及び長雨により生育が緩慢となったこと等による。

収穫量は15万7,200t、出荷量は13万3,300tで、前年産に比べそれぞれ2万200t（11％）、1万6,700t（11％）減少した。

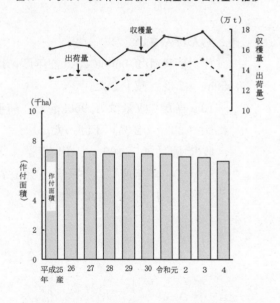

図19　やまのいもの作付面積、収穫量及び出荷量の推移

表19　令和4年産やまのいもの作付面積、10a当たり収量、収穫量及び出荷量（全国）

品　　目	作付面積	10a当たり収量	収　穫　量	出　荷　量	対　前　年　産　比				（参考）対平均収量比
					作付面積	10a当たり収量	収穫量	出荷量	
	ha	kg	t	t	％	％	％	％	％
や ま の い も	6,630	2,370	157,200	133,300	96	92	89	89	103

(2) 葉茎菜類

ア こまつな

作付面積は 7,390ha で、前年産並みとなった。

10a当たり収量は 1,630kg で、前年産に比べ20kg（1%）上回った。

収穫量は12万100t、出荷量は10万7,900tで、前年産に比べそれぞれ800t（1%）、1,000t（1%）増加した。

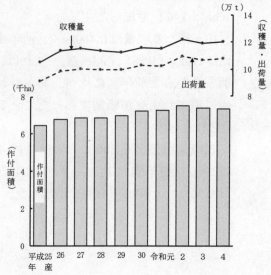

図20　こまつなの作付面積、収穫量及び出荷量の推移

表20　令和4年産こまつなの作付面積、10a当たり収量、収穫量及び出荷量（全国）

品　　　目	作付面積	10a当たり収量	収　穫　量	出　荷　量	対　前　年　産　比				（参考）対平均収量比
					作付面積	10a当たり収量	収穫量	出荷量	
	ha	kg	t	t	%	%	%	%	%
こ ま つ な	7,390	1,630	120,100	107,900	100	101	101	101	101

イ ちんげんさい

作付面積は 2,050ha で、前年産に比べ50ha（2%）減少した。

10a当たり収量は 1,960kg で、前年産に比べ30kg（2%）下回った。

収穫量は4万100t、出荷量は3万5,800tで、前年産に比べそれぞれ1,700t（4%）、1,400t（4%）減少した。

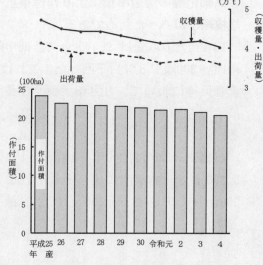

図21　ちんげんさいの作付面積、収穫量及び出荷量の推移

表21　令和4年産ちんげんさいの作付面積、10a当たり収量、収穫量及び出荷量（全国）

品　　　目	作付面積	10a当たり収量	収　穫　量	出　荷　量	対　前　年　産　比				（参考）対平均収量比
					作付面積	10a当たり収量	収穫量	出荷量	
	ha	kg	t	t	%	%	%	%	%
ちんげんさい	2,050	1,960	40,100	35,800	98	98	96	96	100

ウ ふき

作付面積は419haで、前年産に比べ37ha（8％）減少した。

10a当たり収量は1,830kgで、前年産に比べ20kg（1％）下回った。

収穫量は7,680t、出荷量は6,600tで、前年産に比べそれぞれ740t（9％）、590t（8％）減少した。

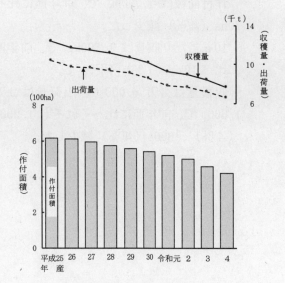

図22 ふきの作付面積、収穫量及び出荷量の推移

表22 令和4年産ふきの作付面積、10a当たり収量、収穫量及び出荷量（全国）

品　　目	作付面積	10a当たり収量	収穫量	出荷量	対　前　年　産　比				（参考）対平均収量比
					作付面積	10a当たり収量	収穫量	出荷量	
	ha	kg	t	t	％	％	％	％	％
ふ　　き	419	1,830	7,680	6,600	92	99	91	92	97

エ みつば

作付面積は826haで、前年産に比べ36ha（4％）減少した。

10a当たり収量は1,620kgで、前年産に比べ30kg（2％）上回った。

収穫量は1万3,400t、出荷量は1万2,500tで、前年産に比べそれぞれ300t（2％）、200t（2％）減少した。

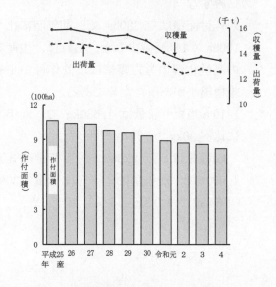

図23 みつばの作付面積、収穫量及び出荷量の推移

表23 令和4年産みつばの作付面積、10a当たり収量、収穫量及び出荷量（全国）

品　　目	作付面積	10a当たり収量	収穫量	出荷量	対　前　年　産　比				（参考）対平均収量比
					作付面積	10a当たり収量	収穫量	出荷量	
	ha	kg	t	t	％	％	％	％	％
み　つ　ば	826	1,620	13,400	12,500	96	102	98	98	103

オ　しゅんぎく

作付面積は 1,730ha で、前年産に比べ 70ha（4％）減少した。

10 a 当たり収量は 1,500kg で、前年産に比べ 10kg（1％）下回った。

収穫量は 2 万 6,000 t、出荷量は 2 万 1,600t で、前年産に比べそれぞれ 1,200t （4％）、800t（4％）減少した。

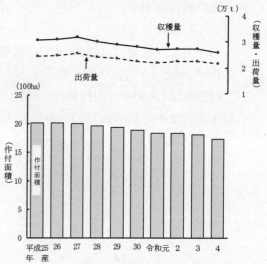

図24　しゅんぎくの作付面積、収穫量及び出荷量の推移

表24　令和 4 年産しゅんぎくの作付面積、10a当たり収量、収穫量及び出荷量（全国）

| 品　　目 | 作付面積 | 10 a 当たり収　量 | 収　穫　量 | 出　荷　量 | 対　前　年　産　比 | | | | (参考)対平均収量比 |
					作付面積	10 a 当たり収　量	収　穫　量	出　荷　量	
	ha	kg	t	t	%	%	%	%	%
しゅんぎく	1,730	1,500	26,000	21,600	96	99	96	96	99

カ　みずな

作付面積は 2,320ha で、前年産に比べ 100ha（4％）減少した。これは、生産者の高齢化等の労力事情により作付中止や規模縮小があったためである。

10 a 当たり収量は 1,680kg で、前年産に比べ 30kg（2％）下回った。

収穫量は 3 万 9,000 t、出荷量は 3 万 4,900t で、前年産に比べそれぞれ 2,300t （6％）、1,900t（5％）減少した。

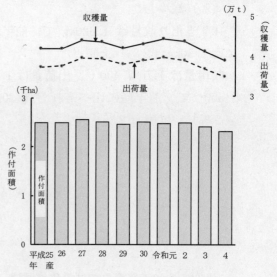

図25　みずなの作付面積、収穫量及び出荷量の推移

表25　令和 4 年産みずなの作付面積、10a当たり収量、収穫量及び出荷量（全国）

| 品　　目 | 作付面積 | 10 a 当たり収　量 | 収　穫　量 | 出　荷　量 | 対　前　年　産　比 | | | | (参考)対平均収量比 |
					作付面積	10 a 当たり収　量	収　穫　量	出　荷　量	
	ha	kg	t	t	%	%	%	%	%
み　ず　な	2,320	1,680	39,000	34,900	96	98	94	95	97

キ　セルリー

作付面積は 532ha で、前年産に比べ 9ha（2％）減少した。

10a 当たり収量は 5,510kg で、前年産に比べ 40kg（1％）下回った。

収穫量は 2 万 9,300t、出荷量は 2 万 8,100t で、前年産に比べいずれも 700t（2％）減少した。

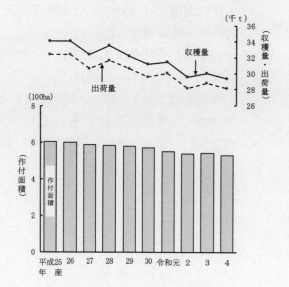

図26　セルリーの作付面積、収穫量及び出荷量の推移

表26　令和4年産セルリーの作付面積、10a当たり収量、収穫量及び出荷量（全国）

| 品　　目 | 作付面積 | 10a 当たり収量 | 収　穫　量 | 出　荷　量 | 対　前　年　産　比 | | | | (参考)対平均収量比 |
					作付面積	10a 当たり収量	収穫量	出荷量	
	ha	kg	t	t	%	%	%	%	%
セ ル リ ー	532	5,510	29,300	28,100	98	99	98	98	99

ク　アスパラガス

作付面積は 4,360ha で、前年産に比べ 140ha（3％）減少した。これは、生産者の高齢化等の労力事情により作付中止や規模縮小があったためである。

10a 当たり収量は 596kg で、前年産に比べ 36kg（6％）上回った。これは、北海道において、おおむね天候に恵まれ生育が順調だったこと等による。

収穫量は 2 万 6,000t、出荷量は 2 万 3,100t で、前年産に比べそれぞれ 800t（3％）、700t（3％）増加した。

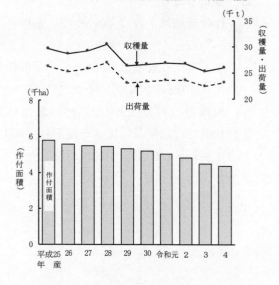

図27　アスパラガスの作付面積、収穫量及び出荷量の推移

表27　令和4年産アスパラガスの作付面積、10a当たり収量、収穫量及び出荷量（全国）

| 品　　目 | 作付面積 | 10a 当たり収量 | 収　穫　量 | 出　荷　量 | 対　前　年　産　比 | | | | (参考)対平均収量比 |
					作付面積	10a 当たり収量	収穫量	出荷量	
	ha	kg	t	t	%	%	%	%	%
アスパラガス	4,360	596	26,000	23,100	97	106	103	103	111

ケ　カリフラワー

　作付面積は 1,250ha で、前年産に比べ 10ha（1％）増加した。

　10 a 当たり収量は 1,780kg で、前年産に比べ 40kg（2％）上回った。

　収穫量は 2 万 2,200 t 、出荷量は 1 万 9,200t で前年産に比べそれぞれ 600t（3％）、700t（4％）増加した。

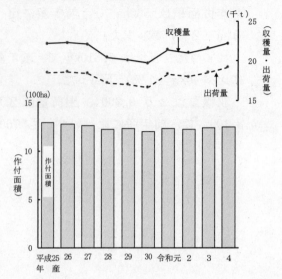

図28　カリフラワーの作付面積、収穫量及び出荷量の推移

表28　令和4年産カリフラワーの作付面積、10a当たり収量、収穫量及び出荷量（全国）

品　　目	作付面積	10 a 当たり収　量	収　穫　量	出　荷　量	対　　前　　年　　産　　比				（参考）対平均収量比
					作付面積	10 a 当たり収　量	収穫量	出荷量	
カリフラワー	ha 1,250	kg 1,780	t 22,200	t 19,200	% 101	% 102	% 103	% 104	% 105

コ　ブロッコリー

　作付面積は 1 万 7,200ha で、前年産に比べ 300ha（2％）増加した。

　10 a 当たり収量は 1,010kg で、前年産に比べ 10kg（1％）下回った。

　収穫量は17万2,900 t 、出荷量は15万 7,100tで、前年産に比べそれぞれ1,300t（1％）、1,600t（1％）増加した。

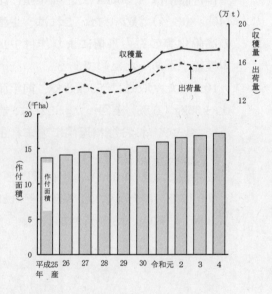

図29　ブロッコリーの作付面積、収穫量及び出荷量の推移

表29　令和4年産ブロッコリーの作付面積、10a当たり収量、収穫量及び出荷量（全国）

品　　目	作付面積	10 a 当たり収　量	収　穫　量	出　荷　量	対　　前　　年　　産　　比				（参考）対平均収量比
					作付面積	10 a 当たり収　量	収穫量	出荷量	
ブロッコリー	ha 17,200	kg 1,010	t 172,900	t 157,100	% 102	% 99	% 101	% 101	% 99

サ にら

作付面積は 1,890ha で、前年産に比べ 40ha（2％）減少した。

10a 当たり収量は 2,870kg で、前年産に比べ 50kg（2％）下回った。

収穫量は 5 万 4,300 t、出荷量は 4 万 9,800 t で、前年産に比べそれぞれ 2,000t（4％）、1,700t（3％）減少した。

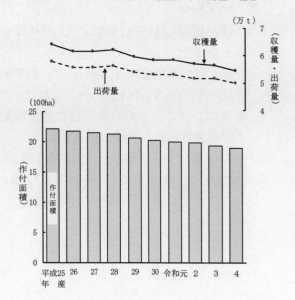

図30 にらの作付面積、収穫量及び出荷量の推移

表30 令和4年産にらの作付面積、10a当たり収量、収穫量及び出荷量（全国）

| 品　目 | 作付面積 | 10a当たり収量 | 収　穫　量 | 出　荷　量 | 対　前　年　産　比 | | | | | （参考）対平均収量比 |
					作付面積	10a当たり収量	収穫量	出荷量		
に　　ら	ha 1,890	kg 2,870	t 54,300	t 49,800	% 98	% 98	% 96	% 97	% 99

シ にんにく

作付面積は 2,550ha で、前年産に比べ 30ha（1％）増加した。

10a 当たり収量は 800kg で、前年産並みとなった。

収穫量は 2 万 400 t で前年産と比べ 200t（1％）増加し、出荷量は 1 万 4,000t で前年産並みとなった。

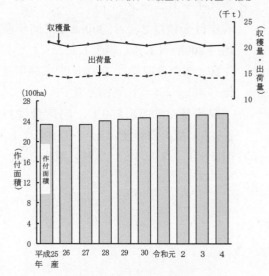

図31 にんにくの作付面積、収穫量及び出荷量の推移

表31 令和4年産にんにくの作付面積、10a当たり収量、収穫量及び出荷量（全国）

| 品　目 | 作付面積 | 10a当たり収量 | 収　穫　量 | 出　荷　量 | 対　前　年　産　比 | | | | | （参考）対平均収量比 |
					作付面積	10a当たり収量	収穫量	出荷量		
に　ん　に　く	ha 2,550	kg 800	t 20,400	t 14,000	% 101	% 100	% 101	% 100	% 95

(3)　果菜類

ア　かぼちゃ

作付面積は1万4,500haで、前年産並みとなった。

10a当たり収量は1,260kgで、前年産に比べ60kg（5％）上回った。これは、北海道において、おおむね天候に恵まれ肥大が順調だったこと等による。

収穫量は18万2,900t、出荷量は14万9,200tで、前年産に比べそれぞれ8,600t（5％）、8,800t（6％）増加した。

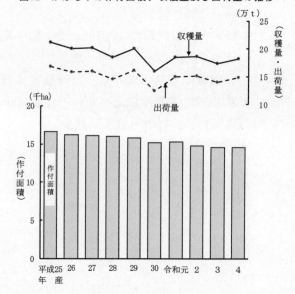

図32　かぼちゃの作付面積、収穫量及び出荷量の推移

表32　令和4年産かぼちゃの作付面積、10a当たり収量、収穫量及び出荷量（全国）

品　目	作付面積	10a当たり収量	収穫量	出荷量	対　前　年　産　比 作付面積	10a当たり収量	収穫量	出荷量	（参考）対平均収量比
	ha	kg	t	t	%	%	%	%	%
か　ぼ　ち　ゃ	14,500	1,260	182,900	149,200	100	105	105	106	103

イ　スイートコーン

作付面積は2万1,300haで、前年産に比べ200ha（1％）減少した。

10a当たり収量は980kgで、前年産に比べ40kg（4％）下回った。

収穫量は20万8,800t、出荷量は17万2,600tで、前年産に比べそれぞれ1万t（5％）、5,800t（3％）減少した。

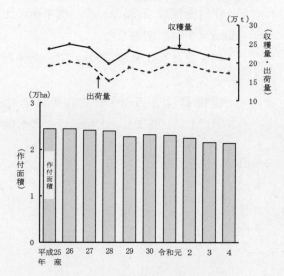

図33　スイートコーンの作付面積、収穫量及び出荷量の推移

表33　令和4年産スイートコーンの作付面積、10a当たり収量、収穫量及び出荷量（全国）

品　目	作付面積	10a当たり収量	収　穫　量	出　荷　量	対　前　年　産　比 作付面積	10a当たり収量	収穫量	出荷量	（参考）対平均収量比
	ha	kg	t	t	%	%	%	%	%
スイートコーン	21,300	980	208,800	172,600	99	96	95	97	98

ウ　さやいんげん

　作付面積は 4,460ha で、前年産に比べ350ha（7％）減少した。これは、生産者の高齢化等の労力事情により作付中止や規模縮小があったためである。

　10ａ当たり収量は 742kg で、前年産に比べ19kg（2％）下回った。

　収穫量は3万3,100ｔ、出荷量は2万2,100ｔで、前年産に比べそれぞれ3,500t（10％）、2,300ｔ（9％）減少した。

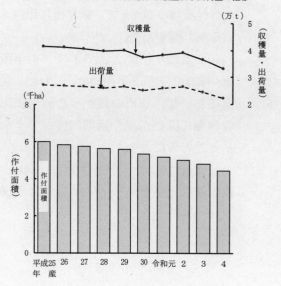

図34　さやいんげんの作付面積、収穫量及び出荷量の推移

表34　令和4年産さやいんげんの作付面積、10a当たり収量、収穫量及び出荷量（全国）

品　目	作付面積	10ａ当たり収量	収　穫　量	出　荷　量	対　前　年　産　比					(参考)対平均収量比
					作付面積	10ａ当たり収量	収穫量	出荷量		
	ha	kg	t	t	%	%	%	%		%
さやいんげん	4,460	742	33,100	22,100	93	98	90	91		103

エ　さやえんどう

　作付面積は 2,650ha で、前年産に比べ90ha（3％）減少した。

　10ａ当たり収量は 728kg で、前年産に比べ5kg（1％）上回った。

　収穫量は1万9,300ｔで前年産に比べ500t（3％）減少し、出荷量は1万3,100tで前年産に比べ100t（1％）増加した。

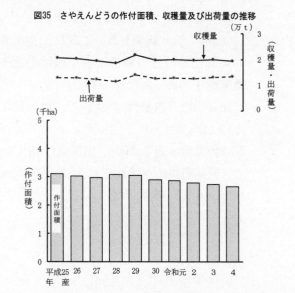

図35　さやえんどうの作付面積、収穫量及び出荷量の推移

表35　令和4年産さやえんどうの作付面積、10a当たり収量、収穫量及び出荷量（全国）

品　目	作付面積	10ａ当たり収量	収　穫　量	出　荷　量	対　前　年　産　比					(参考)対平均収量比
					作付面積	10ａ当たり収量	収穫量	出荷量		
	ha	kg	t	t	%	%	%	%		%
さやえんどう	2,650	728	19,300	13,100	97	101	97	101		106

36

オ グリーンピース

作付面積は600haで、前年産に比べ33ha（5％）減少した。

10a当たり収量は817kgで、前年産に比べ68kg（8％）下回った。これは、北海道において、作柄の良かった前年に比べ収穫期に降雨が続き適期収穫ができなかったこと等による。

収穫量は4,900t、出荷量は3,880tで、前年産に比べそれぞれ700t（12％）、560t（13％）減少した。

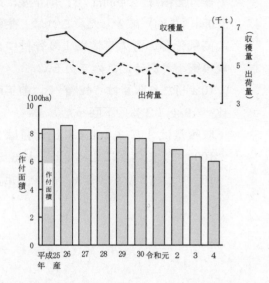

図36 グリーンピースの作付面積、収穫量及び出荷量の推移

表36 令和4年産グリーンピースの作付面積、10a当たり収量、収穫量及び出荷量（全国）

品　目	作付面積	10a当たり収量	収穫量	出荷量	対前年産比 作付面積	10a当たり収量	収穫量	出荷量	（参考）対平均収量比
	ha	kg	t	t	%	%	%	%	%
グリーンピース	600	817	4,900	3,880	95	92	88	87	102

カ そらまめ

作付面積は1,580haで、前年産に比べ110ha（7％）減少した。これは、生産者の高齢化等の労力事情により作付中止や規模縮小があったためである。

10a当たり収量は835kgで、前年産に比べ13kg（2％）上回った。

収穫量は1万3,200t、出荷量は9,470tで、前年産に比べそれぞれ700t（5％）、440t（4％）減少した。

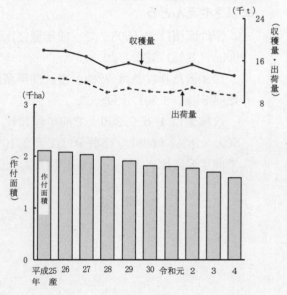

図37 そらまめの作付面積、収穫量及び出荷量の推移

表37 令和4年産そらまめの作付面積、10a当たり収量、収穫量及び出荷量（全国）

品　目	作付面積	10a当たり収量	収穫量	出荷量	対前年産比 作付面積	10a当たり収量	収穫量	出荷量	（参考）対平均収量比
	ha	kg	t	t	%	%	%	%	%
そらまめ	1,580	835	13,200	9,470	93	102	95	96	103

キ えだまめ

作付面積は1万2,700haで、前年産に比べ100ha（1％）減少した。

10a当たり収量は513kgで、前年産に比べ46kg（8％）下回った。これは、新潟県等において、生育期の日照不足や長雨の影響により着さや数が減少したことや肥大が緩慢になったこと等による。

収穫量は6万5,200t、出荷量は5万2,200tで、前年産に比べそれぞれ6,300kg（9％）、3,900t（7％）減少した。

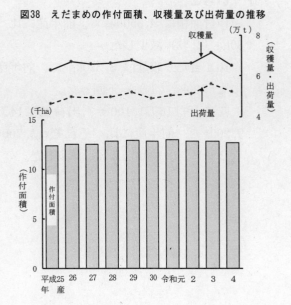

図38　えだまめの作付面積、収穫量及び出荷量の推移

表38　令和4年産えだまめの作付面積、10a当たり収量、収穫量及び出荷量（全国）

品　　　目	作付面積	10a当たり収量	収　穫　量	出　荷　量	対　前　年　産　比					(参考)対平均収量比
					作付面積	10a当たり収量	収穫量	出荷量		
	ha	kg	t	t	％	％	％	％		％
え　だ　ま　め	12,700	513	65,200	52,200	99	92	91	93		99

(4) 香辛野菜

しょうが

作付面積は1,690haで、前年産に比べ40ha（2％）減少した。

10a当たり収量は2,730kgで、前年産に比べ70kg（2％）下回った。

収穫量は4万6,200t、出荷量は3万6,800tで、前年産に比べそれぞれ2,300t（5％）、1,400t（4％）減少した。

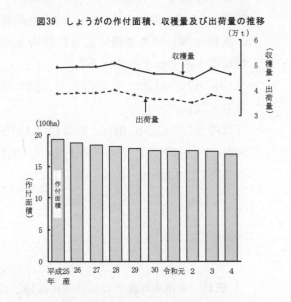

図39　しょうがの作付面積、収穫量及び出荷量の推移

表39　令和4年産しょうがの作付面積、10a当たり収量、収穫量及び出荷量（全国）

品　　　目	作付面積	10a当たり収量	収　穫　量	出　荷　量	対　前　年　産　比					(参考)対平均収量比
					作付面積	10a当たり収量	収穫量	出荷量		
	ha	kg	t	t	％	％	％	％		％
し　ょ　う　が	1,690	2,730	46,200	36,800	98	98	95	96		101

(5) 果実的野菜

ア いちご

作付面積は 4,850ha で、前年産に比べ80ha（2％）減少した。

10a 当たり収量は 3,320kg で、前年産に比べ20kg（1％）下回った。

収穫量は16万1,100t、出荷量は14万9,200tで、前年産に比べそれぞれ3,700t（2％）、3,100t（2％）減少した。

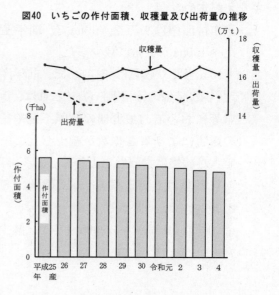

図40 いちごの作付面積、収穫量及び出荷量の推移

表40 令和4年産いちごの作付面積、10a当たり収量、収穫量及び出荷量（全国）

| 品　　　目 | 作付面積 | 10a 当たり収量 | 収 穫 量 | 出 荷 量 | 対　前　年　産　比 | | | | （参考）対平均収量比 |
					作付面積	10a 当たり収量	収穫量	出荷量	
	ha	kg	t	t	％	％	％	％	％
い　ち　ご	4,850	3,320	161,100	149,200	98	99	98	98	107

イ メロン

作付面積は 5,790ha で、前年産に比べ300ha（5％）減少した。これは、生産者の高齢化等の労力事情により作付中止や規模縮小があったためである。

10a 当たり収量は 2,460kg で、前年産並みとなった。

収穫量は 14万2,400t、出荷量は13万500t で、前年産に比べそれぞれ 7,600t（5％）、6,200t（5％）減少した。

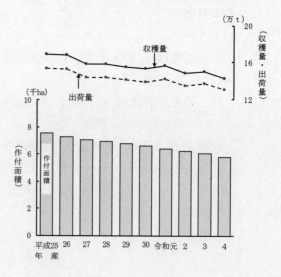

図41 メロンの作付面積、収穫量及び出荷量の推移

表41 令和4年産メロンの作付面積、10a当たり収量、収穫量及び出荷量（全国）

| 品　　　目 | 作付面積 | 10a 当たり収量 | 収 穫 量 | 出 荷 量 | 対　前　年　産　比 | | | | （参考）対平均収量比 |
					作付面積	10a 当たり収量	収穫量	出荷量	
	ha	kg	t	t	％	％	％	％	％
メ　ロ　ン	5,790	2,460	142,400	130,500	95	100	95	95	105

ウ　すいか

　作付面積は 8,940ha で、前年産に比べ
260ha（3％）減少した。 これは、生産者
の高齢化等の労力事情により作付中止や
規模縮小があったためである。

　10a当たり収量は 3,530kg で、前年産
に比べ60kg（2％）上回った。

　収穫量は31万5,900 t、出荷量は27万
3,900 t で、前年産に比べそれぞれ3,700t
（1％）、1,900 t（1％）減少した。

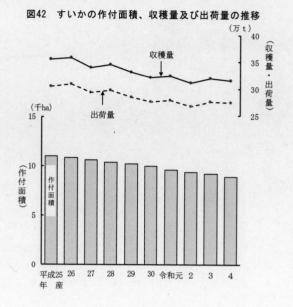

図42　すいかの作付面積、収穫量及び出荷量の推移

表42　令和4年産すいかの作付面積、10a当たり収量、収穫量及び出荷量（全国）

品　　目	作付面積	10a当たり収量	収　穫　量	出　荷　量	対　前　年　産　比				（参考）対平均収量比
					作付面積	10a当たり収量	収穫量	出荷量	
すいか	ha 8,940	kg 3,530	t 315,900	t 273,900	% 97	% 102	% 99	% 99	% 107

II 統 計 表

1 全国の作付面積、10a当たり収量、収穫量及び出荷量の推移

品　目		作　　　　付　　　　面　　　　積				
		平成29年産	30	令和元	2	3
		ha	ha	ha	ha	ha
計	(1)	468,700	464,100	457,900	448,700	443,200
根　菜　類	(2)	162,600	159,800	156,200	151,500	149,700
だ　い　こ　ん	(3)	32,000	31,400	30,900	29,800	29,200
春	(4)	4,530	4,450	4,350	4,230	4,200
夏	(5)	6,270	5,990	6,050	5,600	5,490
秋　　　　冬	(6)	21,200	21,000	20,500	19,900	19,500
か　　　　　　ぶ	(7)	4,420	4,300	4,210	4,160	4,010
に　ん　じ　ん	(8)	17,900	17,200	17,000	16,800	16,900
春　　　　夏	(9)	4,290	4,190	4,150	4,070	4,100
秋	(10)	5,840	5,410	5,370	5,210	5,240
冬	(11)	7,800	7,630	7,520	7,540	7,570
ご　ぼ　う	(12)	7,950	7,710	7,540	7,320	7,410
れ　ん　こ　ん	(13)	3,970	4,000	3,910	3,920	3,980
ば　れ　い　し　ょ	(14)	77,200	76,500	74,400	71,900	70,900
春　植　え	(15)	74,500	74,000	72,000	69,600	68,500
秋　植　え	(16)	2,640	2,510	2,410	2,310	2,400
さ　と　い　も	(17)	12,000	11,500	11,100	10,700	10,400
秋　　　　冬	(18)	11,900	11,500	11,100	10,700	10,400
そ　の　他	(19)	15	11	10	9	8
や　ま　の　い　も	(20)	7,150	7,120	7,130	6,930	6,890
葉　茎　菜　類	(21)	184,200	184,300	183,200	181,400	180,100
は　く　さ　い	(22)	17,200	17,000	16,700	16,600	16,500
春	(23)	1,850	1,840	1,810	1,800	1,830
夏	(24)	2,460	2,420	2,460	2,330	2,380
秋　　　　冬	(25)	12,900	12,700	12,500	12,500	12,300
こ　ま　つ　な	(26)	7,010	7,250	7,300	7,550	7,420
キ　ャ　ベ　ツ	(27)	34,800	34,600	34,600	34,000	34,300
春	(28)	9,080	9,040	8,860	8,770	8,900
夏　　　　秋	(29)	10,300	10,200	10,300	10,100	10,500
冬	(30)	15,400	15,400	15,400	15,100	15,000
ち　ん　げ　ん　さ　い	(31)	2,200	2,170	2,140	2,150	2,100
ほ　う　れ　ん　そ　う	(32)	20,500	20,300	19,900	19,600	19,300
ふ　　　　　　き	(33)	557	538	518	498	456
み　つ　ば	(34)	957	931	891	874	862
し　ゅ　ん　ぎ　く	(35)	1,930	1,880	1,830	1,830	1,800
み　ず　な	(36)	2,460	2,510	2,480	2,490	2,420
セ　ル　リ　ー	(37)	580	573	552	540	541
ア　ス　パ　ラ　ガ　ス	(38)	5,330	5,170	5,010	4,800	4,500

4	平成29年産	30	令和元	2	3	4	
ha	10	a	当 た	り 収	量		
ha	kg	kg	kg	kg	kg	kg	
437,000	…	…	…	…	…	…	(1)
147,700	…	…	…	…	…	…	(2)
28,100	4,140	4,230	4,210	4,210	4,280	4,200	(3)
4,050	4,850	4,730	4,730	4,630	4,770	4,750	(4)
5,290	4,150	4,010	4,150	4,170	4,080	3,850	(5)
18,800	3,990	4,180	4,110	4,140	4,240	4,170	(6)
3,870	2,700	2,740	2,670	2,520	2,700	2,720	(7)
16,500	3,330	3,340	3,500	3,490	3,760	3,530	(8)
3,980	3,870	3,710	3,900	3,830	4,020	3,910	(9)
5,050	3,540	3,300	3,910	3,830	4,170	3,580	(10)
7,430	2,870	3,160	2,970	3,060	3,330	3,300	(11)
7,140	1,790	1,750	1,810	1,730	1,790	1,630	(12)
4,020	1,550	1,530	1,350	1,400	1,290	1,400	(13)
71,400	3,100	2,950	3,220	3,070	3,070	3,200	(14)
69,100	3,160	2,990	3,270	3,110	3,120	3,250	(15)
2,260	1,520	1,820	1,730	1,680	1,510	1,690	(16)
10,100	1,240	1,260	1,260	1,300	1,370	1,370	(17)
10,100	1,250	1,260	1,260	1,300	1,370	1,370	(18)
10	627	591	549	553	573	650	(19)
6,630	2,230	2,210	2,420	2,460	2,570	2,370	(20)
178,300	…	…	…	…	…	…	(21)
16,000	5,120	5,230	5,240	5,380	5,450	5,470	(22)
1,850	6,410	6,310	6,450	6,460	6,490	6,300	(23)
2,410	7,500	7,400	7,300	7,040	7,010	7,120	(24)
11,800	4,480	4,680	4,630	4,900	4,990	4,970	(25)
7,390	1,600	1,590	1,570	1,610	1,610	1,630	(26)
33,900	4,100	4,240	4,250	4,220	4,330	4,300	(27)
8,720	4,180	4,170	4,020	4,060	4,190	4,130	(28)
10,200	4,780	4,900	4,860	4,740	4,920	4,900	(29)
15,000	3,610	3,830	3,990	3,970	3,970	3,990	(30)
2,050	1,960	1,940	1,920	1,930	1,990	1,960	(31)
18,900	1,110	1,120	1,090	1,090	1,090	1,110	(32)
419	1,920	1,900	1,800	1,800	1,850	1,830	(33)
826	1,610	1,610	1,570	1,530	1,590	1,620	(34)
1,730	1,500	1,490	1,470	1,500	1,510	1,500	(35)
2,320	1,710	1,720	1,790	1,760	1,710	1,680	(36)
532	5,550	5,430	5,690	5,460	5,550	5,510	(37)
4,360	492	513	535	556	560	596	(38)

1　全国の作付面積、10ａ当たり収量、収穫量及び出荷量の推移（続き）

品　目		収　　　穫　　　量				
		平成29年産	30	令和元	2	3
		t	t	t	t	t
計	(1)	13,344,000	13,036,000	13,407,000	13,045,000	12,875,000
根　菜　類	(2)	4,947,000	4,778,000	4,909,000	4,642,000	4,674,000
だ　い　こ　ん	(3)	1,325,000	1,328,000	1,300,000	1,254,000	1,251,000
春	(4)	219,700	210,400	205,600	195,700	200,500
夏	(5)	260,400	240,200	250,800	233,700	223,800
秋　　　　冬	(6)	845,000	876,900	843,500	824,300	826,700
か　　　　ぶ	(7)	119,300	117,700	112,600	104,800	108,200
に　ん　じ　ん	(8)	596,500	574,700	594,900	585,900	635,500
春　　　　夏	(9)	165,900	155,500	161,800	155,900	164,800
秋	(10)	206,600	178,500	210,100	199,400	218,700
冬	(11)	224,000	241,000	223,000	230,500	252,000
ご　ぼ　う	(12)	142,100	135,300	136,800	126,900	132,800
れ　ん　こ　ん	(13)	61,500	61,300	52,700	55,000	51,500
ば　れ　い　し　ょ	(14)	2,395,000	2,260,000	2,399,000	2,205,000	2,175,000
春　植　え	(15)	2,355,000	2,215,000	2,357,000	2,167,000	2,139,000
秋　植　え	(16)	40,100	45,600	41,800	38,900	36,300
さ　と　い　も	(17)	148,600	144,800	140,400	139,500	142,700
秋　　　　冬	(18)	148,500	144,700	140,300	139,400	142,700
そ　の　他	(19)	94	65	55	50	46
や　ま　の　い　も	(20)	159,300	157,400	172,700	170,500	177,400
葉　茎　菜　類	(21)	5,363,000	5,342,000	5,521,000	5,489,000	5,255,000
は　く　さ　い	(22)	880,900	889,900	874,800	892,300	899,900
春	(23)	118,500	116,100	116,800	116,200	118,800
夏	(24)	184,500	179,200	179,500	164,100	166,900
秋　　　　冬	(25)	577,900	594,800	578,500	612,000	614,200
こ　ま　つ　な	(26)	112,100	115,600	114,900	121,900	119,300
キ　ャ　ベ　ツ	(27)	1,428,000	1,467,000	1,472,000	1,434,000	1,485,000
春	(28)	379,300	376,800	356,500	356,200	372,500
夏　　　　秋	(29)	492,400	499,500	500,800	478,600	516,800
冬	(30)	555,800	590,100	614,300	598,800	595,900
ち　ん　げ　ん　さ　い	(31)	43,100	42,000	41,100	41,400	41,800
ほ　う　れ　ん　そ　う	(32)	228,100	228,300	217,800	213,900	210,500
ふ　　　　き	(33)	10,700	10,200	9,300	8,980	8,420
み　つ　ば	(34)	15,400	15,000	14,000	13,400	13,700
し　ゅ　ん　ぎ　く	(35)	29,000	28,000	26,900	27,400	27,200
み　ず　な	(36)	42,100	43,100	44,400	43,800	41,300
セ　ル　リ　ー	(37)	32,200	31,100	31,400	29,500	30,000
ア　ス　パ　ラ　ガ　ス	(38)	26,200	26,500	26,800	26,700	25,200

	出	荷			量		
4	平成29年産	30	令和元	2	3	4	
t	t	t	t	t	t	t	
12,842,000	11,419,000	11,197,000	11,574,000	11,258,000	11,106,000	11,137,000	(1)
4,620,000	4,121,000	3,989,000	4,129,000	3,899,000	3,925,000	3,910,000	(2)
1,181,000	1,087,000	1,089,000	1,073,000	1,035,000	1,033,000	986,600	(3)
192,400	200,200	191,700	187,000	179,100	183,800	176,500	(4)
203,800	237,800	218,900	230,900	214,800	205,700	187,400	(5)
784,400	649,400	678,300	654,900	640,700	643,400	622,700	(6)
105,100	98,800	97,900	93,300	87,100	90,700	87,900	(7)
582,100	533,700	512,500	533,800	525,900	572,400	525,200	(8)
155,700	153,700	142,900	148,900	143,400	152,400	143,300	(9)
180,900	187,400	161,400	191,500	181,300	198,800	165,500	(10)
245,500	192,600	208,200	193,400	201,200	221,200	216,300	(11)
116,700	122,800	117,200	119,400	111,000	116,700	102,700	(12)
56,200	51,600	51,600	44,500	46,400	43,200	47,300	(13)
2,283,000	1,996,000	1,889,000	2,027,000	1,857,000	1,823,000	1,933,000	(14)
2,245,000	1,966,000	1,855,000	1,996,000	1,827,000	1,796,000	1,904,000	(15)
38,300	30,100	34,700	31,400	29,100	27,400	29,700	(16)
138,700	97,000	95,300	92,100	92,400	96,100	94,300	(17)
138,600	96,900	95,300	92,100	92,300	96,000	94,300	(18)
65	84	58	48	42	39	50	(19)
157,200	134,300	134,400	145,500	144,300	150,000	133,300	(20)
5,328,000	4,707,000	4,713,000	4,890,000	4,853,000	4,642,000	4,721,000	(21)
874,600	726,800	734,400	726,500	741,100	744,800	728,400	(22)
116,500	109,000	106,900	107,600	107,200	109,900	108,000	(23)
171,700	167,200	162,700	163,200	149,800	149,500	153,500	(24)
586,500	450,700	464,800	455,700	484,100	485,300	467,000	(25)
120,100	99,200	102,500	102,100	109,400	106,900	107,900	(26)
1,458,000	1,280,000	1,319,000	1,325,000	1,293,000	1,330,000	1,310,000	(27)
360,300	342,600	340,600	323,700	323,900	339,300	328,300	(28)
499,400	440,200	447,900	449,900	429,900	453,600	438,600	(29)
598,500	497,300	530,100	551,400	538,700	536,900	542,700	(30)
40,100	38,000	37,500	36,100	36,800	37,200	35,800	(31)
209,800	193,300	194,800	184,900	182,700	179,700	179,000	(32)
7,680	9,130	8,560	7,850	7,660	7,190	6,600	(33)
13,400	14,400	14,000	13,200	12,400	12,700	12,500	(34)
26,000	23,500	22,600	21,800	22,600	22,400	21,600	(35)
39,000	38,000	39,000	39,800	38,900	36,800	34,900	(36)
29,300	30,600	29,500	30,000	28,100	28,800	28,100	(37)
26,000	23,000	23,200	23,600	23,600	22,400	23,100	(38)

1　全国の作付面積、10ａ当たり収量、収穫量及び出荷量の推移（続き）

品　目		作　付　面　積				
		平成29年産	30	令和元	2	3
		ha	ha	ha	ha	ha
カ リ フ ラ ワ ー	(39)	1,230	1,200	1,230	1,220	1,240
ブ ロ ッ コ リ ー	(40)	14,900	15,400	16,000	16,600	16,900
レ　タ　ス	(41)	21,800	21,700	21,200	20,700	20,000
春	(42)	4,480	4,390	4,310	4,150	4,090
夏　　　秋	(43)	9,290	9,260	9,100	8,840	8,390
冬	(44)	7,990	8,030	7,790	7,740	7,520
ね　　　ぎ	(45)	22,600	22,400	22,400	22,000	21,800
春	(46)	3,460	3,430	3,410	3,370	3,280
夏　　　秋	(47)	5,000	4,920	4,910	4,800	4,840
秋　　　冬	(48)	14,100	14,000	14,100	13,800	13,700
に　　　ら	(49)	2,060	2,020	2,000	1,980	1,930
た　ま　ね　ぎ	(50)	25,600	26,200	25,900	25,500	25,500
に　ん　に　く	(51)	2,430	2,470	2,510	2,530	2,520
果　菜　類	(52)	98,000	96,500	95,600	93,500	91,400
き　ゅ　う　り	(53)	10,800	10,600	10,300	10,100	9,940
冬　　　春	(54)	2,830	2,760	2,720	2,660	2,630
夏　　　秋	(55)	7,940	7,810	7,580	7,440	7,320
か　ぼ　ち　ゃ	(56)	15,800	15,200	15,300	14,800	14,500
な　　　す	(57)	9,160	8,970	8,650	8,420	8,260
冬　　　春	(58)	1,080	1,080	1,070	1,050	1,040
夏　　　秋	(59)	8,080	7,890	7,580	7,370	7,230
ト　マ　ト	(60)	12,000	11,800	11,600	11,400	11,400
冬　　　春	(61)	4,030	3,970	3,920	3,870	3,840
夏　　　秋	(62)	7,980	7,810	7,660	7,550	7,550
ピ　ー　マ　ン	(63)	3,250	3,220	3,200	3,160	3,190
冬　　　春	(64)	739	741	745	729	725
夏　　　秋	(65)	2,510	2,480	2,460	2,430	2,470
ス イ ー ト コ ー ン	(66)	22,700	23,100	23,000	22,400	21,500
さ や い ん げ ん	(67)	5,590	5,330	5,190	5,020	4,810
さ や え ん ど う	(68)	3,050	2,910	2,870	2,800	2,740
グ リ ー ン ピ ー ス	(69)	772	760	731	685	633
そ　ら　ま　め	(70)	1,900	1,810	1,790	1,770	1,690
え　だ　ま　め	(71)	12,900	12,800	13,000	12,800	12,800
香　辛　野　菜						
し　ょ　う　が	(72)	1,780	1,750	1,740	1,750	1,730
果　実　的　野　菜	(73)	22,200	21,800	21,200	20,600	20,200
い　　ち　　ご	(74)	5,280	5,200	5,110	5,020	4,930
メ　ロ　ン	(75)	6,770	6,630	6,410	6,250	6,090
す　い　か	(76)	10,200	9,970	9,640	9,350	9,200

4	10	a	当	た	り	収	量	
	平成29年産	30	令和元	2	3	4		
ha	kg	kg	kg	kg	kg	kg		
1,250	1,630	1,640	1,740	1,720	1,740	1,780		(39)
17,200	970	999	1,060	1,050	1,020	1,010		(40)
19,900	2,680	2,700	2,730	2,720	2,730	2,780		(41)
3,930	2,750	2,750	2,750	2,780	2,780	2,810		(42)
8,480	3,170	3,010	3,010	2,990	3,040	3,090		(43)
7,520	2,070	2,320	2,390	2,390	2,360	2,400		(44)
21,800	2,030	2,020	2,080	2,010	2,020	2,030		(45)
3,320	2,380	2,260	2,370	2,370	2,290	2,300		(46)
4,800	1,830	1,750	1,840	1,840	1,850	1,870		(47)
13,700	2,020	2,070	2,080	1,980	2,010	2,020		(48)
1,890	2,890	2,900	2,920	2,880	2,920	2,870		(49)
25,200	4,800	4,410	5,150	5,320	4,300	4,840		(50)
2,550	852	818	829	838	802	800		(51)
89,800	…	…	…	…	…	…		(52)
9,770	5,180	5,190	5,320	5,340	5,550	5,620		(53)
2,580	10,800	10,800	10,700	10,600	11,000	11,100		(54)
7,190	3,210	3,220	3,400	3,440	3,570	3,650		(55)
14,500	1,270	1,050	1,210	1,260	1,200	1,260		(56)
7,950	3,360	3,350	3,490	3,530	3,600	3,710		(57)
1,030	11,000	10,800	11,200	11,100	11,000	11,100		(58)
6,920	2,330	2,330	2,400	2,450	2,530	2,600		(59)
11,200	6,140	6,140	6,210	6,190	6,360	6,320		(60)
3,790	9,980	10,300	10,200	9,940	10,300	10,200		(61)
7,380	4,200	4,030	4,180	4,260	4,370	4,360		(62)
3,170	4,520	4,360	4,550	4,530	4,660	4,730		(63)
746	10,600	10,200	10,500	10,200	10,500	10,600		(64)
2,420	2,750	2,600	2,750	2,850	2,940	2,940		(65)
21,300	1,020	942	1,040	1,050	1,020	980		(66)
4,460	712	702	738	775	761	742		(67)
2,650	711	674	697	696	723	728		(68)
600	830	782	860	818	885	817		(69)
1,580	816	801	788	864	822	835		(70)
12,700	525	498	508	518	559	513		(71)
1,690	2,710	2,660	2,670	2,550	2,800	2,730		(72)
19,600	…	…	…	…	…	…		(73)
4,850	3,100	3,110	3,230	3,170	3,340	3,320		(74)
5,790	2,290	2,310	2,430	2,370	2,460	2,460		(75)
8,940	3,250	3,220	3,360	3,330	3,470	3,530		(76)

1　全国の作付面積、10a当たり収量、収穫量及び出荷量の推移（続き）

品　目		収　　　穫　　　量				
		平成29年産	30	令和元	2	3
		t	t	t	t	t
カ リ フ ラ ワ ー	(39)	20,100	19,700	21,400	21,000	21,600
ブ ロ ッ コ リ ー	(40)	144,600	153,800	169,500	174,500	171,600
レ 　タ 　ス	(41)	583,200	585,600	578,100	563,900	546,800
春	(42)	123,200	120,700	118,500	115,200	113,800
夏 　　秋	(43)	294,500	278,500	273,600	264,200	255,100
冬	(44)	165,500	186,300	186,000	184,600	177,800
ね 　　　ぎ	(45)	458,800	452,900	465,300	441,100	440,400
春	(46)	82,400	77,500	80,900	80,000	75,200
夏 秋	(47)	91,500	86,200	90,500	88,100	89,600
秋 　　　冬	(48)	284,900	289,300	293,900	273,000	275,600
に 　　　ら	(49)	59,600	58,500	58,300	57,000	56,300
た ま ね ぎ	(50)	1,228,000	1,155,000	1,334,000	1,357,000	1,096,000
に ん に く	(51)	20,700	20,200	20,800	21,200	20,200
果 　菜 　類	(52)	2,336,000	2,233,000	2,286,000	2,252,000	2,263,000
き ゅ う り	(53)	559,500	550,000	548,100	539,200	551,300
冬 　　春	(54)	304,800	298,100	290,100	283,100	289,700
夏 　　秋	(55)	254,800	251,800	258,000	256,100	261,500
か ぼ ち ゃ	(56)	201,300	159,300	185,600	186,600	174,300
な 　　　す	(57)	307,800	300,400	301,700	297,000	297,700
冬 　　春	(58)	119,200	116,900	119,700	116,200	114,500
夏 　　秋	(59)	188,600	183,500	182,000	180,800	183,200
ト 　マ 　ト	(60)	737,200	724,200	720,600	706,000	725,200
冬 　　春	(61)	402,300	409,600	400,400	384,600	394,900
夏 　　秋	(62)	334,900	314,600	320,200	321,300	330,300
ピ ー マ ン	(63)	147,000	140,300	145,700	143,100	148,500
冬 　　春	(64)	78,100	75,900	78,200	74,000	75,800
夏 　　秋	(65)	68,900	64,400	67,600	69,200	72,700
ス イ ー ト コ ー ン	(66)	231,700	217,600	239,000	234,700	218,800
さ や い ん げ ん	(67)	39,800	37,400	38,300	38,900	36,600
さ や え ん ど う	(68)	21,700	19,600	20,000	19,500	19,800
グ リ ー ン ピ ー ス	(69)	6,410	5,940	6,290	5,600	5,600
そ ら ま め	(70)	15,500	14,500	14,100	15,300	13,900
え だ ま め	(71)	67,700	63,800	66,100	66,300	71,500
香 辛 野 菜 し ょ う が	(72)	48,300	46,600	46,500	44,700	48,500
果 実 的 野 菜	(73)	649,800	635,300	645,400	618,000	634,400
い 　ち 　ご	(74)	163,700	161,800	165,200	159,200	164,800
メ 　ロ 　ン	(75)	155,000	152,900	156,000	147,900	150,000
す 　い 　か	(76)	331,100	320,600	324,200	310,900	319,600

	出		荷		量		
4	平成29年産	30	令和元	2	3	4	
t	t	t	t	t	t	t	
17,000	17,000	16,600	18,300	18,000	18,500	19,200	(39)
130,200	130,200	138,900	153,700	158,200	155,500	157,100	(40)
542,300	542,300	553,200	545,600	531,600	516,400	519,900	(41)
115,700	115,700	113,400	111,200	108,000	107,100	103,800	(42)
273,700	273,700	267,200	262,100	252,200	244,800	248,400	(43)
152,800	152,800	172,700	172,300	171,300	164,600	167,800	(44)
374,400	374,400	370,300	382,500	364,100	364,700	367,700	(45)
72,900	72,900	68,700	71,800	71,300	67,200	68,100	(46)
81,300	81,300	76,600	80,700	78,900	80,400	80,300	(47)
220,200	220,200	225,100	230,100	213,900	217,200	219,400	(48)
53,900	53,900	52,900	52,900	51,500	51,500	49,800	(49)
1,099,000	1,099,000	1,042,000	1,211,000	1,218,000	992,900	1,105,000	(50)
14,500	14,500	14,400	15,000	15,000	14,000	14,000	(51)
1,977,000	1,977,000	1,894,000	1,946,000	1,922,000	1,935,000	1,916,000	(52)
483,200	483,200	476,100	474,700	468,000	478,800	476,900	(53)
286,500	286,500	280,500	272,100	266,200	272,500	269,200	(54)
196,700	196,700	195,600	202,600	201,900	206,400	207,800	(55)
161,000	161,000	125,200	149,700	151,000	140,400	149,200	(56)
241,400	241,400	236,100	239,500	236,400	237,800	236,900	(57)
112,400	112,400	110,300	112,900	109,100	107,800	108,000	(58)
129,000	129,000	125,800	126,500	127,300	130,000	128,900	(59)
667,800	667,800	657,100	653,800	640,900	659,900	645,300	(60)
381,700	381,700	388,800	379,600	364,700	375,400	366,200	(61)
286,100	286,100	268,300	274,200	276,200	284,500	279,100	(62)
129,800	129,800	124,500	129,500	127,400	132,200	134,100	(63)
73,900	73,900	71,900	74,000	70,300	71,600	74,600	(64)
55,900	55,900	52,600	55,600	57,100	60,500	59,500	(65)
186,300	186,300	174,400	195,000	192,600	178,400	172,600	(66)
26,400	26,400	24,900	25,800	26,500	24,400	22,100	(67)
13,800	13,800	12,500	12,800	12,500	13,000	13,100	(68)
5,060	5,060	4,680	5,000	4,450	4,440	3,880	(69)
10,700	10,700	10,100	9,970	10,900	9,910	9,470	(70)
51,800	51,800	48,700	50,500	51,200	56,100	52,200	(71)
38,100	38,100	36,400	36,400	35,100	38,200	36,800	(72)
575,300	575,300	563,800	573,100	549,600	564,800	553,600	(73)
150,200	150,200	148,600	152,100	146,800	152,300	149,200	(74)
140,700	140,700	138,700	141,900	134,700	136,700	130,500	(75)
284,400	284,400	276,500	279,100	268,100	275,800	273,900	(76)

2　令和4年産野菜指定産地の作付面積、収穫量及び出荷量

品　　目	作付面積	収穫量	出荷量
	ha	t	t
計	152,500	6,682,000	6,105,000
だ　い　こ　ん	8,230	449,300	414,300
春	1,120	66,100	62,900
夏	3,260	138,900	130,600
秋　　　　　冬	3,850	244,300	220,800
に　ん　じ　ん	10,800	427,500	395,200
春　　　　　夏	2,510	106,400	99,100
秋	4,000	156,900	146,200
冬	4,260	164,200	149,900
ば　れ　い　し　ょ （じゃがいも）	48,600	1,738,000	1,548,000
秋冬さといも	1,070	20,100	15,000
は　く　さ　い	5,970	441,200	400,000
春	902	65,500	61,900
夏	2,020	158,900	142,200
秋　　　　　冬	3,050	216,800	195,900
キ　ャ　ベ　ツ	17,600	880,100	803,900
春	3,280	147,400	138,300
夏　　　　　秋	6,670	385,400	340,000
冬	7,690	347,300	325,600
ほ　う　れ　ん　そ　う	5,960	61,100	54,800
レ　　タ　　ス	14,800	434,100	413,200
春	2,250	64,100	61,500
夏　　　　　秋	7,040	232,600	222,300
冬	5,510	137,400	129,400
ね　　　　　　ぎ	5,750	126,800	111,800
春	755	18,600	17,400
夏	1,280	28,000	25,500
秋　　　　　冬	3,720	80,200	68,900
た　ま　ね　ぎ	20,100	1,063,000	991,700
き　ゅ　う　り	4,630	348,500	315,900
冬　　　　　春	1,740	217,500	204,700
夏　　　　　秋	2,900	131,000	111,200
な　　　　　　す	2,080	154,500	139,900
冬　　　　　春	810	99,800	94,400
夏　　　　　秋	1,270	54,700	45,500
ト　　マ　　ト	5,580	435,200	405,900
冬　　　　　春	2,240	252,600	241,000
夏　　　　　秋	3,340	182,600	164,900
ピ　ー　マ　ン	1,360	102,200	95,500
冬　　　　　春	617	70,300	66,600
夏　　　　　秋	741	31,900	28,900

注：　数値は、野菜指定産地が含まれている市町村（令和4年5月6日農林水産省告示第868号）の作付面積、
　　収穫量及び出荷量の合計である。

3　令和4年産都道府県別の作付面積、10ａ当たり収量、収穫量及び出荷量

(1)　だいこん
ア　計

全国農業地域 都　道　府　県		作付面積	10ａ当たり 収　　量	収　穫　量	出　荷　量	対　前　年　産　比				(参考) 対平均 収量比
						作付面積	10ａ当たり 収　量	収穫量	出荷量	
		ha	kg	t	t	%	%	%	%	%
全　　　国	(1)	28,100	4,200	1,181,000	986,600	96	98	94	96	99
(全国農業地域)										
北　海　道	(2)	2,780	4,630	128,800	121,400	93	96	90	90	94
都　府　県	(3)	25,300	4,160	1,052,000	865,100	nc	nc	nc	nc	nc
東　　　北	(4)	5,420	3,440	186,700	140,200	96	96	92	92	96
北　　　陸	(5)	1,820	3,300	60,100	50,500	95	95	90	100	102
関東・東山	(6)	7,270	5,080	369,600	318,200	nc	nc	nc	nc	nc
東　　　海	(7)	1,800	3,940	70,900	57,100	nc	nc	nc	nc	nc
近　　　畿	(8)	947	3,560	33,700	21,400	nc	nc	nc	nc	nc
中　　　国	(9)	1,510	2,830	42,700	25,200	nc	nc	nc	nc	nc
四　　　国	(10)	818	4,890	40,000	33,900	nc	nc	nc	nc	nc
九　　　州	(11)	5,740	4,320	247,800	218,300	nc	nc	nc	nc	nc
沖　　　縄	(12)	21	2,200	461	329	nc	nc	nc	nc	nc
(都道府県)										
北　海　道	(13)	2,780	4,630	128,800	121,400	93	96	90	90	94
青　　　森	(14)	2,700	3,970	107,300	97,900	97	96	94	94	95
岩　　　手	(15)	813	2,770	22,500	16,400	95	89	85	83	93
宮　　　城	(16)	401	2,050	8,210	2,980	87	98	85	77	100
秋　　　田	(17)	517	2,750	14,200	6,170	97	86	83	76	96
山　　　形	(18)	398	3,540	14,100	8,180	95	102	97	98	102
福　　　島	(19)	586	3,480	20,400	8,610	96	102	98	100	103
茨　　　城	(20)	1,140	4,750	54,200	44,700	98	99	98	98	101
栃　　　木	(21)	334	4,010	13,400	10,600	108	116	125	139	99
群　　　馬	(22)	726	3,980	28,900	21,700	93	95	88	94	102
埼　　　玉	(23)	506	4,760	24,100	19,300	99	101	100	99	113
千　　　葉	(24)	2,500	5,800	144,900	134,500	97	101	98	98	105
東　　　京	(25)	199	4,050	8,050	7,440	96	100	96	96	93
神　奈　川	(26)	1,060	7,110	75,400	68,800	99	103	102	101	99
新　　　潟	(27)	1,260	3,480	43,800	37,000	96	93	89	102	102
富　　　山	(28)	139	2,450	3,400	2,590	95	97	91	87	109
石　　　川	(29)	190	3,930	7,460	6,070	89	98	87	90	100
福　　　井	(30)	225	2,400	5,410	4,860	97	108	104	105	101
山　　　梨	(31)	198	2,450	4,850	2,560	nc	nc	nc	nc	nc
長　　　野	(32)	608	2,600	15,800	8,620	94	103	97	106	102
岐　　　阜	(33)	520	3,880	20,200	15,300	98	107	105	106	109
静　　　岡	(34)	472	3,960	18,700	15,700	103	97	100	103	93
愛　　　知	(35)	541	4,360	23,600	20,300	97	99	96	96	110
三　　　重	(36)	270	3,120	8,420	5,800	nc	nc	nc	nc	nc
滋　　　賀	(37)	115	3,230	3,710	2,070	99	106	105	106	103
京　　　都	(38)	250	2,730	6,830	4,370	nc	nc	nc	nc	nc
大　　　阪	(39)	30	4,000	1,200	792	nc	nc	nc	nc	nc
兵　　　庫	(40)	344	3,230	11,100	5,710	96	104	100	100	99
奈　　　良	(41)	90	3,420	3,080	1,840	99	100	99	98	94
和　歌　山	(42)	118	6,600	7,790	6,660	92	100	92	92	98
鳥　　　取	(43)	218	3,510	7,650	4,000	nc	nc	nc	nc	nc
島　　　根	(44)	247	2,390	5,900	1,940	nc	nc	nc	nc	nc
岡　　　山	(45)	223	3,580	7,990	5,630	90	93	84	84	98
広　　　島	(46)	447	2,350	10,500	5,800	100	102	102	105	94
山　　　口	(47)	379	2,820	10,700	7,780	97	113	110	111	104
徳　　　島	(48)	318	7,080	22,500	20,300	92	105	97	99	102
香　　　川	(49)	144	4,420	6,360	5,390	95	82	78	76	86
愛　　　媛	(50)	212	2,830	5,990	4,590	nc	nc	nc	nc	nc
高　　　知	(51)	144	3,550	5,110	3,580	nc	nc	nc	nc	nc
福　　　岡	(52)	308	4,510	13,900	11,600	99	100	99	99	100
佐　　　賀	(53)	73	3,410	2,490	1,060	nc	nc	nc	nc	nc
長　　　崎	(54)	604	6,800	41,100	36,300	91	99	90	90	98
熊　　　本	(55)	796	2,930	23,300	19,500	97	104	101	101	99
大　　　分	(56)	359	3,290	11,800	8,320	99	101	100	100	98
宮　　　崎	(57)	1,640	3,950	64,800	58,300	95	97	92	92	96
鹿　児　島	(58)	1,970	4,590	90,400	83,200	100	98	98	100	100
沖　　　縄	(59)	21	2,200	461	329	nc	nc	nc	nc	nc
関東農政局	(60)	7,740	5,020	388,300	333,900	nc	nc	nc	nc	nc
東海農政局	(61)	1,330	3,920	52,200	41,400	nc	nc	nc	nc	nc
中国四国農政局	(62)	2,330	3,550	82,700	59,000	nc	nc	nc	nc	nc

注:　「(参考)対平均収量比」とは、10ａ当たり平均収量（原則として直近7か年のうち、最高及び最低を除いた5か年の平均値）に対する当年産の
　　　10ａ当たり収量の比率である。
　　　なお、直近7か年のうち、3か年分の10ａ当たり収量のデータが確保できない場合は、10ａ当たり平均収量を作成していない（以下 (41) まで同
　　　じ。）。

イ 春だいこん

作 付 面 積	10 a 当たり 収 量	収 穫 量	出 荷 量	対 前 年 産 比					(参考) 対平均 収量比	
				作付面積	10 a 当たり 収 量	収 穫 量	出 荷 量		
ha	kg	t	t	%	%	%	%	%	
4,050	4,750	192,400	176,500	96	100	96	96	100	(1)
192	5,050	9,700	9,240	91	102	92	94	99	(2)
3,860	4,730	182,700	167,300	nc	nc	nc	nc	nc	(3)
494	4,570	22,600	20,700	nc	nc	nc	nc	nc	(4)
98	3,600	3,530	3,200	nc	nc	nc	nc	nc	(5)
1,730	5,120	88,600	81,800	nc	nc	nc	nc	nc	(6)
302	4,070	12,300	11,300	nc	nc	nc	nc	nc	(7)
88	3,850	3,390	2,890	nc	nc	nc	nc	nc	(8)
168	3,510	5,890	5,010	nc	nc	nc	nc	nc	(9)
132	4,720	6,230	5,540	nc	nc	nc	nc	nc	(10)
845	4,760	40,200	36,800	nc	nc	nc	nc	nc	(11)
3	2,350	61	44	nc	nc	nc	nc	nc	(12)
192	5,050	9,700	9,240	91	102	92	94	99	(13)
393	5,100	20,000	18,900	96	103	98	98	100	(14)
19	2,250	428	155	nc	nc	nc	nc	nc	(15)
31	2,380	738	519	nc	nc	nc	nc	94	(16)
2	2,000	40	30	nc	nc	nc	nc	nc	(17)
23	2,830	651	521	nc	nc	nc	nc	nc	(18)
26	2,690	699	539	nc	nc	nc	nc	nc	(19)
284	5,110	14,500	13,000	98	100	98	98	109	(20)
45	4,370	1,970	1,740	100	97	97	94	97	(21)
81	3,800	3,080	2,720	96	103	99	97	110	(22)
155	5,350	8,290	7,170	105	103	109	109	108	(23)
1,010	5,390	54,400	51,300	96	98	94	94	97	(24)
32	3,890	1,240	1,140	nc	nc	nc	nc	nc	(25)
93	4,520	4,200	4,040	96	104	99	99	96	(26)
41	2,980	1,220	1,100	nc	nc	nc	nc	nc	(27)
12	3,200	384	331	nc	nc	nc	nc	nc	(28)
8	4,160	333	267	nc	nc	nc	nc	nc	(29)
37	4,300	1,590	1,500	154	103	159	162	103	(30)
17	2,960	503	438	nc	nc	nc	nc	nc	(31)
12	3,170	380	283	nc	nc	nc	nc	nc	(32)
68	3,720	2,530	2,280	99	101	100	100	95	(33)
72	4,290	3,090	2,890	104	99	104	104	112	(34)
145	4,160	6,030	5,660	95	96	91	90	103	(35)
17	3,950	672	488	nc	nc	nc	nc	nc	(36)
18	5,080	914	835	nc	nc	nc	nc	nc	(37)
19	2,430	462	412	nc	nc	nc	nc	nc	(38)
4	3,030	121	99	nc	nc	nc	nc	nc	(39)
24	2,750	660	554	nc	nc	nc	nc	92	(40)
7	3,380	237	178	nc	nc	nc	nc	nc	(41)
16	6,280	1,000	811	nc	nc	nc	nc	nc	(42)
7	2,920	204	122	nc	nc	nc	nc	nc	(43)
10	2,510	251	160	nc	nc	nc	nc	nc	(44)
31	4,180	1,300	1,170	97	91	88	88	87	(45)
52	3,250	1,690	1,480	100	111	110	117	108	(46)
68	3,590	2,440	2,080	94	126	118	120	122	(47)
35	5,550	1,940	1,720	nc	nc	nc	nc	nc	(48)
52	5,950	3,090	2,820	100	80	80	77	83	(49)
25	3,110	778	656	nc	nc	nc	nc	nc	(50)
20	2,130	426	339	nc	nc	nc	nc	nc	(51)
78	3,330	2,600	2,270	99	99	97	98	92	(52)
8	3,050	244	159	nc	nc	nc	nc	nc	(53)
179	7,780	13,900	13,200	82	101	83	84	105	(54)
149	3,420	5,100	4,540	98	103	101	102	110	(55)
63	3,380	2,130	1,760	100	107	107	107	103	(56)
55	4,500	2,480	2,250	nc	nc	nc	nc	nc	(57)
313	4,380	13,700	12,600	102	101	103	103	99	(58)
3	2,350	61	44	nc	nc	nc	nc	nc	(59)
1,800	5,090	91,700	84,700	nc	nc	nc	nc	nc	(60)
230	4,010	9,230	8,430	nc	nc	nc	nc	nc	(61)
300	4,030	12,100	10,500	nc	nc	nc	nc	nc	(62)

3　令和4年産都道府県別の作付面積、10a当たり収量、収穫量及び出荷量　（続き）

（1）　だいこん（続き）
ウ　夏だいこん

全国農業地域・都道府県		作付面積	10a当たり収量	収穫量	出荷量	対前年産比				（参考）対平均収量比
						作付面積	10a当たり収量	収穫量	出荷量	
		ha	kg	t	t	%	%	%	%	%
全　国	(1)	5,290	3,850	203,800	187,400	96	94	91	91	94
（全国農業地域）										
北　海　道	(2)	2,100	4,590	96,400	91,400	96	95	92	92	92
都　府　県	(3)	3,190	3,370	107,400	96,000	nc	nc	nc	nc	nc
東　北	(4)	1,910	3,650	69,800	63,200	nc	nc	nc	nc	nc
北　陸	(5)	37	1,410	522	314	nc	nc	nc	nc	nc
関東・東山	(6)	561	3,230	18,100	15,800	nc	nc	nc	nc	nc
東　海	(7)	169	4,430	7,480	6,830	nc	nc	nc	nc	nc
近　畿	(8)	38	3,950	1,500	1,350	nc	nc	nc	nc	nc
中　国	(9)	149	2,740	4,090	3,530	nc	nc	nc	nc	nc
四　国	(10)	40	2,090	835	678	nc	nc	nc	nc	nc
九　州	(11)	282	1,800	5,070	4,340	nc	nc	nc	nc	nc
沖　縄	(12)	0	767	0	0	nc	nc	nc	nc	nc
（都道府県）										
北　海　道	(13)	2,100	4,590	96,400	91,400	96	95	92	92	92
青　森	(14)	1,370	4,010	54,900	50,300	96	91	87	87	92
岩　手	(15)	312	3,080	9,610	8,660	90	91	82	82	98
宮　城	(16)	47	1,600	752	486	nc	nc	nc	nc	nc
秋　田	(17)	70	2,440	1,710	1,490	nc	nc	nc	nc	nc
山　形	(18)	45	3,150	1,420	1,160	nc	nc	nc	nc	nc
福　島	(19)	67	2,090	1,400	1,080	nc	nc	nc	nc	nc
茨　城	(20)	12	1,810	217	82	nc	nc	nc	nc	nc
栃　木	(21)	47	2,060	968	845	94	100	94	95	97
群　馬	(22)	256	4,020	10,300	9,240	100	100	100	101	102
埼　玉	(23)	21	2,240	470	261	nc	nc	nc	nc	nc
千　葉	(24)	18	2,480	446	348	nc	nc	nc	nc	nc
東　京	(25)	5	2,140	98	84	nc	nc	nc	nc	nc
神　奈　川	(26)	6	2,330	140	118	nc	nc	nc	nc	nc
新　潟	(27)	30	1,150	345	160	nc	nc	nc	nc	nc
富　山	(28)	5	2,680	134	126	63	75	47	47	117
石　川	(29)	1	2,800	28	26	nc	nc	nc	nc	nc
福　井	(30)	1	1,500	15	2	nc	nc	nc	nc	nc
山　梨	(31)	13	2,480	322	265	nc	nc	nc	nc	nc
長　野	(32)	183	2,800	5,120	4,540	102	119	121	124	119
岐　阜	(33)	136	5,190	7,060	6,500	101	108	108	109	105
静　岡	(34)	2	2,450	54	50	nc	nc	nc	nc	nc
愛　知	(35)	27	1,130	305	244	nc	nc	nc	nc	nc
三　重	(36)	4	1,430	57	33	nc	nc	nc	nc	nc
滋　賀	(37)	2	1,600	32	20	nc	nc	nc	nc	nc
京　都	(38)	1	1,400	18	16	nc	nc	nc	nc	nc
大　阪	(39)	-	-	-	-	nc	nc	nc	nc	nc
兵　庫	(40)	30	4,610	1,380	1,280	100	104	103	103	106
奈　良	(41)	5	1,220	61	28	nc	nc	nc	nc	nc
和　歌　山	(42)	0	2,670	11	10	nc	nc	nc	nc	nc
鳥　取	(43)	10	3,490	349	279	nc	nc	nc	nc	nc
島　根	(44)	7	1,500	105	78	nc	nc	nc	nc	nc
岡　山	(45)	45	3,470	1,560	1,390	92	91	84	84	95
広　島	(46)	50	2,630	1,320	1,170	100	107	107	107	91
山　口	(47)	37	2,030	751	610	93	120	111	111	111
徳　島	(48)	2	1,400	34	22	nc	nc	nc	nc	nc
香　川	(49)	2	1,200	24	5	nc	nc	nc	nc	nc
愛　媛	(50)	34	2,230	758	643	nc	nc	nc	nc	nc
高　知	(51)	2	950	19	8	nc	nc	nc	nc	nc
福　岡	(52)	9	900	81	67	nc	nc	nc	nc	nc
佐　賀	(53)	2	1,250	25	16	nc	nc	nc	nc	nc
長　崎	(54)	3	2,030	63	41	nc	nc	nc	nc	nc
熊　本	(55)	185	1,820	3,370	2,900	96	118	114	114	117
大　分	(56)	55	1,750	963	832	nc	nc	nc	nc	nc
宮　崎	(57)	1	900	9	6	nc	nc	nc	nc	nc
鹿　児　島	(58)	27	2,050	554	477	nc	nc	nc	nc	nc
沖　縄	(59)	0	767	0	0	nc	nc	nc	nc	nc
関東農政局	(60)	563	3,210	18,100	15,800	nc	nc	nc	nc	nc
東海農政局	(61)	167	4,440	7,420	6,780	nc	nc	nc	nc	nc
中国四国農政局	(62)	189	2,600	4,920	4,210	nc	nc	nc	nc	nc

エ　秋冬だいこん

作付面積	10a当たり収量	収穫量	出荷量	対前年産比				(参考)対平均収量比	
				作付面積	10a当たり収量	収穫量	出荷量		
ha	kg	t	t	%	%	%	%	%	
18,800	4,170	784,400	622,700	96	98	95	97	100	(1)
489	4,640	22,700	20,800	84	99	82	83	103	(2)
18,300	4,160	761,700	601,900	nc	nc	nc	nc	nc	(3)
3,010	3,130	94,300	56,400	97	99	97	99	99	(4)
1,680	3,330	56,000	47,000	94	95	89	99	101	(5)
4,980	5,280	263,000	220,600	nc	nc	nc	nc	nc	(6)
1,330	3,850	51,200	39,000	nc	nc	nc	nc	nc	(7)
821	3,510	28,800	17,200	nc	nc	nc	nc	nc	(8)
1,200	2,730	32,700	16,600	nc	nc	nc	nc	nc	(9)
646	5,090	32,900	27,700	nc	nc	nc	nc	nc	(10)
4,620	4,380	202,400	177,200	nc	nc	nc	nc	nc	(11)
18	2,220	400	285	nc	nc	nc	nc	nc	(12)
489	4,640	22,700	20,800	84	99	82	83	103	(13)
938	3,450	32,400	28,700	101	104	105	107	100	(14)
482	2,590	12,500	7,630	98	88	86	84	89	(15)
323	2,080	6,720	1,970	92	96	88	82	98	(16)
445	2,780	12,400	4,650	99	94	93	93	102	(17)
330	3,650	12,000	6,500	94	101	94	96	100	(18)
493	3,710	18,300	6,990	95	102	97	101	104	(19)
844	4,680	39,500	31,600	98	100	98	98	99	(20)
242	4,350	10,500	7,980	nc	nc	nc	nc	97	(21)
389	3,980	15,500	9,720	88	90	80	87	98	(22)
330	4,630	15,300	11,900	96	100	96	96	114	(23)
1,470	6,130	90,100	82,900	98	104	101	101	110	(24)
162	4,140	6,710	6,220	96	97	94	94	90	(25)
960	7,410	71,100	64,600	100	102	102	102	98	(26)
1,190	3,550	42,200	35,700	96	93	89	102	101	(27)
122	2,360	2,880	2,130	92	100	92	94	107	(28)
181	3,920	7,100	5,780	88	98	86	91	99	(29)
187	2,030	3,800	3,360	90	100	91	91	94	(30)
168	2,390	4,020	1,860	nc	nc	nc	nc	nc	(31)
413	2,500	10,300	3,800	90	97	87	89	95	(32)
316	3,370	10,600	6,500	97	108	104	104	115	(33)
398	3,930	15,600	12,800	102	98	101	103	91	(34)
369	4,700	17,300	14,400	99	99	98	98	112	(35)
249	3,090	7,690	5,280	nc	nc	nc	nc	nc	(36)
95	2,900	2,760	1,210	98	105	103	103	103	(37)
230	2,760	6,350	3,940	nc	nc	nc	nc	nc	(38)
26	4,150	1,080	693	nc	nc	nc	nc	nc	(39)
290	3,110	9,020	3,880	95	104	99	99	98	(40)
78	3,560	2,780	1,630	100	99	99	99	93	(41)
102	6,650	6,780	5,840	93	96	89	89	96	(42)
201	3,530	7,100	3,600	nc	nc	nc	nc	nc	(43)
230	2,410	5,540	1,700	nc	nc	nc	nc	nc	(44)
147	3,490	5,130	3,070	89	94	83	83	101	(45)
345	2,170	7,490	3,150	100	99	99	99	92	(46)
274	2,730	7,480	5,090	99	109	108	108	96	(47)
281	7,300	20,500	18,600	91	104	94	96	102	(48)
90	3,610	3,250	2,560	93	82	76	74	85	(49)
153	2,910	4,450	3,290	nc	nc	nc	nc	nc	(50)
122	3,820	4,660	3,230	nc	nc	nc	nc	nc	(51)
221	5,080	11,200	9,270	100	99	99	100	101	(52)
63	3,530	2,220	888	nc	nc	nc	nc	nc	(53)
422	6,420	27,100	23,100	96	98	94	95	95	(54)
462	3,210	14,800	12,100	97	101	98	98	92	(55)
241	3,600	8,680	5,730	98	100	98	98	98	(56)
1,580	3,940	62,300	56,000	95	97	92	92	96	(57)
1,630	4,670	76,100	70,100	99	98	97	100	100	(58)
18	2,220	400	285	nc	nc	nc	nc	nc	(59)
5,380	5,180	278,600	233,400	nc	nc	nc	nc	nc	(60)
934	3,810	35,600	26,200	nc	nc	nc	nc	nc	(61)
1,840	3,570	65,600	44,300	nc	nc	nc	nc	nc	(62)

3 令和4年産都道府県別の作付面積、10a当たり収量、収穫量及び出荷量 （続き）

(2) かぶ

全国農業地域 都 道 府 県		作 付 面 積	10a当たり 収 量	収 穫 量	出 荷 量	対 前 年 産 比				(参考) 対平均 収量比
						作付面積	10a当たり 収 量	収 穫 量	出 荷 量	
		ha	kg	t	t	%	%	%	%	%
全 国	(1)	3,870	2,720	105,100	87,900	97	101	97	97	100
（全国農業地域）										
北 海 道	(2)	101	3,400	3,430	3,310	99	105	104	105	107
都 府 県	(3)	3,770	2,690	101,600	84,600	nc	nc	nc	nc	nc
東 北	(4)	607	2,030	12,300	9,220	nc	nc	nc	nc	nc
北 陸	(5)	281	2,120	5,970	4,940	nc	nc	nc	nc	nc
関 東・東 山	(6)	1,630	3,200	52,100	46,600	nc	nc	nc	nc	nc
東 海	(7)	365	2,160	7,900	5,780	nc	nc	nc	nc	nc
近 畿	(8)	375	2,830	10,600	8,640	nc	nc	nc	nc	nc
中 国	(9)	210	2,110	4,430	2,770	nc	nc	nc	nc	nc
四 国	(10)	123	2,370	2,910	2,250	nc	nc	nc	nc	nc
九 州	(11)	183	2,910	5,330	4,370	nc	nc	nc	nc	nc
沖 縄	(12)	1	1,500	15	12	nc	nc	nc	nc	nc
（都道府県）										
北 海 道	(13)	101	3,400	3,430	3,310	99	105	104	105	107
青 森	(14)	166	3,460	5,740	5,100	96	96	92	91	93
岩 手	(15)	35	1,780	623	317	nc	nc	nc	nc	nc
宮 城	(16)	30	1,530	459	231	nc	nc	nc	nc	nc
秋 田	(17)	48	1,430	686	206	91	102	92	92	nc
山 形	(18)	225	1,400	3,150	2,550	98	99	97	99	95
福 島	(19)	103	1,630	1,680	815	97	103	99	100	104
茨 城	(20)	77	2,300	1,770	1,230	99	101	100	100	106
栃 木	(21)	52	2,560	1,330	1,180	96	102	99	98	100
群 馬	(22)	31	2,400	744	528	nc	nc	nc	nc	nc
埼 玉	(23)	391	4,170	16,300	13,700	98	104	102	102	109
千 葉	(24)	863	3,180	27,400	26,000	98	95	93	93	90
東 京	(25)	76	2,430	1,850	1,750	100	104	104	102	104
神 奈 川	(26)	96	2,200	2,110	1,970	97	95	92	91	88
新 潟	(27)	130	2,350	3,060	2,600	96	106	102	106	109
富 山	(28)	62	1,990	1,230	1,080	90	103	92	95	111
石 川	(29)	39	2,430	948	782	nc	nc	nc	nc	nc
福 井	(30)	50	1,460	730	478	nc	nc	nc	nc	nc
山 梨	(31)	7	1,210	85	59	nc	nc	nc	nc	nc
長 野	(32)	34	1,520	517	169	nc	nc	nc	nc	nc
岐 阜	(33)	133	2,350	3,130	2,430	95	106	101	103	108
静 岡	(34)	48	2,120	1,020	682	nc	nc	nc	nc	nc
愛 知	(35)	95	2,500	2,380	1,720	100	97	97	97	97
三 重	(36)	89	1,540	1,370	949	100	141	141	141	112
滋 賀	(37)	166	2,630	4,370	3,720	97	104	100	100	97
京 都	(38)	135	3,270	4,410	3,900	95	90	85	85	105
大 阪	(39)	8	2,490	199	149	nc	nc	nc	nc	nc
兵 庫	(40)	42	2,360	991	423	nc	nc	nc	nc	nc
奈 良	(41)	17	3,080	524	370	nc	nc	nc	nc	nc
和 歌 山	(42)	7	1,870	131	80	nc	nc	nc	nc	nc
鳥 取	(43)	34	2,560	870	394	nc	nc	nc	nc	nc
島 根	(44)	57	2,340	1,330	998	98	117	115	125	105
岡 山	(45)	14	3,070	430	343	nc	nc	nc	nc	nc
広 島	(46)	60	1,670	1,000	471	nc	nc	nc	nc	nc
山 口	(47)	45	1,780	801	560	nc	nc	nc	nc	nc
徳 島	(48)	58	3,100	1,800	1,600	97	103	99	99	97
香 川	(49)	12	1,750	210	117	nc	nc	nc	nc	nc
愛 媛	(50)	39	1,600	624	346	nc	nc	nc	nc	nc
高 知	(51)	14	1,970	276	183	nc	nc	nc	nc	nc
福 岡	(52)	98	3,610	3,540	3,100	96	99	95	95	98
佐 賀	(53)	6	1,870	112	51	nc	nc	nc	nc	nc
長 崎	(54)	19	2,540	483	363	nc	nc	nc	nc	nc
熊 本	(55)	15	2,100	315	212	nc	nc	nc	nc	nc
大 分	(56)	14	2,400	336	205	nc	nc	nc	nc	nc
宮 崎	(57)	20	1,760	352	282	nc	nc	nc	nc	nc
鹿 児 島	(58)	11	1,780	196	159	nc	nc	nc	nc	nc
沖 縄	(59)	1	1,500	15	12	nc	nc	nc	nc	nc
関 東 農 政 局	(60)	1,680	3,160	53,100	47,300	nc	nc	nc	nc	nc
東 海 農 政 局	(61)	317	2,170	6,880	5,100	98	108	106	106	105
中国四国農政局	(62)	333	2,200	7,340	5,010	nc	nc	nc	nc	nc

(3)　にんじん
ア　計

作付面積	10a当たり収量	収穫量	出荷量	対前年産比 作付面積	10a当たり収量	収穫量	出荷量	(参考)対平均収量比	
ha	kg	t	t	%	%	%	%	%	
16,500	3,530	582,100	525,200	98	94	92	92	103	(1)
4,310	3,900	168,200	156,800	95	88	83	83	100	(2)
12,200	3,390	413,900	368,400	nc	nc	nc	nc	nc	(3)
1,690	2,450	41,400	35,700	nc	nc	nc	nc	nc	(4)
402	2,080	8,370	7,400	nc	nc	nc	nc	nc	(5)
4,640	3,650	169,200	153,000	nc	nc	nc	nc	nc	(6)
709	4,160	29,500	25,600	96	95	91	91	112	(7)
302	2,650	7,990	6,240	nc	nc	nc	nc	nc	(8)
280	1,820	5,090	3,490	nc	nc	nc	nc	nc	(9)
1,120	4,710	52,800	47,900	nc	nc	nc	nc	nc	(10)
2,890	3,370	97,500	87,300	nc	nc	nc	nc	nc	(11)
126	1,630	2,060	1,710	93	84	78	76	92	(12)
4,310	3,900	168,200	156,800	95	88	83	83	100	(13)
1,180	2,920	34,400	32,000	94	87	81	80	89	(14)
160	1,640	2,630	1,620	116	87	101	99	97	(15)
95	1,210	1,150	488	nc	nc	nc	nc	nc	(16)
53	1,150	609	259	nc	nc	nc	nc	nc	(17)
63	1,310	823	478	nc	nc	nc	nc	nc	(18)
141	1,280	1,810	861	100	106	106	114	106	(19)
829	3,620	30,000	26,500	94	100	94	94	103	(20)
123	3,010	3,700	3,020	nc	nc	nc	nc	nc	(21)
95	1,710	1,620	828	nc	nc	nc	nc	nc	(22)
423	3,810	16,100	13,900	95	102	96	96	107	(23)
2,820	3,920	110,500	103,200	97	101	98	98	110	(24)
101	2,870	2,900	2,580	100	102	102	98	91	(25)
131	2,090	2,740	2,270	nc	nc	nc	nc	nc	(26)
233	2,510	5,850	5,160	96	101	97	102	102	(27)
85	1,340	1,140	1,040	nc	nc	nc	nc	nc	(28)
34	1,250	425	361	92	83	76	76	105	(29)
50	1,910	955	837	122	103	126	124	122	(30)
22	1,200	264	211	nc	nc	nc	nc	nc	(31)
92	1,490	1,370	483	nc	nc	nc	nc	nc	(32)
161	3,810	6,130	5,140	93	99	91	93	119	(33)
101	2,920	2,950	2,160	101	96	97	96	111	(34)
376	5,160	19,400	17,800	97	93	91	91	112	(35)
71	1,480	1,050	528	96	91	88	87	94	(36)
51	1,660	846	503	nc	nc	nc	nc	nc	(37)
49	1,650	810	684	nc	nc	nc	nc	nc	(38)
6	2,280	137	100	nc	nc	nc	nc	nc	(39)
118	2,890	3,410	2,630	98	104	101	98	107	(40)
27	1,700	460	213	nc	nc	nc	nc	nc	(41)
51	4,570	2,330	2,110	98	118	116	116	108	(42)
67	2,840	1,900	1,620	99	93	92	90	111	(43)
43	1,530	659	249	nc	nc	nc	nc	nc	(44)
57	1,790	1,020	766	100	108	108	107	105	(45)
52	1,290	672	319	nc	nc	nc	nc	nc	(46)
61	1,380	842	533	nc	nc	nc	nc	nc	(47)
937	5,180	48,500	44,400	100	97	97	97	100	(48)
108	2,740	2,960	2,650	95	101	95	95	99	(49)
37	1,460	540	240	nc	nc	nc	nc	nc	(50)
38	2,020	766	613	nc	nc	nc	nc	nc	(51)
112	2,220	2,490	2,040	nc	nc	nc	nc	nc	(52)
27	1,320	356	159	nc	nc	nc	nc	nc	(53)
795	4,140	32,900	30,200	97	102	100	99	111	(54)
715	3,170	22,700	20,300	111	102	114	114	105	(55)
134	2,410	3,230	2,520	99	90	88	88	112	(56)
466	2,920	13,600	12,200	99	94	93	93	92	(57)
645	3,440	22,200	19,900	103	100	103	105	105	(58)
126	1,630	2,060	1,710	93	84	78	76	92	(59)
4,740	3,630	172,100	155,200	nc	nc	nc	nc	nc	(60)
608	4,380	26,600	23,500	96	95	91	91	113	(61)
1,400	4,140	57,900	51,400	nc	nc	nc	nc	nc	(62)

3 令和4年産都道府県別の作付面積、10a当たり収量、収穫量及び出荷量 （続き）

(3) にんじん（続き）
イ 春夏にんじん

全国農業地域 都 道 府 県		作付面積	10a当たり 収　量	収 穫 量	出 荷 量	対　前　年　産　比				(参考) 対平均 収量比
						作付面積	10a当たり 収　量	収穫量	出荷量	
		ha	kg	t	t	%	%	%	%	%
全　　　国	(1)	3,980	3,910	155,700	143,300	97	97	94	94	102
（全国農業地域）										
北　海　道	(2)	135	3,190	4,310	4,010	78	89	69	68	98
都　府　県	(3)	3,850	3,930	151,400	139,300	nc	nc	nc	nc	nc
東　　北	(4)	690	3,190	22,000	20,400	nc	nc	nc	nc	nc
北　　陸	(5)	53	2,130	1,130	1,010	nc	nc	nc	nc	nc
関東・東山	(6)	917	3,790	34,800	33,000	nc	nc	nc	nc	nc
東　　海	(7)	175	3,740	6,540	5,790	nc	nc	nc	nc	nc
近　　畿	(8)	133	3,810	5,070	4,630	nc	nc	nc	nc	nc
中　　国	(9)	51	1,790	915	574	nc	nc	nc	nc	nc
四　　国	(10)	947	5,140	48,700	44,600	nc	nc	nc	nc	nc
九　　州	(11)	842	3,730	31,400	28,700	nc	nc	nc	nc	nc
沖　　縄	(12)	41	2,050	841	729	93	97	91	91	96
（都道府県）										
北　海　道	(13)	135	3,190	4,310	4,010	78	89	69	68	98
青　　森	(14)	636	3,330	21,200	19,900	92	93	85	84	94
岩　　手	(15)	25	1,870	468	298	100	97	97	97	113
宮　　城	(16)	15	1,160	174	103	nc	nc	nc	nc	nc
秋　　田	(17)	1	1,400	14	10	nc	nc	nc	nc	nc
山　　形	(18)	2	1,450	29	21	nc	nc	nc	nc	nc
福　　島	(19)	11	1,190	131	67	nc	nc	nc	nc	nc
茨　　城	(20)	199	4,290	8,540	8,110	94	100	95	95	105
栃　　木	(21)	27	3,460	934	844	nc	nc	nc	nc	nc
群　　馬	(22)	13	2,180	283	150	nc	nc	nc	nc	nc
埼　　玉	(23)	111	3,520	3,910	3,520	97	97	93	93	104
千　　葉	(24)	526	3,860	20,300	19,700	90	92	82	82	102
東　　京	(25)	8	2,290	183	147	nc	nc	nc	nc	nc
神　奈　川	(26)	30	1,930	579	492	nc	nc	nc	nc	nc
新　　潟	(27)	30	2,530	759	700	97	102	99	100	119
富　　山	(28)	10	1,000	100	80	nc	nc	nc	nc	nc
石　　川	(29)	2	1,550	31	27	nc	nc	nc	nc	nc
福　　井	(30)	11	2,160	238	201	nc	nc	nc	nc	nc
山　　梨	(31)	3	1,130	34	29	nc	nc	nc	nc	nc
長　　野	(32)	-	-	-	-	nc	nc	nc	nc	nc
岐　　阜	(33)	65	5,080	3,300	3,100	97	104	101	101	113
静　　岡	(34)	49	3,500	1,720	1,490	98	98	97	97	115
愛　　知	(35)	45	2,910	1,310	1,090	nc	nc	nc	nc	97
三　　重	(36)	16	1,340	214	107	nc	nc	nc	nc	nc
滋　　賀	(37)	5	1,460	73	60	nc	nc	nc	nc	nc
京　　都	(38)	12	1,350	162	139	nc	nc	nc	nc	nc
大　　阪	(39)	3	2,300	69	59	nc	nc	nc	nc	nc
兵　　庫	(40)	63	3,920	2,470	2,270	100	101	101	98	105
奈　　良	(41)	4	1,430	57	40	nc	nc	nc	nc	nc
和　歌　山	(42)	46	4,870	2,240	2,060	100	117	117	117	108
鳥　　取	(43)	5	2,580	129	114	nc	nc	nc	nc	nc
島　　根	(44)	8	1,730	138	70	nc	nc	nc	nc	nc
岡　　山	(45)	12	2,310	277	232	100	118	118	118	112
広　　島	(46)	17	1,410	240	104	nc	nc	nc	nc	nc
山　　口	(47)	9	1,460	131	54	nc	nc	nc	nc	nc
徳　　島	(48)	926	5,220	48,300	44,300	100	97	97	97	100
香　　川	(49)	5	2,620	131	75	nc	nc	nc	nc	nc
愛　　媛	(50)	9	1,430	129	70	nc	nc	nc	nc	nc
高　　知	(51)	7	1,900	133	114	nc	nc	nc	nc	nc
福　　岡	(52)	23	2,150	495	386	nc	nc	nc	nc	nc
佐　　賀	(53)	5	1,480	74	49	nc	nc	nc	nc	nc
長　　崎	(54)	286	4,510	12,900	11,900	99	106	104	103	119
熊　　本	(55)	292	3,410	9,960	9,120	118	101	119	119	107
大　　分	(56)	19	2,450	466	395	100	84	85	85	87
宮　　崎	(57)	144	3,470	5,000	4,620	108	101	110	110	96
鹿　児　島	(58)	73	3,450	2,520	2,190	nc	nc	nc	nc	139
沖　　縄	(59)	41	2,050	841	729	93	97	91	91	96
関東農政局	(60)	966	3,780	36,500	34,500	nc	nc	nc	nc	nc
東海農政局	(61)	126	3,830	4,820	4,300	nc	nc	nc	nc	nc
中国四国農政局	(62)	998	4,970	49,600	45,100	nc	nc	nc	nc	nc

ウ 秋にんじん

作 付 面 積	10a当たり収量	収 穫 量	出 荷 量	対 前 年 産 比				(参考)対平均収量比	
				作付面積	10a当たり収量	収穫量	出荷量		
ha	kg	t	t	%	%	%	%	%	
5,050	3,580	180,900	165,500	96	86	83	83	98	(1)
4,170	3,930	163,900	152,800	96	88	84	84	100	(2)
x	x	17,000	12,700	nc	nc	nc	nc	nc	(3)
506	2,130	10,800	8,620	nc	nc	nc	nc	nc	(4)
76	2,160	1,640	1,380	nc	nc	nc	nc	nc	(5)
171	1,460	2,500	1,180	nc	nc	nc	nc	nc	(6)
8	1,580	126	87	nc	nc	nc	nc	nc	(7)
x	x	x	x	nc	nc	nc	nc	nc	(8)
27	1,170	317	190	nc	nc	nc	nc	nc	(9)
9	1,030	93	65	nc	nc	nc	nc	nc	(10)
66	1,980	1,310	1,070	nc	nc	nc	nc	nc	(11)
–	–	–	–	nc	nc	nc	nc	nc	(12)
4,170	3,930	163,900	152,800	96	88	84	84	100	(13)
291	2,700	7,860	7,150	96	83	79	78	89	(14)
102	1,580	1,610	821	nc	nc	nc	nc	nc	(15)
10	1,500	150	64	nc	nc	nc	nc	nc	(16)
45	1,100	495	183	nc	nc	nc	nc	nc	(17)
48	1,240	595	298	nc	nc	nc	nc	nc	(18)
10	1,150	115	107	nc	nc	nc	nc	nc	(19)
23	1,650	380	158	nc	nc	nc	nc	nc	(20)
16	1,410	226	155	nc	nc	nc	nc	nc	(21)
12	1,410	169	96	nc	nc	nc	nc	nc	(22)
6	1,360	79	69	nc	nc	nc	nc	nc	(23)
–	–	–	–	nc	nc	nc	nc	nc	(24)
1	1,700	17	13	nc	nc	nc	nc	nc	(25)
11	1,310	144	114	nc	nc	nc	nc	nc	(26)
63	2,370	1,490	1,270	nc	nc	nc	nc	nc	(27)
10	1,080	108	78	nc	nc	nc	nc	nc	(28)
0	1,000	4	4	nc	nc	nc	nc	nc	(29)
3	1,230	37	24	150	103	154	133	109	(30)
10	1,180	118	90	nc	nc	nc	nc	nc	(31)
92	1,490	1,370	483	nc	nc	nc	nc	nc	(32)
–	–	–	–	nc	nc	nc	nc	nc	(33)
2	1,950	43	36	nc	nc	nc	nc	nc	(34)
1	1,200	12	4	nc	nc	nc	nc	nc	(35)
5	1,420	71	47	nc	nc	nc	nc	nc	(36)
1	1,200	12	7	nc	nc	nc	nc	nc	(37)
2	1,750	35	31	nc	nc	nc	nc	nc	(38)
–	–	–	–	nc	nc	nc	nc	nc	(39)
5	1,080	54	40	nc	nc	nc	nc	nc	(40)
4	1,250	50	38	nc	nc	nc	nc	nc	(41)
x	x	x	x	nc	nc	nc	nc	nc	(42)
1	1,830	18	16	nc	nc	nc	nc	nc	(43)
8	1,010	81	26	nc	nc	nc	nc	nc	(44)
7	1,440	101	71	nc	nc	nc	nc	nc	(45)
9	1,010	91	63	nc	nc	nc	nc	nc	(46)
2	1,300	26	14	nc	nc	nc	nc	nc	(47)
2	1,050	25	19	nc	nc	nc	nc	nc	(48)
1	1,600	16	3	nc	nc	nc	nc	nc	(49)
4	925	37	35	nc	nc	nc	nc	nc	(50)
2	750	15	8	nc	nc	nc	nc	nc	(51)
3	1,230	37	29	nc	nc	nc	nc	nc	(52)
2	1,000	20	16	nc	nc	nc	nc	nc	(53)
6	930	56	37	nc	nc	nc	nc	nc	(54)
25	3,130	783	720	nc	nc	nc	nc	nc	(55)
12	1,100	132	84	nc	nc	nc	nc	nc	(56)
–	–	–	–	nc	nc	nc	nc	nc	(57)
18	1,540	277	187	nc	nc	nc	nc	nc	(58)
–	–	–	–	nc	nc	nc	nc	nc	(59)
173	1,470	2,550	1,210	nc	nc	nc	nc	nc	(60)
6	1,380	83	51	nc	nc	nc	nc	nc	(61)
36	1,140	410	255	nc	nc	nc	nc	nc	(62)

3　令和4年産都道府県別の作付面積、10a当たり収量、収穫量及び出荷量　（続き）

(3)　にんじん（続き）
エ　冬にんじん

全国農業地域 都　道　府　県		作付面積	10a当たり 収　量	収　穫　量	出　荷　量	対　前　年　産　比				(参考) 対平均 収量比
						作付面積	10a当たり 収　量	収　穫　量	出　荷　量	
		ha	kg	t	t	%	%	%	%	%
全　　国	(1)	7,430	3,300	245,500	216,300	98	99	97	98	106
（全国農業地域）										
北　海　道	(2)	-	-	-	-	nc	nc	nc	nc	nc
都　府　県	(3)	7,430	3,300	245,500	216,300	nc	nc	nc	nc	nc
東　　北	(4)	492	1,740	8,570	6,630	nc	nc	nc	nc	nc
北　　陸	(5)	273	2,050	5,610	5,020	nc	nc	nc	nc	nc
関東・東山	(6)	3,550	3,720	131,900	118,800	nc	nc	nc	nc	nc
東　　海	(7)	526	4,350	22,900	19,700	nc	nc	nc	nc	nc
近　　畿	(8)	x	x	x	x	nc	nc	nc	nc	nc
中　　国	(9)	202	1,910	3,850	2,720	nc	nc	nc	nc	nc
四　　国	(10)	164	2,410	3,960	3,290	nc	nc	nc	nc	nc
九　　州	(11)	1,990	3,250	64,700	57,700	nc	nc	nc	nc	nc
沖　　縄	(12)	85	1,430	1,220	985	92	82	76	74	91
（都道府県）										
北　海　道	(13)	-	-	-	-	nc	nc	nc	nc	nc
青　　森	(14)	249	2,140	5,330	4,900	95	74	71	71	74
岩　　手	(15)	33	1,670	551	496	nc	nc	nc	nc	nc
宮　　城	(16)	70	1,180	826	321	nc	nc	nc	nc	nc
秋　　田	(17)	7	1,430	100	66	nc	nc	nc	nc	nc
山　　形	(18)	13	1,530	199	159	nc	nc	nc	nc	nc
福　　島	(19)	120	1,300	1,560	687	98	102	101	102	106
茨　　城	(20)	607	3,480	21,100	18,200	95	99	94	94	101
栃　　木	(21)	80	3,170	2,540	2,020	nc	nc	nc	nc	nc
群　　馬	(22)	70	1,670	1,170	582	nc	nc	nc	nc	nc
埼　　玉	(23)	306	3,940	12,100	10,300	94	103	98	96	106
千　　葉	(24)	2,300	3,920	90,200	83,500	100	103	103	103	111
東　　京	(25)	92	2,930	2,700	2,420	100	100	100	98	89
神　奈　川	(26)	90	2,240	2,020	1,660	nc	nc	nc	nc	nc
新　　潟	(27)	140	2,570	3,600	3,190	96	100	96	105	100
富　　山	(28)	65	1,440	936	884	nc	nc	nc	nc	nc
石　　川	(29)	32	1,220	390	330	91	89	81	80	108
福　　井	(30)	36	1,890	680	612	103	104	107	109	123
山　　梨	(31)	9	1,240	112	92	nc	nc	nc	nc	nc
長　　野	(32)	-	-	-	-	nc	nc	nc	nc	nc
岐　　阜	(33)	96	2,950	2,830	2,040	93	90	84	84	121
静　　岡	(34)	50	2,370	1,190	631	nc	nc	nc	nc	nc
愛　　知	(35)	330	5,480	18,100	16,700	97	94	91	91	113
三　　重	(36)	50	1,530	765	374	94	97	92	92	101
滋　　賀	(37)	45	1,690	761	436	nc	nc	nc	nc	nc
京　　都	(38)	35	1,750	613	514	nc	nc	nc	nc	nc
大　　阪	(39)	3	2,270	68	41	nc	nc	nc	nc	nc
兵　　庫	(40)	50	1,770	885	319	nc	nc	nc	nc	nc
奈　　良	(41)	19	1,860	353	135	nc	nc	nc	nc	nc
和　歌　山	(42)	x	x	x	x	nc	nc	nc	nc	nc
鳥　　取	(43)	61	2,870	1,750	1,490	97	98	95	94	114
島　　根	(44)	27	1,630	440	153	nc	nc	nc	nc	nc
岡　　山	(45)	38	1,680	638	463	95	98	93	93	98
広　　島	(46)	26	1,310	341	152	nc	nc	nc	nc	nc
山　　口	(47)	50	1,370	685	465	nc	nc	nc	nc	nc
徳　　島	(48)	9	1,760	158	92	nc	nc	nc	nc	nc
香　　川	(49)	102	2,750	2,810	2,570	98	98	96	96	96
愛　　媛	(50)	24	1,560	374	135	nc	nc	nc	nc	nc
高　　知	(51)	29	2,130	618	491	nc	nc	nc	nc	nc
福　　岡	(52)	86	2,280	1,960	1,620	nc	nc	nc	nc	nc
佐　　賀	(53)	20	1,310	262	94	nc	nc	nc	nc	nc
長　　崎	(54)	503	3,960	19,900	18,300	97	100	97	97	106
熊　　本	(55)	398	3,020	12,000	10,500	105	104	109	110	105
大　　分	(56)	103	2,550	2,630	2,040	97	92	89	89	119
宮　　崎	(57)	322	2,660	8,570	7,620	95	90	86	86	88
鹿　児　島	(58)	554	3,500	19,400	17,500	99	98	97	98	103
沖　　縄	(59)	85	1,430	1,220	985	92	82	76	74	91
関東農政局	(60)	3,600	3,700	133,100	119,400	nc	nc	nc	nc	nc
東海農政局	(61)	476	4,560	21,700	19,100	96	94	90	91	114
中国四国農政局	(62)	366	2,130	7,810	6,010	nc	nc	nc	nc	nc

(4)　ごぼう

作 付 面 積	10a当たり収量	収 穫 量	出 荷 量	対　前　年　産　比				(参考)対平均収量比	
				作付面積	10a当たり収量	収 穫 量	出 荷 量		
ha	kg	t	t	%	%	%	%	%	
7,140	1,630	116,700	102,700	96	91	88	88	92	(1)
482	2,160	10,400	9,760	92	92	85	84	96	(2)
6,660	1,600	106,300	92,900	nc	nc	nc	nc	nc	(3)
2,610	1,750	45,700	41,700	nc	nc	nc	nc	nc	(4)
114	886	1,010	700	nc	nc	nc	nc	nc	(5)
1,900	1,710	32,500	28,700	nc	nc	nc	nc	nc	(6)
106	1,360	1,440	803	nc	nc	nc	nc	nc	(7)
112	1,330	1,490	843	nc	nc	nc	nc	nc	(8)
188	1,220	2,290	1,240	nc	nc	nc	nc	nc	(9)
87	1,260	1,100	671	nc	nc	nc	nc	nc	(10)
1,540	1,340	20,700	18,300	nc	nc	nc	nc	nc	(11)
3	1,520	47	32	nc	nc	nc	nc	nc	(12)
482	2,160	10,400	9,760	92	92	85	84	96	(13)
2,340	1,820	42,600	40,300	99	84	83	83	85	(14)
76	1,140	866	503	nc	nc	nc	nc	nc	(15)
20	885	177	26	nc	nc	nc	nc	nc	(16)
64	1,140	730	257	nc	nc	nc	nc	nc	(17)
14	1,760	246	200	nc	nc	nc	nc	nc	(18)
97	1,110	1,080	365	nc	nc	nc	nc	nc	(19)
789	1,700	13,400	12,200	100	99	99	97	99	(20)
144	1,630	2,350	2,200	94	98	91	90	98	(21)
375	1,870	7,010	6,330	94	101	94	94	102	(22)
92	1,770	1,630	1,150	nc	nc	nc	nc	nc	(23)
347	1,750	6,070	5,380	98	97	96	96	89	(24)
34	1,720	585	495	nc	nc	nc	nc	nc	(25)
37	1,280	474	355	nc	nc	nc	nc	nc	(26)
90	928	835	670	nc	nc	nc	nc	nc	(27)
4	920	37	5	nc	nc	nc	nc	nc	(28)
11	755	83	19	nc	nc	nc	nc	nc	(29)
9	622	56	6	nc	nc	nc	nc	nc	(30)
26	981	255	220	nc	nc	nc	nc	nc	(31)
53	1,460	774	363	nc	nc	nc	nc	nc	(32)
24	1,120	269	188	nc	nc	nc	nc	nc	(33)
19	1,260	239	142	nc	nc	nc	nc	nc	(34)
44	1,550	682	428	nc	nc	nc	nc	nc	(35)
19	1,300	247	45	nc	nc	nc	nc	nc	(36)
11	1,100	121	23	nc	nc	nc	nc	nc	(37)
29	824	239	120	nc	nc	nc	nc	nc	(38)
19	2,500	475	432	nc	nc	nc	nc	nc	(39)
32	1,110	355	100	nc	nc	nc	nc	nc	(40)
14	1,380	193	96	nc	nc	nc	nc	nc	(41)
7	1,510	106	72	nc	nc	nc	nc	nc	(42)
36	783	282	169	nc	nc	nc	nc	nc	(43)
35	1,010	354	86	nc	nc	nc	nc	nc	(44)
49	1,860	911	723	nc	nc	nc	nc	nc	(45)
41	1,110	455	101	nc	nc	nc	nc	nc	(46)
27	1,070	289	156	nc	nc	nc	nc	nc	(47)
40	1,670	668	472	nc	nc	nc	nc	nc	(48)
10	930	93	48	nc	nc	nc	nc	nc	(49)
28	918	257	77	nc	nc	nc	nc	nc	(50)
9	911	82	74	nc	nc	nc	nc	nc	(51)
46	899	414	329	nc	nc	nc	nc	nc	(52)
19	932	177	51	nc	nc	nc	nc	nc	(53)
15	1,000	150	115	nc	nc	nc	nc	nc	(54)
262	1,150	3,010	2,560	98	96	94	94	92	(55)
76	1,630	1,240	892	nc	nc	nc	nc	nc	(56)
540	1,610	8,690	7,910	97	91	88	88	97	(57)
581	1,200	6,970	6,410	101	102	102	100	94	(58)
3	1,520	47	32	nc	nc	nc	nc	nc	(59)
1,920	1,710	32,800	28,800	nc	nc	nc	nc	nc	(60)
87	1,380	1,200	661	nc	nc	nc	nc	nc	(61)
275	1,230	3,390	1,910	nc	nc	nc	nc	nc	(62)

3 令和4年産都道府県別の作付面積、10 a 当たり収量、収穫量及び出荷量 （続き）

(5) れんこん

全 国 農 業 地 域 都 道 府 県		作 付 面 積	10 a 当たり 収 量	収 穫 量	出 荷 量	対 前 年 産 比				(参考) 対平均 収量比
						作付面積	10 a 当たり 収 量	収穫量	出荷量	
		ha	kg	t	t	%	%	%	%	%
全 国	(1)	4,020	1,400	56,200	47,300	101	109	109	109	97
(全国農業地域)										
北 海 道	(2)	-	-	-	-	nc	nc	nc	nc	nc
都 府 県	(3)	4,020	1,400	56,200	47,300	nc	nc	nc	nc	nc
東 北	(4)	19	563	107	89	nc	nc	nc	nc	nc
北 陸	(5)	x	x	x	x	nc	nc	nc	nc	nc
関 東 ・ 東 山	(6)	1,850	1,590	29,500	25,500	nc	nc	nc	nc	nc
東 海	(7)	253	1,240	3,140	2,880	nc	nc	nc	nc	nc
近 畿	(8)	x	x	x	x	nc	nc	nc	nc	nc
中 国	(9)	359	1,220	4,370	3,650	nc	nc	nc	nc	nc
四 国	(10)	x	x	x	x	nc	nc	nc	nc	nc
九 州	(11)	x	x	x	x	nc	nc	nc	nc	nc
沖 縄	(12)	x	x	x	x	nc	nc	nc	nc	nc
(都道府県)										
北 海 道	(13)	-	-	-	-	nc	nc	nc	nc	nc
青 森	(14)	-	-	-	-	nc	nc	nc	nc	nc
岩 手	(15)	x	x	x	x	nc	nc	nc	nc	nc
宮 城	(16)	15	513	77	63	nc	nc	nc	nc	nc
秋 田	(17)	x	x	x	x	nc	nc	nc	nc	nc
山 形	(18)	-	-	-	-	nc	nc	nc	nc	nc
福 島	(19)	x	x	x	x	nc	nc	nc	nc	nc
茨 城	(20)	1,730	1,630	28,200	24,500	101	109	111	110	95
栃 木	(21)	2	1,500	30	29	nc	nc	nc	nc	nc
群 馬	(22)	-	-	-	-	nc	nc	nc	nc	nc
埼 玉	(23)	x	x	x	x	nc	nc	nc	nc	nc
千 葉	(24)	117	1,090	1,280	972	nc	nc	nc	nc	nc
東 京	(25)	-	-	-	-	nc	nc	nc	nc	nc
神 奈 川	(26)	-	-	-	-	nc	nc	nc	nc	nc
新 潟	(27)	150	1,380	2,070	1,860	nc	nc	nc	nc	nc
富 山	(28)	2	1,000	20	10	nc	nc	nc	nc	nc
石 川	(29)	95	1,250	1,190	1,090	nc	nc	nc	nc	nc
福 井	(30)	x	x	x	x	nc	nc	nc	nc	nc
山 梨	(31)	-	-	-	-	nc	nc	nc	nc	nc
長 野	(32)	2	611	11	11	nc	nc	nc	nc	nc
岐 阜	(33)	10	1,690	169	145	nc	nc	nc	nc	nc
静 岡	(34)	20	820	164	123	nc	nc	nc	nc	nc
愛 知	(35)	217	1,270	2,760	2,600	99	102	101	101	102
三 重	(36)	6	734	44	16	nc	nc	nc	nc	nc
滋 賀	(37)	4	750	30	24	nc	nc	nc	nc	nc
京 都	(38)	0	509	2	1	nc	nc	nc	nc	nc
大 阪	(39)	5	1,480	74	60	nc	nc	nc	nc	nc
兵 庫	(40)	30	1,080	324	313	97	92	89	89	79
奈 良	(41)	2	1,450	29	25	nc	nc	nc	nc	nc
和 歌 山	(42)	x	x	x	x	nc	nc	nc	nc	nc
鳥 取	(43)	1	900	12	12	nc	nc	nc	nc	nc
島 根	(44)	3	900	27	16	nc	nc	nc	nc	nc
岡 山	(45)	92	1,180	1,090	982	93	97	90	90	75
広 島	(46)	60	1,650	990	609	nc	nc	nc	nc	nc
山 口	(47)	203	1,110	2,250	2,030	100	113	113	113	80
徳 島	(48)	525	943	4,950	4,050	101	101	102	102	85
香 川	(49)	7	943	66	23	nc	nc	nc	nc	nc
愛 媛	(50)	19	1,670	317	268	nc	nc	nc	nc	nc
高 知	(51)	x	x	x	x	nc	nc	nc	nc	nc
福 岡	(52)	13	934	121	102	nc	nc	nc	nc	nc
佐 賀	(53)	461	1,590	7,330	5,460	102	112	114	116	112
長 崎	(54)	12	1,020	122	91	nc	nc	nc	nc	nc
熊 本	(55)	195	1,150	2,240	1,600	105	105	109	110	92
大 分	(56)	12	1,400	168	115	nc	nc	nc	nc	nc
宮 崎	(57)	x	x	x	x	nc	nc	nc	nc	nc
鹿 児 島	(58)	1	714	10	9	nc	nc	nc	nc	nc
沖 縄	(59)	x	x	x	x	nc	nc	nc	nc	nc
関 東 農 政 局	(60)	1,870	1,590	29,700	25,600	nc	nc	nc	nc	nc
東 海 農 政 局	(61)	233	1,270	2,970	2,760	nc	nc	nc	nc	nc
中国四国農政局	(62)	x	x	x	x	nc	nc	nc	nc	nc

(6) ばれいしょ（じゃがいも）
ア　計

作 付 面 積	10a当たり 収　量	収 穫 量	出 荷 量	対 前 年 産 比				(参考) 対平均 収量比	
				作付面積	10a当たり 収　量	収 穫 量	出 荷 量		
ha	kg	t	t	%	%	%	%	%	
71,400	3,200	2,283,000	1,933,000	101	104	105	106	105	(1)
48,500	3,750	1,819,000	1,615,000	103	105	108	108	104	(2)
22,900	2,030	464,200	318,400	nc	nc	nc	nc	nc	(3)
3,050	1,630	49,800	15,800	nc	nc	nc	nc	nc	(4)
1,160	1,190	13,800	3,220	nc	nc	nc	nc	nc	(5)
5,650	2,270	128,500	81,100	nc	nc	nc	nc	nc	(6)
1,230	1,930	23,800	16,700	nc	nc	nc	nc	nc	(7)
933	1,060	9,870	3,380	nc	nc	nc	nc	nc	(8)
1,180	1,280	15,100	4,830	nc	nc	nc	nc	nc	(9)
515	1,260	6,480	2,770	nc	nc	nc	nc	nc	(10)
9,120	2,370	216,100	189,900	nc	nc	nc	nc	nc	(11)
66	1,370	904	708	nc	nc	nc	nc	nc	(12)
48,500	3,750	1,819,000	1,615,000	103	105	108	108	104	(13)
606	2,150	13,000	9,390	90	93	83	80	93	(14)
369	1,600	5,900	1,130	nc	nc	nc	nc	nc	(15)
479	988	4,730	1,290	100	71	71	65	73	(16)
488	1,680	8,200	1,560	nc	nc	nc	nc	nc	(17)
180	1,480	2,660	340	nc	nc	nc	nc	nc	(18)
930	1,650	15,300	2,100	95	101	96	96	95	(19)
1,630	2,980	48,500	41,400	99	99	98	97	100	(20)
450	2,010	9,050	2,690	nc	nc	nc	nc	nc	(21)
243	2,060	5,000	1,860	nc	nc	nc	nc	nc	(22)
573	1,780	10,200	3,300	nc	nc	nc	nc	nc	(23)
1,120	2,510	28,100	23,300	98	96	94	94	102	(24)
196	1,760	3,440	2,000	nc	nc	nc	nc	nc	(25)
384	1,720	6,590	4,000	nc	nc	nc	nc	nc	(26)
569	1,240	7,050	2,020	nc	nc	nc	nc	nc	(27)
94	1,120	1,050	196	nc	nc	nc	nc	nc	(28)
194	1,250	2,420	381	nc	nc	nc	nc	nc	(29)
303	1,070	3,250	622	nc	nc	nc	nc	nc	(30)
250	964	2,410	1,170	nc	nc	nc	nc	nc	(31)
812	1,870	15,200	1,330	94	101	95	94	96	(32)
285	1,230	3,500	1,240	nc	nc	nc	nc	nc	(33)
498	2,770	13,800	11,600	97	98	95	94	116	(34)
261	1,560	4,060	2,430	nc	nc	nc	nc	nc	(35)
185	1,320	2,440	1,470	97	106	104	104	114	(36)
127	984	1,250	229	nc	nc	nc	nc	nc	(37)
198	1,050	2,080	1,000	nc	nc	nc	nc	nc	(38)
71	1,100	778	476	nc	nc	nc	nc	nc	(39)
325	1,060	3,450	835	nc	nc	nc	nc	nc	(40)
156	1,150	1,790	652	nc	nc	nc	nc	nc	(41)
56	927	519	188	nc	nc	nc	nc	nc	(42)
162	1,230	2,000	345	nc	nc	nc	nc	nc	(43)
124	1,180	1,460	425	nc	nc	nc	nc	nc	(44)
165	1,150	1,890	479	87	100	87	91	95	(45)
512	1,340	6,860	2,420	99	96	96	96	103	(46)
217	1,320	2,860	1,160	nc	nc	nc	nc	nc	(47)
94	1,770	1,660	1,150	nc	nc	nc	nc	nc	(48)
65	1,120	727	188	nc	nc	nc	nc	nc	(49)
261	1,130	2,950	740	nc	nc	nc	nc	nc	(50)
95	1,200	1,140	695	nc	nc	nc	nc	nc	(51)
317	1,380	4,380	2,490	nc	nc	nc	nc	nc	(52)
140	2,290	3,200	2,240	102	107	109	116	116	(53)
3,100	2,710	83,900	73,100	97	106	103	102	107	(54)
627	2,360	14,800	11,500	109	98	107	112	113	(55)
144	1,310	1,880	748	nc	nc	nc	nc	nc	(56)
420	2,450	10,300	9,650	94	96	90	91	103	(57)
4,370	2,230	97,600	90,200	97	110	107	107	113	(58)
66	1,370	904	708	nc	nc	nc	nc	nc	(59)
6,150	2,310	142,300	92,700	nc	nc	nc	nc	nc	(60)
731	1,370	10,000	5,140	nc	nc	nc	nc	nc	(61)
1,700	1,260	21,500	7,600	nc	nc	nc	nc	nc	(62)

3 令和4年産都道府県別の作付面積、10a当たり収量、収穫量及び出荷量 （続き）

(6) ばれいしょ（じゃがいも）（続き）
イ 春植えばれいしょ

全国農業地域・都道府県		作付面積	10a当たり収量	収穫量	出荷量	対前年産比				(参考)対平均収量比
						作付面積	10a当たり収量	収穫量	出荷量	
		ha	kg	t	t	%	%	%	%	%
全 国	(1)	69,100	3,250	2,245,000	1,904,000	101	104	105	106	105
（全国農業地域）										
北 海 道	(2)	48,500	3,750	1,819,000	1,615,000	103	105	108	108	104
都 府 県	(3)	20,600	2,070	426,000	288,800	96	96	92	92	nc
東 北	(4)	3,050	1,630	49,800	15,800	nc	nc	nc	nc	nc
北 陸	(5)	1,140	1,190	13,600	3,180	nc	nc	nc	nc	nc
関 東・東 山	(6)	5,580	2,290	127,600	80,500	nc	nc	nc	nc	nc
東 海	(7)	1,120	2,000	22,400	16,200	nc	nc	nc	nc	nc
近 畿	(8)	886	1,070	9,440	3,130	nc	nc	nc	nc	nc
中 国	(9)	900	1,330	12,000	3,700	nc	nc	nc	nc	nc
四 国	(10)	399	1,320	5,260	2,410	nc	nc	nc	nc	nc
九 州	(11)	7,570	2,460	185,900	163,900	nc	nc	nc	nc	nc
沖 縄	(12)	-	-	-	-	nc	nc	nc	nc	nc
（都道府県）										
北 海 道	(13)	48,500	3,750	1,819,000	1,615,000	103	105	108	108	104
青 森	(14)	606	2,150	13,000	9,390	90	93	83	80	93
岩 手	(15)	369	1,600	5,900	1,130	nc	nc	nc	nc	nc
宮 城	(16)	479	988	4,730	1,290	100	71	71	65	73
秋 田	(17)	488	1,680	8,200	1,560	nc	nc	nc	nc	nc
山 形	(18)	180	1,480	2,660	340	nc	nc	nc	nc	nc
福 島	(19)	930	1,650	15,300	2,100	95	101	96	96	95
茨 城	(20)	1,620	2,990	48,400	41,300	99	99	98	97	100
栃 木	(21)	450	2,010	9,050	2,690	nc	nc	nc	nc	nc
群 馬	(22)	242	2,060	4,990	1,860	nc	nc	nc	nc	nc
埼 玉	(23)	562	1,800	10,100	3,200	nc	nc	nc	nc	nc
千 葉	(24)	1,120	2,510	28,100	23,300	98	96	94	94	102
東 京	(25)	184	1,780	3,280	1,910	nc	nc	nc	nc	nc
神 奈 川	(26)	348	1,760	6,120	3,740	nc	nc	nc	nc	nc
新 潟	(27)	567	1,240	7,030	2,000	nc	nc	nc	nc	nc
富 山	(28)	93	1,110	1,030	188	nc	nc	nc	nc	nc
石 川	(29)	193	1,250	2,410	377	nc	nc	nc	nc	nc
福 井	(30)	285	1,090	3,110	611	nc	nc	nc	nc	nc
山 梨	(31)	247	966	2,390	1,150	nc	nc	nc	nc	nc
長 野	(32)	812	1,870	15,200	1,330	94	101	95	94	96
岐 阜	(33)	274	1,240	3,400	1,220	nc	nc	nc	nc	nc
静 岡	(34)	467	2,850	13,300	11,300	96	98	94	94	117
愛 知	(35)	214	1,620	3,470	2,310	nc	nc	nc	nc	nc
三 重	(36)	165	1,350	2,230	1,410	97	107	104	104	113
滋 賀	(37)	112	1,020	1,140	162	nc	nc	nc	nc	nc
京 都	(38)	195	1,060	2,070	990	nc	nc	nc	nc	nc
大 阪	(39)	63	1,090	687	409	nc	nc	nc	nc	nc
兵 庫	(40)	312	1,060	3,310	765	nc	nc	nc	nc	nc
奈 良	(41)	152	1,150	1,750	634	nc	nc	nc	nc	nc
和 歌 山	(42)	52	937	487	170	nc	nc	nc	nc	nc
鳥 取	(43)	160	1,230	1,970	335	nc	nc	nc	nc	nc
島 根	(44)	110	1,200	1,320	380	nc	nc	nc	nc	nc
岡 山	(45)	128	1,060	1,360	242	85	96	82	81	92
広 島	(46)	342	1,480	5,060	1,830	99	95	95	95	106
山 口	(47)	160	1,420	2,270	909	nc	nc	nc	nc	nc
徳 島	(48)	85	1,850	1,570	1,120	nc	nc	nc	nc	nc
香 川	(49)	42	1,150	483	118	nc	nc	nc	nc	nc
愛 媛	(50)	196	1,160	2,270	579	nc	nc	nc	nc	nc
高 知	(51)	76	1,230	935	596	nc	nc	nc	nc	nc
福 岡	(52)	270	1,430	3,860	2,190	nc	nc	nc	nc	nc
佐 賀	(53)	104	2,520	2,620	2,010	103	108	111	119	117
長 崎	(54)	2,250	2,960	66,600	58,100	96	102	98	98	106
熊 本	(55)	571	2,490	14,200	11,200	110	98	108	113	113
大 分	(56)	111	1,370	1,520	608	nc	nc	nc	nc	nc
宮 崎	(57)	380	2,580	9,800	9,260	94	96	91	91	104
鹿 児 島	(58)	3,880	2,250	87,300	80,500	99	111	110	109	114
沖 縄	(59)	-	-	-	-	nc	nc	nc	nc	nc
関 東 農 政 局	(60)	6,050	2,330	140,900	91,800	nc	nc	nc	nc	nc
東 海 農 政 局	(61)	653	1,390	9,100	4,940	nc	nc	nc	nc	nc
中国四国農政局	(62)	1,300	1,320	17,200	6,110	nc	nc	nc	nc	nc

ウ 秋植えばれいしょ

作 付 面 積	10a当たり 収 量	収 穫 量	出 荷 量	対 前 年 産 比 作付面積	10a当たり 収量	収穫量	出荷量	(参考) 対平均 収量比	
ha 2,260	kg 1,690	t 38,300	t 29,700	% 94	% 112	% 106	% 108	% 106	(1)
-	-	-	-	nc	nc	nc	nc	nc	(2)
2,260	1,690	38,300	29,700	nc	nc	nc	nc	nc	(3)
-	-	-	-	nc	nc	nc	nc	nc	(4)
22	859	189	44	nc	nc	nc	nc	nc	(5)
71	1,280	909	530	nc	nc	nc	nc	nc	(6)
109	1,240	1,350	533	nc	nc	nc	nc	nc	(7)
47	904	425	250	nc	nc	nc	nc	nc	(8)
280	1,100	3,090	1,130	nc	nc	nc	nc	nc	(9)
116	1,050	1,220	356	nc	nc	nc	nc	nc	(10)
1,550	1,950	30,200	26,100	nc	nc	nc	nc	nc	(11)
66	1,370	904	708	nc	nc	nc	nc	nc	(12)
-	-	-	-	nc	nc	nc	nc	nc	(13)
-	-	-	-	nc	nc	nc	nc	nc	(14)
-	-	-	-	nc	nc	nc	nc	nc	(15)
-	-	-	-	nc	nc	nc	nc	nc	(16)
-	-	-	-	nc	nc	nc	nc	nc	(17)
-	-	-	-	nc	nc	nc	nc	nc	(18)
-	-	-	-	nc	nc	nc	nc	nc	(19)
8	1,330	100	57	100	102	102	102	122	(20)
-	-	-	-	nc	nc	nc	nc	nc	(21)
1	800	10	3	nc	nc	nc	nc	nc	(22)
11	1,300	143	102	nc	nc	nc	nc	nc	(23)
-	-	-	-	nc	nc	nc	nc	nc	(24)
12	1,330	160	94	nc	nc	nc	nc	nc	(25)
36	1,310	472	255	nc	nc	nc	nc	nc	(26)
2	1,150	23	21	nc	nc	nc	nc	nc	(27)
1	1,200	16	8	nc	nc	nc	nc	nc	(28)
1	1,100	11	4	nc	nc	nc	nc	nc	(29)
18	772	139	11	nc	nc	nc	nc	nc	(30)
3	800	24	19	nc	nc	nc	nc	nc	(31)
-	-	-	-	nc	nc	nc	nc	nc	(32)
11	873	96	20	nc	nc	nc	nc	nc	(33)
31	1,450	450	331	100	87	87	87	99	(34)
47	1,250	588	123	nc	nc	nc	nc	nc	(35)
20	1,060	212	59	100	99	99	98	127	(36)
15	753	113	67	nc	nc	nc	nc	nc	(37)
3	467	14	10	nc	nc	nc	nc	nc	(38)
8	1,140	91	67	nc	nc	nc	nc	nc	(39)
13	1,040	135	70	nc	nc	nc	nc	nc	(40)
4	1,000	40	18	nc	nc	nc	nc	nc	(41)
4	800	32	18	nc	nc	nc	nc	nc	(42)
2	1,240	25	10	nc	nc	nc	nc	nc	(43)
14	1,020	143	45	nc	nc	nc	nc	nc	(44)
37	1,430	529	237	97	106	103	103	99	(45)
170	1,060	1,800	590	99	100	99	99	98	(46)
57	1,040	593	250	nc	nc	nc	nc	nc	(47)
9	1,010	91	26	nc	nc	nc	nc	nc	(48)
23	1,060	244	70	nc	nc	nc	nc	nc	(49)
65	1,050	683	161	nc	nc	nc	nc	nc	(50)
19	1,070	203	99	nc	nc	nc	nc	nc	(51)
47	1,100	517	301	nc	nc	nc	nc	nc	(52)
36	1,620	583	233	100	99	99	99	111	(53)
847	2,040	17,300	15,000	100	126	126	126	109	(54)
56	1,070	599	339	97	105	101	103	106	(55)
33	1,100	363	140	nc	nc	nc	nc	nc	(56)
40	1,320	528	389	93	100	93	93	97	(57)
488	2,120	10,300	9,710	83	106	87	93	109	(58)
66	1,370	904	708	nc	nc	nc	nc	nc	(59)
102	1,330	1,360	861	nc	nc	nc	nc	nc	(60)
78	1,150	896	202	nc	nc	nc	nc	nc	(61)
396	1,090	4,310	1,490	nc	nc	nc	nc	nc	(62)

3 令和4年産都道府県別の作付面積、10 a 当たり収量、収穫量及び出荷量 （続き）

(7) さといも

ア 計

全国農業地域・都道府県	作付面積	10 a 当たり収量	収穫量	出荷量	対前年産比 作付面積	対前年産比 10 a 当たり収量	対前年産比 収穫量	対前年産比 出荷量	(参考) 対平均収量比
	ha	kg	t	t	%	%	%	%	%
全 国 (1)	10,100	1,370	138,700	94,300	97	100	97	98	108
（全国農業地域）									
北 海 道 (2)	x	x	x	x	nc	nc	nc	nc	nc
都 府 県 (3)	10,100	1,370	138,700	94,300	nc	nc	nc	nc	nc
東 北 (4)	723	873	6,310	2,910	nc	nc	nc	nc	nc
北 陸 (5)	861	1,230	10,600	6,900	nc	nc	nc	nc	nc
関 東・東 山 (6)	3,330	1,630	54,200	39,300	nc	nc	nc	nc	107
東 海 (7)	1,020	1,360	13,900	7,590	99	103	102	101	121
近 畿 (8)	533	1,190	6,360	2,880	nc	nc	nc	nc	86
中 国 (9)	551	1,050	5,770	3,040	nc	nc	nc	nc	118
四 国 (10)	616	1,740	10,700	7,860	nc	nc	nc	nc	118
九 州 (11)	2,440	1,260	30,800	23,800	nc	nc	nc	nc	118
沖 縄 (12)	7	543	38	34	88	95	83	87	98
（都道府県）									
北 海 道 (13)	x	x	x	x	nc	nc	nc	nc	nc
青 森 (14)	7	829	58	15	nc	nc	nc	nc	nc
岩 手 (15)	95	815	774	390	96	103	99	99	113
宮 城 (16)	85	759	645	261	nc	nc	nc	nc	nc
秋 田 (17)	120	740	888	360	nc	nc	nc	nc	nc
山 形 (18)	180	1,050	1,890	1,040	101	103	104	117	110
福 島 (19)	236	869	2,050	848	95	105	100	100	106
茨 城 (20)	248	1,080	2,680	1,430	99	92	91	91	94
栃 木 (21)	474	1,550	7,350	4,770	96	95	91	91	96
群 馬 (22)	240	1,310	3,140	1,440	91	102	93	94	121
埼 玉 (23)	738	2,430	17,900	13,700	97	99	96	96	108
千 葉 (24)	860	1,530	13,200	10,900	87	102	89	89	113
東 京 (25)	207	1,320	2,730	2,450	100	96	95	92	112
神 奈 川 (26)	391	1,290	5,040	3,680	100	97	97	101	96
新 潟 (27)	530	1,210	6,410	4,590	95	131	124	145	124
富 山 (28)	96	1,160	1,110	712	93	97	90	94	101
石 川 (29)	27	793	214	87	nc	nc	nc	nc	nc
福 井 (30)	208	1,370	2,850	1,510	100	108	108	109	108
山 梨 (31)	81	1,320	1,070	638	nc	nc	nc	nc	nc
長 野 (32)	89	1,210	1,080	293	nc	nc	nc	nc	nc
岐 阜 (33)	297	1,330	3,950	1,500	98	119	117	125	135
静 岡 (34)	258	1,470	3,790	2,430	101	101	101	101	103
愛 知 (35)	280	1,490	4,170	2,900	99	94	92	92	138
三 重 (36)	186	1,060	1,970	758	100	102	102	102	111
滋 賀 (37)	78	918	716	219	nc	nc	nc	nc	nc
京 都 (38)	140	944	1,320	648	nc	nc	nc	nc	nc
大 阪 (39)	49	1,710	839	728	102	99	101	101	97
兵 庫 (40)	155	1,210	1,880	414	97	103	99	100	103
奈 良 (41)	89	1,510	1,340	740	nc	nc	nc	nc	nc
和 歌 山 (42)	22	1,210	266	131	nc	nc	nc	nc	nc
鳥 取 (43)	87	1,190	1,040	677	nc	nc	nc	nc	nc
島 根 (44)	101	1,330	1,340	450	nc	nc	nc	nc	nc
岡 山 (45)	59	1,070	631	347	nc	nc	nc	nc	nc
広 島 (46)	151	1,040	1,570	637	nc	nc	nc	nc	nc
山 口 (47)	153	779	1,190	927	nc	nc	nc	nc	107
徳 島 (48)	30	1,190	357	130	nc	nc	nc	nc	nc
香 川 (49)	77	1,190	916	207	nc	nc	nc	nc	nc
愛 媛 (50)	444	2,000	8,880	7,190	104	89	93	98	88
高 知 (51)	65	912	593	337	nc	nc	nc	nc	nc
福 岡 (52)	216	717	1,550	872	100	100	100	100	104
佐 賀 (53)	95	694	659	320	nc	nc	nc	nc	nc
長 崎 (54)	70	913	639	362	nc	nc	nc	nc	nc
熊 本 (55)	463	1,040	4,820	3,360	98	103	101	100	98
大 分 (56)	242	954	2,310	1,380	94	110	103	103	104
宮 崎 (57)	848	1,600	13,600	11,300	96	103	99	99	122
鹿 児 島 (58)	503	1,440	7,240	6,190	102	98	100	102	106
沖 縄 (59)	7	543	38	34	88	95	83	87	98
関 東 農 政 局 (60)	3,590	1,620	58,000	41,700	nc	nc	nc	nc	107
東 海 農 政 局 (61)	763	1,320	10,100	5,160	99	104	103	102	131
中国四国農政局 (62)	1,170	1,410	16,500	10,900	nc	nc	nc	nc	nc

イ　秋冬さといも

作 付 面 積	10 a 当たり収　　量	収 穫 量	出 荷 量	対　前　年　産　比				(参考)対平均収量比	
				作付面積	10 a 当たり収　量	収 穫 量	出 荷 量		
ha	kg	t	t	%	%	%	%	%	
10, 100	1, 370	138, 600	94, 300	97	100	97	98	108	(1)
x	x	x	x	nc	nc	nc	nc	nc	(2)
10, 100	1, 370	138, 600	94, 300	nc	nc	nc	nc	nc	(3)
723	873	6, 310	2, 910	nc	nc	nc	nc	nc	(4)
861	1, 230	10, 600	6, 900	nc	nc	nc	nc	nc	(5)
3, 330	1, 630	54, 200	39, 300	nc	nc	nc	nc	nc	(6)
1, 020	1, 360	13, 900	7, 590	99	103	102	101	121	(7)
531	1, 200	6, 350	2, 870	nc	nc	nc	nc	nc	(8)
550	1, 050	5, 750	3, 030	nc	nc	nc	nc	nc	(9)
616	1, 740	10, 700	7, 860	nc	nc	nc	nc	nc	(10)
2, 440	1, 260	30, 800	23, 800	nc	nc	nc	nc	nc	(11)
－	－	－	－	nc	nc	nc	nc	nc	(12)
x	x	x	x	nc	nc	nc	nc	nc	(13)
7	829	58	15	nc	nc	nc	nc	nc	(14)
95	815	774	390	96	103	99	99	113	(15)
85	759	645	261	nc	nc	nc	nc	nc	(16)
120	740	888	360	nc	nc	nc	nc	nc	(17)
180	1, 050	1, 890	1, 040	101	103	104	117	110	(18)
236	869	2, 050	848	95	105	100	100	106	(19)
248	1, 080	2, 680	1, 430	99	92	91	91	94	(20)
474	1, 550	7, 350	4, 770	96	95	91	91	96	(21)
240	1, 310	3, 140	1, 440	91	102	93	94	121	(22)
738	2, 430	17, 900	13, 700	97	99	96	96	108	(23)
860	1, 530	13, 200	10, 900	87	102	89	89	113	(24)
207	1, 320	2, 730	2, 450	100	96	95	92	112	(25)
391	1, 290	5, 040	3, 680	100	97	97	101	96	(26)
530	1, 210	6, 410	4, 590	95	131	124	145	124	(27)
96	1, 160	1, 110	712	93	97	90	94	101	(28)
27	793	214	87	nc	nc	nc	nc	nc	(29)
208	1, 370	2, 850	1, 510	100	108	108	109	108	(30)
81	1, 320	1, 070	638	nc	nc	nc	nc	nc	(31)
89	1, 210	1, 080	293	nc	nc	nc	nc	nc	(32)
297	1, 330	3, 950	1, 500	98	119	117	125	135	(33)
258	1, 470	3, 790	2, 430	101	101	101	101	103	(34)
280	1, 490	4, 170	2, 900	99	94	92	92	138	(35)
186	1, 060	1, 970	758	100	102	102	102	111	(36)
77	919	708	212	nc	nc	nc	nc	nc	(37)
140	944	1, 320	648	nc	nc	nc	nc	nc	(38)
48	1, 740	835	726	100	101	101	101	98	(39)
155	1, 210	1, 880	414	97	103	99	100	103	(40)
89	1, 510	1, 340	740	nc	nc	nc	nc	nc	(41)
22	1, 210	266	131	nc	nc	nc	nc	nc	(42)
87	1, 190	1, 040	677	nc	nc	nc	nc	nc	(43)
101	1, 330	1, 340	450	nc	nc	nc	nc	nc	(44)
59	1, 070	631	347	nc	nc	nc	nc	nc	(45)
150	1, 030	1, 550	630	nc	nc	nc	nc	nc	(46)
153	779	1, 190	927	nc	nc	nc	nc	107	(47)
30	1, 190	357	130	nc	nc	nc	nc	nc	(48)
77	1, 190	916	207	nc	nc	nc	nc	nc	(49)
444	2, 000	8, 880	7, 190	104	89	93	98	88	(50)
65	912	593	337	nc	nc	nc	nc	nc	(51)
216	717	1, 550	872	100	100	100	100	104	(52)
95	694	659	320	nc	nc	nc	nc	nc	(53)
70	913	639	362	nc	nc	nc	nc	nc	(54)
463	1, 040	4, 820	3, 360	98	103	101	100	98	(55)
242	954	2, 310	1, 380	94	110	103	103	104	(56)
848	1, 600	13, 600	11, 300	96	103	99	99	122	(57)
503	1, 440	7, 240	6, 190	102	98	100	102	106	(58)
－	－	－	－	nc	nc	nc	nc	nc	(59)
3, 590	1, 620	58, 000	41, 700	nc	nc	nc	nc	nc	(60)
763	1, 320	10, 100	5, 160	99	104	103	102	131	(61)
1, 170	1, 410	16, 500	10, 900	nc	nc	nc	nc	nc	(62)

3　令和4年産都道府県別の作付面積、10a当たり収量、収穫量及び出荷量　（続き）

(7)　さといも（続き）
ウ　その他さといも

全国農業地域 都　道　府　県		作付面積	10a当たり 収　　量	収　穫　量	出　荷　量	対　前　年　産　比				(参考) 対平均 収量比
						作付面積	10a当たり 収　量	収　穫　量	出　荷　量	
		ha	kg	t	t	%	%	%	%	%
全　　国	(1)	10	650	65	50	125	113	141	128	111
（全国農業地域）										
北　海　道	(2)	-	-	-	-	nc	nc	nc	nc	nc
都　府　県	(3)	10	650	65	50	nc	nc	nc	nc	nc
東　　　北	(4)	-	-	-	-	nc	nc	nc	nc	nc
北　　　陸	(5)	-	-	-	-	nc	nc	nc	nc	nc
関東・東山	(6)	-	-	-	-	nc	nc	nc	nc	nc
東　　海	(7)	-	-	-	-	nc	nc	nc	nc	nc
近　　畿	(8)	2	600	12	9	nc	nc	nc	nc	nc
中　　国	(9)	1	1,500	15	7	nc	nc	nc	nc	nc
四　　国	(10)	-	-	-	-	nc	nc	nc	nc	nc
九　　州	(11)	-	-	-	-	nc	nc	nc	nc	nc
沖　　縄	(12)	7	543	38	34	88	95	83	87	98
（都道府県）										
北　海　道	(13)	-	-	-	-	nc	nc	nc	nc	nc
青　　森	(14)	-	-	-	-	nc	nc	nc	nc	nc
岩　　手	(15)	-	-	-	-	nc	nc	nc	nc	nc
宮　　城	(16)	-	-	-	-	nc	nc	nc	nc	nc
秋　　田	(17)	-	-	-	-	nc	nc	nc	nc	nc
山　　形	(18)	-	-	-	-	nc	nc	nc	nc	nc
福　　島	(19)	-	-	-	-	nc	nc	nc	nc	nc
茨　　城	(20)	-	-	-	-	nc	nc	nc	nc	nc
栃　　木	(21)	-	-	-	-	nc	nc	nc	nc	nc
群　　馬	(22)	-	-	-	-	nc	nc	nc	nc	nc
埼　　玉	(23)	-	-	-	-	nc	nc	nc	nc	nc
千　　葉	(24)	-	-	-	-	nc	nc	nc	nc	nc
東　　京	(25)	-	-	-	-	nc	nc	nc	nc	nc
神　奈　川	(26)	-	-	-	-	nc	nc	nc	nc	nc
新　　潟	(27)	-	-	-	-	nc	nc	nc	nc	nc
富　　山	(28)	-	-	-	-	nc	nc	nc	nc	nc
石　　川	(29)	-	-	-	-	nc	nc	nc	nc	nc
福　　井	(30)	-	-	-	-	nc	nc	nc	nc	nc
山　　梨	(31)	-	-	-	-	nc	nc	nc	nc	nc
長　　野	(32)	-	-	-	-	nc	nc	nc	nc	nc
岐　　阜	(33)	-	-	-	-	nc	nc	nc	nc	nc
静　　岡	(34)	-	-	-	-	nc	nc	nc	nc	nc
愛　　知	(35)	-	-	-	-	nc	nc	nc	nc	nc
三　　重	(36)	-	-	-	-	nc	nc	nc	nc	nc
滋　　賀	(37)	1	800	8	7	nc	nc	nc	nc	nc
京　　都	(38)	-	-	-	-	nc	nc	nc	nc	nc
大　　阪	(39)	1	800	4	2	nc	nc	nc	nc	nc
兵　　庫	(40)	-	-	-	-	nc	nc	nc	nc	nc
奈　　良	(41)	-	-	-	-	nc	nc	nc	nc	nc
和　歌　山	(42)	0	1,050	0	0	nc	nc	nc	nc	nc
鳥　　取	(43)	-	-	-	-	nc	nc	nc	nc	nc
島　　根	(44)	-	-	-	-	nc	nc	nc	nc	nc
岡　　山	(45)	-	-	-	-	nc	nc	nc	nc	nc
広　　島	(46)	1	1,500	15	7	nc	nc	nc	nc	nc
山　　口	(47)	-	-	-	-	nc	nc	nc	nc	nc
徳　　島	(48)	-	-	-	-	nc	nc	nc	nc	nc
香　　川	(49)	-	-	-	-	nc	nc	nc	nc	nc
愛　　媛	(50)	-	-	-	-	nc	nc	nc	nc	nc
高　　知	(51)	-	-	-	-	nc	nc	nc	nc	nc
福　　岡	(52)	-	-	-	-	nc	nc	nc	nc	nc
佐　　賀	(53)	-	-	-	-	nc	nc	nc	nc	nc
長　　崎	(54)	-	-	-	-	nc	nc	nc	nc	nc
熊　　本	(55)	-	-	-	-	nc	nc	nc	nc	nc
大　　分	(56)	-	-	-	-	nc	nc	nc	nc	nc
宮　　崎	(57)	-	-	-	-	nc	nc	nc	nc	nc
鹿　児　島	(58)	-	-	-	-	nc	nc	nc	nc	nc
沖　　縄	(59)	7	543	38	34	88	95	83	87	98
関東農政局	(60)	-	-	-	-	nc	nc	nc	nc	nc
東海農政局	(61)	-	-	-	-	nc	nc	nc	nc	nc
中国四国農政局	(62)	1	1,500	15	7	nc	nc	nc	nc	nc

(8)　やまのいも
ア　計

作付面積	10a当たり収量	収穫量	出荷量	対前年産比 作付面積	10a当たり収量	収穫量	出荷量	(参考)対平均収量比	
ha	kg	t	t	%	%	%	%	%	
6,630	2,370	157,200	133,300	96	92	89	89	103	(1)
1,880	4,120	77,500	66,100	94	101	95	95	120	(2)
4,750	1,680	79,700	67,200	nc	nc	nc	nc	nc	(3)
2,620	1,930	50,600	45,000	nc	nc	nc	nc	nc	(4)
118	1,230	1,450	1,230	nc	nc	nc	nc	nc	(5)
1,480	1,490	22,100	17,200	nc	nc	nc	nc	nc	(6)
132	902	1,190	646	nc	nc	nc	nc	nc	(7)
149	772	1,150	798	nc	nc	nc	nc	nc	(8)
115	1,660	1,910	1,450	nc	nc	nc	nc	nc	(9)
49	920	451	332	nc	nc	nc	nc	nc	(10)
80	935	748	533	nc	nc	nc	nc	nc	(11)
6	1,250	79	44	nc	nc	nc	nc	nc	(12)
1,880	4,120	77,500	66,100	94	101	95	95	120	(13)
2,240	2,030	45,500	41,500	100	81	80	80	83	(14)
173	1,610	2,790	2,310	97	85	83	83	87	(15)
29	1,110	322	65	nc	nc	nc	nc	nc	(16)
81	878	711	367	82	89	73	69	84	(17)
38	1,390	528	315	nc	nc	nc	nc	nc	(18)
56	1,350	756	423	nc	nc	nc	nc	nc	(19)
104	2,640	2,750	2,300	93	113	105	106	106	(20)
10	1,570	157	129	nc	nc	nc	nc	nc	(21)
390	1,140	4,450	3,600	86	101	87	91	99	(22)
162	994	1,610	1,290	nc	nc	nc	nc	98	(23)
475	1,190	5,650	4,150	100	106	106	106	98	(24)
9	1,100	99	65	nc	nc	nc	nc	nc	(25)
29	1,260	365	317	nc	nc	nc	nc	nc	(26)
68	1,470	1,000	893	nc	nc	nc	nc	nc	(27)
9	750	65	25	nc	nc	nc	nc	nc	(28)
35	986	345	282	nc	nc	nc	nc	nc	(29)
6	633	38	26	nc	nc	nc	nc	nc	(30)
41	1,380	566	432	98	96	94	94	93	(31)
263	2,450	6,440	4,920	97	103	99	100	102	(32)
19	1,030	196	73	nc	nc	nc	nc	nc	(33)
32	1,010	323	255	nc	nc	nc	nc	nc	(34)
38	753	286	148	nc	nc	nc	nc	nc	(35)
43	902	388	170	nc	nc	nc	nc	nc	(36)
15	933	140	76	nc	nc	nc	nc	nc	(37)
19	705	134	90	nc	nc	nc	nc	nc	(38)
0	820	1	1	nc	nc	nc	nc	nc	(39)
100	714	714	523	nc	nc	nc	nc	nc	(40)
14	1,040	146	101	nc	nc	nc	nc	nc	(41)
1	920	13	7	nc	nc	nc	nc	nc	(42)
53	2,640	1,400	1,190	96	101	97	98	99	(43)
17	982	167	70	nc	nc	nc	nc	nc	(44)
11	1,120	123	95	122	146	178	179	127	(45)
13	731	95	39	nc	nc	nc	nc	nc	(46)
21	590	124	59	nc	nc	nc	nc	nc	(47)
1	600	5	1	nc	nc	nc	nc	nc	(48)
4	875	35	21	nc	nc	nc	nc	nc	(49)
33	1,040	343	289	nc	nc	nc	nc	nc	(50)
11	618	68	21	nc	nc	nc	nc	nc	(51)
10	930	93	64	nc	nc	nc	nc	nc	(52)
5	780	39	30	nc	nc	nc	nc	nc	(53)
10	410	41	16	nc	nc	nc	nc	nc	(54)
23	910	209	125	nc	nc	nc	nc	nc	(55)
9	1,000	90	67	nc	nc	nc	nc	nc	(56)
4	1,000	40	31	nc	nc	nc	nc	nc	(57)
19	1,240	236	200	nc	nc	nc	nc	nc	(58)
6	1,250	79	44	nc	nc	nc	nc	nc	(59)
1,520	1,470	22,400	17,500	nc	nc	nc	nc	nc	(60)
100	870	870	391	nc	nc	nc	nc	nc	(61)
164	1,440	2,360	1,790	nc	nc	nc	nc	nc	(62)

3　令和4年産都道府県別の作付面積、10a当たり収量、収穫量及び出荷量　（続き）

(8)　やまのいも（続き）
イ　計のうちながいも

全国農業地域 都　道　府　県		作付面積	10a当たり 収　　量	収　穫　量	出　荷　量	対　前　年　産　比				(参考) 対平均 収量比
						作付面積	10a当たり 収　量	収　穫　量	出　荷　量	
		ha	kg	t	t	%	%	%	%	%
全　　　国	(1)	4,980	2,800	139,400	120,300	96	93	89	89	103
(全国農業地域)										
北　海　道	(2)	1,870	4,130	77,200	66,100	94	101	95	95	121
都　府　県	(3)	3,110	2,000	62,200	54,200	nc	nc	nc	nc	nc
東　　　北	(4)	2,540	1,970	50,000	44,600	nc	nc	nc	nc	nc
北　　　陸	(5)	74	1,410	1,040	911	nc	nc	nc	nc	nc
関東・東山	(6)	412	2,320	9,560	7,440	nc	nc	nc	nc	nc
東　　　海	(7)	11	791	87	32	nc	nc	nc	nc	nc
近　　　畿	(8)	x	x	x	x	nc	nc	nc	nc	nc
中　国	(9)	53	2,490	1,320	1,150	nc	nc	nc	nc	nc
四　　　国	(10)	0	…	3	1	nc	nc	nc	nc	nc
九　　　州	(11)	11	1,000	110	81	nc	nc	nc	nc	nc
沖　　　縄	(12)	-	-	-	-	nc	nc	nc	nc	nc
(都道府県)										
北　海　道	(13)	1,870	4,130	77,200	66,100	94	101	95	95	121
青　　　森	(14)	2,220	2,040	45,300	41,300	100	81	80	80	83
岩　　　手	(15)	172	1,610	2,770	2,290	97	85	83	82	87
宮　　　城	(16)	24	1,160	278	57	nc	nc	nc	nc	nc
秋　　　田	(17)	51	959	489	205	85	94	80	79	82
山　　　形	(18)	34	1,520	517	310	nc	nc	nc	nc	nc
福　　　島	(19)	43	1,490	641	389	nc	nc	nc	nc	nc
茨　　　城	(20)	87	2,650	2,310	1,910	94	114	106	107	106
栃　　　木	(21)	-	-	-	-	nc	nc	nc	nc	nc
群　　　馬	(22)	-	-	-	-	nc	nc	nc	nc	nc
埼　　　玉	(23)	-	-	-	-	nc	nc	nc	nc	-
千　　　葉	(24)	13	1,190	155	118	100	106	106	106	82
東　　　京	(25)	9	1,100	98	64	nc	nc	nc	nc	nc
神　奈　川	(26)	1	917	11	6	nc	nc	nc	nc	nc
新　　　潟	(27)	65	1,460	949	850	nc	nc	nc	nc	nc
富　　　山	(28)	2	770	12	5	nc	nc	nc	nc	nc
石　　　川	(29)	4	1,600	64	50	nc	nc	nc	nc	nc
福　　　井	(30)	3	567	17	6	nc	nc	nc	nc	nc
山　　　梨	(31)	39	1,410	550	419	100	95	95	95	92
長　　　野	(32)	263	2,450	6,440	4,920	97	103	99	100	102
岐　　　阜	(33)	2	700	11	3	nc	nc	nc	nc	nc
静　　　岡	(34)	2	825	14	13	nc	nc	nc	nc	nc
愛　　　知	(35)	-	-	-	-	nc	nc	nc	nc	nc
三　　　重	(36)	7	886	62	16	nc	nc	nc	nc	nc
滋　　　賀	(37)	3	1,170	35	29	nc	nc	nc	nc	nc
京　　　都	(38)	1	1,800	18	17	nc	nc	nc	nc	nc
大　　　阪	(39)	-	-	-	-	nc	nc	nc	nc	nc
兵　　　庫	(40)	-	-	-	-	nc	nc	nc	nc	nc
奈　　　良	(41)	0	791	2	1	nc	nc	nc	nc	nc
和　歌　山	(42)	x	x	x	x	nc	nc	nc	nc	nc
鳥　　　取	(43)	48	2,670	1,280	1,130	96	99	94	94	94
島　　　根	(44)	4	900	36	14	nc	nc	nc	nc	nc
岡　　　山	(45)	0	2,390	0	0	nc	146	nc	nc	nc
広　　　島	(46)	1	700	7	3	nc	nc	nc	nc	nc
山　　　口	(47)	-	-	-	-	nc	nc	nc	nc	nc
徳　　　島	(48)	0	680	3	1	nc	nc	nc	nc	nc
香　　　川	(49)	-	-	-	-	nc	nc	nc	nc	nc
愛　　　媛	(50)	-	-	-	-	nc	nc	nc	nc	nc
高　　　知	(51)	-	-	-	-	nc	nc	nc	nc	nc
福　　　岡	(52)	2	1,020	20	14	nc	nc	nc	nc	nc
佐　　　賀	(53)	-	-	-	-	nc	nc	nc	nc	nc
長　　　崎	(54)	-	-	-	-	nc	nc	nc	nc	nc
熊　　　本	(55)	-	-	-	-	nc	nc	nc	nc	nc
大　　　分	(56)	9	1,000	90	67	nc	nc	nc	nc	nc
宮　　　崎	(57)	-	-	-	-	nc	nc	nc	nc	nc
鹿　児　島	(58)	-	-	-	-	nc	nc	nc	nc	nc
沖　　　縄	(59)					nc	nc	nc	nc	nc
関 東 農 政 局	(60)	414	2,310	9,580	7,450	nc	nc	nc	nc	nc
東 海 農 政 局	(61)	9	811	73	19	nc	nc	nc	nc	nc
中国四国農政局	(62)	53	2,510	1,330	1,150	nc	nc	nc	nc	nc

(9) はくさい
　ア　計

作付面積	10a当たり収量	収穫量	出荷量	対　前　年　産　比				(参考)対平均収量比	
				作付面積	10a当たり収量	収穫量	出荷量		
ha	kg	t	t	%	%	%	%	%	
16,000	5,470	874,600	728,400	97	100	97	98	105	(1)
552	4,260	23,500	22,000	89	114	102	102	103	(2)
15,500	5,490	851,200	706,500	nc	nc	nc	nc	nc	(3)
1,770	2,720	48,200	19,800	95	98	93	93	104	(4)
504	2,060	10,400	6,040	nc	nc	nc	nc	nc	(5)
8,110	6,990	566,700	501,400	nc	nc	nc	nc	nc	(6)
915	4,580	41,900	32,000	nc	nc	nc	nc	nc	(7)
911	4,430	40,400	31,200	nc	nc	nc	nc	nc	(8)
942	3,270	30,800	19,300	nc	nc	nc	nc	nc	(9)
264	3,480	9,200	6,870	nc	nc	nc	nc	nc	(10)
2,070	5,010	103,700	89,900	nc	nc	nc	nc	nc	(11)
4	2,480	99	64	nc	nc	nc	nc	nc	(12)
552	4,260	23,500	22,000	89	114	102	102	103	(13)
190	2,580	4,910	3,190	85	104	88	87	98	(14)
291	2,560	7,460	3,700	97	97	94	91	106	(15)
374	2,180	8,150	3,080	95	93	89	92	110	(16)
226	2,620	5,930	2,060	97	92	89	87	101	(17)
192	3,140	6,030	2,410	96	101	97	99	99	(18)
496	3,170	15,700	5,340	96	100	96	96	105	(19)
3,270	7,460	244,100	227,600	97	101	98	98	104	(20)
377	4,880	18,400	13,900	96	102	97	95	102	(21)
466	5,790	27,000	20,800	100	91	92	92	105	(22)
497	4,990	24,800	18,900	102	99	101	99	106	(23)
210	3,360	7,050	5,180	95	103	98	97	99	(24)
78	4,530	3,530	2,670	nc	nc	nc	nc	nc	(25)
152	3,130	4,760	3,470	nc	nc	nc	nc	nc	(26)
330	2,130	7,020	4,320	96	92	88	102	102	(27)
71	2,030	1,440	914	90	100	89	90	105	(28)
39	2,050	799	444	nc	nc	nc	nc	nc	(29)
64	1,720	1,100	365	nc	nc	nc	nc	nc	(30)
152	2,360	3,580	1,630	nc	nc	nc	nc	nc	(31)
2,910	8,020	233,500	207,200	102	100	102	102	99	(32)
216	3,880	8,390	4,720	99	103	101	110	125	(33)
131	3,660	4,800	3,380	nc	nc	nc	nc	nc	(34)
359	5,460	19,600	17,200	92	98	89	89	109	(35)
209	4,350	9,090	6,660	105	104	109	109	107	(36)
129	3,150	4,060	3,020	98	101	100	100	101	(37)
112	2,720	3,050	1,720	nc	nc	nc	nc	nc	(38)
26	4,350	1,130	949	nc	nc	nc	nc	nc	(39)
425	4,920	20,900	16,500	99	94	92	93	112	(40)
88	3,630	3,190	1,790	nc	nc	nc	nc	nc	(41)
131	6,130	8,030	7,230	90	97	88	88	94	(42)
99	2,800	2,770	1,530	98	87	85	90	86	(43)
161	3,000	4,830	2,860	nc	nc	nc	nc	nc	(44)
251	5,180	13,000	10,500	100	95	95	95	96	(45)
235	2,330	5,470	1,400	100	100	100	101	97	(46)
196	2,400	4,700	2,960	98	106	104	103	103	(47)
76	4,030	3,060	2,660	96	95	91	90	86	(48)
22	2,480	546	195	nc	nc	nc	nc	nc	(49)
109	3,420	3,730	2,810	92	98	90	88	102	(50)
57	3,260	1,860	1,200	nc	nc	nc	nc	nc	(51)
193	3,080	5,940	4,640	nc	nc	nc	nc	91	(52)
67	3,310	2,220	1,090	nc	nc	nc	nc	nc	(53)
325	5,970	19,400	17,700	92	102	94	93	102	(54)
384	4,110	15,800	13,800	95	99	94	94	105	(55)
407	5,720	23,300	20,500	99	100	99	99	107	(56)
317	4,480	14,200	12,700	99	97	96	94	102	(57)
381	5,980	22,800	19,500	95	100	95	95	111	(58)
4	2,480	99	64	nc	nc	nc	nc	nc	(59)
8,240	6,940	571,500	504,700	nc	nc	nc	nc	nc	(60)
784	4,730	37,100	28,600	97	99	96	96	111	(61)
1,210	3,310	40,000	26,100	nc	nc	nc	nc	nc	(62)

3　令和4年産都道府県別の作付面積、10a当たり収量、収穫量及び出荷量　（続き）

(9)　はくさい（続き）
イ　春はくさい

全国農業地域 ・ 都　道　府　県		作付面積	10a当たり 収　　量	収　穫　量	出　荷　量	対　　前　　年　　産　　比				(参考) 対平均 収量比
						作付面積	10a当たり 収　　量	収穫量	出荷量	
		ha	kg	t	t	%	%	%	%	%
全　　　国	(1)	1,850	6,300	116,500	108,000	101	97	98	98	99
(全国農業地域)										
北　海　道	(2)	30	6,030	1,810	1,710	86	100	86	85	106
都　府　県	(3)	1,820	6,300	114,700	106,300	nc	nc	nc	nc	nc
東　　北	(4)	63	2,350	1,480	1,000	nc	nc	nc	nc	nc
北　　陸	(5)	7	2,460	172	141	nc	nc	nc	nc	nc
関東・東山	(6)	1,100	7,230	79,500	74,800	nc	nc	nc	nc	nc
東　　海	(7)	37	4,410	1,630	1,430	nc	nc	nc	nc	nc
近　　畿	(8)	32	3,780	1,210	1,020	nc	nc	nc	nc	nc
中　　国	(9)	64	4,530	2,900	2,370	nc	nc	nc	nc	nc
四　　国	(10)	17	2,750	467	329	nc	nc	nc	nc	nc
九　　州	(11)	508	5,370	27,300	25,200	nc	nc	nc	nc	nc
沖　　縄	(12)	0	2,500	10	8	nc	nc	nc	nc	nc
(都道府県)										
北　海　道	(13)	30	6,030	1,810	1,710	86	100	86	85	106
青　　森	(14)	13	3,990	519	423	nc	nc	nc	nc	nc
岩　　手	(15)	11	2,790	307	171	nc	nc	nc	nc	nc
宮　　城	(16)	28	1,400	392	228	nc	nc	nc	nc	nc
秋　　田	(17)	1	3,300	33	27	nc	nc	nc	nc	nc
山　　形	(18)	1	2,600	26	20	nc	nc	nc	nc	nc
福　　島	(19)	9	2,290	206	135	nc	nc	nc	nc	nc
茨　　城	(20)	669	7,410	49,600	48,100	98	98	96	96	97
栃　　木	(21)	24	6,850	1,640	1,510	nc	nc	nc	nc	nc
群　　馬	(22)	33	6,600	2,180	1,740	nc	nc	nc	nc	nc
埼　　玉	(23)	10	3,690	369	239	nc	nc	nc	nc	nc
千　　葉	(24)	4	4,860	194	165	nc	nc	nc	nc	nc
東　　京	(25)	-	-	-	-	nc	nc	nc	nc	nc
神　奈　川	(26)	2	3,300	50	43	nc	nc	nc	nc	nc
新　　潟	(27)	5	2,540	127	110	nc	nc	nc	nc	nc
富　　山	(28)	-	-	-	-	nc	nc	nc	nc	nc
石　　川	(29)	1	2,400	24	19	nc	nc	nc	nc	nc
福　　井	(30)	1	2,100	21	12	nc	nc	nc	nc	nc
山　　梨	(31)	10	3,280	328	257	nc	nc	nc	nc	nc
長　　野	(32)	343	7,320	25,100	22,700	105	101	106	107	103
岐　　阜	(33)	2	3,800	91	71	nc	nc	nc	nc	nc
静　　岡	(34)	4	3,650	139	114	nc	nc	nc	nc	nc
愛　　知	(35)	28	4,660	1,300	1,160	97	90	86	86	94
三　　重	(36)	3	3,590	104	83	nc	nc	nc	nc	nc
滋　　賀	(37)	4	3,300	132	116	nc	nc	nc	nc	nc
京　　都	(38)	11	3,260	359	298	nc	nc	nc	nc	nc
大　　阪	(39)	1	3,400	34	24	nc	nc	nc	nc	nc
兵　　庫	(40)	4	2,930	117	89	nc	nc	nc	nc	nc
奈　　良	(41)	4	3,270	131	89	nc	nc	nc	nc	nc
和　歌　山	(42)	8	5,850	439	399	100	107	100	100	104
鳥　　取	(43)	1	3,000	30	16	nc	nc	nc	nc	nc
島　　根	(44)	4	2,350	94	55	nc	nc	nc	nc	nc
岡　　山	(45)	36	5,870	2,110	1,910	103	91	93	93	106
広　　島	(46)	13	2,650	345	173	nc	nc	nc	nc	nc
山　　口	(47)	10	3,240	324	216	100	98	98	98	113
徳　　島	(48)	2	4,000	92	76	nc	nc	nc	nc	nc
香　　川	(49)	2	2,600	52	22	nc	nc	nc	nc	nc
愛　　媛	(50)	7	2,470	173	96	nc	nc	nc	nc	nc
高　　知	(51)	6	2,500	150	135	nc	nc	nc	nc	nc
福　　岡	(52)	15	3,160	474	366	nc	nc	nc	nc	nc
佐　　賀	(53)	4	3,280	131	52	nc	nc	nc	nc	nc
長　　崎	(54)	171	6,790	11,600	10,900	94	90	85	85	92
熊　　本	(55)	141	4,950	6,980	6,600	99	103	102	102	105
大　　分	(56)	61	4,400	2,680	2,460	100	105	105	105	111
宮　　崎	(57)	69	4,370	3,020	2,600	nc	nc	nc	nc	nc
鹿　児　島	(58)	47	5,160	2,430	2,230	92	83	76	76	128
沖　　縄	(59)	0	2,500	10	8	nc	nc	nc	nc	nc
関東農政局	(60)	1,100	7,240	79,600	74,900	nc	nc	nc	nc	nc
東海農政局	(61)	33	4,550	1,500	1,310	nc	nc	nc	nc	nc
中国四国農政局	(62)	81	4,160	3,370	2,700	nc	nc	nc	nc	nc

ウ　夏はくさい

作付面積	10a当たり収量	収穫量	出荷量	対前年産比					(参考)対平均収量比	
				作付面積	10a当たり収量	収穫量	出荷量			
ha	kg	t	t	%	%	%	%	%		
2,410	7,120	171,700	153,500	101	102	103	103	99	(1)	
320	4,160	13,300	12,600	93	120	112	113	102	(2)	
2,090	7,580	158,400	140,900	nc	nc	nc	nc	nc	(3)	
93	2,470	2,300	1,820	nc	nc	nc	nc	nc	(4)	
0	1,300	4	4	nc	nc	nc	nc	nc	(5)	
1,950	7,960	155,300	138,400	nc	nc	nc	nc	nc	(6)	
3	1,300	39	27	nc	nc	nc	nc	nc	(7)	
9	1,360	122	87	nc	nc	nc	nc	nc	(8)	
10	2,260	226	142	nc	nc	nc	nc	nc	(9)	
3	1,030	31	24	nc	nc	nc	nc	nc	(10)	
18	2,190	395	366	nc	nc	nc	nc	nc	(11)	
0	333	1	1	nc	nc	nc	nc	nc	(12)	
320	4,160	13,300	12,600	93	120	112	113	102	(13)	
37	3,000	1,110	944	95	101	96	95	107	(14)	
35	2,240	784	565	nc	nc	nc	nc	nc	(15)	
6	2,320	139	101	nc	nc	nc	nc	nc	(16)	
3	1,900	57	32	nc	nc	nc	nc	nc	(17)	
3	2,770	83	69	nc	nc	nc	nc	nc	(18)	
9	1,400	126	104	nc	nc	nc	nc	nc	(19)	
-	-	-	-	nc	nc	nc	nc	nc	(20)	
1	1,890	17	11	nc	nc	nc	nc	nc	(21)	
117	4,720	5,520	4,860	100	61	61	61	75	(22)	
7	3,180	210	143	nc	nc	nc	nc	nc	(23)	
-	-	-	-	nc	nc	nc	nc	nc	(24)	
-	-	-	-	nc	nc	nc	nc	nc	(25)	
				nc	nc	nc	nc	nc	(26)	
-		-	-	nc	nc	nc	nc	nc	(27)	
-		-	-	nc	nc	nc	nc	nc	(28)	
0	1,300	4	4	nc	nc	nc	nc	nc	(29)	
-		-	-	nc	nc	nc	nc	nc	(30)	
18	2,960	533	396	nc	nc	nc	nc	nc	(31)	
1,810	8,230	149,000	133,000	104	101	105	105	98	(32)	
1	1,700	10	7	nc	nc	nc	nc	nc	(33)	
1	1,000	7	4	nc	nc	nc	nc	nc	(34)	
1	1,700	14	10	nc	nc	nc	nc	nc	(35)	
0	2,800	8	6	nc	nc	nc	nc	nc	(36)	
1	1,300	13	7	nc	nc	nc	nc	nc	(37)	
1	1,250	6	4	nc	nc	nc	nc	nc	(38)	
-	-	-	-	nc	nc	nc	nc	nc	(39)	
1	900	9	6	nc	nc	nc	nc	nc	(40)	
6	1,570	94	70	nc	nc	nc	nc	nc	(41)	
-	-	-	-	nc	nc	nc	nc	nc	(42)	
-	-	-	-	nc	nc	nc	nc	nc	(43)	
1	800	8	8	nc	nc	nc	nc	nc	(44)	
0	2,000	8	5	nc	nc	nc	nc	nc	(45)	
3	1,600	48	35	nc	nc	nc	nc	nc	(46)	
6	2,700	162	94	nc	nc	nc	nc	nc	(47)	
1	1,380	7	5	nc	nc	nc	nc	nc	(48)	
0	2,600	0	0	nc	nc	nc	nc	nc	(49)	
1	1,200	12	11	nc	nc	nc	nc	nc	(50)	
1	1,200	12	8	nc	nc	nc	nc	nc	(51)	
1	1,680	18	14	nc	nc	nc	nc	nc	(52)	
0	1,150	3	2	nc	nc	nc	nc	nc	(53)	
1	1,000	6	3	nc	nc	nc	nc	nc	(54)	
10	2,350	235	223	nc	nc	nc	nc	nc	(55)	
5	2,000	100	93	nc	nc	nc	nc	nc	(56)	
1	3,300	33	31	nc	nc	nc	nc	nc	(57)	
-	-	-	-	nc	nc	nc	nc	nc	(58)	
0	333	1	1	nc	nc	nc	nc	nc	(59)	
1,950	7,960	155,300	138,400	nc	nc	nc	nc	nc	(60)	
2	1,600	32	23	nc	nc	nc	nc	nc	(61)	
13	1,980	257	166	nc	nc	nc	nc	nc	(62)	

3 令和4年産都道府県別の作付面積、10a当たり収量、収穫量及び出荷量 （続き）

(9) はくさい（続き）
エ 秋冬はくさい

全国農業地域 都 道 府 県		作 付 面 積	10a当たり 収 量	収 穫 量	出 荷 量	対 前 年 産 比				(参考) 対平均 収量比
						作付面積	10a当たり 収 量	収穫量	出荷量	
		ha	kg	t	t	%	%	%	%	%
全 国	(1)	11,800	4,970	586,500	467,000	96	100	95	96	106
（全国農業地域）										
北 海 道	(2)	202	4,130	8,340	7,720	85	108	92	93	102
都 府 県	(3)	11,600	4,980	578,100	459,300	nc	nc	nc	nc	nc
東 北	(4)	1,610	2,760	44,400	17,000	nc	nc	nc	nc	nc
北 陸	(5)	497	2,050	10,200	5,900	nc	nc	nc	nc	nc
関 東 ・ 東 山	(6)	5,060	6,560	331,900	288,200	nc	nc	nc	nc	nc
東 海	(7)	875	4,590	40,200	30,500	nc	nc	nc	nc	nc
近 畿	(8)	870	4,480	39,000	30,100	nc	nc	nc	nc	nc
中 国	(9)	868	3,190	27,700	16,800	nc	nc	nc	nc	nc
四 国	(10)	244	3,560	8,690	6,510	nc	nc	nc	nc	nc
九 州	(11)	1,550	4,900	75,900	64,300	nc	nc	nc	nc	nc
沖 縄	(12)	4	2,320	88	55	nc	nc	nc	nc	nc
（都道府県）										
北 海 道	(13)	202	4,130	8,340	7,720	85	108	92	93	102
青 森	(14)	140	2,340	3,280	1,820	nc	nc	nc	nc	nc
岩 手	(15)	245	2,600	6,370	2,960	99	98	97	97	108
宮 城	(16)	340	2,240	7,620	2,750	93	98	92	96	115
秋 田	(17)	222	2,630	5,840	2,000	97	93	91	91	101
山 形	(18)	188	3,150	5,920	2,320	96	101	98	100	99
福 島	(19)	478	3,220	15,400	5,100	96	100	96	96	106
茨 城	(20)	2,600	7,480	194,500	179,500	97	101	98	99	106
栃 木	(21)	352	4,740	16,700	12,400	95	101	95	93	101
群 馬	(22)	316	6,110	19,300	14,200	94	102	97	99	116
埼 玉	(23)	480	5,040	24,200	18,500	103	99	102	101	106
千 葉	(24)	206	3,330	6,860	5,010	94	104	99	99	100
東 京	(25)	78	4,530	3,530	2,670	nc	nc	nc	nc	nc
神 奈 川	(26)	150	3,140	4,710	3,430	nc	nc	nc	nc	nc
新 潟	(27)	325	2,120	6,890	4,210	96	93	89	104	102
富 山	(28)	71	2,030	1,440	914	91	100	91	91	105
石 川	(29)	38	2,030	771	421	nc	nc	nc	nc	nc
福 井	(30)	63	1,720	1,080	353	nc	nc	nc	nc	nc
山 梨	(31)	124	2,190	2,720	980	nc	nc	nc	nc	nc
長 野	(32)	759	7,830	59,400	51,500	97	98	94	94	99
岐 阜	(33)	213	3,890	8,290	4,640	99	103	102	112	125
静 岡	(34)	126	3,690	4,650	3,260	nc	nc	nc	nc	nc
愛 知	(35)	330	5,540	18,300	16,000	91	98	90	89	111
三 重	(36)	206	4,360	8,980	6,570	105	104	109	109	107
滋 賀	(37)	124	3,150	3,910	2,900	98	101	100	100	101
京 都	(38)	100	2,680	2,680	1,420	nc	nc	nc	nc	nc
大 阪	(39)	25	4,400	1,100	925	nc	nc	nc	nc	nc
兵 庫	(40)	420	4,960	20,800	16,400	99	94	92	93	112
奈 良	(41)	78	3,800	2,960	1,630	nc	nc	nc	nc	nc
和 歌 山	(42)	123	6,170	7,590	6,830	90	97	87	87	93
鳥 取	(43)	98	2,800	2,740	1,510	98	88	86	92	86
島 根	(44)	156	3,030	4,730	2,800	nc	nc	nc	nc	nc
岡 山	(45)	215	5,070	10,900	8,630	99	97	96	96	95
広 島	(46)	219	2,320	5,080	1,190	100	98	99	99	95
山 口	(47)	180	2,340	4,210	2,650	98	106	104	104	103
徳 島	(48)	73	4,060	2,960	2,580	97	94	91	90	85
香 川	(49)	20	2,470	494	173	nc	nc	nc	nc	nc
愛 媛	(50)	101	3,500	3,540	2,700	90	99	89	87	103
高 知	(51)	50	3,390	1,700	1,060	nc	nc	nc	nc	nc
福 岡	(52)	177	3,080	5,450	4,260	nc	nc	nc	nc	90
佐 賀	(53)	63	3,310	2,090	1,040	nc	nc	nc	nc	nc
長 崎	(54)	153	5,070	7,760	6,750	89	122	109	110	117
熊 本	(55)	233	3,690	8,600	6,960	95	98	93	93	106
大 分	(56)	341	6,000	20,500	17,900	99	100	99	98	106
宮 崎	(57)	247	4,500	11,100	10,100	90	96	87	87	100
鹿 児 島	(58)	334	6,100	20,400	17,300	95	103	99	98	109
沖 縄	(59)	4	2,320	88	55	nc	nc	nc	nc	nc
関 東 農 政 局	(60)	5,190	6,490	336,600	291,500	nc	nc	nc	nc	nc
東 海 農 政 局	(61)	749	4,750	35,600	27,200	97	100	97	97	113
中国四国農政局	(62)	1,110	3,280	36,400	23,300	nc	nc	nc	nc	nc

(10)　こまつな

作 付 面 積	10a当たり 収　量	収 穫 量	出 荷 量	対 前 年 産 比				(参考) 対平均 収量比	
				作付面積	10a当たり 収　量	収 穫 量	出 荷 量		
ha	kg	t	t	%	%	%	%	%	
7,390	1,630	120,100	107,900	100	101	101	101	101	(1)
158	1,530	2,420	2,250	105	103	109	109	107	(2)
7,230	1,630	117,700	105,600	nc	nc	nc	nc	nc	(3)
436	1,170	5,110	3,930	nc	nc	nc	nc	nc	(4)
301	1,200	3,600	2,980	nc	nc	nc	nc	nc	(5)
3,970	1,700	67,300	61,000	nc	nc	nc	nc	nc	(6)
400	1,750	7,010	6,200	nc	nc	nc	nc	nc	(7)
687	1,820	12,500	11,300	nc	nc	nc	nc	nc	(8)
275	1,440	3,970	3,340	nc	nc	nc	nc	nc	(9)
186	1,150	2,140	1,690	nc	nc	nc	nc	nc	(10)
941	1,640	15,400	14,700	nc	nc	nc	nc	nc	(11)
37	1,680	622	531	nc	nc	nc	nc	nc	(12)
158	1,530	2,420	2,250	105	103	109	109	107	(13)
30	1,300	390	320	nc	nc	nc	nc	nc	(14)
49	1,010	495	337	nc	nc	nc	nc	nc	(15)
129	1,260	1,630	1,290	95	101	96	96	99	(16)
37	1,080	400	324	nc	nc	nc	nc	nc	(17)
107	1,190	1,270	1,120	99	89	88	90	91	(18)
84	1,100	924	542	nc	nc	nc	nc	nc	(19)
1,370	1,830	25,100	23,300	101	99	101	101	93	(20)
66	1,610	1,060	996	nc	nc	nc	nc	nc	(21)
532	1,260	6,700	6,000	100	102	101	101	92	(22)
792	1,730	13,700	11,800	98	98	96	95	99	(23)
324	1,660	5,380	4,430	100	101	101	101	91	(24)
452	1,850	8,360	7,900	99	101	100	100	102	(25)
400	1,650	6,600	6,320	100	99	98	98	106	(26)
115	1,160	1,330	1,000	97	119	116	147	112	(27)
37	1,420	525	483	nc	nc	nc	nc	nc	(28)
101	1,330	1,340	1,190	100	114	114	112	115	(29)
48	844	405	311	nc	nc	nc	nc	nc	(30)
10	1,520	152	133	nc	nc	nc	nc	nc	(31)
21	1,250	263	117	nc	nc	nc	nc	nc	(32)
114	1,990	2,270	1,990	79	124	97	98	132	(33)
142	1,660	2,360	2,110	93	105	98	98	104	(34)
98	1,770	1,730	1,620	nc	nc	nc	nc	121	(35)
46	1,420	653	478	nc	nc	nc	nc	nc	(36)
91	1,600	1,460	1,290	nc	nc	nc	nc	nc	(37)
190	2,040	3,880	3,570	98	105	103	103	115	(38)
189	1,890	3,570	3,320	99	97	96	96	99	(39)
118	1,540	1,820	1,600	97	102	99	99	90	(40)
54	1,610	869	754	95	99	94	94	98	(41)
45	1,920	864	793	87	108	94	94	113	(42)
32	1,680	538	489	73	157	114	114	114	(43)
52	1,100	572	480	nc	nc	nc	nc	nc	(44)
41	1,250	513	384	nc	nc	nc	nc	nc	(45)
126	1,710	2,150	1,850	102	128	130	130	116	(46)
24	830	199	134	109	96	104	105	89	(47)
95	1,250	1,190	1,000	100	95	96	96	123	(48)
36	892	321	288	100	83	83	83	83	(49)
32	1,230	394	206	nc	nc	nc	nc	nc	(50)
23	1,030	237	198	nc	nc	nc	nc	nc	(51)
624	1,760	11,000	10,800	102	104	106	107	94	(52)
24	1,130	271	202	nc	nc	nc	nc	nc	(53)
60	1,060	636	564	91	97	88	88	76	(54)
40	1,640	656	581	nc	nc	nc	nc	nc	(55)
24	1,400	336	230	nc	nc	nc	nc	nc	(56)
98	1,710	1,680	1,500	nc	nc	nc	nc	nc	(57)
71	1,200	852	774	nc	nc	nc	nc	nc	(58)
37	1,680	622	531	nc	nc	nc	nc	nc	(59)
4,110	1,700	69,700	63,100	nc	nc	nc	nc	nc	(60)
258	1,800	4,650	4,090	nc	nc	nc	nc	nc	(61)
461	1,330	6,110	5,030	nc	nc	nc	nc	nc	(62)

3 令和4年産都道府県別の作付面積、10a当たり収量、収穫量及び出荷量 （続き）

(11) キャベツ
ア 計

全国農業地域 都 道 府 県		作 付 面 積	10a当たり収量	収 穫 量	出 荷 量	対 前 年 産 比				(参考) 対平均収量比
						作付面積	10a当たり収量	収穫量	出荷量	
		ha	kg	t	t	%	%	%	%	%
全 国	(1)	33,900	4,300	1,458,000	1,310,000	99	99	98	98	102
（全国農業地域）										
北 海 道	(2)	1,160	5,320	61,700	58,300	98	107	105	104	108
都 府 県	(3)	32,800	4,260	1,397,000	1,251,000	nc	nc	nc	nc	nc
東 北	(4)	2,220	2,820	62,700	50,500	nc	nc	nc	nc	nc
北 陸	(5)	706	2,490	17,600	14,100	nc	nc	nc	nc	nc
関 東 ・ 東 山	(6)	13,200	5,080	671,200	602,600	nc	nc	nc	nc	nc
東 海	(7)	6,600	4,660	307,800	287,600	100	101	101	102	104
近 畿	(8)	1,790	3,360	60,200	51,700	nc	nc	nc	nc	nc
中 国	(9)	1,500	2,760	41,400	33,100	100	104	104	106	98
四 国	(10)	794	3,870	30,700	26,600	nc	nc	nc	nc	nc
九 州	(11)	5,770	3,470	200,200	180,800	102	103	105	104	102
沖 縄	(12)	194	2,550	4,950	4,230	nc	nc	nc	nc	99
（都道府県）										
北 海 道	(13)	1,160	5,320	61,700	58,300	98	107	105	104	108
青 森	(14)	423	3,760	15,900	13,800	96	96	92	92	99
岩 手	(15)	800	3,010	24,100	21,700	99	83	83	83	83
宮 城	(16)	301	2,100	6,330	4,540	94	99	93	93	105
秋 田	(17)	312	2,370	7,400	4,670	96	94	91	92	97
山 形	(18)	141	2,330	3,280	2,320	nc	nc	nc	nc	nc
福 島	(19)	242	2,360	5,700	3,480	nc	nc	nc	nc	105
茨 城	(20)	2,360	4,530	106,900	101,000	100	98	98	98	100
栃 木	(21)	176	3,110	5,470	4,230	nc	nc	nc	nc	100
群 馬	(22)	4,280	6,650	284,500	243,200	99	99	97	97	100
埼 玉	(23)	436	4,110	17,900	14,700	101	97	97	99	107
千 葉	(24)	2,690	4,070	109,600	102,700	99	93	91	91	94
東 京	(25)	193	3,520	6,800	6,230	97	108	105	105	88
神 奈 川	(26)	1,450	4,670	67,700	63,800	99	101	100	99	102
新 潟	(27)	434	2,370	10,300	7,990	nc	nc	nc	nc	nc
富 山	(28)	88	2,700	2,380	1,920	70	180	127	110	122
石 川	(29)	61	2,720	1,660	1,330	nc	nc	nc	nc	91
福 井	(30)	123	2,610	3,210	2,830	99	100	99	97	100
山 梨	(31)	128	2,910	3,720	3,280	112	99	111	111	102
長 野	(32)	1,470	4,670	68,600	63,500	94	100	95	94	104
岐 阜	(33)	213	2,530	5,380	4,000	89	95	85	86	100
静 岡	(34)	531	4,140	22,000	20,700	106	105	111	120	115
愛 知	(35)	5,440	4,940	268,900	253,800	100	101	101	101	104
三 重	(36)	413	2,780	11,500	9,080	100	102	103	102	104
滋 賀	(37)	333	2,950	9,840	8,620	101	98	99	98	99
京 都	(38)	248	2,700	6,690	5,350	98	96	94	93	97
大 阪	(39)	225	4,080	9,190	8,510	97	99	96	96	96
兵 庫	(40)	719	3,590	25,800	21,900	96	103	98	99	101
奈 良	(41)	87	2,900	2,520	1,800	nc	nc	nc	nc	nc
和 歌 山	(42)	178	3,480	6,190	5,530	90	94	85	85	95
鳥 取	(43)	161	2,340	3,760	2,030	95	87	83	83	95
島 根	(44)	264	2,270	5,980	4,840	101	101	101	105	97
岡 山	(45)	334	3,800	12,700	11,300	107	101	109	109	98
広 島	(46)	450	2,560	11,500	8,580	98	115	113	113	105
山 口	(47)	294	2,540	7,470	6,360	98	104	102	101	90
徳 島	(48)	147	4,570	6,720	5,820	102	99	101	101	102
香 川	(49)	233	4,230	9,860	8,980	97	97	94	95	103
愛 媛	(50)	347	3,430	11,900	10,200	89	104	92	91	103
高 知	(51)	67	3,250	2,180	1,620	nc	nc	nc	nc	nc
福 岡	(52)	690	3,540	24,400	22,000	102	113	115	115	96
佐 賀	(53)	260	3,070	7,970	6,600	101	101	102	99	98
長 崎	(54)	402	2,840	11,400	9,740	92	109	100	100	103
熊 本	(55)	1,330	3,370	44,800	41,200	100	104	104	104	111
大 分	(56)	495	3,070	15,200	13,100	98	92	90	85	103
宮 崎	(57)	604	3,630	21,900	20,000	99	98	97	97	100
鹿 児 島	(58)	1,990	3,740	74,500	68,200	107	101	109	109	100
沖 縄	(59)	194	2,550	4,950	4,230	nc	nc	nc	nc	99
関 東 農 政 局	(60)	13,700	5,060	693,200	623,300	nc	nc	nc	nc	nc
東 海 農 政 局	(61)	6,070	4,710	285,800	266,900	100	101	100	100	104
中国四国農政局	(62)	2,300	3,130	72,100	59,700	nc	nc	nc	nc	nc

イ 春キャベツ

作付面積	10a当たり収量	収穫量	出荷量	対前年産比				(参考)対平均収量比	
				作付面積	10a当たり収量	収穫量	出荷量		
ha	kg	t	t	%	%	%	%	%	
8,720	4,130	360,300	328,300	98	99	97	97	100	(1)
44	4,000	1,760	1,620	nc	nc	nc	nc	nc	(2)
8,680	4,130	358,500	326,700	nc	nc	nc	nc	nc	(3)
306	2,490	7,630	5,120	nc	nc	nc	nc	nc	(4)
169	2,720	4,600	3,610	nc	nc	nc	nc	nc	(5)
3,620	4,420	159,900	149,300	nc	nc	nc	nc	nc	(6)
1,670	4,800	80,200	74,700	101	104	105	105	107	(7)
588	3,350	19,700	17,100	nc	nc	nc	nc	nc	(8)
397	3,020	12,000	9,500	nc	nc	nc	nc	nc	(9)
284	4,080	11,600	10,200	nc	nc	nc	nc	nc	(10)
1,600	3,860	61,700	56,100	nc	nc	nc	nc	nc	(11)
43	2,820	1,210	1,090	nc	nc	nc	nc	nc	(12)
44	4,000	1,760	1,620	nc	nc	nc	nc	nc	(13)
33	4,000	1,320	1,180	nc	nc	nc	nc	nc	(14)
39	2,350	917	629	nc	nc	nc	nc	nc	(15)
96	1,950	1,870	1,140	93	108	101	101	120	(16)
25	2,980	745	663	nc	nc	nc	nc	nc	(17)
5	2,560	128	97	nc	nc	nc	nc	nc	(18)
108	2,450	2,650	1,410	nc	nc	nc	nc	105	(19)
910	4,830	44,000	42,200	92	98	90	90	95	(20)
53	3,190	1,690	1,340	nc	nc	nc	nc	nc	(21)
190	4,290	8,150	7,130	94	94	89	90	112	(22)
127	3,760	4,780	3,810	94	88	83	85	95	(23)
1,230	3,910	48,100	44,600	98	87	84	84	88	(24)
84	3,690	3,100	2,870	97	113	109	109	87	(25)
890	4,860	43,300	41,200	100	101	101	100	102	(26)
84	2,710	2,280	1,750	nc	nc	nc	nc	nc	(27)
40	2,640	1,060	872	98	141	138	152	117	(28)
18	3,240	583	450	nc	nc	nc	nc	nc	(29)
27	2,490	672	533	nc	nc	nc	nc	nc	(30)
11	3,000	330	296	nc	nc	nc	nc	nc	(31)
126	5,110	6,440	5,820	103	102	105	104	102	(32)
85	2,730	2,320	1,510	97	91	88	89	125	(33)
129	3,870	4,990	4,480	102	102	104	104	105	(34)
1,320	5,240	69,200	65,700	102	103	106	106	106	(35)
140	2,640	3,700	3,030	99	106	106	106	111	(36)
28	3,050	854	725	nc	nc	nc	nc	nc	(37)
137	2,730	3,740	3,260	98	88	86	86	90	(38)
42	3,560	1,500	1,440	98	97	95	94	91	(39)
288	3,640	10,500	8,950	93	100	93	93	104	(40)
27	2,720	734	598	nc	nc	nc	nc	nc	(41)
66	3,670	2,420	2,170	87	97	84	84	102	(42)
38	1,930	733	301	nc	nc	nc	nc	nc	(43)
70	2,600	1,820	1,100	nc	nc	nc	nc	nc	(44)
102	4,340	4,430	3,980	116	99	115	115	108	(45)
83	2,500	2,080	1,560	nc	nc	nc	nc	nc	(46)
104	2,800	2,910	2,560	100	109	109	108	103	(47)
53	4,280	2,270	2,070	100	99	99	99	93	(48)
91	5,170	4,700	4,230	93	102	95	94	107	(49)
114	3,340	3,810	3,240	90	114	102	103	110	(50)
26	3,040	790	634	nc	nc	nc	nc	nc	(51)
273	3,520	9,610	8,840	100	110	110	111	98	(52)
51	3,190	1,630	1,210	nc	nc	nc	nc	nc	(53)
126	3,700	4,660	4,020	91	109	99	100	111	(54)
308	3,960	12,200	11,300	101	102	103	104	111	(55)
142	4,300	6,110	5,430	96	100	96	95	114	(56)
180	3,870	6,970	6,260	105	107	112	112	107	(57)
517	3,970	20,500	19,000	110	103	114	113	100	(58)
43	2,820	1,210	1,090	nc	nc	nc	nc	nc	(59)
3,750	4,400	164,900	153,700	nc	nc	nc	nc	nc	(60)
1,550	4,850	75,200	70,200	102	103	105	105	107	(61)
681	3,450	23,500	19,700	nc	nc	nc	nc	nc	(62)

3　令和4年産都道府県別の作付面積、10a当たり収量、収穫量及び出荷量　（続き）

（11）　キャベツ（続き）
ウ　夏秋キャベツ

全国農業地域 都　道　府　県		作付面積	10a当たり 収　量	収　穫　量	出　荷　量	対　前　年　産　比				(参考) 対平均 収量比
						作付面積	10a当たり 収　量	収穫量	出荷量	
		ha	kg	t	t	%	%	%	%	%
全　　　国	(1)	10,200	4,900	499,400	438,600	97	100	97	97	102
（全国農業地域）										
北　海　道	(2)	962	5,410	52,000	49,300	101	111	112	112	112
都　府　県	(3)	9,190	4,870	447,400	389,300	nc	nc	nc	nc	nc
東　　　北	(4)	1,510	2,950	44,500	37,400	nc	nc	nc	nc	nc
北　　　陸	(5)	203	2,370	4,810	3,560	nc	nc	nc	nc	nc
関東・東山	(6)	5,980	5,960	356,700	311,700	nc	nc	nc	nc	nc
東　　　海	(7)	73	3,160	2,310	1,880	nc	nc	nc	nc	nc
近　　　畿	(8)	79	2,100	1,660	1,240	nc	nc	nc	nc	nc
中　　　国	(9)	342	2,660	9,110	7,860	nc	nc	nc	nc	nc
四　　　国	(10)	110	2,930	3,220	2,770	nc	nc	nc	nc	nc
九　　　州	(11)	891	2,810	25,000	22,800	nc	nc	nc	nc	nc
沖　　　縄	(12)	0	2,390	0	0	nc	nc	nc	nc	nc
（都道府県）										
北　海　道	(13)	962	5,410	52,000	49,300	101	111	112	112	112
青　　　森	(14)	310	3,900	12,100	10,800	93	98	91	91	100
岩　　　手	(15)	703	3,080	21,700	19,900	98	83	82	82	82
宮　　　城	(16)	99	2,040	2,020	1,610	95	88	83	83	91
秋　　　田	(17)	222	2,200	4,880	2,650	94	92	87	87	96
山　　　形	(18)	81	2,290	1,850	1,170	nc	nc	nc	nc	nc
福　　　島	(19)	94	2,110	1,980	1,270	nc	nc	nc	nc	nc
茨　　　城	(20)	574	4,210	24,200	22,800	106	98	105	104	108
栃　　　木	(21)	42	2,520	1,060	763	nc	nc	nc	nc	nc
群　　　馬	(22)	3,730	6,960	259,600	221,900	98	98	97	96	99
埼　　　玉	(23)	32	2,950	944	698	nc	nc	nc	nc	nc
千　　　葉	(24)	70	3,960	2,770	2,460	90	100	90	90	110
東　　　京	(25)	17	3,520	598	559	94	117	110	110	98
神　奈　川	(26)	64	3,140	2,010	1,930	97	106	103	103	105
新　　　潟	(27)	180	2,370	4,270	3,100	nc	nc	nc	nc	nc
富　　　山	(28)	7	1,710	120	80	nc	nc	nc	nc	nc
石　　　川	(29)	8	2,530	202	176	nc	nc	nc	nc	nc
福　　　井	(30)	8	2,760	221	204	nc	nc	nc	nc	nc
山　　　梨	(31)	114	2,910	3,320	2,920	114	97	111	111	101
長　　　野	(32)	1,340	4,640	62,200	57,700	93	101	94	93	105
岐　　　阜	(33)	24	2,690	646	440	nc	nc	nc	nc	nc
静　　　岡	(34)	25	2,520	630	571	nc	nc	nc	nc	nc
愛　　　知	(35)	14	5,470	766	664	nc	nc	nc	nc	249
三　　　重	(36)	10	2,670	267	205	nc	nc	nc	nc	nc
滋　　　賀	(37)	11	2,330	256	210	nc	nc	nc	nc	nc
京　　　都	(38)	16	1,640	262	152	nc	nc	nc	nc	nc
大　　　阪	(39)	3	2,600	78	66	nc	nc	nc	nc	nc
兵　　　庫	(40)	36	2,380	857	675	nc	nc	nc	nc	nc
奈　　　良	(41)	12	1,590	191	125	nc	nc	nc	nc	nc
和　歌　山	(42)	1	1,800	13	11	nc	nc	nc	nc	nc
鳥　　　取	(43)	28	2,230	624	524	88	99	87	87	93
島　　　根	(44)	47	1,860	874	779	94	120	113	118	118
岡　　　山	(45)	62	3,610	2,240	1,960	100	107	108	108	103
広　　　島	(46)	180	2,660	4,790	4,190	100	126	126	127	107
山　　　口	(47)	25	2,310	578	405	nc	nc	nc	nc	nc
徳　　　島	(48)	21	5,000	1,050	830	nc	nc	nc	nc	nc
香　　　川	(49)	10	2,830	283	250	nc	nc	nc	nc	nc
愛　　　媛	(50)	77	2,420	1,860	1,670	nc	nc	nc	nc	nc
高　　　知	(51)	2	1,400	28	22	nc	nc	nc	nc	nc
福　　　岡	(52)	37	2,220	821	586	nc	nc	nc	nc	nc
佐　　　賀	(53)	10	1,700	170	150	nc	nc	nc	nc	nc
長　　　崎	(54)	42	1,530	643	503	nc	nc	nc	nc	nc
熊　　　本	(55)	442	3,230	14,300	13,400	96	106	101	101	140
大　　　分	(56)	232	2,310	5,360	4,880	nc	nc	nc	nc	97
宮　　　崎	(57)	84	2,860	2,400	2,150	nc	nc	nc	nc	nc
鹿　児　島	(58)	44	3,060	1,350	1,160	nc	nc	nc	nc	nc
沖　　　縄	(59)	0	2,390	0	0	nc	nc	nc	nc	nc
関東農政局	(60)	6,010	5,950	357,300	312,300	nc	nc	nc	nc	nc
東海農政局	(61)	48	3,500	1,680	1,310	nc	nc	nc	nc	nc
中国四国農政局	(62)	452	2,720	12,300	10,600	nc	nc	nc	nc	nc

エ　冬キャベツ

作付面積	10a当たり収量	収穫量	出荷量	対　前　年　産　比				(参考)対平均収量比	
				作付面積	10a当たり収量	収穫量	出荷量		
ha	kg	t	t	%	%	%	%	%	
15,000	3,990	598,500	542,700	100	101	100	101	101	(1)
149	5,310	7,910	7,330	89	103	92	91	99	(2)
14,900	3,960	590,600	535,300	nc	nc	nc	nc	nc	(3)
404	2,620	10,600	8,000	nc	nc	nc	nc	nc	(4)
334	2,440	8,140	6,910	nc	nc	nc	nc	nc	(5)
3,580	4,320	154,600	141,700	nc	nc	nc	nc	nc	(6)
4,850	4,640	225,200	210,900	nc	nc	nc	nc	nc	(7)
1,120	3,460	38,800	33,400	nc	nc	nc	nc	nc	(8)
764	2,660	20,300	15,800	101	98	99	101	90	(9)
400	3,980	15,900	13,700	nc	nc	nc	nc	nc	(10)
3,280	3,450	113,300	102,000	nc	nc	nc	nc	nc	(11)
151	2,480	3,740	3,140	nc	nc	nc	nc	96	(12)
149	5,310	7,910	7,330	89	103	92	91	99	(13)
80	3,110	2,490	1,780	nc	nc	nc	nc	nc	(14)
58	2,640	1,530	1,220	nc	nc	nc	nc	nc	(15)
106	2,300	2,440	1,790	nc	nc	nc	nc	nc	(16)
65	2,720	1,770	1,360	nc	nc	nc	nc	nc	(17)
55	2,360	1,300	1,050	nc	nc	nc	nc	nc	(18)
40	2,680	1,070	804	nc	nc	nc	nc	nc	(19)
878	4,410	38,700	36,000	105	99	104	104	101	(20)
81	3,360	2,720	2,130	nc	nc	nc	nc	nc	(21)
361	4,620	16,700	14,200	106	109	115	116	131	(22)
277	4,400	12,200	10,200	103	104	107	108	113	(23)
1,390	4,220	58,700	55,600	100	98	98	98	100	(24)
92	3,370	3,100	2,800	98	102	100	100	88	(25)
496	4,510	22,400	20,700	99	101	100	98	103	(26)
170	2,200	3,740	3,140	nc	nc	nc	nc	nc	(27)
41	2,920	1,200	970	nc	nc	nc	nc	nc	(28)
35	2,500	875	706	nc	nc	nc	nc	92	(29)
88	2,640	2,320	2,090	100	99	98	99	99	(30)
3	2,270	68	62	nc	nc	nc	nc	nc	(31)
–	–	–	–	nc	nc	nc	nc	nc	(32)
104	2,320	2,410	2,050	nc	nc	nc	nc	nc	(33)
377	4,350	16,400	15,600	109	107	116	128	118	(34)
4,110	4,840	198,900	187,400	99	99	99	99	103	(35)
263	2,850	7,500	5,840	101	98	99	99	98	(36)
294	2,970	8,730	7,680	101	101	102	102	101	(37)
95	2,830	2,690	1,940	nc	nc	nc	nc	nc	(38)
180	4,230	7,610	7,000	97	99	96	96	97	(39)
395	3,650	14,400	12,300	98	105	102	103	99	(40)
48	3,310	1,590	1,080	nc	nc	nc	nc	nc	(41)
111	3,390	3,760	3,350	93	93	86	86	90	(42)
95	2,530	2,400	1,200	91	91	83	82	98	(43)
147	2,240	3,290	2,960	111	95	105	107	89	(44)
170	3,540	6,020	5,370	106	99	105	104	89	(45)
187	2,480	4,640	2,830	100	108	108	108	105	(46)
165	2,410	3,980	3,390	97	94	91	91	77	(47)
73	4,660	3,400	2,920	100	96	96	96	105	(48)
132	3,700	4,880	4,500	102	92	94	97	98	(49)
156	3,980	6,210	5,280	87	103	90	90	105	(50)
39	3,480	1,360	961	nc	nc	nc	nc	nc	(51)
380	3,690	14,000	12,600	104	115	119	119	94	(52)
199	3,100	6,170	5,240	99	101	100	97	98	(53)
234	2,600	6,080	5,220	92	111	102	102	96	(54)
580	3,160	18,300	16,500	103	104	107	107	95	(55)
121	3,050	3,690	2,790	nc	nc	nc	nc	nc	(56)
340	3,680	12,500	11,600	99	92	91	91	96	(57)
1,430	3,680	52,600	48,000	105	100	105	107	99	(58)
151	2,480	3,740	3,140	nc	nc	nc	nc	96	(59)
3,960	4,320	171,000	157,300	nc	nc	nc	nc	nc	(60)
4,480	4,660	208,800	195,300	nc	nc	nc	nc	nc	(61)
1,160	3,120	36,200	29,400	nc	nc	nc	nc	nc	(62)

3　令和4年産都道府県別の作付面積、10a当たり収量、収穫量及び出荷量　（続き）

（12）　ちんげんさい

全国農業地域 都　道　府　県		作 付 面 積	10a当たり 収　　量	収 穫 量	出 荷 量	対　前　年　産　比				（参考） 対平均 収量比
						作付面積	10a当たり 収　量	収穫量	出荷量	
		ha	kg	t	t	%	%	%	%	%
全　　国	(1)	2,050	1,960	40,100	35,800	98	98	96	96	100
（全国農業地域）										
北　海　道	(2)	35	2,220	777	737	100	101	101	103	108
都　府　県	(3)	2,020	1,950	39,300	35,000	nc	nc	nc	nc	nc
東　　北	(4)	148	1,390	2,060	1,520	nc	nc	nc	nc	nc
北　　陸	(5)	40	1,830	732	638	nc	nc	nc	nc	nc
関 東・東 山	(6)	891	2,080	18,500	16,700	nc	nc	nc	nc	nc
東　　海	(7)	417	2,330	9,710	9,090	nc	nc	nc	nc	nc
近　　畿	(8)	83	1,670	1,390	1,190	nc	nc	nc	nc	nc
中　　国	(9)	84	1,770	1,490	1,200	nc	nc	nc	nc	nc
四　　国	(10)	53	1,260	666	537	nc	nc	nc	nc	nc
九　　州	(11)	241	1,630	3,920	3,540	nc	nc	nc	nc	nc
沖　　縄	(12)	60	1,330	798	676	88	96	84	85	102
（都道府県）										
北　海　道	(13)	35	2,220	777	737	100	101	101	103	108
青　　森	(14)	9	1,120	101	70	nc	nc	nc	nc	nc
岩　　手	(15)	14	1,290	181	135	nc	nc	nc	nc	nc
宮　　城	(16)	57	1,340	764	597	97	102	99	99	103
秋　　田	(17)	20	1,330	266	213	nc	nc	nc	nc	nc
山　　形	(18)	14	1,340	188	132	nc	nc	nc	nc	nc
福　　島	(19)	34	1,650	561	368	97	101	98	97	102
茨　　城	(20)	489	2,270	11,100	10,100	99	96	95	95	97
栃　　木	(21)	12	1,790	215	186	nc	nc	nc	nc	nc
群　　馬	(22)	129	1,580	2,040	1,820	96	101	98	98	95
埼　　玉	(23)	103	2,260	2,330	2,060	101	98	99	100	102
千　　葉	(24)	74	1,560	1,150	927	100	101	101	101	96
東　　京	(25)	3	2,000	60	56	nc	nc	nc	nc	nc
神　奈　川	(26)	3	1,190	32	23	nc	nc	nc	nc	nc
新　　潟	(27)	24	2,100	504	454	nc	nc	nc	nc	nc
富　　山	(28)	0	1,250	5	5	nc	nc	nc	nc	nc
石　　川	(29)	13	1,510	196	171	nc	nc	nc	nc	nc
福　　井	(30)	3	900	27	8	nc	nc	nc	nc	nc
山　　梨	(31)	5	1,140	57	39	nc	nc	nc	nc	nc
長　　野	(32)	73	2,140	1,560	1,440	96	97	93	93	102
岐　　阜	(33)	6	1,270	76	37	nc	nc	nc	nc	nc
静　　岡	(34)	292	2,420	7,070	6,700	100	97	96	97	101
愛　　知	(35)	110	2,240	2,460	2,320	89	92	82	82	103
三　　重	(36)	9	1,190	107	30	nc	nc	nc	nc	nc
滋　　賀	(37)	12	1,880	226	193	nc	nc	nc	nc	nc
京　　都	(38)	2	500	10	6	nc	nc	nc	nc	nc
大　　阪	(39)	2	1,800	27	23	nc	nc	nc	nc	nc
兵　　庫	(40)	49	1,580	774	679	98	103	101	101	97
奈　　良	(41)	13	2,110	274	240	nc	nc	nc	nc	nc
和　歌　山	(42)	5	1,460	76	50	nc	nc	nc	nc	nc
鳥　　取	(43)	24	1,820	437	402	100	100	100	98	96
島　　根	(44)	7	1,500	105	93	nc	nc	nc	nc	nc
岡　　山	(45)	19	1,630	310	248	nc	nc	nc	nc	nc
広　　島	(46)	27	2,060	556	410	nc	nc	nc	nc	nc
山　　口	(47)	7	1,190	83	50	nc	nc	nc	nc	nc
徳　　島	(48)	35	1,030	361	319	95	103	98	98	88
香　　川	(49)	5	1,380	69	43	nc	nc	nc	nc	nc
愛　　媛	(50)	8	1,530	122	70	nc	nc	nc	nc	nc
高　　知	(51)	5	2,150	114	105	nc	nc	nc	nc	nc
福　　岡	(52)	103	1,550	1,600	1,500	107	103	111	112	103
佐　　賀	(53)	29	1,490	432	359	nc	nc	nc	nc	nc
長　　崎	(54)	6	1,500	87	65	nc	nc	nc	nc	nc
熊　　本	(55)	38	1,950	741	682	97	98	95	95	98
大　　分	(56)	36	1,450	522	460	100	97	97	96	nc
宮　　崎	(57)	7	2,140	150	125	nc	nc	nc	nc	nc
鹿　児　島	(58)	22	1,740	383	344	nc	nc	nc	nc	117
沖　　縄	(59)	60	1,330	798	676	88	96	84	85	102
関 東 農 政 局	(60)	1,180	2,170	25,600	23,400	nc	nc	nc	nc	nc
東 海 農 政 局	(61)	125	2,110	2,640	2,390	nc	nc	nc	nc	nc
中国四国農政局	(62)	137	1,580	2,160	1,740	nc	nc	nc	nc	nc

(13)　ほうれんそう

作 付 面 積	10 a 当たり 収　　量	収 穫 量	出 荷 量	対　　前　　年　　産　　比				(参考) 対平均 収量比	
				作付面積	10 a 当たり 収　　量	収 穫 量	出 荷 量		
ha 18,900	kg 1,110	t 209,800	t 179,000	% 98	% 102	% 100	% 100	% 99	(1)
389	924	3,590	3,360	91	94	86	86	93	(2)
18,500	1,110	206,200	175,600	nc	nc	nc	nc	nc	(3)
1,740	770	13,400	9,380	nc	nc	nc	nc	nc	(4)
321	779	2,500	2,060	nc	nc	nc	nc	nc	(5)
8,850	1,190	105,000	92,300	nc	nc	nc	nc	nc	(6)
2,000	1,040	20,700	17,900	nc	nc	nc	nc	nc	(7)
1,190	1,310	15,600	12,500	nc	nc	nc	nc	nc	(8)
1,000	1,090	10,900	8,290	nc	nc	nc	nc	nc	(9)
626	819	5,130	4,120	nc	nc	nc	nc	nc	(10)
2,730	1,180	32,300	28,600	nc	nc	nc	nc	nc	(11)
60	1,150	690	505	nc	nc	nc	nc	nc	(12)
389	924	3,590	3,360	91	94	86	86	93	(13)
170	894	1,520	1,080	nc	nc	nc	nc	nc	(14)
620	481	2,980	2,380	95	99	94	94	99	(15)
339	813	2,760	1,640	97	97	94	93	97	(16)
174	780	1,360	1,040	100	116	116	117	114	(17)
148	1,250	1,850	1,300	nc	nc	nc	nc	nc	(18)
292	996	2,910	1,940	99	100	100	99	102	(19)
1,330	1,360	18,100	16,300	99	103	102	102	96	(20)
585	1,040	6,080	5,040	97	102	99	97	100	(21)
1,990	1,120	22,300	20,200	100	104	104	104	101	(22)
1,760	1,240	21,800	18,100	97	99	96	95	103	(23)
1,700	1,220	20,700	19,000	99	113	112	112	95	(24)
352	1,180	4,150	3,720	101	99	100	98	103	(25)
659	1,170	7,710	7,020	100	98	98	96	97	(26)
150	685	1,030	910	nc	nc	nc	nc	nc	(27)
44	1,020	449	330	92	104	95	99	122	(28)
54	637	344	282	nc	nc	nc	nc	nc	(29)
73	929	678	542	100	93	93	93	98	(30)
104	879	914	635	nc	nc	nc	nc	nc	(31)
369	875	3,230	2,300	95	104	98	99	103	(32)
1,150	957	11,000	9,790	96	97	93	93	103	(33)
328	1,240	4,070	3,430	104	100	105	105	87	(34)
415	1,090	4,520	4,000	99	99	98	98	92	(35)
110	1,040	1,140	683	nc	nc	nc	nc	nc	(36)
102	1,140	1,160	761	99	98	97	98	98	(37)
340	1,580	5,370	4,620	100	103	102	102	103	(38)
138	1,400	1,930	1,780	nc	nc	nc	nc	nc	(39)
265	1,200	3,180	1,960	98	98	97	97	92	(40)
277	1,150	3,190	2,680	97	95	92	92	97	(41)
69	1,140	787	671	92	102	94	94	95	(42)
125	941	1,180	823	95	102	98	97	90	(43)
148	1,260	1,860	1,400	nc	nc	nc	nc	nc	(44)
140	1,080	1,510	1,060	nc	nc	nc	nc	nc	(45)
394	1,190	4,690	3,680	101	103	104	104	105	(46)
197	844	1,660	1,330	99	105	104	104	97	(47)
364	748	2,720	2,440	97	101	98	98	91	(48)
65	978	636	390	nc	nc	nc	nc	nc	(49)
139	908	1,260	912	90	102	91	89	104	(50)
58	891	517	379	nc	nc	nc	nc	nc	(51)
778	1,200	9,340	8,530	97	96	92	93	92	(52)
115	769	884	636	101	102	103	102	100	(53)
158	917	1,450	1,160	91	103	94	93	91	(54)
503	1,010	5,080	4,530	104	105	109	110	89	(55)
137	1,100	1,510	1,150	nc	nc	nc	nc	nc	(56)
905	1,350	12,200	11,000	105	89	93	93	83	(57)
130	1,400	1,820	1,580	nc	nc	nc	nc	nc	(58)
60	1,150	690	505	nc	nc	nc	nc	nc	(59)
9,180	1,190	109,100	95,700	nc	nc	nc	nc	nc	(60)
1,680	994	16,700	14,500	nc	nc	nc	nc	nc	(61)
1,630	982	16,000	12,400	nc	nc	nc	nc	nc	(62)

3　令和4年産都道府県別の作付面積、10a当たり収量、収穫量及び出荷量　（続き）

(14)　ふき

全国農業地域 都 道 府 県		作 付 面 積	10a当たり 収　量	収 穫 量	出 荷 量	対 前 年 産 比				(参考) 対平均 収量比
						作付面積	10a当たり 収量	収穫量	出荷量	
		ha	kg	t	t	%	%	%	%	%
全　　　国	(1)	419	1,830	7,680	6,600	92	99	91	92	97
(全国農業地域)										
北 海 道	(2)	22	917	202	188	92	84	77	76	53
都 府 県	(3)	397	1,880	7,480	6,410	nc	nc	nc	nc	nc
東 北	(4)	80	701	561	376	nc	nc	nc	nc	nc
北 陸	(5)	23	687	158	124	nc	nc	nc	nc	nc
関東・東山	(6)	125	1,020	1,280	934	nc	nc	nc	nc	nc
東 海	(7)	71	4,790	3,400	3,170	nc	nc	nc	nc	nc
近 畿	(8)	28	3,240	906	823	nc	nc	nc	nc	nc
中 国	(9)	17	1,110	189	150	nc	nc	nc	nc	nc
四 国	(10)	39	1,240	484	370	nc	nc	nc	nc	nc
九 州	(11)	14	3,600	504	467	nc	nc	nc	nc	nc
沖 縄	(12)	-	-	-	-	nc	nc	nc	nc	nc
(都道府県)										
北 海 道	(13)	22	917	202	188	92	84	77	76	53
青 森	(14)	8	440	35	11	nc	nc	nc	nc	72
岩 手	(15)	14	536	75	37	88	99	86	86	97
宮 城	(16)	5	1,000	50	35	nc	nc	nc	nc	nc
秋 田	(17)	30	923	277	196	97	97	94	94	99
山 形	(18)	8	513	41	27	89	100	89	87	102
福 島	(19)	15	553	83	70	94	102	95	95	102
茨 城	(20)	3	867	23	6	nc	nc	nc	nc	nc
栃 木	(21)	4	750	30	28	nc	nc	nc	nc	93
群 馬	(22)	82	1,100	902	726	100	98	98	98	90
埼 玉	(23)	3	1,880	62	39	nc	nc	nc	nc	nc
千 葉	(24)	4	1,230	49	33	nc	nc	nc	nc	75
東 京	(25)	3	500	15	2	nc	nc	nc	nc	nc
神 奈 川	(26)	4	833	30	26	nc	nc	nc	nc	nc
新 潟	(27)	15	567	85	75	83	128	106	127	128
富 山	(28)	1	780	10	3	nc	nc	nc	nc	nc
石 川	(29)	5	1,060	53	42	nc	nc	nc	nc	nc
福 井	(30)	2	500	10	4	nc	nc	nc	nc	nc
山 梨	(31)	1	900	9	3	nc	nc	nc	nc	nc
長 野	(32)	21	776	163	71	100	101	101	101	102
岐 阜	(33)	2	4,030	81	71	nc	nc	nc	nc	nc
静 岡	(34)	7	806	54	40	100	101	100	100	101
愛 知	(35)	56	5,760	3,230	3,040	89	104	93	93	100
三 重	(36)	6	533	32	16	nc	nc	nc	nc	nc
滋 賀	(37)	3	900	27	13	nc	nc	nc	nc	nc
京 都	(38)	6	450	27	24	55	92	50	50	83
大 阪	(39)	11	7,180	790	743	100	100	100	100	92
兵 庫	(40)	3	1,030	31	26	nc	nc	nc	nc	nc
奈 良	(41)	3	636	19	9	nc	nc	nc	nc	nc
和 歌 山	(42)	2	600	12	8	67	100	60	62	nc
鳥 取	(43)	2	1,130	23	18	nc	nc	nc	nc	nc
島 根	(44)	4	830	33	22	nc	nc	nc	nc	nc
岡 山	(45)	0	1,000	4	3	nc	nc	nc	nc	nc
広 島	(46)	9	1,200	108	93	90	97	87	87	95
山 口	(47)	2	1,060	21	14	nc	nc	nc	nc	nc
徳 島	(48)	19	1,470	279	225	90	99	90	89	89
香 川	(49)	2	2,500	50	30	nc	nc	nc	nc	nc
愛 媛	(50)	16	631	101	65	100	96	96	96	76
高 知	(51)	2	3,000	54	50	nc	nc	nc	nc	nc
福 岡	(52)	7	6,200	434	408	88	99	87	87	108
佐 賀	(53)	0	600	1	1	nc	nc	nc	nc	nc
長 崎	(54)	-	-	-	-	nc	nc	nc	nc	nc
熊 本	(55)	3	700	21	15	nc	nc	nc	nc	nc
大 分	(56)	3	1,500	45	40	nc	nc	nc	nc	nc
宮 崎	(57)	-	-	-	-	nc	nc	nc	nc	nc
鹿 児 島	(58)	1	300	3	3	nc	nc	nc	nc	nc
沖 縄	(59)	-	-	-	-	nc	nc	nc	nc	nc
関 東 農 政 局	(60)	132	1,020	1,340	974	nc	nc	nc	nc	nc
東 海 農 政 局	(61)	64	5,220	3,340	3,130	nc	nc	nc	nc	nc
中国四国農政局	(62)	56	1,200	673	520	nc	nc	nc	nc	nc

(15)　みつば

作付面積	10a当たり収量	収穫量	出荷量	対　前　年　産　比				(参考)対平均収量比	
				作付面積	10a当たり収量	収穫量	出荷量		
ha	kg	t	t	%	%	%	%	%	
826	1,620	13,400	12,500	96	102	98	98	103	(1)
30	672	202	185	77	110	85	85	108	(2)
796	1,660	13,200	12,300	nc	nc	nc	nc	nc	(3)
63	1,210	760	645	nc	nc	nc	nc	nc	(4)
19	1,480	281	262	nc	nc	nc	nc	nc	(5)
x	x	x	x	nc	nc	nc	nc	nc	(6)
184	1,900	3,500	3,300	nc	nc	nc	nc	nc	(7)
39	1,990	776	734	nc	nc	nc	nc	nc	(8)
x	x	x	x	nc	nc	nc	nc	nc	(9)
15	1,430	215	202	nc	nc	nc	nc	nc	(10)
x	x	x	x	nc	nc	nc	nc	nc	(11)
1	667	4	3	nc	nc	nc	nc	nc	(12)
30	672	202	185	77	110	85	85	108	(13)
6	1,100	66	53	nc	nc	nc	nc	nc	(14)
8	763	61	41	nc	nc	nc	nc	nc	(15)
7	1,440	101	86	nc	nc	nc	nc	nc	(16)
3	900	27	21	nc	nc	nc	nc	nc	(17)
2	100	2	2	nc	nc	nc	nc	nc	(18)
37	1,360	503	442	95	101	95	95	102	(19)
165	996	1,640	1,500	99	95	94	94	103	(20)
4	1,970	77	72	nc	nc	nc	nc	nc	(21)
22	2,310	508	432	nc	nc	nc	nc	nc	(22)
48	2,680	1,290	1,180	100	96	96	95	103	(23)
143	1,960	2,800	2,680	95	115	110	110	111	(24)
1	800	8	7	nc	nc	nc	nc	nc	(25)
0	1,500	3	3	nc	nc	nc	nc	nc	(26)
17	1,440	245	230	nc	nc	nc	nc	nc	(27)
-	-	-	-	nc	nc	nc	nc	nc	(28)
0	1,000	0	0	nc	nc	nc	nc	nc	(29)
2	1,800	36	32	nc	nc	nc	nc	nc	(30)
-	-	-	-	nc	nc	nc	nc	nc	(31)
x	x	x	x	nc	nc	nc	nc	nc	(32)
0	1,000	0	0	nc	nc	nc	nc	nc	(33)
77	1,580	1,220	1,140	97	97	95	94	96	(34)
89	2,170	1,930	1,820	99	99	98	98	96	(35)
18	1,920	346	335	nc	nc	nc	nc	nc	(36)
6	1,300	78	65	nc	nc	nc	nc	nc	(37)
-	-	-	-	nc	nc	nc	nc	nc	(38)
26	2,250	585	567	100	102	102	102	100	(39)
2	1,650	33	28	nc	nc	nc	nc	nc	(40)
2	1,770	35	33	nc	nc	nc	nc	nc	(41)
3	1,590	45	41	nc	nc	nc	nc	nc	(42)
-	-	-	-	nc	nc	nc	nc	nc	(43)
-	-	-	-	nc	nc	nc	nc	nc	(44)
0	1,350	5	4	nc	nc	nc	nc	nc	(45)
2	900	14	12	nc	nc	nc	nc	nc	(46)
x	x	x	x	nc	nc	nc	nc	nc	(47)
4	1,730	69	63	nc	nc	nc	nc	nc	(48)
1	1,200	7	6	nc	nc	nc	nc	nc	(49)
1	1,000	6	4	nc	nc	nc	nc	nc	(50)
9	1,480	133	129	nc	nc	nc	nc	nc	(51)
18	1,380	248	236	95	101	95	95	99	(52)
-	-	-	-	nc	nc	nc	nc	nc	(53)
1	1,670	10	10	nc	nc	nc	nc	nc	(54)
3	1,300	39	35	nc	nc	nc	nc	nc	(55)
61	1,440	878	866	97	96	93	93	92	(56)
x	x	x	x	nc	nc	nc	nc	nc	(57)
2	1,200	24	23	nc	nc	nc	nc	nc	(58)
1	667	4	3	nc	nc	nc	nc	nc	(59)
x	x	x	x	nc	nc	nc	nc	nc	(60)
107	2,130	2,280	2,160	nc	nc	nc	nc	nc	(61)
x	x	x	x	nc	nc	nc	nc	nc	(62)

3 令和4年産都道府県別の作付面積、10a当たり収量、収穫量及び出荷量 （続き）

(16) しゅんぎく

全国農業地域 都道府県		作付面積	10a当たり 収　量	収　穫　量	出　荷　量	対　前　年　産　比				(参考) 対平均 収量比
						作付面積	10a当たり 収　量	収穫量	出荷量	
		ha	kg	t	t	%	%	%	%	%
全　　　国	(1)	1,730	1,500	26,000	21,600	96	99	96	96	99
（全国農業地域）										
北　海　道	(2)	16	1,270	203	186	nc	nc	nc	nc	nc
都　府　県	(3)	1,710	1,510	25,800	21,400	nc	nc	nc	nc	nc
東　　　北	(4)	210	1,160	2,430	1,880	nc	nc	nc	nc	nc
北　　　陸	(5)	46	1,060	488	333	nc	nc	nc	nc	nc
関東・東山	(6)	546	1,740	9,490	7,960	nc	nc	nc	nc	nc
東　　　海	(7)	76	1,840	1,400	1,010	nc	nc	nc	nc	nc
近　　　畿	(8)	395	1,590	6,300	5,510	99	102	101	101	103
中　　　国	(9)	126	1,380	1,740	1,280	nc	nc	nc	nc	nc
四　　　国	(10)	59	1,150	679	562	nc	nc	nc	nc	nc
九　　　州	(11)	247	1,300	3,200	2,780	nc	nc	nc	nc	nc
沖　　　縄	(12)	5	1,480	74	55	nc	nc	nc	nc	nc
（都道府県）										
北　海　道	(13)	16	1,270	203	186	nc	nc	nc	nc	nc
青　　　森	(14)	27	763	206	139	100	101	101	107	97
岩　　　手	(15)	33	858	283	201	100	94	94	93	104
宮　　　城	(16)	51	1,550	791	672	94	102	96	97	118
秋　　　田	(17)	18	822	148	98	90	103	93	92	nc
山　　　形	(18)	9	1,040	94	60	nc	nc	nc	nc	nc
福　　　島	(19)	72	1,260	907	714	97	106	103	104	107
茨　　　城	(20)	122	1,740	2,120	1,710	97	91	88	89	84
栃　　　木	(21)	45	2,270	1,020	939	88	97	85	92	92
群　　　馬	(22)	113	1,850	2,090	1,760	97	99	96	96	100
埼　　　玉	(23)	64	1,500	960	718	96	97	92	90	106
千　　　葉	(24)	134	1,810	2,430	2,130	86	104	90	89	93
東　　　京	(25)	19	1,340	255	235	nc	nc	nc	nc	nc
神　奈　川	(26)	15	1,450	218	185	nc	nc	nc	nc	nc
新　　　潟	(27)	28	1,090	305	216	97	117	113	117	117
富　　　山	(28)	6	900	54	26	nc	nc	nc	nc	nc
石　　　川	(29)	3	1,000	30	21	nc	nc	nc	nc	nc
福　　　井	(30)	9	1,100	99	70	nc	nc	nc	nc	nc
山　　　梨	(31)	3	1,700	51	51	nc	nc	nc	nc	nc
長　　　野	(32)	31	1,100	341	236	100	97	97	98	99
岐　　　阜	(33)	19	1,870	355	316	86	95	82	83	111
静　　　岡	(34)	9	1,790	166	111	nc	nc	nc	nc	nc
愛　　　知	(35)	30	2,120	636	457	100	111	111	111	108
三　　　重	(36)	18	1,340	241	129	nc	nc	nc	nc	nc
滋　　　賀	(37)	36	1,380	497	413	97	101	99	99	102
京　　　都	(38)	30	1,500	450	360	94	105	98	98	94
大　　　阪	(39)	184	1,810	3,330	3,160	100	98	98	98	103
兵　　　庫	(40)	100	1,340	1,340	989	97	113	109	109	105
奈　　　良	(41)	28	1,320	370	310	100	105	105	107	96
和　歌　山	(42)	17	1,840	313	275	100	103	103	103	107
鳥　　　取	(43)	3	1,320	40	29	nc	nc	nc	nc	nc
島　　　根	(44)	20	1,070	214	174	nc	nc	nc	nc	nc
岡　　　山	(45)	17	1,140	194	144	nc	nc	nc	nc	97
広　　　島	(46)	64	1,640	1,050	780	100	101	101	101	109
山　　　口	(47)	22	1,110	244	155	100	98	98	98	98
徳　　　島	(48)	11	982	108	93	nc	nc	nc	nc	nc
香　　　川	(49)	10	920	92	65	nc	nc	nc	nc	nc
愛　　　媛	(50)	19	1,230	234	170	86	102	88	91	102
高　　　知	(51)	19	1,290	245	234	nc	nc	nc	nc	nc
福　　　岡	(52)	178	1,390	2,470	2,200	103	100	103	103	100
佐　　　賀	(53)	7	1,070	75	38	nc	nc	nc	nc	nc
長　　　崎	(54)	10	940	94	71	nc	nc	nc	nc	nc
熊　　　本	(55)	22	950	209	173	100	95	95	95	105
大　　　分	(56)	13	1,200	156	125	nc	nc	nc	nc	nc
宮　　　崎	(57)	4	1,330	53	39	nc	nc	nc	nc	nc
鹿　児　島	(58)	13	1,120	146	131	nc	nc	nc	nc	nc
沖　　　縄	(59)	5	1,480	74	55	nc	nc	nc	nc	nc
関東農政局	(60)	555	1,740	9,650	8,080	nc	nc	nc	nc	nc
東海農政局	(61)	67	1,840	1,230	902	nc	nc	nc	nc	nc
中国四国農政局	(62)	185	1,310	2,420	1,840	nc	nc	nc	nc	nc

(17)　みずな

作付面積	10a当たり収量	収穫量	出荷量	対　前　年　産　比				(参考)対平均収量比	
				作付面積	10a当たり収量	収穫量	出荷量		
ha	kg	t	t	%	%	%	%	%	
2,320	1,680	39,000	34,900	96	98	94	95	97	(1)
21	2,590	544	513	66	113	74	77	112	(2)
2,300	1,670	38,400	34,400	nc	nc	nc	nc	nc	(3)
80	1,120	899	707	nc	nc	nc	nc	nc	(4)
41	1,320	543	483	nc	nc	nc	nc	nc	(5)
1,240	1,810	22,500	20,300	nc	nc	nc	nc	nc	(6)
57	1,610	919	781	nc	nc	nc	nc	nc	(7)
428	1,680	7,170	6,500	nc	nc	nc	nc	nc	(8)
83	1,400	1,160	764	nc	nc	nc	nc	nc	(9)
63	1,200	754	614	nc	nc	nc	nc	nc	(10)
302	1,450	4,380	4,140	nc	nc	nc	nc	nc	(11)
4	1,270	56	50	nc	nc	nc	nc	nc	(12)
21	2,590	544	513	66	113	74	77	112	(13)
8	913	73	52	nc	nc	nc	nc	nc	(14)
10	970	97	77	nc	nc	nc	nc	nc	(15)
38	1,090	414	343	88	96	84	83	77	(16)
3	1,030	31	21	nc	nc	nc	nc	nc	(17)
5	1,320	66	52	nc	nc	nc	nc	nc	(18)
16	1,360	218	162	nc	nc	nc	nc	nc	(19)
996	1,940	19,300	17,500	98	93	91	91	90	(20)
10	1,190	119	106	nc	nc	nc	nc	nc	(21)
60	1,400	840	728	100	102	102	102	83	(22)
110	1,250	1,380	1,200	92	98	90	87	102	(23)
32	1,500	480	441	nc	nc	nc	nc	nc	(24)
13	1,360	177	168	nc	nc	nc	nc	nc	(25)
6	1,260	77	70	nc	nc	nc	nc	nc	(26)
7	1,430	100	90	nc	nc	nc	nc	nc	(27)
4	925	37	31	nc	nc	nc	nc	nc	(28)
7	1,270	89	74	nc	nc	nc	nc	nc	(29)
23	1,380	317	288	nc	nc	nc	nc	nc	(30)
3	1,130	34	30	nc	nc	nc	nc	nc	(31)
9	1,440	127	95	nc	nc	nc	nc	nc	(32)
18	1,570	283	230	nc	nc	nc	nc	nc	(33)
14	1,310	183	160	nc	nc	nc	nc	nc	(34)
17	1,800	306	288	nc	nc	nc	nc	nc	(35)
8	1,840	147	103	nc	nc	nc	nc	nc	(36)
100	1,410	1,410	1,270	100	99	99	98	97	(37)
140	1,950	2,730	2,490	97	129	125	125	127	(38)
45	2,140	963	905	100	96	96	96	101	(39)
105	1,460	1,530	1,330	97	101	98	98	88	(40)
29	1,370	397	384	97	96	93	93	95	(41)
9	1,560	140	122	nc	nc	nc	nc	nc	(42)
4	1,000	40	32	nc	nc	nc	nc	nc	(43)
19	974	185	165	nc	nc	nc	nc	nc	(44)
8	1,000	80	62	nc	nc	nc	nc	nc	(45)
46	1,720	791	462	100	100	100	100	101	(46)
6	1,070	64	43	nc	nc	nc	nc	nc	(47)
11	1,220	134	111	nc	nc	nc	nc	nc	(48)
11	1,330	146	102	nc	nc	nc	nc	nc	(49)
18	1,130	203	142	nc	nc	nc	nc	nc	(50)
23	1,180	271	259	nc	nc	nc	nc	nc	(51)
216	1,520	3,280	3,200	100	103	103	107	97	(52)
28	1,270	356	310	nc	nc	nc	nc	nc	(53)
10	959	94	72	nc	nc	nc	nc	nc	(54)
7	1,300	91	73	nc	nc	nc	nc	nc	(55)
3	1,000	30	24	nc	nc	nc	nc	nc	(56)
4	1,480	59	51	nc	nc	nc	nc	nc	(57)
34	1,380	469	408	89	91	82	81	97	(58)
4	1,270	56	50	nc	nc	nc	nc	nc	(59)
1,250	1,820	22,700	20,500	nc	nc	nc	nc	nc	(60)
43	1,710	736	621	nc	nc	nc	nc	nc	(61)
146	1,310	1,910	1,380	nc	nc	nc	nc	nc	(62)

3 令和4年産都道府県別の作付面積、10a当たり収量、収穫量及び出荷量 （続き）

(18) セルリー

全国農業地域 都 道 府 県		作 付 面 積	10a当たり 収 量	収 穫 量	出 荷 量	対 前 年 産 比				(参考) 対平均 収量比
						作付面積	10a当たり 収 量	収穫量	出荷量	
		ha	kg	t	t	%	%	%	%	%
全 国	(1)	532	5,510	29,300	28,100	98	99	98	98	99
(全国農業地域)										
北 海 道	(2)	20	3,710	742	699	95	93	89	89	98
都 府 県	(3)	512	5,570	28,500	27,400	nc	nc	nc	nc	nc
東 北	(4)	24	2,320	556	482	nc	nc	nc	nc	nc
北 陸	(5)	7	400	28	25	nc	nc	nc	nc	nc
関 東 ・ 東 山	(6)	266	5,410	14,400	14,000	nc	nc	nc	nc	nc
東 海	(7)	127	6,360	8,080	7,710	nc	nc	nc	nc	nc
近 畿	(8)	x	x	x	x	nc	nc	nc	nc	nc
中 国	(9)	x	x	x	x	nc	nc	nc	nc	nc
四 国	(10)	11	8,060	887	802	nc	nc	nc	nc	nc
九 州	(11)	60	6,900	4,140	4,000	nc	nc	nc	nc	nc
沖 縄	(12)	9	3,240	288	243	nc	nc	nc	nc	nc
(都道府県)										
北 海 道	(13)	20	3,710	742	699	95	93	89	89	98
青 森	(14)	1	1,450	19	17	nc	nc	nc	nc	nc
岩 手	(15)	2	1,200	22	15	nc	nc	nc	nc	nc
宮 城	(16)	2	1,200	24	10	nc	nc	nc	nc	nc
秋 田	(17)	1	800	8	2	nc	nc	nc	nc	nc
山 形	(18)	14	2,980	417	383	nc	nc	nc	nc	nc
福 島	(19)	4	1,650	66	55	nc	nc	nc	nc	nc
茨 城	(20)	16	6,490	1,040	953	nc	nc	nc	nc	nc
栃 木	(21)	-	-	-	-	nc	nc	nc	nc	nc
群 馬	(22)	1	4,000	56	48	nc	nc	nc	nc	nc
埼 玉	(23)	3	5,030	151	143	nc	nc	nc	nc	nc
千 葉	(24)	19	4,600	874	814	100	102	102	102	103
東 京	(25)	0	4,500	9	8	nc	nc	nc	nc	nc
神 奈 川	(26)	1	4,070	57	53	nc	nc	nc	nc	nc
新 潟	(27)	7	386	27	25	nc	nc	nc	nc	nc
富 山	(28)	-	-	-	-	nc	nc	nc	nc	nc
石 川	(29)	0	1,000	0	0	nc	nc	nc	nc	nc
福 井	(30)	0	950	1	0	nc	nc	nc	nc	nc
山 梨	(31)	-	-	-	-	nc	nc	nc	nc	nc
長 野	(32)	226	5,400	12,200	12,000	97	100	97	97	97
岐 阜	(33)	0	1,050	0	0	nc	nc	nc	nc	nc
静 岡	(34)	83	6,360	5,280	5,060	93	98	92	92	100
愛 知	(35)	42	6,620	2,780	2,640	105	100	105	105	100
三 重	(36)	2	950	19	5	nc	nc	nc	nc	nc
滋 賀	(37)	0	2,000	4	4	nc	nc	nc	nc	nc
京 都	(38)	0	850	2	1	nc	nc	nc	nc	nc
大 阪	(39)	1	4,000	20	19	nc	nc	nc	nc	nc
兵 庫	(40)	4	1,830	73	52	nc	nc	nc	nc	nc
奈 良	(41)	-	-	-	-	nc	nc	nc	nc	nc
和 歌 山	(42)	x	x	x	x	nc	nc	nc	nc	nc
鳥 取	(43)	0	1,330	5	4	nc	nc	nc	nc	nc
島 根	(44)	0	5,420	3	3	nc	nc	nc	nc	nc
岡 山	(45)	1	4,000	40	36	nc	nc	nc	nc	nc
広 島	(46)	1	1,200	12	6	nc	nc	nc	nc	nc
山 口	(47)	x	x	x	x	nc	nc	nc	nc	nc
徳 島	(48)	0	1,980	4	1	nc	nc	nc	nc	nc
香 川	(49)	9	9,360	842	765	90	101	91	91	120
愛 媛	(50)	1	1,100	7	5	nc	nc	nc	nc	nc
高 知	(51)	1	3,350	34	31	nc	nc	nc	nc	nc
福 岡	(52)	47	7,590	3,570	3,460	102	101	103	105	108
佐 賀	(53)	x	x	x	x	nc	nc	nc	nc	nc
長 崎	(54)	3	4,650	135	122	nc	nc	nc	nc	nc
熊 本	(55)	6	5,000	300	289	nc	nc	nc	nc	nc
大 分	(56)	2	3,000	60	57	nc	nc	nc	nc	nc
宮 崎	(57)	x	x	x	x	nc	nc	nc	nc	nc
鹿 児 島	(58)	1	1,000	10	9	nc	nc	nc	nc	nc
沖 縄	(59)	9	3,240	288	243	nc	nc	nc	nc	nc
関 東 農 政 局	(60)	349	5,640	19,700	19,100	nc	nc	nc	nc	nc
東 海 農 政 局	(61)	44	6,360	2,800	2,650	nc	nc	nc	nc	nc
中国四国農政局	(62)	x	x	x	x	nc	nc	nc	nc	nc

(19)　アスパラガス

作 付 面 積	10 a 当たり収 量	収 穫 量	出 荷 量	対 前 年 産 比				(参考)対平均収量比	
				作付面積	10 a 当たり収 量	収 穫 量	出 荷 量		
ha	kg	t	t	%	%	%	%	%	
4,360	596	26,000	23,100	97	106	103	103	111	(1)
1,100	318	3,500	3,190	104	115	119	119	109	(2)
3,260	690	22,500	19,900	nc	nc	nc	nc	nc	(3)
1,390	406	5,650	4,750	nc	nc	nc	nc	nc	(4)
209	323	676	580	nc	nc	nc	nc	nc	(5)
787	463	3,640	3,250	nc	nc	nc	nc	nc	(6)
45	818	368	307	nc	nc	nc	nc	nc	(7)
31	935	290	211	nc	nc	nc	nc	nc	(8)
230	848	1,950	1,630	nc	nc	nc	nc	nc	(9)
143	1,100	1,570	1,430	nc	nc	nc	nc	nc	(10)
423	1,960	8,310	7,760	nc	nc	nc	nc	nc	(11)
1	818	9	9	nc	nc	nc	nc	nc	(12)
1,100	318	3,500	3,190	104	115	119	119	109	(13)
124	409	507	385	95	95	90	94	96	(14)
258	183	472	399	95	106	100	101	103	(15)
10	410	41	19	nc	nc	nc	nc	nc	(16)
330	379	1,250	1,020	94	117	111	111	108	(17)
330	590	1,950	1,690	91	127	115	117	125	(18)
334	428	1,430	1,240	99	105	104	104	107	(19)
21	1,070	225	195	nc	nc	nc	nc	nc	(20)
108	1,550	1,670	1,560	102	101	102	105	96	(21)
47	294	138	95	nc	nc	nc	nc	nc	(22)
14	507	71	51	nc	nc	nc	nc	nc	(23)
3	1,130	36	29	nc	nc	nc	nc	nc	(24)
1	500	5	4	nc	nc	nc	nc	nc	(25)
2	1,530	23	21	nc	nc	nc	nc	nc	(26)
195	327	638	554	98	119	116	110	114	(27)
9	133	12	9	nc	nc	nc	nc	nc	(28)
3	567	17	13	nc	nc	nc	nc	nc	(29)
2	450	9	4	nc	nc	nc	nc	nc	(30)
8	350	28	19	nc	nc	nc	nc	nc	(31)
583	247	1,440	1,280	89	114	101	102	94	(32)
7	1,700	119	89	nc	nc	nc	nc	nc	(33)
21	395	83	77	nc	nc	nc	nc	nc	(34)
10	1,280	128	118	nc	nc	nc	nc	nc	(35)
7	547	38	23	nc	nc	nc	nc	nc	(36)
6	533	32	26	nc	nc	nc	nc	nc	(37)
2	1,000	20	12	nc	nc	nc	nc	nc	(38)
1	800	4	4	nc	nc	nc	nc	nc	(39)
15	1,060	159	123	nc	nc	nc	nc	nc	(40)
5	1,160	58	35	nc	nc	nc	nc	nc	(41)
2	907	17	11	nc	nc	nc	nc	nc	(42)
15	633	95	72	nc	nc	nc	nc	nc	(43)
28	982	275	240	104	111	116	119	168	(44)
60	520	312	270	102	90	91	91	89	(45)
113	938	1,060	861	100	109	109	109	130	(46)
14	1,510	211	182	nc	nc	nc	nc	nc	(47)
11	864	95	78	nc	nc	nc	nc	nc	(48)
87	1,060	922	870	100	92	92	92	110	(49)
39	1,130	441	375	85	104	88	86	98	(50)
6	1,830	110	103	nc	nc	nc	nc	nc	(51)
86	2,100	1,810	1,670	98	97	95	95	96	(52)
116	1,960	2,270	2,110	97	93	90	90	93	(53)
99	1,670	1,650	1,580	92	98	90	90	106	(54)
100	2,320	2,320	2,170	100	98	98	98	113	(55)
13	838	109	101	100	105	105	105	93	(56)
8	1,630	130	115	nc	nc	nc	nc	nc	(57)
1	1,600	16	15	nc	nc	nc	nc	nc	(58)
1	818	9	9	nc	nc	nc	nc	nc	(59)
808	460	3,720	3,330	nc	nc	nc	nc	nc	(60)
24	1,190	285	230	nc	nc	nc	nc	nc	(61)
373	944	3,520	3,050	nc	nc	nc	nc	nc	(62)

3　令和4年産都道府県別の作付面積、10a当たり収量、収穫量及び出荷量　（続き）

(20)　カリフラワー

全国農業地域 都　道　府　県		作付面積	10a当たり 収　量	収　穫　量	出　荷　量	対　前　年　産　比				(参考) 対平均 収量比
						作付面積	10a当たり 収　量	収穫量	出荷量	
		ha	kg	t	t	%	%	%	%	%
全　　国	(1)	1,250	1,780	22,200	19,200	101	102	103	104	105
（全国農業地域）										
北　海　道	(2)	16	1,180	189	182	76	98	74	74	96
都　府　県	(3)	1,240	1,770	22,000	19,000	nc	nc	nc	nc	nc
東　　北	(4)	122	959	1,170	714	nc	nc	nc	nc	nc
北　　陸	(5)	98	1,330	1,300	1,080	nc	nc	nc	nc	nc
関東・東山	(6)	460	2,030	9,330	8,500	nc	nc	nc	nc	nc
東　　海	(7)	173	1,750	3,030	2,590	nc	nc	nc	nc	nc
近　　畿	(8)	47	1,560	731	491	nc	nc	nc	nc	nc
中　　国	(9)	33	1,180	389	249	nc	nc	nc	nc	nc
四　　国	(10)	99	2,150	2,130	1,930	nc	nc	nc	nc	nc
九　　州	(11)	195	1,950	3,800	3,300	nc	nc	nc	nc	nc
沖　　縄	(12)	10	1,610	159	113	nc	nc	nc	nc	nc
（都道府県）										
北　海　道	(13)	16	1,180	189	182	76	98	74	74	96
青　　森	(14)	17	935	159	126	nc	nc	nc	nc	98
岩　　手	(15)	14	893	125	69	nc	nc	nc	nc	nc
宮　　城	(16)	20	1,310	262	178	nc	nc	nc	nc	nc
秋　　田	(17)	22	809	178	103	85	84	71	71	88
山　　形	(18)	25	892	223	126	114	94	107	109	94
福　　島	(19)	24	925	222	112	96	106	101	101	107
茨　　城	(20)	116	2,290	2,660	2,510	107	98	106	106	107
栃　　木	(21)	4	1,320	58	35	nc	nc	nc	nc	nc
群　　馬	(22)	29	1,820	528	466	112	105	117	117	nc
埼　　玉	(23)	98	2,100	2,060	1,800	117	106	124	123	114
千　　葉	(24)	34	1,480	503	457	97	106	103	103	96
東　　京	(25)	28	1,900	532	522	97	96	93	92	95
神　奈　川	(26)	39	1,720	671	629	100	105	105	105	113
新　　潟	(27)	90	1,360	1,220	1,020	100	111	110	109	104
富　　山	(28)	6	883	53	41	nc	nc	nc	nc	nc
石　　川	(29)	2	1,050	21	17	nc	nc	nc	nc	nc
福　　井	(30)	0	744	1	0	nc	nc	nc	nc	nc
山　　梨	(31)	15	1,730	260	215	nc	nc	nc	nc	nc
長　　野	(32)	97	2,120	2,060	1,870	104	100	105	106	104
岐　　阜	(33)	6	1,730	104	46	nc	nc	nc	nc	nc
静　　岡	(34)	32	1,430	458	359	97	99	96	95	86
愛　　知	(35)	121	1,930	2,340	2,100	101	103	104	104	102
三　　重	(36)	14	936	131	86	nc	nc	nc	nc	nc
滋　　賀	(37)	4	1,000	40	27	nc	nc	nc	nc	nc
京　　都	(38)	6	1,480	89	47	nc	nc	nc	nc	nc
大　　阪	(39)	9	2,210	199	185	100	100	100	99	99
兵　　庫	(40)	20	1,500	300	170	nc	nc	nc	nc	nc
奈　　良	(41)	5	1,300	65	33	nc	nc	nc	nc	nc
和　歌　山	(42)	3	1,370	38	29	nc	nc	nc	nc	nc
鳥　　取	(43)	2	1,080	22	10	nc	nc	nc	nc	nc
島　　根	(44)	7	943	66	45	nc	nc	nc	nc	nc
岡　　山	(45)	9	1,630	147	125	100	102	102	102	100
広　　島	(46)	7	1,270	89	42	nc	nc	nc	nc	nc
山　　口	(47)	8	813	65	27	nc	nc	nc	nc	nc
徳　　島	(48)	79	2,420	1,910	1,760	94	106	99	100	107
香　　川	(49)	7	1,040	73	57	nc	nc	nc	nc	nc
愛　　媛	(50)	10	1,000	100	74	nc	nc	nc	nc	nc
高　　知	(51)	3	1,430	43	38	nc	nc	nc	nc	nc
福　　岡	(52)	50	1,740	870	777	96	98	95	94	97
佐　　賀	(53)	3	933	28	16	nc	nc	nc	nc	nc
長　　崎	(54)	8	1,060	88	69	nc	nc	nc	nc	nc
熊　　本	(55)	119	2,150	2,560	2,230	103	98	101	101	93
大　　分	(56)	2	1,400	28	19	nc	nc	nc	nc	nc
宮　　崎	(57)	2	1,950	39	32	nc	nc	nc	nc	nc
鹿　児　島	(58)	11	1,700	187	160	nc	nc	nc	nc	nc
沖　　縄	(59)	10	1,610	159	113	nc	nc	nc	nc	nc
関東農政局	(60)	492	1,990	9,790	8,860	nc	nc	nc	nc	nc
東海農政局	(61)	141	1,830	2,580	2,230	nc	nc	nc	nc	nc
中国四国農政局	(62)	132	1,910	2,520	2,180	nc	nc	nc	nc	nc

(21) ブロッコリー

作 付 面 積	10 a 当たり 収 量	収 穫 量	出 荷 量	対 前 年 産 比				(参考) 対平均 収量比	
				作付面積	10 a 当たり 収 量	収 穫 量	出 荷 量		
ha	kg	t	t	%	%	%	%	%	
17,200	1,010	172,900	157,100	102	99	101	101	99	(1)
3,060	902	27,600	26,200	101	98	99	99	94	(2)
14,100	1,030	145,300	130,900	nc	nc	nc	nc	nc	(3)
940	811	7,620	6,400	nc	nc	nc	nc	nc	(4)
558	772	4,310	3,830	nc	nc	nc	nc	nc	(5)
3,960	1,100	43,500	38,600	nc	nc	nc	nc	nc	(6)
1,390	1,390	19,300	17,600	nc	nc	nc	nc	nc	(7)
504	956	4,820	4,040	nc	nc	nc	nc	nc	(8)
1,220	820	10,000	9,180	99	102	101	101	105	(9)
2,480	1,070	26,500	24,800	99	100	99	100	98	(10)
3,060	951	29,100	26,300	nc	nc	nc	nc	nc	(11)
19	1,070	203	144	nc	nc	nc	nc	nc	(12)
3,060	902	27,600	26,200	101	98	99	99	94	(13)
150	765	1,150	1,020	88	105	93	93	107	(14)
114	750	855	744	110	96	105	105	99	(15)
119	669	796	602	nc	nc	nc	nc	nc	(16)
38	603	229	153	nc	nc	nc	nc	nc	(17)
82	752	617	410	nc	nc	nc	nc	nc	(18)
437	908	3,970	3,470	99	106	106	106	103	(19)
218	905	1,970	1,650	102	99	101	101	100	(20)
166	1,040	1,730	1,430	104	103	107	104	101	(21)
627	1,040	6,520	5,640	102	102	104	104	102	(22)
1,190	1,300	15,500	13,300	99	98	97	97	110	(23)
334	859	2,870	2,460	100	102	101	101	115	(24)
166	1,070	1,780	1,640	99	95	94	91	95	(25)
109	1,240	1,350	1,220	98	98	96	96	102	(26)
180	1,080	1,940	1,750	nc	nc	nc	nc	nc	(27)
13	880	114	81	nc	nc	nc	nc	nc	(28)
290	577	1,670	1,540	99	95	94	94	97	(29)
75	787	590	454	101	93	94	98	97	(30)
26	981	255	151	nc	nc	nc	nc	nc	(31)
1,130	1,020	11,500	11,100	104	98	102	102	99	(32)
55	969	533	355	nc	nc	nc	nc	nc	(33)
266	1,100	2,930	2,720	108	96	104	103	92	(34)
972	1,550	15,100	14,100	103	100	103	104	99	(35)
97	730	708	420	102	98	100	100	109	(36)
96	829	796	674	nc	nc	nc	nc	nc	(37)
40	768	307	218	93	108	100	100	106	(38)
32	1,410	451	420	100	97	97	97	97	(39)
230	1,010	2,320	1,950	105	108	112	112	102	(40)
14	1,190	167	95	nc	nc	nc	nc	nc	(41)
92	847	779	684	87	93	81	81	103	(42)
805	846	6,810	6,330	101	100	101	101	107	(43)
122	697	850	765	87	111	96	96	98	(44)
150	895	1,340	1,180	101	102	102	103	109	(45)
37	811	300	244	103	97	100	100	98	(46)
107	669	716	657	98	103	101	101	101	(47)
974	1,200	11,700	10,900	100	101	101	101	103	(48)
1,300	1,020	13,300	12,700	98	101	99	100	94	(49)
140	679	951	738	100	92	92	90	94	(50)
62	865	536	508	105	78	82	82	90	(51)
491	729	3,580	3,270	95	98	93	93	85	(52)
84	821	690	518	106	99	105	105	95	(53)
1,040	1,050	10,900	10,100	104	106	110	110	103	(54)
900	938	8,440	7,490	132	91	121	121	86	(55)
39	1,080	421	322	98	97	95	95	96	(56)
138	1,180	1,630	1,490	nc	nc	nc	nc	nc	(57)
373	932	3,480	3,080	94	95	90	93	86	(58)
19	1,070	203	144	nc	nc	nc	nc	nc	(59)
4,230	1,100	46,400	41,300	nc	nc	nc	nc	nc	(60)
1,120	1,460	16,300	14,900	nc	nc	nc	nc	nc	(61)
3,700	986	36,500	34,000	99	101	100	100	100	(62)

3　令和4年産都道府県別の作付面積、10a当たり収量、収穫量及び出荷量　（続き）

（22）　レタス
####　ア　計

全国農業地域・都道府県		作付面積	10a当たり収量	収穫量	出荷量	対前年産比				(参考)対平均収量比
						作付面積	10a当たり収量	収穫量	出荷量	
		ha	kg	t	t	%	%	%	%	%
全　国	(1)	19,900	2,780	552,800	519,900	100	102	101	101	103
（全国農業地域）										
北　海　道	(2)	477	2,700	12,900	12,200	91	92	84	87	94
都　府　県	(3)	19,500	2,770	539,900	507,900	nc	nc	nc	nc	nc
東　北	(4)	868	1,970	17,100	15,300	nc	nc	nc	nc	nc
北　陸	(5)	115	2,170	2,490	2,130	nc	nc	nc	nc	nc
関東・東山	(6)	11,200	3,110	348,100	331,400	nc	nc	nc	nc	nc
東　海	(7)	1,280	2,500	32,000	30,300	nc	nc	nc	nc	nc
近　畿	(8)	1,330	2,140	28,500	26,900	nc	nc	nc	nc	nc
中　国	(9)	313	1,810	5,650	4,280	nc	nc	nc	nc	nc
四　国	(10)	1,100	1,990	21,900	20,000	nc	nc	nc	nc	nc
九　州	(11)	2,970	2,710	80,500	74,400	nc	nc	nc	nc	nc
沖　縄	(12)	226	1,620	3,660	3,170	92	87	80	80	84
（都道府県）										
北　海　道	(13)	477	2,700	12,900	12,200	91	92	84	87	94
青　森	(14)	88	2,060	1,810	1,640	98	95	93	92	93
岩　手	(15)	401	1,980	7,940	7,280	96	83	79	79	84
宮　城	(16)	138	1,710	2,360	1,920	nc	nc	nc	nc	nc
秋　田	(17)	20	2,850	570	490	nc	nc	nc	nc	nc
山　形	(18)	21	1,300	274	194	nc	nc	nc	nc	nc
福　島	(19)	200	2,090	4,180	3,770	nc	nc	nc	nc	nc
茨　城	(20)	3,360	2,580	86,800	83,400	98	102	100	100	106
栃　木	(21)	155	2,770	4,300	3,980	90	100	91	91	109
群　馬	(22)	1,380	4,110	56,700	53,500	102	102	104	104	107
埼　玉	(23)	147	2,480	3,650	3,080	97	102	100	100	104
千　葉	(24)	451	1,760	7,950	7,150	98	107	105	105	99
東　京	(25)	24	2,290	549	494	nc	nc	nc	nc	nc
神　奈　川	(26)	117	2,390	2,800	2,600	97	95	92	92	99
新　潟	(27)	53	1,090	577	403	nc	nc	nc	nc	nc
富　山	(28)	7	1,600	112	104	nc	nc	nc	nc	nc
石　川	(29)	20	3,410	681	627	nc	nc	nc	nc	nc
福　井	(30)	35	3,200	1,120	992	nc	nc	nc	nc	nc
山　梨	(31)	117	2,340	2,740	2,490	nc	nc	nc	nc	nc
長　野	(32)	5,500	3,320	182,600	174,700	101	101	102	100	100
岐　阜	(33)	31	1,670	517	434	nc	nc	nc	nc	nc
静　岡	(34)	902	2,850	25,700	24,700	101	102	103	103	108
愛　知	(35)	305	1,700	5,200	4,780	96	102	98	99	104
三　重	(36)	46	1,210	558	395	nc	nc	nc	nc	nc
滋　賀	(37)	30	1,700	509	385	nc	nc	nc	nc	nc
京　都	(38)	95	2,250	2,140	2,030	nc	nc	nc	nc	nc
大　阪	(39)	23	1,950	449	422	105	96	100	100	90
兵　庫	(40)	1,120	2,160	24,200	23,100	95	99	93	94	92
奈　良	(41)	29	1,760	509	364	107	91	97	98	97
和　歌　山	(42)	36	1,840	661	587	nc	nc	nc	nc	nc
鳥　取	(43)	18	1,250	225	129	nc	nc	nc	nc	nc
島　根	(44)	39	1,490	583	327	nc	nc	nc	nc	nc
岡　山	(45)	93	2,390	2,220	1,980	115	120	137	139	138
広　島	(46)	70	1,870	1,310	932	nc	nc	nc	nc	nc
山　口	(47)	93	1,410	1,310	912	nc	nc	nc	nc	nc
徳　島	(48)	270	2,130	5,760	5,270	97	100	98	98	104
香　川	(49)	696	1,950	13,600	12,400	98	93	92	92	91
愛　媛	(50)	98	1,960	1,920	1,680	91	113	102	99	112
高　知	(51)	32	2,060	658	601	nc	nc	nc	nc	nc
福　岡	(52)	927	1,670	15,500	14,800	100	102	102	102	100
佐　賀	(53)	78	1,920	1,500	1,280	98	99	97	96	96
長　崎	(54)	973	3,800	37,000	34,000	104	102	106	107	105
熊　本	(55)	605	2,910	17,600	16,500	102	103	105	104	107
大　分	(56)	113	1,810	2,040	1,750	99	96	95	95	96
宮　崎	(57)	70	2,000	1,400	1,290	nc	nc	nc	nc	nc
鹿　児　島	(58)	207	2,640	5,470	4,820	89	97	87	88	106
沖　縄	(59)	226	1,620	3,660	3,170	92	87	80	80	84
関東農政局	(60)	12,200	3,060	373,800	356,100	nc	nc	nc	nc	nc
東海農政局	(61)	382	1,640	6,280	5,610	nc	nc	nc	nc	nc
中国四国農政局	(62)	1,410	1,960	27,600	24,200	nc	nc	nc	nc	nc

イ 計のうちサラダ菜

作 付 面 積	10 a 当たり収 量	収 穫 量	出 荷 量	対 前 年 産 比				(参考)対平均収量比	
				作付面積	10 a 当たり収 量	収穫量	出荷量		
ha	kg	t	t	%	%	%	%	%	
334	1,790	5,990	5,560	74	83	61	61	94	(1)
9	2,330	210	190	82	91	75	73	110	(2)
325	1,780	5,780	5,380	nc	nc	nc	nc	nc	(3)
x	x	x	x	nc	nc	nc	nc	nc	(4)
x	x	x	x	nc	nc	nc	nc	nc	(5)
107	1,810	1,940	1,810	nc	nc	nc	nc	nc	(6)
66	1,550	1,020	964	nc	nc	nc	nc	nc	(7)
x	x	x	x	nc	nc	nc	nc	nc	(8)
36	1,810	653	591	nc	nc	nc	nc	nc	(9)
6	2,470	148	121	nc	nc	nc	nc	nc	(10)
61	1,800	1,100	1,030	nc	nc	nc	nc	nc	(11)
6	967	58	52	86	91	78	78	88	(12)
9	2,330	210	190	82	91	75	73	110	(13)
x	x	x	x	x	x	x	x	x	(14)
0	600	3	3	nc	nc	100	100	nc	(15)
3	2,430	73	68	nc	nc	nc	nc	nc	(16)
–	–	–	–	nc	nc	nc	nc	nc	(17)
0	1,090	2	2	nc	nc	nc	nc	nc	(18)
9	2,600	234	220	nc	nc	nc	nc	nc	(19)
–	–	–	–	nc	nc	nc	nc	nc	(20)
–	–	–	–	x	x	x	x	–	(21)
2	1,250	25	25	x	x	x	x	106	(22)
25	2,020	506	455	100	107	108	108	100	(23)
75	1,770	1,330	1,260	93	111	102	100	101	(24)
0	2,000	4	4	nc	nc	nc	nc	nc	(25)
2	1,150	23	22	200	50	110	105	47	(26)
x	x	x	x	nc	nc	nc	nc	nc	(27)
0	860	1	1	nc	nc	nc	nc	nc	(28)
0	390	0	0	nc	nc	nc	nc	nc	(29)
8	3,240	259	251	nc	nc	nc	nc	nc	(30)
x	x	x	x	nc	nc	nc	nc	nc	(31)
x	x	x	x	x	x	x	x	x	(32)
–	–	–	–	nc	nc	nc	nc	nc	(33)
51	1,560	798	758	100	100	100	101	94	(34)
4	1,680	67	59	67	90	60	60	105	(35)
11	1,450	159	147	nc	nc	nc	nc	nc	(36)
0	1,400	3	2	nc	nc	nc	nc	nc	(37)
0	1,400	7	5	nc	nc	nc	nc	nc	(38)
3	1,670	50	46	300	76	227	242	72	(39)
–	–	–	–	–	–	–	–	–	(40)
7	1,130	79	69	175	82	144	141	110	(41)
x	x	x	x	nc	nc	nc	nc	nc	(42)
6	1,350	81	71	nc	nc	nc	nc	nc	(43)
4	1,030	41	35	nc	nc	nc	nc	nc	(44)
0	1,670	15	15	nc	nc	167	167	nc	(45)
14	2,860	401	379	nc	nc	nc	nc	nc	(46)
12	958	115	91	nc	nc	nc	nc	nc	(47)
–	–	–	–	nc	nc	nc	nc	nc	(48)
1	2,400	24	12	50	160	80	71	145	(49)
5	2,300	115	102	125	170	213	243	161	(50)
0	1,350	9	7	nc	nc	nc	nc	nc	(51)
50	1,540	772	732	81	89	71	71	84	(52)
x	x	x	x	x	x	x	x	x	(53)
0	120	0	0	nc	nc	nc	nc	nc	(54)
x	x	x	x	x	x	x	x	x	(55)
x	x	x	x	x	x	x	x	x	(56)
–	–	–	–	nc	nc	nc	nc	nc	(57)
9	2,870	258	235	113	106	119	121	130	(58)
6	967	58	52	86	91	78	78	88	(59)
158	1,730	2,740	2,570	nc	nc	nc	nc	nc	(60)
15	1,510	226	206	nc	nc	nc	nc	nc	(61)
42	1,910	801	712	nc	nc	nc	nc	nc	(62)

3 令和4年産都道府県別の作付面積、10a当たり収量、収穫量及び出荷量 （続き）

（22） レタス（続き）
ウ 春レタス

全国農業地域・都道府県		作付面積	10a当たり収量	収穫量	出荷量	対前年産比 作付面積	対前年産比 10a当たり収量	対前年産比 収穫量	対前年産比 出荷量	（参考）対平均収量比
		ha	kg	t	t	%	%	%	%	%
全 国	(1)	3,930	2,810	110,500	103,800	96	101	97	97	103
（全国農業地域）										
北 海 道	(2)	51	3,930	2,000	1,840	nc	nc	nc	nc	nc
都 府 県	(3)	3,880	2,800	108,500	101,900	nc	nc	nc	nc	nc
東 北	(4)	113	2,230	2,520	2,210	nc	nc	nc	nc	nc
北 陸	(5)	20	2,380	476	434	nc	nc	nc	nc	nc
関東・東山	(6)	2,340	3,000	70,100	67,200	nc	nc	nc	nc	nc
東 海	(7)	123	2,390	2,940	2,770	nc	nc	nc	nc	nc
近 畿	(8)	346	2,250	7,770	7,260	nc	nc	nc	nc	nc
中 国	(9)	92	1,870	1,720	1,290	nc	nc	nc	nc	nc
四 国	(10)	167	2,170	3,630	3,250	nc	nc	nc	nc	nc
九 州	(11)	x	x	x	x	nc	nc	nc	nc	nc
沖 縄	(12)	45	1,890	851	732	88	101	89	88	87
（都道府県）										
北 海 道	(13)	51	3,930	2,000	1,840	nc	nc	nc	nc	nc
青 森	(14)	4	2,650	106	99	nc	nc	nc	nc	nc
岩 手	(15)	33	2,310	762	647	94	104	98	98	93
宮 城	(16)	41	1,820	746	626	nc	nc	nc	nc	nc
秋 田	(17)	2	3,800	76	68	nc	nc	nc	nc	nc
山 形	(18)	3	2,000	60	49	nc	nc	nc	nc	nc
福 島	(19)	30	2,560	768	725	nc	nc	nc	nc	nc
茨 城	(20)	1,230	2,650	32,600	31,700	91	100	92	92	99
栃 木	(21)	41	2,480	1,020	940	85	100	86	86	100
群 馬	(22)	315	4,020	12,700	12,000	104	100	104	104	111
埼 玉	(23)	59	2,490	1,470	1,250	98	105	104	103	105
千 葉	(24)	74	1,880	1,390	1,220	96	104	100	99	103
東 京	(25)	16	2,460	394	366	nc	nc	nc	nc	nc
神 奈 川	(26)	77	2,550	1,960	1,850	100	96	96	95	100
新 潟	(27)	8	1,490	119	113	nc	nc	nc	nc	nc
富 山	(28)	1	1,410	18	17	nc	nc	nc	nc	nc
石 川	(29)	4	3,130	125	114	nc	nc	nc	nc	nc
福 井	(30)	7	3,060	214	190	nc	nc	nc	nc	nc
山 梨	(31)	43	3,040	1,310	1,160	nc	nc	nc	nc	nc
長 野	(32)	485	3,560	17,300	16,700	97	98	95	95	97
岐 阜	(33)	12	1,680	202	180	nc	nc	nc	nc	nc
静 岡	(34)	67	2,920	1,960	1,870	105	109	114	114	114
愛 知	(35)	37	1,890	699	645	nc	nc	nc	nc	nc
三 重	(36)	7	1,260	82	70	nc	nc	nc	nc	nc
滋 賀	(37)	3	1,200	36	24	nc	nc	nc	nc	nc
京 都	(38)	16	1,860	298	291	nc	nc	nc	nc	nc
大 阪	(39)	8	2,180	174	157	nc	nc	nc	nc	nc
兵 庫	(40)	300	2,290	6,870	6,500	93	97	91	91	100
奈 良	(41)	16	2,110	338	243	100	93	93	93	95
和 歌 山	(42)	3	2,110	53	45	nc	nc	nc	nc	nc
鳥 取	(43)	4	1,400	56	44	nc	nc	nc	nc	nc
島 根	(44)	11	1,350	149	92	nc	nc	nc	nc	nc
岡 山	(45)	25	2,450	613	500	89	95	85	85	138
広 島	(46)	26	1,860	484	362	nc	nc	nc	nc	nc
山 口	(47)	26	1,600	416	291	nc	nc	nc	nc	nc
徳 島	(48)	51	2,160	1,100	1,010	96	97	93	94	97
香 川	(49)	86	2,260	1,940	1,770	95	100	95	95	100
愛 媛	(50)	23	1,980	455	356	nc	nc	nc	nc	nc
高 知	(51)	7	1,950	137	116	nc	nc	nc	nc	nc
福 岡	(52)	212	1,870	3,960	3,690	102	107	110	110	99
佐 賀	(53)	19	2,220	422	342	100	102	102	102	95
長 崎	(54)	226	4,220	9,540	8,780	113	100	113	112	104
熊 本	(55)	82	3,090	2,530	2,350	103	94	96	96	103
大 分	(56)	50	2,440	1,220	1,040	98	103	101	101	99
宮 崎	(57)	x	x	x	x	nc	nc	nc	nc	nc
鹿 児 島	(58)	30	1,690	507	375	nc	nc	nc	nc	nc
沖 縄	(59)	45	1,890	851	732	88	101	89	88	87
関東農政局	(60)	2,410	2,990	72,100	69,100	nc	nc	nc	nc	nc
東海農政局	(61)	56	1,760	983	895	nc	nc	nc	nc	nc
中国四国農政局	(62)	259	2,070	5,350	4,540	nc	nc	nc	nc	nc

エ　春レタスのうちサラダ菜

作付面積	10a当たり収量	収穫量	出荷量	対前年産比					(参考)対平均収量比	
				作付面積	10a当たり収量	収穫量	出荷量			
ha	kg	t	t	%	%	%	%	%		
70	1,700	1,190	1,110	88	97	85	84	94	(1)
0	2,000	2	2	nc	nc	nc	nc	nc	(2)
70	1,700	1,190	1,100	nc	nc	nc	nc	nc	(3)
x	x	x	x	nc	nc	nc	nc	nc	(4)
3	1,300	39	37	nc	nc	nc	nc	nc	(5)
x	x	x	x	nc	nc	nc	nc	nc	(6)
11	1,690	186	177	nc	nc	nc	nc	nc	(7)
x	x	x	x	nc	nc	nc	nc	nc	(8)
14	1,240	174	150	nc	nc	nc	nc	nc	(9)
1	2,600	26	23	nc	nc	nc	nc	nc	(10)
x	x	x	x	nc	nc	nc	nc	nc	(11)
2	1,000	18	16	100	100	82	84	94	(12)
0	2,000	2	2	nc	nc	nc	nc	nc	(13)
x	x	x	x	nc	nc	nc	nc	nc	(14)
0	620	2	2	nc	105	100	100	122	(15)
1	1,330	13	12	nc	nc	nc	nc	nc	(16)
-	-	-	-	nc	nc	nc	nc	nc	(17)
-	-	-	-	nc	nc	nc	nc	nc	(18)
1	3,750	19	18	nc	nc	nc	nc	nc	(19)
-	-	-	-	nc	nc	nc	nc	nc	(20)
-	-	-	-	x	x	x	x	-	(21)
x	x	x	x	x	x	x	x	x	(22)
7	2,240	152	140	100	101	101	100	98	(23)
16	1,880	301	287	84	101	85	85	99	(24)
-	-	-	-	nc	nc	nc	nc	nc	(25)
1	1,900	13	13	100	83	81	81	104	(26)
2	550	11	10	nc	nc	nc	nc	nc	(27)
0	795	0	0	nc	nc	nc	nc	nc	(28)
0	500	0	0	nc	nc	nc	nc	nc	(29)
1	2,800	28	27	nc	nc	nc	nc	nc	(30)
x	x	x	x	nc	nc	nc	nc	nc	(31)
x	x	x	x	x	x	x	x	x	(32)
-	-	-	-	nc	nc	nc	nc	nc	(33)
9	1,680	151	146	75	97	73	73	92	(34)
1	1,780	18	16	nc	nc	nc	nc	nc	(35)
1	1,200	17	15	nc	nc	nc	nc	nc	(36)
0	1,000	0	0	nc	nc	nc	nc	nc	(37)
0	1,380	4	3	nc	nc	nc	nc	nc	(38)
1	1,500	15	14	nc	nc	nc	nc	nc	(39)
-	-	-	-	-	-	-	-	-	(40)
1	1,340	19	16	100	97	100	100	100	(41)
x	x	x	x	nc	nc	nc	nc	nc	(42)
1	1,500	15	14	nc	nc	nc	nc	nc	(43)
1	1,220	11	8	nc	nc	nc	nc	nc	(44)
0	1,500	3	3	nc	109	100	100	109	(45)
3	2,130	64	61	nc	nc	nc	nc	nc	(46)
9	900	81	64	nc	nc	nc	nc	nc	(47)
-	-	-	-	nc	nc	nc	nc	nc	(48)
0	1,100	1	0	nc	100	100	nc	66	(49)
1	2,200	22	21	nc	nc	nc	nc	nc	(50)
0	1,500	3	2	nc	nc	nc	nc	nc	(51)
10	1,730	166	157	83	111	89	88	97	(52)
x	x	x	x	x	x	x	x	x	(53)
0	120	0	0	nc	nc	nc	nc	nc	(54)
x	x	x	x	x	x	x	x	x	(55)
x	x	x	x	x	x	x	x	x	(56)
-	-	-	-	nc	nc	nc	nc	nc	(57)
x	x	x	x	nc	nc	nc	nc	nc	(58)
2	1,000	18	16	100	100	82	84	94	(59)
x	x	x	x	nc	nc	nc	nc	nc	(60)
2	1,750	35	31	nc	nc	nc	nc	nc	(61)
15	1,330	200	173	nc	nc	nc	nc	nc	(62)

3 令和4年産都道府県別の作付面積、10a当たり収量、収穫量及び出荷量 （続き）

(22) レタス（続き）
オ 夏秋レタス

全国農業地域 都 道 府 県		作付面積	10a当たり 収 量	収 穫 量	出 荷 量	対 前 年 産 比				(参考) 対平均 収量比
						作付面積	10a当たり 収 量	収穫量	出荷量	
		ha	kg	t	t	%	%	%	%	%
全　　　国	(1)	8,480	3,090	261,900	248,400	101	102	103	101	102
（全国農業地域）										
北　海　道	(2)	422	2,560	10,800	10,200	94	104	97	99	102
都　府　県	(3)	8,060	3,120	251,100	238,200	nc	nc	nc	nc	nc
東　　　北	(4)	640	1,890	12,100	10,800	nc	nc	nc	nc	nc
北　　　陸	(5)	66	1,820	1,200	946	nc	nc	nc	nc	nc
関 東・東 山	(6)	6,950	3,310	230,300	219,800	nc	nc	nc	nc	nc
東　　　海	(7)	52	1,450	752	707	nc	nc	nc	nc	nc
近　　　畿	(8)	57	2,160	1,230	1,150	nc	nc	nc	nc	nc
中　　　国	(9)	74	2,300	1,700	1,310	nc	nc	nc	nc	nc
四　　　国	(10)	15	1,760	264	231	nc	nc	nc	nc	nc
九　　　州	(11)	201	1,730	3,480	3,170	nc	nc	nc	nc	nc
沖　　　縄	(12)	8	1,550	129	112	nc	nc	nc	nc	nc
（都道府県）										
北　海　道	(13)	422	2,560	10,800	10,200	94	104	97	99	102
青　　　森	(14)	81	2,020	1,640	1,490	98	94	92	91	92
岩　　　手	(15)	365	1,950	7,120	6,580	97	80	77	78	84
宮　　　城	(16)	53	1,550	822	660	nc	nc	nc	nc	nc
秋　　　田	(17)	15	2,160	324	252	nc	nc	nc	nc	nc
山　　　形	(18)	15	1,090	164	98	nc	nc	nc	nc	nc
福　　　島	(19)	111	1,790	1,990	1,700	nc	nc	nc	nc	nc
茨　　　城	(20)	729	2,550	18,600	18,100	104	100	104	104	111
栃　　　木	(21)	35	2,560	896	827	85	98	84	84	106
群　　　馬	(22)	1,020	4,170	42,500	40,100	102	101	103	103	105
埼　　　玉	(23)	8	1,700	136	113	nc	nc	nc	nc	nc
千　　　葉	(24)	63	1,800	1,130	1,020	nc	nc	nc	nc	nc
東　　　京	(25)	6	2,000	120	98	nc	nc	nc	nc	nc
神　奈　川	(26)	13	1,890	246	226	nc	nc	nc	nc	nc
新　　　潟	(27)	41	1,020	418	255	nc	nc	nc	nc	nc
富　　　山	(28)	3	1,370	47	44	nc	nc	nc	nc	nc
石　　　川	(29)	8	3,440	282	258	nc	nc	nc	nc	nc
福　　　井	(30)	14	3,250	455	389	nc	nc	nc	nc	nc
山　　　梨	(31)	68	2,010	1,370	1,280	nc	nc	nc	nc	nc
長　　　野	(32)	5,010	3,300	165,300	158,000	101	102	103	101	100
岐　　　阜	(33)	6	1,300	78	64	nc	nc	nc	nc	nc
静　　　岡	(34)	33	1,520	502	497	nc	nc	nc	nc	nc
愛　　　知	(35)	4	1,630	65	59	nc	nc	nc	nc	nc
三　　　重	(36)	9	1,200	107	87	nc	nc	nc	nc	nc
滋　　　賀	(37)	4	1,180	47	40	nc	nc	nc	nc	nc
京　　　都	(38)	30	2,790	837	791	nc	nc	nc	nc	nc
大　　　阪	(39)	6	2,020	121	118	nc	nc	nc	nc	nc
兵　　　庫	(40)	10	1,350	135	120	nc	nc	nc	nc	nc
奈　　　良	(41)	6	1,040	62	56	nc	nc	nc	nc	nc
和　歌　山	(42)	1	2,700	32	29	nc	nc	nc	nc	nc
鳥　　　取	(43)	11	1,220	134	58	nc	nc	nc	nc	nc
島　　　根	(44)	12	1,370	164	105	nc	nc	nc	nc	nc
岡　　　山	(45)	20	4,050	810	749	nc	nc	nc	nc	nc
広　　　島	(46)	15	1,900	285	215	nc	nc	nc	nc	nc
山　　　口	(47)	16	1,890	302	181	nc	nc	nc	nc	nc
徳　　　島	(48)	4	1,250	44	36	nc	nc	nc	nc	nc
香　　　川	(49)	7	2,060	144	129	nc	nc	nc	nc	nc
愛　　　媛	(50)	3	2,020	61	55	nc	nc	nc	nc	nc
高　　　知	(51)	1	1,500	15	11	nc	nc	nc	nc	nc
福　　　岡	(52)	88	1,670	1,470	1,400	nc	nc	nc	nc	nc
佐　　　賀	(53)	4	1,450	58	53	nc	nc	nc	nc	nc
長　　　崎	(54)	48	2,290	1,100	955	nc	nc	nc	nc	nc
熊　　　本	(55)	8	2,030	162	130	nc	nc	nc	nc	nc
大　　　分	(56)	50	1,180	590	543	98	87	86	86	89
宮　　　崎	(57)	x	x	x	x	nc	nc	nc	nc	nc
鹿　児　島	(58)	x	x	x	x	nc	nc	nc	nc	nc
沖　　　縄	(59)	8	1,550	129	112	nc	nc	nc	nc	nc
関 東 農 政 局	(60)	6,980	3,310	230,800	220,300	nc	nc	nc	nc	nc
東 海 農 政 局	(61)	19	1,320	250	210	nc	nc	nc	nc	nc
中国四国農政局	(62)	89	2,200	1,960	1,540	nc	nc	nc	nc	nc

カ　夏秋レタスのうちサラダ菜

作 付 面 積	10a当たり収　量	収 穫 量	出 荷 量	対　前　年　産　比				(参考)対平均収量比	
				作付面積	10a当たり収　量	収 穫 量	出 荷 量		
ha	kg	t	t	%	%	%	%	%	
123	1,730	2,130	2,000	55	68	37	37	87	(1)
9	2,310	208	188	113	100	113	114	109	(2)
114	1,680	1,920	1,810	nc	nc	nc	nc	nc	(3)
x	x	x	x	nc	nc	nc	nc	nc	(4)
9	1,430	129	125	nc	nc	nc	nc	nc	(5)
x	x	x	x	nc	nc	nc	nc	nc	(6)
26	1,350	352	344	nc	nc	nc	nc	nc	(7)
x	x	x	x	nc	nc	nc	nc	nc	(8)
12	2,060	247	221	nc	nc	nc	nc	nc	(9)
1	3,900	39	34	nc	nc	nc	nc	nc	(10)
19	1,420	270	256	nc	nc	nc	nc	nc	(11)
1	1,220	11	10	nc	nc	nc	nc	nc	(12)
9	2,310	208	188	113	100	113	114	109	(13)
x	x	x	x	x	x	x	x	x	(14)
0	510	1	1	nc	82	100	100	101	(15)
1	3,670	37	35	nc	nc	nc	nc	nc	(16)
-	-	-	-	nc	nc	nc	nc	nc	(17)
0	1,090	2	2	nc	nc	nc	nc	nc	(18)
2	3,950	79	75	nc	nc	nc	nc	nc	(19)
-	-	-	-	nc	nc	nc	nc	nc	(20)
-	-	-	-	x	x	x	x	-	(21)
x	x	x	x	x	x	x	x	x	(22)
3	1,530	46	41	nc	nc	nc	nc	nc	(23)
32	1,810	579	540	nc	nc	nc	nc	nc	(24)
-	-	-	-	nc	nc	nc	nc	nc	(25)
-	-	-	-	nc	nc	nc	nc	nc	(26)
6	733	44	41	nc	nc	nc	nc	nc	(27)
0	978	0	0	nc	nc	nc	nc	nc	(28)
0	350	0	0	nc	nc	nc	nc	nc	(29)
3	2,830	85	84	nc	nc	nc	nc	nc	(30)
1	1,200	12	10	nc	nc	nc	nc	nc	(31)
x	x	x	x	x	x	x	x	x	(32)
-	-	-	-	nc	nc	nc	nc	nc	(33)
22	1,370	301	298	nc	nc	nc	nc	nc	(34)
1	1,640	16	14	nc	nc	nc	nc	nc	(35)
3	1,390	35	32	nc	nc	nc	nc	nc	(36)
0	1,000	0	0	nc	nc	nc	nc	nc	(37)
0	1,400	3	2	nc	nc	nc	nc	nc	(38)
1	2,100	21	20	nc	nc	nc	nc	nc	(39)
-	-	-	-	nc	nc	nc	nc	nc	(40)
3	993	30	27	nc	nc	nc	nc	nc	(41)
x	x	x	x	nc	nc	nc	nc	nc	(42)
3	1,230	37	31	nc	nc	nc	nc	nc	(43)
1	1,000	10	8	nc	nc	nc	nc	nc	(44)
0	1,780	7	7	nc	nc	nc	nc	nc	(45)
6	2,850	171	158	nc	nc	nc	nc	nc	(46)
2	1,100	22	17	nc	nc	nc	nc	nc	(47)
-	-	-	-	nc	nc	nc	nc	nc	(48)
0	2,000	4	1	nc	nc	nc	nc	nc	(49)
1	3,560	32	31	nc	nc	nc	nc	nc	(50)
0	1,500	3	2	nc	nc	nc	nc	nc	(51)
17	1,370	233	223	nc	nc	nc	nc	nc	(52)
x	x	x	x	nc	nc	nc	nc	nc	(53)
-	-	-	-	nc	nc	nc	nc	nc	(54)
-	-	-	-	nc	nc	nc	nc	nc	(55)
x	x	x	x	x	x	x	x	x	(56)
-	-	-	-	nc	nc	nc	nc	nc	(57)
-	-	-	-	nc	nc	nc	nc	nc	(58)
1	1,220	11	10	nc	nc	nc	nc	nc	(59)
x	x	x	x	nc	nc	nc	nc	nc	(60)
4	1,280	51	46	nc	nc	nc	nc	nc	(61)
13	2,200	286	255	nc	nc	nc	nc	nc	(62)

3 令和4年産都道府県別の作付面積、10a当たり収量、収穫量及び出荷量 （続き）

（22） レタス（続き）
キ 冬レタス

全 国 農 業 地 域 都 道 府 県		作 付 面 積	10a当たり 収　　　量	収 穫 量	出 荷 量	対 前 年 産 比					（参考） 対平均 収量比
						作付面積	10a当たり 収　　量	収 穫 量	出 荷 量	
		ha	kg	t	t	%	%	%	%	%
全　　国	(1)	7,520	2,400	180,400	167,800	100	102	101	102	103
（全国農業地域）										
北 海 道	(2)	4	3,060	122	115	nc	nc	nc	nc	nc
都 府 県	(3)	7,510	2,400	180,300	167,700	nc	nc	nc	nc	nc
東 北	(4)	115	2,210	2,540	2,290	nc	nc	nc	nc	nc
北 陸	(5)	29	2,810	815	746	nc	nc	nc	nc	nc
関 東・東 山	(6)	1,960	2,430	47,600	44,400	nc	nc	nc	nc	nc
東 海	(7)	1,110	2,540	28,200	26,800	nc	nc	nc	nc	nc
近 畿	(8)	926	2,110	19,500	18,500	nc	nc	nc	nc	nc
中 国	(9)	147	1,520	2,230	1,680	nc	nc	nc	nc	nc
四 国	(10)	914	1,970	18,000	16,500	nc	nc	nc	nc	nc
九 州	(11)	2,140	2,740	58,600	54,400	nc	nc	nc	nc	nc
沖 縄	(12)	173	1,550	2,680	2,330	94	82	77	77	82
（都道府県）										
北 海 道	(13)	4	3,060	122	115	nc	nc	nc	nc	nc
青 森	(14)	3	2,330	61	54	nc	nc	nc	nc	nc
岩 手	(15)	3	1,770	53	49	nc	nc	nc	nc	nc
宮 城	(16)	44	1,790	788	634	nc	nc	nc	nc	nc
秋 田	(17)	3	5,670	170	170	nc	nc	nc	nc	nc
山 形	(18)	3	1,930	50	47	nc	nc	nc	nc	nc
福 島	(19)	59	2,400	1,420	1,340	nc	nc	nc	nc	nc
茨 城	(20)	1,400	2,540	35,600	33,600	103	103	106	106	110
栃 木	(21)	79	3,010	2,380	2,210	95	100	96	97	109
群 馬	(22)	46	3,190	1,470	1,360	nc	nc	nc	nc	nc
埼 玉	(23)	80	2,550	2,040	1,720	95	101	96	96	103
千 葉	(24)	314	1,730	5,430	4,910	99	103	102	102	95
東 京	(25)	2	1,750	35	30	nc	nc	nc	nc	nc
神 奈 川	(26)	27	2,180	589	525	nc	nc	nc	nc	nc
新 潟	(27)	4	1,000	40	35	nc	nc	nc	nc	nc
富 山	(28)	3	1,470	47	43	nc	nc	nc	nc	nc
石 川	(29)	8	3,470	274	255	nc	nc	nc	nc	nc
福 井	(30)	14	3,240	454	413	nc	nc	nc	nc	nc
山 梨	(31)	6	950	58	50	nc	nc	nc	nc	nc
長 野	(32)	x	x	x	x	nc	nc	nc	nc	nc
岐 阜	(33)	13	1,820	237	190	nc	nc	nc	nc	nc
静 岡	(34)	802	2,890	23,200	22,300	101	102	103	103	107
愛 知	(35)	264	1,680	4,440	4,080	99	102	101	101	104
三 重	(36)	30	1,230	369	238	nc	nc	nc	nc	nc
滋 賀	(37)	23	1,850	426	321	nc	nc	nc	nc	nc
京 都	(38)	49	2,040	1,000	950	nc	nc	nc	nc	nc
大 阪	(39)	9	1,790	154	147	100	98	98	98	95
兵 庫	(40)	806	2,140	17,200	16,500	94	100	94	94	90
奈 良	(41)	7	1,560	109	65	nc	nc	nc	nc	nc
和 歌 山	(42)	32	1,800	576	513	nc	nc	nc	nc	nc
鳥 取	(43)	3	1,400	35	27	nc	nc	nc	nc	nc
島 根	(44)	16	1,690	270	130	nc	nc	nc	nc	nc
岡 山	(45)	48	1,650	792	730	107	104	111	111	101
広 島	(46)	29	1,870	542	355	nc	nc	nc	nc	nc
山 口	(47)	51	1,160	592	440	nc	nc	nc	nc	nc
徳 島	(48)	215	2,150	4,620	4,220	98	101	99	99	106
香 川	(49)	603	1,910	11,500	10,500	98	92	91	91	89
愛 媛	(50)	72	1,940	1,400	1,270	95	102	97	95	104
高 知	(51)	24	2,110	506	474	nc	nc	nc	nc	nc
福 岡	(52)	627	1,610	10,100	9,680	101	99	101	101	98
佐 賀	(53)	55	1,850	1,020	884	92	103	94	94	100
長 崎	(54)	699	3,780	26,400	24,300	102	102	104	107	105
熊 本	(55)	515	2,900	14,900	14,000	102	104	106	106	107
大 分	(56)	13	1,800	234	166	nc	nc	nc	nc	nc
宮 崎	(57)	54	1,910	1,030	958	nc	nc	nc	nc	nc
鹿 児 島	(58)	x	x	x	x	x	x	x	x	x
沖 縄	(59)	173	1,550	2,680	2,330	94	82	77	77	82
関 東 農 政 局	(60)	2,760	2,570	70,800	66,700	nc	nc	nc	nc	nc
東 海 農 政 局	(61)	307	1,640	5,050	4,510	nc	nc	nc	nc	nc
中国四国農政局	(62)	1,060	1,920	20,300	18,100	nc	nc	nc	nc	nc

ク　冬レタスのうちサラダ菜

作 付 面 積	10 a 当たり収　　量	収 穫 量	出 荷 量	対　　前　　年　　産　　比					(参考)対平均収量比	
				作付面積	10 a 当たり収　量	収 穫 量	出 荷 量			
ha	kg	t	t	%	%	%	%	%		
141	1,890	2,670	2,460	96	106	102	103	104		(1)
-	-	-	-	nc	nc	nc	nc	nc		(2)
141	1,890	2,670	2,460	nc	nc	nc	nc	nc		(3)
x	x	x	x	nc	nc	nc	nc	nc		(4)
x	x	x	x	nc	nc	nc	nc	nc		(5)
45	1,780	802	744	nc	nc	nc	nc	nc		(6)
29	1,680	486	443	nc	nc	nc	nc	nc		(7)
x	x	x	x	nc	nc	nc	nc	nc		(8)
10	2,320	232	220	nc	nc	nc	nc	nc		(9)
4	2,080	83	64	nc	nc	nc	nc	nc		(10)
x	x	x	x	nc	nc	nc	nc	nc		(11)
3	906	29	26	75	96	76	79	93		(12)
-	-	-	-	nc	nc	nc	nc	nc		(13)
x	x	x	x	nc	nc	nc	nc	nc		(14)
-	-	-	-	nc	nc	nc	nc	nc		(15)
1	2,300	23	21	nc	nc	nc	nc	nc		(16)
-	-	-	-	nc	nc	nc	nc	nc		(17)
-	-	-	-	nc	nc	nc	nc	nc		(18)
6	2,270	136	127	nc	nc	nc	nc	nc		(19)
-	-	-	-	nc	nc	nc	nc	nc		(20)
-	-	-	-	nc	nc	nc	nc	-		(21)
x	x	x	x	nc	nc	nc	nc	nc		(22)
15	2,050	308	274	100	101	101	101	101		(23)
27	1,680	454	431	100	103	103	103	93		(24)
0	2,000	4	4	nc	nc	nc	nc	nc		(25)
1	1,670	10	9	nc	nc	nc	nc	nc		(26)
x	x	x	x	nc	nc	nc	nc	nc		(27)
0	800	1	1	nc	nc	nc	nc	nc		(28)
0	329	0	0	nc	nc	nc	nc	nc		(29)
4	3,830	146	140	nc	nc	nc	nc	nc		(30)
x	x	x	x	nc	nc	nc	nc	nc		(31)
x	x	x	x	nc	nc	nc	nc	nc		(32)
-	-	-	-	nc	nc	nc	nc	nc		(33)
20	1,730	346	314	100	102	102	102	97		(34)
2	1,650	33	29	100	110	110	112	131		(35)
7	1,620	107	100	nc	nc	nc	nc	nc		(36)
0	1,400	3	2	nc	nc	nc	nc	nc		(37)
-	-	-	-	nc	nc	nc	nc	nc		(38)
1	1,800	14	12	100	100	100	100	100		(39)
-	-	-	-	-	-	-	-	-		(40)
3	1,000	30	26	nc	nc	nc	nc	nc		(41)
x	x	x	x	nc	nc	nc	nc	nc		(42)
2	1,460	29	26	nc	nc	nc	nc	nc		(43)
2	1,000	20	19	nc	nc	nc	nc	nc		(44)
0	1,780	5	5	nc	107	100	100	105		(45)
5	3,320	166	160	nc	nc	nc	nc	nc		(46)
1	1,210	12	10	nc	nc	nc	nc	nc		(47)
-	-	-	-	nc	nc	nc	nc	nc		(48)
1	1,870	19	11	100	110	112	110	109		(49)
3	2,030	61	50	100	148	149	172	141		(50)
0	1,050	3	3	nc	nc	nc	nc	nc		(51)
23	1,620	373	352	92	91	84	83	88		(52)
x	x	x	x	x	x	x	x	x		(53)
-	-	-	-	nc	nc	nc	nc	nc		(54)
x	x	x	x	x	x	x	x	x		(55)
x	x	x	x	nc	nc	nc	nc	nc		(56)
-	-	-	-	nc	nc	nc	nc	nc		(57)
x	x	x	x	x	x	x	x	x		(58)
3	906	29	26	75	96	76	79	93		(59)
65	1,770	1,150	1,060	nc	nc	nc	nc	nc		(60)
9	1,560	140	129	nc	nc	nc	nc	nc		(61)
14	2,250	315	284	nc	nc	nc	nc	nc		(62)

3 令和4年産都道府県別の作付面積、10a当たり収量、収穫量及び出荷量 （続き）

(23) ねぎ
ア 計

全国農業地域 都 道 府 県		作付面積	10a当たり 収 量	収 穫 量	出 荷 量	対 前 年 産 比				(参考) 対平均 収量比
						作付面積	10a当たり 収 量	収穫量	出荷量	
		ha	kg	t	t	%	%	%	%	%
全 国	(1)	21,800	2,030	442,500	367,700	100	100	100	101	100
(全国農業地域)										
北 海 道	(2)	603	3,250	19,600	18,500	92	98	91	91	103
都 府 県	(3)	21,200	1,990	422,900	349,200	nc	nc	nc	nc	nc
東 北	(4)	3,270	1,860	60,900	45,100	101	96	97	97	96
北 陸	(5)	973	1,610	15,700	13,000	95	114	109	117	105
関 東・東 山	(6)	9,130	2,390	218,500	183,600	nc	nc	nc	nc	nc
東 海	(7)	1,310	1,770	23,200	17,600	99	101	100	100	99
近 畿	(8)	1,200	1,990	23,900	19,600	nc	nc	nc	nc	nc
中 国	(9)	1,570	1,680	26,400	22,900	nc	nc	nc	nc	nc
四 国	(10)	867	1,290	11,200	9,300	95	104	99	98	94
九 州	(11)	2,880	1,490	42,900	38,000	102	101	103	104	101
沖 縄	(12)	12	1,350	162	129	nc	nc	nc	nc	nc
(都道府県)										
北 海 道	(13)	603	3,250	19,600	18,500	92	98	91	91	103
青 森	(14)	490	2,450	12,000	9,340	103	98	102	101	98
岩 手	(15)	446	1,520	6,770	5,110	100	96	96	96	94
宮 城	(16)	609	1,560	9,500	6,900	99	96	95	96	106
秋 田	(17)	650	2,090	13,600	11,000	106	88	94	94	89
山 形	(18)	414	2,000	8,270	5,820	96	97	93	93	94
福 島	(19)	660	1,640	10,800	6,960	100	103	103	105	101
茨 城	(20)	2,040	2,660	54,300	47,400	103	102	104	104	103
栃 木	(21)	650	1,890	12,300	9,870	99	102	101	101	99
群 馬	(22)	941	1,930	18,200	14,000	97	102	99	99	101
埼 玉	(23)	2,120	2,420	51,300	42,900	99	99	98	98	101
千 葉	(24)	2,000	2,690	53,800	48,800	99	104	103	103	97
東 京	(25)	124	1,990	2,470	1,950	nc	nc	nc	nc	nc
神 奈 川	(26)	398	1,980	7,900	6,940	99	97	96	96	90
新 潟	(27)	591	1,760	10,400	8,580	96	121	115	129	109
富 山	(28)	157	1,440	2,260	1,850	92	103	95	96	102
石 川	(29)	87	991	862	648	93	99	92	93	91
福 井	(30)	138	1,590	2,200	1,940	104	104	108	105	99
山 梨	(31)	94	1,290	1,210	410	nc	nc	nc	nc	nc
長 野	(32)	757	2,250	17,000	11,300	103	100	103	106	106
岐 阜	(33)	187	1,240	2,310	1,180	94	147	138	134	119
静 岡	(34)	497	1,960	9,720	8,520	103	97	99	100	98
愛 知	(35)	386	1,910	7,360	5,470	97	102	99	98	101
三 重	(36)	240	1,590	3,810	2,400	100	92	92	92	90
滋 賀	(37)	122	1,940	2,370	1,650	nc	nc	nc	nc	nc
京 都	(38)	324	2,280	7,400	6,450	102	88	90	90	98
大 阪	(39)	257	2,430	6,240	5,900	101	101	102	102	98
兵 庫	(40)	307	1,360	4,160	2,680	99	98	96	96	77
奈 良	(41)	135	2,130	2,870	2,280	99	97	96	95	99
和 歌 山	(42)	57	1,440	820	648	nc	nc	nc	nc	nc
鳥 取	(43)	595	1,970	11,700	10,900	98	104	102	103	106
島 根	(44)	154	1,370	2,110	1,580	103	100	103	105	97
岡 山	(45)	155	1,450	2,250	1,750	102	104	106	106	97
広 島	(46)	493	1,690	8,320	7,170	104	97	101	103	95
山 口	(47)	169	1,210	2,040	1,480	nc	nc	nc	nc	nc
徳 島	(48)	238	1,340	3,180	2,720	94	107	100	100	90
香 川	(49)	249	1,320	3,280	2,670	94	102	95	94	101
愛 媛	(50)	149	1,490	2,220	1,630	98	107	105	103	104
高 知	(51)	231	1,080	2,500	2,280	97	100	97	97	86
福 岡	(52)	529	1,240	6,540	5,980	99	102	101	101	102
佐 賀	(53)	250	972	2,430	1,920	96	103	99	99	105
長 崎	(54)	167	1,620	2,710	2,360	98	101	99	98	103
熊 本	(55)	236	1,570	3,710	2,900	90	91	83	81	96
大 分	(56)	1,080	1,680	18,100	16,500	110	101	111	111	99
宮 崎	(57)	140	1,460	2,040	1,740	98	91	89	89	101
鹿 児 島	(58)	477	1,550	7,400	6,590	104	105	109	111	104
沖 縄	(59)	12	1,350	162	129	nc	nc	nc	nc	nc
関 東 農 政 局	(60)	9,630	2,370	228,200	192,100	nc	nc	nc	nc	nc
東 海 農 政 局	(61)	813	1,660	13,500	9,050	97	104	102	100	100
中国四国農政局	(62)	2,430	1,550	37,600	32,200	nc	nc	nc	nc	nc

イ　春ねぎ

作付面積	10a当たり収量	収穫量	出荷量	対前年産比				(参考)対平均収量比	
				作付面積	10a当たり収量	収穫量	出荷量		
ha	kg	t	t	%	%	%	%	%	
3,320	2,300	76,300	68,100	101	100	101	101	97	(1)
29	3,540	1,030	932	nc	nc	nc	nc	nc	(2)
3,290	2,290	75,300	67,100	nc	nc	nc	nc	nc	(3)
241	1,850	4,470	3,620	nc	nc	nc	nc	nc	(4)
61	1,610	983	812	nc	nc	nc	nc	nc	(5)
1,380	2,990	41,300	37,400	nc	nc	nc	nc	nc	(6)
195	2,250	4,380	3,950	nc	nc	nc	nc	nc	(7)
238	2,210	5,250	4,660	nc	nc	nc	nc	nc	(8)
309	1,920	5,930	5,070	nc	nc	nc	nc	nc	(9)
242	1,130	2,730	2,290	nc	nc	nc	nc	nc	(10)
621	1,640	10,200	9,320	nc	nc	nc	nc	nc	(11)
5	1,700	78	62	nc	nc	nc	nc	nc	(12)
29	3,540	1,030	932	nc	nc	nc	nc	nc	(13)
15	1,900	285	224	nc	nc	nc	nc	nc	(14)
29	1,410	409	213	nc	nc	nc	nc	nc	(15)
93	1,860	1,730	1,410	95	110	104	104	121	(16)
25	1,990	498	451	nc	nc	nc	nc	nc	(17)
22	1,830	403	330	nc	nc	nc	nc	nc	(18)
57	2,000	1,140	995	104	101	105	105	nc	(19)
508	3,180	16,200	15,200	100	96	96	96	97	(20)
51	2,830	1,440	1,350	nc	nc	nc	nc	nc	(21)
122	2,300	2,810	2,420	107	97	104	104	89	(22)
161	3,250	5,230	4,530	113	94	106	106	92	(23)
503	2,950	14,800	13,100	98	103	101	101	92	(24)
5	2,260	113	90	nc	nc	nc	nc	nc	(25)
15	2,400	360	336	nc	nc	nc	nc	nc	(26)
29	1,520	441	372	nc	nc	nc	nc	nc	(27)
12	1,480	178	136	nc	nc	nc	nc	nc	(28)
3	1,700	51	43	nc	nc	nc	nc	nc	(29)
17	1,840	313	261	nc	nc	nc	nc	nc	(30)
2	1,200	24	15	nc	nc	nc	nc	nc	(31)
15	2,410	362	320	nc	nc	nc	nc	nc	(32)
13	1,720	224	198	nc	nc	nc	nc	nc	(33)
98	2,530	2,480	2,380	102	112	115	115	107	(34)
54	2,290	1,240	1,040	89	103	91	89	101	(35)
30	1,460	438	327	100	95	95	95	78	(36)
14	1,970	276	240	nc	nc	nc	nc	nc	(37)
74	2,230	1,650	1,440	104	97	101	101	99	(38)
53	2,940	1,560	1,480	98	100	99	99	98	(39)
54	1,730	934	748	95	88	83	83	84	(40)
30	2,150	645	587	nc	nc	nc	nc	nc	(41)
13	1,450	189	162	nc	nc	nc	nc	nc	(42)
107	2,600	2,780	2,590	95	100	95	95	117	(43)
25	1,600	400	300	nc	nc	nc	nc	nc	(44)
22	1,480	326	268	100	89	89	89	99	(45)
116	1,670	1,940	1,580	105	97	101	101	97	(46)
39	1,240	484	329	nc	nc	nc	nc	nc	(47)
63	1,200	756	695	94	101	95	95	71	(48)
65	1,250	813	630	87	95	83	79	97	(49)
33	1,310	432	314	nc	nc	nc	nc	nc	(50)
81	896	726	653	100	100	100	100	80	(51)
136	1,240	1,690	1,580	97	104	101	101	102	(52)
68	959	652	535	97	110	107	108	112	(53)
34	2,350	799	728	94	106	100	99	118	(54)
32	1,330	426	376	nc	nc	nc	nc	nc	(55)
208	2,060	4,280	4,070	106	101	107	107	102	(56)
28	1,360	381	324	nc	nc	nc	nc	nc	(57)
115	1,680	1,930	1,710	120	113	135	139	117	(58)
5	1,700	78	62	nc	nc	nc	nc	nc	(59)
1,480	2,960	43,800	39,700	nc	nc	nc	nc	nc	(60)
97	1,960	1,900	1,570	nc	nc	nc	nc	nc	(61)
551	1,570	8,660	7,360	nc	nc	nc	nc	nc	(62)

3 令和4年産都道府県別の作付面積、10a当たり収量、収穫量及び出荷量 （続き）

(23) ねぎ（続き）
ウ 夏ねぎ

全国農業地域・都道府県		作付面積	10a当たり収量	収穫量	出荷量	対前年産比				(参考)対平均収量比
						作付面積	10a当たり収量	収穫量	出荷量	
		ha	kg	t	t	%	%	%	%	%
全 国	(1)	4,800	1,870	89,700	80,300	99	101	100	100	103
（全国農業地域）										
北 海 道	(2)	334	3,320	11,100	10,500	93	105	97	97	108
都 府 県	(3)	4,460	1,760	78,600	69,800	nc	nc	nc	nc	nc
東 北	(4)	870	1,840	16,000	13,600	102	96	98	98	nc
北 陸	(5)	228	1,240	2,820	2,210	97	103	100	102	98
関東・東山	(6)	1,610	2,300	37,100	33,900	nc	nc	nc	nc	nc
東 海	(7)	244	1,530	3,730	3,200	nc	nc	nc	nc	nc
近 畿	(8)	257	1,680	4,320	3,910	nc	nc	nc	nc	nc
中 国	(9)	395	1,330	5,240	4,680	nc	nc	nc	nc	nc
四 国	(10)	220	1,140	2,510	2,100	nc	nc	nc	nc	nc
九 州	(11)	633	1,080	6,850	6,210	nc	nc	nc	nc	nc
沖 縄	(12)	2	1,110	21	15	nc	nc	nc	nc	nc
（都道府県）										
北 海 道	(13)	334	3,320	11,100	10,500	93	105	97	97	108
青 森	(14)	172	2,380	4,090	3,520	99	96	95	94	97
岩 手	(15)	164	1,550	2,540	2,000	106	97	104	104	95
宮 城	(16)	125	1,400	1,750	1,450	100	90	90	90	104
秋 田	(17)	203	2,020	4,100	3,770	110	93	102	102	95
山 形	(18)	112	2,030	2,270	1,910	97	98	94	95	97
福 島	(19)	94	1,290	1,210	911	97	107	103	104	nc
茨 城	(20)	665	2,360	15,700	14,500	99	104	104	103	104
栃 木	(21)	121	1,490	1,800	1,600	104	103	108	110	103
群 馬	(22)	77	1,940	1,490	1,300	95	111	106	107	131
埼 玉	(23)	292	2,120	6,190	5,360	99	98	96	96	101
千 葉	(24)	280	2,660	7,450	7,090	100	103	103	103	100
東 京	(25)	4	1,930	79	71	nc	nc	nc	nc	nc
神 奈 川	(26)	34	1,440	490	460	nc	nc	nc	nc	nc
新 潟	(27)	137	1,220	1,670	1,250	97	98	95	98	95
富 山	(28)	40	1,490	596	487	89	119	106	107	110
石 川	(29)	24	704	169	142	100	92	92	93	77
福 井	(30)	27	1,440	389	330	104	115	120	112	113
山 梨	(31)	4	1,100	44	23	nc	nc	nc	nc	nc
長 野	(32)	137	2,830	3,880	3,480	110	101	112	112	102
岐 阜	(33)	19	1,510	287	224	nc	nc	nc	nc	nc
静 岡	(34)	106	1,770	1,880	1,720	113	93	105	105	101
愛 知	(35)	82	1,430	1,170	945	96	101	98	95	93
三 重	(36)	37	1,070	396	314	95	113	108	108	103
滋 賀	(37)	14	1,660	232	204	nc	nc	nc	nc	nc
京 都	(38)	65	1,990	1,290	1,210	nc	nc	nc	nc	nc
大 阪	(39)	75	1,910	1,430	1,370	nc	nc	nc	nc	98
兵 庫	(40)	63	1,070	674	509	nc	nc	nc	nc	nc
奈 良	(41)	26	2,000	520	472	nc	nc	nc	nc	nc
和 歌 山	(42)	14	1,230	172	142	nc	nc	nc	nc	nc
鳥 取	(43)	167	1,360	2,270	2,110	97	109	105	104	111
島 根	(44)	18	1,150	207	176	nc	nc	nc	nc	nc
岡 山	(45)	26	1,620	421	367	104	108	112	112	114
広 島	(46)	146	1,380	2,010	1,770	104	102	106	107	104
山 口	(47)	38	882	335	256	nc	nc	nc	nc	nc
徳 島	(48)	54	1,170	632	576	nc	nc	nc	nc	nc
香 川	(49)	76	1,250	950	750	100	99	99	99	100
愛 媛	(50)	36	1,310	472	351	nc	nc	nc	nc	nc
高 知	(51)	54	838	453	423	nc	nc	nc	nc	85
福 岡	(52)	145	920	1,330	1,250	100	101	101	102	100
佐 賀	(53)	68	669	455	400	nc	nc	nc	nc	nc
長 崎	(54)	42	840	353	306	95	92	87	88	90
熊 本	(55)	31	1,100	341	285	nc	nc	nc	nc	nc
大 分	(56)	265	1,280	3,390	3,170	104	93	97	97	100
宮 崎	(57)	19	1,220	232	197	nc	nc	nc	nc	nc
鹿 児 島	(58)	63	1,190	750	599	86	103	89	87	102
沖 縄	(59)	2	1,110	21	15	nc	nc	nc	nc	nc
関東農政局	(60)	1,720	2,270	39,000	35,600	nc	nc	nc	nc	nc
東海農政局	(61)	138	1,340	1,850	1,480	nc	nc	nc	nc	nc
中国四国農政局	(62)	615	1,260	7,750	6,780	nc	nc	nc	nc	nc

エ 秋冬ねぎ

作付面積	10a当たり収量	収穫量	出荷量	対前年産比				(参考)対平均収量比	
				作付面積	10a当たり収量	収穫量	出荷量		
ha	kg	t	t	%	%	%	%	%	
13,700	2,020	276,400	219,400	100	100	100	101	99	(1)
240	3,100	7,440	7,100	91	95	86	87	96	(2)
13,400	2,010	269,000	212,300	nc	nc	nc	nc	nc	(3)
2,160	1,880	40,500	27,900	100	96	96	96	95	(4)
684	1,740	11,900	10,000	95	117	111	122	107	(5)
6,130	2,280	140,000	112,300	nc	nc	nc	nc	nc	(6)
871	1,730	15,100	10,400	100	99	99	97	97	(7)
707	2,020	14,300	11,000	nc	nc	nc	nc	nc	(8)
862	1,770	15,300	13,100	nc	nc	nc	nc	nc	(9)
405	1,470	5,950	4,910	95	104	99	98	96	(10)
1,620	1,600	25,900	22,500	104	102	106	106	98	(11)
5	1,260	63	52	nc	nc	nc	nc	nc	(12)
240	3,100	7,440	7,100	91	95	86	87	96	(13)
303	2,520	7,640	5,600	105	100	106	107	99	(14)
253	1,510	3,820	2,900	97	96	93	92	94	(15)
391	1,540	6,020	4,040	100	95	95	95	101	(16)
422	2,130	8,990	6,770	105	85	89	89	86	(17)
280	2,000	5,600	3,580	96	96	92	91	93	(18)
509	1,660	8,450	5,050	100	103	103	105	101	(19)
869	2,580	22,400	17,700	107	103	110	113	104	(20)
478	1,890	9,030	6,920	96	103	99	98	98	(21)
742	1,870	13,900	10,300	96	101	97	97	101	(22)
1,670	2,390	39,900	33,000	98	100	97	97	102	(23)
1,220	2,580	31,500	28,600	99	104	104	104	100	(24)
115	1,980	2,280	1,790	nc	nc	nc	nc	nc	(25)
349	2,020	7,050	6,140	99	97	97	96	89	(26)
425	1,950	8,290	6,960	96	127	121	139	113	(27)
105	1,420	1,490	1,230	92	100	92	94	104	(28)
60	1,070	642	463	90	98	88	90	93	(29)
94	1,600	1,500	1,350	101	98	99	99	93	(30)
88	1,290	1,140	372	nc	nc	nc	nc	nc	(31)
605	2,120	12,800	7,520	101	99	100	103	106	(32)
155	1,160	1,800	761	98	143	141	141	116	(33)
293	1,830	5,360	4,420	100	92	92	92	92	(34)
250	1,980	4,950	3,480	100	102	101	101	102	(35)
173	1,720	2,980	1,760	101	88	89	90	90	(36)
94	1,980	1,860	1,210	nc	nc	nc	nc	nc	(37)
185	2,410	4,460	3,800	nc	nc	nc	nc	nc	(38)
129	2,520	3,250	3,050	nc	nc	nc	nc	nc	(39)
190	1,340	2,550	1,420	100	102	102	101	74	(40)
79	2,150	1,700	1,220	99	98	97	96	97	(41)
30	1,530	459	344	nc	nc	nc	nc	nc	(42)
321	2,080	6,680	6,150	100	104	104	105	100	(43)
111	1,350	1,500	1,100	109	99	107	112	94	(44)
107	1,400	1,500	1,110	102	107	109	109	92	(45)
231	1,890	4,370	3,820	103	95	98	103	93	(46)
92	1,330	1,220	891	nc	nc	nc	nc	nc	(47)
121	1,480	1,790	1,450	97	103	99	99	95	(48)
108	1,410	1,520	1,290	94	108	101	101	101	(49)
80	1,650	1,320	969	94	102	96	92	102	(50)
96	1,380	1,320	1,200	96	101	97	98	89	(51)
248	1,420	3,520	3,150	100	101	101	101	101	(52)
114	1,160	1,320	983	97	98	95	95	100	(53)
91	1,710	1,560	1,330	101	100	101	101	101	(54)
173	1,700	2,940	2,240	96	95	91	91	93	(55)
604	1,720	10,400	9,280	114	104	118	118	96	(56)
93	1,540	1,430	1,220	95	95	90	90	102	(57)
299	1,580	4,720	4,280	103	101	104	106	99	(58)
5	1,260	63	52	nc	nc	nc	nc	nc	(59)
6,430	2,260	145,400	116,800	nc	nc	nc	nc	nc	(60)
578	1,680	9,730	6,000	100	102	103	101	100	(61)
1,270	1,670	21,200	18,000	nc	nc	nc	nc	nc	(62)

3　令和4年産都道府県別の作付面積、10a当たり収量、収穫量及び出荷量　（続き）

(24)　にら

全国農業地域・都道府県		作付面積	10a当たり収量	収穫量	出荷量	対前年産比				(参考)対平均収量比
						作付面積	10a当たり収量	収穫量	出荷量	
		ha	kg	t	t	%	%	%	%	%
全　国	(1)	1,890	2,870	54,300	49,800	98	98	96	97	99
(全国農業地域)										
北　海　道	(2)	64	4,400	2,820	2,720	97	96	94	95	98
都　府　県	(3)	1,830	2,810	51,400	47,000	nc	nc	nc	nc	nc
東　　北	(4)	438	1,400	6,140	5,050	nc	nc	nc	nc	nc
北　　陸	(5)	19	2,490	473	431	nc	nc	nc	nc	nc
関東・東山	(6)	789	2,550	20,100	18,200	nc	nc	nc	nc	nc
東　　海	(7)	17	1,090	185	96	nc	nc	nc	nc	nc
近　　畿	(8)	x	x	x	x	nc	nc	nc	nc	nc
中　　国	(9)	28	714	200	141	nc	nc	nc	nc	nc
四　　国	(10)	255	5,650	14,400	13,800	nc	nc	nc	nc	nc
九　　州	(11)	260	3,660	9,510	8,880	nc	nc	nc	·nc	nc
沖　　縄	(12)	13	2,030	264	197	nc	nc	nc	nc	nc
(都道府県)										
北　海　道	(13)	64	4,400	2,820	2,720	97	96	94	95	98
青　　森	(14)	13	846	110	68	nc	nc	nc	nc	nc
岩　　手	(15)	10	1,090	109	78	nc	nc	nc	nc	nc
宮　　城	(16)	32	1,230	394	279	nc	nc	nc	nc	nc
秋　　田	(17)	28	1,230	344	206	nc	nc	nc	nc	nc
山　　形	(18)	209	1,320	2,760	2,410	102	108	110	111	99
福　　島	(19)	146	1,660	2,420	2,010	97	99	96	96	102
茨　　城	(20)	197	3,440	6,780	6,100	98	90	88	88	92
栃　　木	(21)	314	2,650	8,320	7,860	97	96	93	92	95
群　　馬	(22)	146	1,640	2,390	2,180	94	96	90	90	92
埼　　玉	(23)	7	1,500	99	59	nc	nc	nc	nc	nc
千　　葉	(24)	108	2,090	2,260	1,960	97	99	96	96	110
東　　京	(25)	4	1,200	48	11	nc	nc	nc	nc	nc
神　奈　川	(26)	4	1,550	62	57	nc	nc	nc	nc	nc
新　　潟	(27)	10	2,730	273	245	nc	nc	nc	nc	nc
富　　山	(28)	9	2,200	198	185	nc	nc	nc	nc	nc
石　　川	(29)	0	750	1	1	nc	nc	nc	nc	nc
福　　井	(30)	0	650	1	0	nc	nc	nc	nc	nc
山　　梨	(31)	-	-	-	-	nc	nc	nc	nc	nc
長　　野	(32)	9	1,390	128	14	nc	nc	nc	nc	nc
岐　　阜	(33)	2	2,250	45	37	nc	nc	nc	nc	nc
静　　岡	(34)	3	1,480	40	24	nc	nc	nc	nc	nc
愛　　知	(35)	6	640	36	21	nc	nc	nc	nc	nc
三　　重	(36)	6	1,070	64	14	nc	nc	nc	nc	nc
滋　　賀	(37)	1	1,700	17	13	nc	nc	nc	nc	nc
京　　都	(38)	2	700	14	4	nc	nc	nc	nc	nc
大　　阪	(39)	0	2,000	2	2	nc	nc	nc	nc	nc
兵　　庫	(40)	5	3,000	150	125	100	91	91	91	93
奈　　良	(41)	2	1,350	27	14	nc	nc	nc	nc	nc
和　歌　山	(42)	x	x	x	x	nc	nc	nc	nc	nc
鳥　　取	(43)	1	1,210	7	4	nc	nc	nc	nc	nc
島　　根	(44)	2	1,000	20	17	nc	nc	nc	nc	nc
岡　　山	(45)	17	352	60	52	nc	nc	nc	nc	nc
広　　島	(46)	7	1,510	106	63	nc	nc	nc	nc	nc
山　　口	(47)	1	650	7	5	nc	nc	nc	nc	nc
徳　　島	(48)	1	2,100	29	25	nc	nc	nc	nc	nc
香　　川	(49)	1	1,420	7	3	nc	nc	nc	nc	nc
愛　　媛	(50)	3	1,300	39	20	nc	nc	nc	nc	nc
高　　知	(51)	250	5,720	14,300	13,800	101	99	100	100	96
福　　岡	(52)	19	4,620	878	772	100	98	98	100	99
佐　　賀	(53)	15	1,250	188	162	nc	nc	nc	nc	nc
長　　崎	(54)	24	2,020	485	435	89	120	106	106	102
熊　　本	(55)	43	3,160	1,360	1,270	100	107	108	108	113
大　　分	(56)	59	5,220	3,080	2,980	100	99	99	99	105
宮　　崎	(57)	94	3,680	3,460	3,210	99	93	93	93	94
鹿　児　島	(58)	6	1,000	60	50	nc	nc	nc	nc	nc
沖　　縄	(59)	13	2,030	264	197	nc	nc	nc	nc	nc
関東農政局	(60)	792	2,540	20,100	18,300	nc	nc	nc	nc	nc
東海農政局	(61)	14	1,040	145	72	nc	nc	nc	nc	nc
中国四国農政局	(62)	283	5,160	14,600	14,000	nc	nc	nc	nc	nc

(25)　たまねぎ

作付面積	10 a 当たり収量	収穫量	出荷量	対　前　年　産　比				(参考)対平均収量比	
				作付面積	10 a 当たり収量	収穫量	出荷量		
ha	kg	t	t	%	%	%	%	%	
25,200	4,840	1,219,000	1,105,000	99	113	111	111	100	(1)
14,800	5,580	825,800	772,900	101	122	124	123	100	(2)
10,400	3,780	393,000	331,800	nc	nc	nc	nc	nc	(3)
575	2,030	11,700	7,570	nc	nc	nc	nc	nc	(4)
519	2,790	14,500	11,200	nc	nc	nc	nc	nc	(5)
1,360	3,430	46,600	35,700	nc	nc	nc	nc	nc	(6)
1,020	4,220	43,000	36,700	98	98	96	94	102	(7)
2,100	4,800	100,900	89,400	nc	nc	nc	nc	nc	(8)
728	2,720	19,800	12,800	nc	nc	nc	nc	nc	(9)
562	3,490	19,600	15,600	nc	nc	nc	nc	nc	(10)
3,510	3,890	136,600	122,600	nc	nc	nc	nc	nc	(11)
16	1,870	299	263	nc	nc	nc	nc	nc	(12)
14,800	5,580	825,800	772,900	101	122	124	123	100	(13)
22	2,220	488	324	nc	nc	nc	nc	nc	(14)
75	1,990	1,490	845	nc	nc	nc	nc	nc	(15)
185	2,170	4,010	2,730	nc	nc	nc	nc	nc	(16)
83	2,340	1,940	1,680	nc	nc	nc	nc	nc	(17)
36	1,810	652	222	nc	nc	nc	nc	nc	(18)
174	1,810	3,150	1,770	105	90	94	92	92	(19)
174	3,140	5,460	3,790	99	93	92	92	99	(20)
234	4,390	10,300	8,460	94	95	90	85	90	(21)
198	4,510	8,930	8,130	103	107	110	110	108	(22)
145	2,760	4,000	2,830	99	85	84	85	78	(23)
173	3,580	6,190	3,890	99	103	102	107	111	(24)
35	2,260	791	567	nc	nc	nc	nc	nc	(25)
186	2,560	4,760	4,150	nc	nc	nc	nc	nc	(26)
230	1,780	4,090	2,700	nc	nc	nc	nc	nc	(27)
176	4,460	7,850	7,190	93	109	102	102	113	(28)
40	2,430	972	621	nc	nc	nc	nc	nc	(29)
73	2,120	1,550	716	nc	nc	nc	nc	nc	(30)
46	2,650	1,220	987	nc	nc	nc	nc	nc	(31)
167	2,950	4,930	2,870	100	101	101	99	102	(32)
101	2,740	2,770	1,480	95	108	103	102	104	(33)
326	3,760	12,300	11,200	102	99	102	102	99	(34)
475	5,260	25,000	22,400	95	98	93	91	104	(35)
118	2,490	2,940	1,660	101	95	96	97	91	(36)
124	2,880	3,570	2,460	nc	nc	nc	nc	nc	(37)
125	2,070	2,590	1,740	nc	nc	nc	nc	nc	(38)
100	3,130	3,130	2,850	96	89	86	87	86	(39)
1,600	5,400	86,400	78,700	97	89	86	86	95	(40)
51	2,200	1,120	291	nc	nc	nc	nc	nc	(41)
98	4,200	4,120	3,340	92	93	85	85	101	(42)
61	2,920	1,780	720	nc	nc	nc	nc	nc	(43)
139	2,600	3,610	2,350	115	108	124	131	98	(44)
148	3,050	4,510	3,380	114	86	98	97	88	(45)
210	2,540	5,330	2,980	nc	nc	nc	nc	nc	(46)
170	2,670	4,540	3,320	96	94	90	90	90	(47)
82	2,840	2,330	1,330	nc	nc	nc	nc	nc	(48)
176	4,870	8,570	7,620	98	111	109	109	110	(49)
261	2,980	7,780	6,070	87	94	82	81	93	(50)
43	2,170	933	572	nc	nc	nc	nc	nc	(51)
139	2,830	3,930	2,220	97	91	88	87	91	(52)
2,010	4,180	84,000	78,100	96	87	83	83	85	(53)
752	3,830	28,800	26,400	94	94	88	89	101	(54)
316	3,950	12,500	10,600	99	94	93	93	108	(55)
102	2,340	2,390	1,170	nc	nc	nc	nc	nc	(56)
54	2,510	1,360	1,190	95	93	89	89	94	(57)
139	2,620	3,640	2,910	nc	nc	nc	nc	nc	(58)
16	1,870	299	263	nc	nc	nc	nc	nc	(59)
1,680	3,510	58,900	46,900	nc	nc	nc	nc	nc	(60)
694	4,420	30,700	25,500	96	98	94	91	102	(61)
1,290	3,050	39,400	28,300	nc	nc	nc	nc	nc	(62)

3 令和4年産都道府県別の作付面積、10a当たり収量、収穫量及び出荷量 （続き）

(26) にんにく

全国農業地域 都道府県		作付面積	10a当たり収量	収穫量	出荷量	対前年産比				(参考)対平均収量比
						作付面積	10a当たり収量	収穫量	出荷量	
		ha	kg	t	t	%	%	%	%	%
全 国	(1)	2,550	800	20,400	14,000	101	100	101	100	95
(全国農業地域)										
北 海 道	(2)	169	576	973	781	110	99	108	108	95
都 府 県	(3)	2,380	815	19,400	13,200	nc	nc	nc	nc	nc
東 北	(4)	1,630	896	14,600	9,860	nc	nc	nc	nc	nc
北 陸	(5)	45	500	225	131	nc	nc	nc	nc	nc
関東・東山	(6)	120	765	918	616	nc	nc	nc	nc	nc
東 海	(7)	47	628	295	113	nc	nc	nc	nc	nc
近 畿	(8)	73	647	472	347	nc	nc	nc	nc	nc
中 国	(9)	60	607	364	210	nc	nc	nc	nc	nc
四 国	(10)	151	709	1,070	831	nc	nc	nc	nc	nc
九 州	(11)	234	538	1,260	1,030	nc	nc	nc	nc	nc
沖 縄	(12)	18	1,060	191	96	nc	nc	nc	nc	nc
(都道府県)										
北 海 道	(13)	169	576	973	781	110	99	108	108	95
青 森	(14)	1,420	948	13,500	9,300	99	100	100	97	97
岩 手	(15)	61	628	383	237	107	99	106	106	99
宮 城	(16)	26	431	112	39	nc	nc	nc	nc	nc
秋 田	(17)	62	440	273	193	103	108	112	136	80
山 形	(18)	20	445	89	61	nc	nc	nc	nc	nc
福 島	(19)	43	658	283	34	96	103	99	100	102
茨 城	(20)	15	760	114	50	nc	nc	nc	nc	nc
栃 木	(21)	5	491	26	20	nc	nc	nc	nc	nc
群 馬	(22)	10	1,360	136	117	nc	nc	nc	nc	nc
埼 玉	(23)	11	773	85	46	nc	nc	nc	nc	nc
千 葉	(24)	25	728	182	117	nc	nc	nc	nc	nc
東 京	(25)	0	500	2	2	nc	nc	nc	nc	nc
神 奈 川	(26)	5	680	34	29	nc	nc	nc	nc	nc
新 潟	(27)	28	379	106	65	nc	nc	nc	nc	nc
富 山	(28)	5	620	31	21	nc	nc	nc	nc	nc
石 川	(29)	2	500	9	3	nc	nc	nc	nc	nc
福 井	(30)	10	790	79	42	nc	nc	nc	nc	nc
山 梨	(31)	11	664	73	56	nc	nc	nc	nc	nc
長 野	(32)	38	700	266	179	nc	nc	nc	nc	nc
岐 阜	(33)	21	462	97	45	nc	nc	nc	nc	nc
静 岡	(34)	5	900	47	30	nc	nc	nc	nc	nc
愛 知	(35)	14	686	96	14	nc	nc	nc	nc	nc
三 重	(36)	7	786	55	24	nc	nc	nc	nc	nc
滋 賀	(37)	9	700	63	37	nc	nc	nc	nc	nc
京 都	(38)	8	513	41	25	nc	nc	nc	nc	nc
大 阪	(39)	2	750	11	8	nc	nc	nc	nc	nc
兵 庫	(40)	23	570	131	104	nc	nc	nc	nc	nc
奈 良	(41)	7	929	65	38	nc	nc	nc	nc	nc
和 歌 山	(42)	24	671	161	135	nc	nc	nc	nc	nc
鳥 取	(43)	6	853	51	25	nc	nc	nc	nc	nc
島 根	(44)	7	600	42	22	nc	nc	nc	nc	nc
岡 山	(45)	20	575	115	85	nc	nc	nc	nc	nc
広 島	(46)	16	519	83	47	nc	nc	nc	nc	nc
山 口	(47)	11	664	73	31	nc	nc	nc	nc	nc
徳 島	(48)	16	818	131	101	100	101	102	102	92
香 川	(49)	104	700	728	574	105	92	97	97	96
愛 媛	(50)	16	525	84	77	nc	nc	nc	nc	nc
高 知	(51)	15	847	127	79	nc	nc	nc	nc	nc
福 岡	(52)	28	650	182	168	nc	nc	nc	nc	nc
佐 賀	(53)	10	380	38	25	nc	nc	nc	nc	nc
長 崎	(54)	6	567	33	21	nc	nc	nc	nc	nc
熊 本	(55)	40	600	240	182	100	94	94	95	78
大 分	(56)	50	410	205	163	102	100	101	101	77
宮 崎	(57)	53	398	211	199	91	108	99	99	82
鹿 児 島	(58)	47	747	351	267	104	98	102	111	93
沖 縄	(59)	18	1,060	191	96	nc	nc	nc	nc	nc
関東農政局	(60)	125	772	965	646	nc	nc	nc	nc	nc
東海農政局	(61)	42	590	248	83	nc	nc	nc	nc	nc
中国四国農政局	(62)	211	678	1,430	1,040	nc	nc	nc	nc	nc

(27) きゅうり
ア 計

作 付 面 積	10a当たり収 量	収 穫 量	出 荷 量	対 前 年 産 比				(参考)対平均収量比	
				作付面積	10a当たり収 量	収 穫 量	出 荷 量		
ha	kg	t	t	%	%	%	%	%	
9,770	5,620	548,600	476,900	98	101	100	100	108	(1)
133	10,900	14,500	13,600	89	100	89	90	106	(2)
9,640	5,540	534,300	463,400	nc	nc	nc	nc	nc	(3)
1,980	4,600	91,100	76,100	98	100	98	98	102	(4)
552	2,320	12,800	8,220	nc	nc	nc	nc	nc	(5)
3,290	6,020	198,100	175,100	nc	nc	nc	nc	nc	(6)
527	5,030	26,500	21,400	nc	nc	nc	nc	nc	(7)
565	3,100	17,500	12,700	98	105	104	102	107	(8)
544	2,830	15,400	10,700	nc	nc	nc	nc	nc	(9)
517	8,900	46,000	41,800	97	104	101	101	112	(10)
1,580	7,840	123,800	114,600	98	102	99	99	113	(11)
79	4,220	3,330	2,760	nc	nc	nc	nc	99	(12)
133	10,900	14,500	13,600	89	100	89	90	106	(13)
138	3,800	5,250	4,230	95	88	84	81	104	(14)
223	5,340	11,900	9,670	98	94	92	91	95	(15)
367	3,790	13,900	11,200	98	104	101	102	115	(16)
257	2,990	7,680	5,490	98	93	91	90	92	(17)
319	3,730	11,900	9,000	97	97	94	94	97	(18)
678	5,970	40,500	36,500	100	103	103	103	105	(19)
478	5,330	25,500	22,100	100	100	100	100	105	(20)
236	4,450	10,500	8,900	98	100	97	97	99	(21)
789	7,070	55,800	50,000	100	104	104	103	108	(22)
564	7,800	44,000	40,000	95	101	97	97	105	(23)
420	7,480	31,400	28,400	97	104	101	100	108	(24)
75	2,690	2,020	1,800	nc	nc	nc	nc	nc	(25)
251	4,140	10,400	9,870	99	97	96	96	98	(26)
383	2,230	8,530	5,320	96	106	102	101	108	(27)
52	2,400	1,250	582	90	113	102	117	126	(28)
50	3,520	1,760	1,390	91	109	99	97	112	(29)
67	1,810	1,210	931	nc	nc	nc	nc	nc	(30)
119	3,980	4,740	3,830	98	102	100	100	111	(31)
353	3,880	13,700	10,200	99	99	99	98	103	(32)
155	3,720	5,760	4,060	96	104	101	100	105	(33)
102	3,300	3,370	2,540	nc	nc	nc	nc	nc	(34)
165	9,030	14,900	13,400	109	103	113	117	105	(35)
105	2,340	2,460	1,400	100	141	141	137	109	(36)
112	2,760	3,090	2,160	98	97	95	97	103	(37)
128	3,630	4,640	3,830	101	117	117	116	109	(38)
44	3,820	1,680	1,550	98	101	98	97	94	(39)
167	2,190	3,660	1,490	98	105	103	96	120	(40)
61	3,130	1,910	1,500	97	102	98	99	107	(41)
53	4,660	2,470	2,120	95	104	98	98	99	(42)
65	2,510	1,630	1,010	nc	nc	nc	nc	nc	(43)
122	2,970	3,620	2,020	99	110	109	110	167	(44)
76	3,660	2,780	2,150	101	101	102	100	135	(45)
156	2,560	4,000	3,050	99	101	101	101	110	(46)
125	2,700	3,370	2,500	98	101	98	98	110	(47)
66	11,300	7,470	6,550	105	103	108	108	102	(48)
100	4,380	4,380	3,490	100	103	103	100	111	(49)
207	4,150	8,600	7,560	93	105	98	98	114	(50)
144	17,700	25,500	24,200	98	102	100	100	114	(51)
167	5,570	9,310	8,490	99	94	94	94	99	(52)
153	10,000	15,300	14,200	100	103	103	104	124	(53)
127	5,460	6,930	6,210	96	105	101	101	103	(54)
279	5,480	15,300	14,000	98	99	96	96	116	(55)
131	2,180	2,860	2,320	98	112	110	110	99	(56)
584	11,000	64,500	60,800	97	105	101	101	115	(57)
143	6,680	9,550	8,620	97	91	88	89	101	(58)
79	4,220	3,330	2,760	nc	nc	nc	nc	99	(59)
3,390	5,940	201,400	177,600	nc	nc	nc	nc	nc	(60)
425	5,440	23,100	18,900	102	110	112	114	106	(61)
1,060	5,790	61,400	52,500	nc	nc	nc	nc	nc	(62)

3 令和4年産都道府県別の作付面積、10a当たり収量、収穫量及び出荷量 （続き）

(27) きゅうり（続き）
イ 冬春きゅうり

全国農業地域・都道府県		作付面積	10a当たり収量	収穫量	出荷量	対前年産比				(参考)対平均収量比
						作付面積	10a当たり収量	収穫量	出荷量	
		ha	kg	t	t	%	%	%	%	%
全　国	(1)	2,580	11,100	286,100	269,200	98	101	99	99	105
(全国農業地域)										
北　海　道	(2)	12	6,060	727	680	nc	nc	nc	nc	nc
都　府　県	(3)	2,570	11,100	285,400	268,500	nc	nc	nc	nc	nc
東　北	(4)	218	7,290	15,900	14,900	nc	nc	nc	nc	nc
北　陸	(5)	53	6,570	3,480	3,170	nc	nc	nc	nc	nc
関東・東山	(6)	1,050	10,700	112,200	105,600	nc	nc	nc	nc	nc
東　海	(7)	104	15,100	15,700	14,700	nc	nc	nc	nc	nc
近　畿	(8)	62	7,320	4,540	4,260	nc	nc	nc	nc	nc
中　国	(9)	34	7,790	2,650	2,420	nc	nc	nc	nc	nc
四　国	(10)	200	17,100	34,200	32,300	97	104	101	101	110
九　州	(11)	797	11,800	94,200	89,000	nc	nc	nc	nc	112
沖　縄	(12)	54	4,590	2,480	2,060	nc	nc	nc	nc	98
(都道府県)										
北　海　道	(13)	12	6,060	727	680	nc	nc	nc	nc	nc
青　森	(14)	6	5,780	347	318	nc	nc	nc	nc	nc
岩　手	(15)	14	7,170	1,000	931	93	92	85	85	95
宮　城	(16)	73	7,390	5,390	5,000	100	92	92	92	91
秋　田	(17)	2	6,450	129	119	nc	nc	nc	nc	nc
山　形	(18)	28	6,600	1,850	1,700	100	98	98	98	85
福　島	(19)	95	7,610	7,230	6,790	99	97	96	96	100
茨　城	(20)	148	10,000	14,800	14,000	99	99	99	99	97
栃　木	(21)	43	11,500	4,950	4,650	100	96	96	97	97
群　馬	(22)	276	11,400	31,500	29,400	100	99	99	99	97
埼　玉	(23)	248	11,600	28,800	26,800	95	99	94	95	103
千　葉	(24)	190	12,100	23,000	22,100	98	103	100	100	104
東　京	(25)	10	4,830	483	443	nc	nc	nc	nc	nc
神　奈　川	(26)	83	6,960	5,780	5,550	99	99	98	96	94
新　潟	(27)	36	5,790	2,080	1,890	95	101	95	95	95
富　山	(28)	2	9,250	148	141	nc	nc	nc	nc	nc
石　川	(29)	10	10,300	989	900	nc	nc	nc	nc	nc
福　井	(30)	5	5,260	263	241	nc	nc	nc	nc	nc
山　梨	(31)	20	6,410	1,280	1,200	100	98	98	98	107
長　野	(32)	27	5,890	1,590	1,500	nc	nc	nc	nc	nc
岐　阜	(33)	18	13,300	2,390	2,210	95	103	98	96	102
静　岡	(34)	29	6,560	1,900	1,720	nc	nc	nc	nc	nc
愛　知	(35)	51	21,600	11,000	10,400	98	107	105	105	109
三　重	(36)	6	6,510	410	365	100	111	109	109	89
滋　賀	(37)	17	8,650	1,470	1,400	100	103	103	102	93
京　都	(38)	16	6,390	1,020	945	nc	nc	nc	nc	nc
大　阪	(39)	4	7,880	315	286	nc	nc	nc	nc	nc
兵　庫	(40)	5	4,520	226	223	nc	nc	nc	nc	nc
奈　良	(41)	6	6,500	390	366	nc	nc	nc	nc	nc
和　歌　山	(42)	14	8,010	1,120	1,040	93	105	97	97	98
鳥　取	(43)	5	7,360	368	312	nc	nc	nc	nc	nc
島　根	(44)	7	6,600	462	420	100	107	109	111	106
岡　山	(45)	2	7,630	153	138	nc	nc	nc	nc	nc
広　島	(46)	10	9,570	957	909	100	102	102	102	102
山　口	(47)	10	7,060	706	638	91	103	94	94	102
徳　島	(48)	28	20,100	5,630	5,260	100	112	112	112	109
香　川	(49)	21	5,400	1,130	1,060	95	100	95	95	92
愛　媛	(50)	32	7,830	2,510	2,320	94	93	87	88	96
高　知	(51)	119	20,900	24,900	23,700	97	103	100	100	114
福　岡	(52)	39	13,200	5,150	4,900	98	92	90	91	98
佐　賀	(53)	60	14,800	8,880	8,470	100	107	107	108	126
長　崎	(54)	43	7,950	3,420	3,180	96	112	107	107	96
熊　本	(55)	77	8,470	6,520	6,170	97	98	95	95	104
大　分	(56)	16	5,800	928	868	nc	nc	nc	nc	98
宮　崎	(57)	501	12,200	61,100	57,700	97	105	102	102	116
鹿　児　島	(58)	61	13,500	8,240	7,750	98	98	96	96	105
沖　縄	(59)	54	4,590	2,480	2,060	nc	nc	nc	nc	98
関東農政局	(60)	1,070	10,700	114,100	107,400	nc	nc	nc	nc	nc
東海農政局	(61)	75	18,400	13,800	13,000	97	106	104	103	107
中国四国農政局	(62)	234	15,700	36,800	34,800	nc	nc	nc	nc	nc

ウ 夏秋きゅうり

作付面積	10a当たり収量	収穫量	出荷量	対前年産比				(参考)対平均収量比	
				作付面積	10a当たり収量	収穫量	出荷量		
ha	kg	t	t	%	%	%	%	%	
7,190	3,650	262,400	207,800	98	102	100	101	111	(1)
121	11,400	13,800	12,900	94	101	95	95	110	(2)
7,070	3,520	248,600	194,900	nc	nc	nc	nc	nc	(3)
1,760	4,270	75,200	61,300	98	101	99	99	103	(4)
499	1,860	9,270	5,050	nc	nc	nc	nc	nc	(5)
2,240	3,830	85,800	69,500	nc	nc	nc	nc	nc	(6)
423	2,550	10,800	6,740	nc	nc	nc	nc	nc	(7)
503	2,560	12,900	8,380	98	107	105	105	109	(8)
510	2,510	12,800	8,300	nc	nc	nc	nc	nc	(9)
317	3,690	11,700	9,430	nc	nc	nc	nc	nc	(10)
787	3,740	29,400	25,600	nc	nc	nc	nc	nc	(11)
25	3,380	845	698	nc	nc	nc	nc	nc	(12)
121	11,400	13,800	12,900	94	101	95	95	110	(13)
132	3,710	4,900	3,910	96	88	84	81	104	(14)
209	5,220	10,900	8,740	98	94	92	92	95	(15)
294	2,890	8,500	6,240	97	112	108	112	128	(16)
255	2,960	7,550	5,370	99	93	92	92	93	(17)
291	3,450	10,000	7,300	97	97	93	93	98	(18)
583	5,720	33,300	29,700	100	105	105	105	106	(19)
330	3,230	10,700	8,050	100	100	101	101	112	(20)
193	2,850	5,500	4,250	97	100	97	97	97	(21)
513	4,730	24,300	20,600	100	110	109	110	123	(22)
316	4,800	15,200	13,200	95	106	101	102	113	(23)
230	3,630	8,350	6,310	96	105	101	101	109	(24)
65	2,370	1,540	1,360	nc	nc	nc	nc	nc	(25)
168	2,770	4,650	4,320	99	97	96	96	108	(26)
347	1,860	6,450	3,430	96	108	104	105	113	(27)
50	2,190	1,100	441	89	115	103	134	128	(28)
40	1,920	768	487	83	97	81	88	99	(29)
62	1,530	949	690	nc	nc	nc	nc	nc	(30)
99	3,490	3,460	2,630	98	103	101	101	112	(31)
326	3,710	12,100	8,740	100	101	101	104	105	(32)
137	2,460	3,370	1,850	96	106	103	105	110	(33)
73	2,010	1,470	817	nc	nc	nc	nc	nc	(34)
114	3,410	3,890	3,040	nc	nc	nc	nc	nc	(35)
99	2,070	2,050	1,030	nc	nc	nc	nc	nc	(36)
95	1,710	1,620	757	98	91	90	89	99	(37)
112	3,230	3,620	2,880	100	120	120	120	113	(38)
40	3,400	1,360	1,260	98	96	93	93	90	(39)
162	2,120	3,430	1,270	98	111	109	109	124	(40)
55	2,760	1,520	1,130	96	104	101	101	110	(41)
39	3,450	1,350	1,080	95	104	99	99	105	(42)
60	2,100	1,260	693	nc	nc	nc	nc	nc	(43)
115	2,750	3,160	1,600	99	110	109	110	173	(44)
74	3,550	2,630	2,010	101	100	102	102	135	(45)
146	2,080	3,040	2,140	99	101	100	100	113	(46)
115	2,310	2,660	1,860	98	101	99	100	113	(47)
38	4,850	1,840	1,290	nc	nc	nc	nc	nc	(48)
79	4,110	3,250	2,430	101	104	106	103	123	(49)
175	3,480	6,090	5,240	93	111	103	103	120	(50)
25	2,260	565	467	nc	nc	nc	nc	nc	(51)
128	3,250	4,160	3,590	100	99	99	99	103	(52)
93	6,870	6,390	5,690	100	98	98	98	124	(53)
84	4,180	3,510	3,030	97	100	96	96	109	(54)
202	4,320	8,730	7,800	98	99	96	97	123	(55)
115	1,680	1,930	1,450	97	107	104	104	96	(56)
83	4,070	3,380	3,140	94	93	88	88	96	(57)
82	1,600	1,310	866	nc	nc	nc	nc	nc	(58)
25	3,380	845	698	nc	nc	nc	nc	nc	(59)
2,310	3,780	87,300	70,300	nc	nc	nc	nc	nc	(60)
350	2,660	9,310	5,920	nc	nc	nc	nc	nc	(61)
827	2,960	24,500	17,700	nc	nc	nc	nc	nc	(62)

3　令和4年産都道府県別の作付面積、10a当たり収量、収穫量及び出荷量　（続き）

(28)　かぼちゃ

全国農業地域 都道府県		作付面積	10a当たり収量	収穫量	出荷量	対前年産比 作付面積	対前年産比 10a当たり収量	対前年産比 収穫量	対前年産比 出荷量	(参考)対平均収量比
		ha	kg	t	t	%	%	%	%	%
全　国	(1)	14,500	1,260	182,900	149,200	100	105	105	106	103
（全国農業地域）										
北　海　道	(2)	6,810	1,380	94,000	87,900	101	114	115	114	111
都　府　県	(3)	7,640	1,160	88,900	61,300	nc	nc	nc	nc	nc
東　北	(4)	1,570	783	12,300	6,250	98	89	87	88	nc
北　陸	(5)	596	977	5,820	3,600	nc	nc	nc	nc	nc
関東・東山	(6)	1,780	1,480	26,400	19,900	nc	nc	nc	nc	nc
東　海	(7)	428	1,250	5,370	2,620	nc	nc	nc	nc	nc
近　畿	(8)	461	1,230	5,690	2,550	nc	nc	nc	nc	nc
中　国	(9)	515	1,150	5,910	3,220	nc	nc	nc	nc	nc
四　国	(10)	224	1,210	2,700	2,060	nc	nc	nc	nc	nc
九　州	(11)	1,690	1,250	21,200	17,900	nc	nc	nc	nc	nc
沖　縄	(12)	376	948	3,560	3,180	94	107	101	101	108
（都道府県）										
北　海　道	(13)	6,810	1,380	94,000	87,900	101	114	115	114	111
青　森	(14)	219	789	1,730	1,120	100	66	66	71	69
岩　手	(15)	217	765	1,660	882	101	91	92	92	nc
宮　城	(16)	209	703	1,470	654	99	87	85	85	94
秋　田	(17)	347	740	2,570	1,280	97	89	87	86	94
山　形	(18)	288	968	2,790	1,450	99	101	101	101	101
福　島	(19)	290	721	2,090	861	95	100	95	95	99
茨　城	(20)	408	1,560	6,360	5,190	96	104	99	100	97
栃　木	(21)	131	1,520	1,990	1,270	nc	nc	nc	nc	nc
群　馬	(22)	177	1,790	3,170	2,080	nc	nc	nc	nc	nc
埼　玉	(23)	58	1,460	847	568	nc	nc	nc	nc	nc
千　葉	(24)	140	1,700	2,380	1,720	93	96	89	90	92
東　京	(25)	39	1,430	558	295	nc	nc	nc	nc	nc
神　奈　川	(26)	221	1,730	3,820	3,210	100	96	96	95	102
新　潟	(27)	290	1,080	3,130	1,600	96	175	169	128	178
富　山	(28)	26	704	183	60	nc	nc	nc	nc	nc
石　川	(29)	209	929	1,940	1,690	104	93	97	99	88
福　井	(30)	71	801	569	254	nc	nc	nc	nc	nc
山　梨	(31)	69	1,010	697	396	nc	nc	nc	nc	nc
長　野	(32)	538	1,230	6,620	5,200	95	100	95	97	102
岐　阜	(33)	83	849	705	326	nc	nc	nc	nc	nc
静　岡	(34)	77	1,420	1,090	668	nc	nc	nc	nc	nc
愛　知	(35)	113	1,340	1,510	796	nc	nc	nc	nc	91
三　重	(36)	155	1,330	2,060	834	101	105	106	106	96
滋　賀	(37)	86	1,010	869	484	nc	nc	nc	nc	nc
京　都	(38)	95	1,420	1,350	687	nc	nc	nc	nc	nc
大　阪	(39)	12	1,330	160	48	nc	nc	nc	nc	nc
兵　庫	(40)	180	1,130	2,030	611	nc	nc	nc	nc	nc
奈　良	(41)	74	1,470	1,090	567	nc	nc	nc	nc	nc
和　歌　山	(42)	14	1,350	189	149	93	95	89	89	102
鳥　取	(43)	57	1,190	678	101	nc	nc	nc	nc	nc
島　根	(44)	85	1,050	893	370	nc	nc	nc	nc	nc
岡　山	(45)	114	1,500	1,710	1,330	101	105	106	106	98
広　島	(46)	166	1,170	1,940	975	98	100	97	98	100
山　口	(47)	93	737	685	442	99	108	107	107	97
徳　島	(48)	41	1,400	574	391	nc	nc	nc	nc	nc
香　川	(49)	36	1,060	382	168	90	85	77	77	nc
愛　媛	(50)	94	952	895	756	93	89	83	91	85
高　知	(51)	53	1,610	853	746	nc	nc	nc	nc	nc
福　岡	(52)	100	1,100	1,100	752	nc	nc	nc	nc	nc
佐　賀	(53)	70	1,200	840	592	99	102	100	99	103
長　崎	(54)	413	1,150	4,750	3,990	96	100	96	96	111
熊　本	(55)	153	1,400	2,140	1,730	103	108	110	110	95
大　分	(56)	109	1,280	1,400	965	95	101	96	96	100
宮　崎	(57)	210	1,920	4,030	3,700	nc	nc	nc	nc	82
鹿　児　島	(58)	638	1,080	6,890	6,210	97	99	96	100	96
沖　縄	(59)	376	948	3,560	3,180	94	107	101	101	108
関東農政局	(60)	1,860	1,480	27,500	20,600	nc	nc	nc	nc	nc
東海農政局	(61)	351	1,220	4,280	1,960	nc	nc	nc	nc	nc
中国四国農政局	(62)	739	1,170	8,610	5,280	nc	nc	nc	nc	nc

(29) なす
ア　計

作付面積	10a当たり収量	収穫量	出荷量	対前年産比 作付面積	10a当たり収量	収穫量	出荷量	(参考)対平均収量比	
ha	kg	t	t	%	%	%	%	%	
7,950	3,710	294,600	236,900	96	103	99	100	109	(1)
17	2,620	445	279	nc	nc	nc	nc	nc	(2)
7,930	3,710	294,100	236,700	nc	nc	nc	nc	nc	(3)
1,370	1,550	21,300	9,980	nc	nc	nc	nc	nc	(4)
736	1,310	9,610	4,050	nc	nc	nc	nc	nc	(5)
2,330	3,780	88,000	73,300	nc	nc	nc	nc	nc	(6)
610	3,460	21,100	16,100	nc	nc	nc	nc	nc	(7)
694	3,600	25,000	19,200	nc	nc	nc	nc	nc	(8)
592	2,280	13,500	8,940	nc	nc	nc	nc	nc	(9)
593	8,940	53,000	48,700	95	109	103	103	108	(10)
982	6,270	61,600	55,500	97	101	98	99	103	(11)
28	4,250	1,190	994	nc	nc	nc	nc	nc	(12)
17	2,620	445	279	nc	nc	nc	nc	nc	(13)
90	1,190	1,070	432	nc	nc	nc	nc	nc	(14)
114	2,510	2,860	1,690	99	91	91	90	100	(15)
182	1,580	2,880	1,300	91	108	99	94	131	(16)
376	1,330	5,000	1,770	98	84	82	82	95	(17)
352	1,490	5,260	2,450	95	84	79	79	104	(18)
255	1,640	4,180	2,340	99	104	103	104	98	(19)
422	4,240	17,900	16,000	99	100	99	101	106	(20)
292	3,940	11,500	10,300	93	101	94	94	105	(21)
524	5,440	28,500	24,800	100	104	104	106	116	(22)
248	3,430	8,510	6,800	98	98	96	97	105	(23)
282	2,340	6,590	4,660	99	101	100	98	94	(24)
68	2,680	1,820	1,630	nc	nc	nc	nc	nc	(25)
153	2,380	3,640	3,270	101	99	101	101	103	(26)
455	1,260	5,730	2,800	93	116	108	110	109	(27)
152	1,340	2,040	521	92	113	103	134	114	(28)
38	1,800	684	254	nc	nc	nc	nc	nc	(29)
91	1,280	1,160	475	101	100	101	100	102	(30)
127	4,600	5,840	5,000	99	99	98	98	103	(31)
214	1,720	3,680	828	96	101	98	99	99	(32)
136	2,770	3,770	1,760	89	105	94	85	149	(33)
87	2,030	1,770	912	nc	nc	nc	nc	nc	(34)
241	5,770	13,900	12,300	99	106	105	105	114	(35)
146	1,160	1,690	1,080	100	114	113	117	79	(36)
126	1,610	2,030	689	90	105	94	81	99	(37)
167	4,220	7,050	6,070	102	97	99	99	90	(38)
96	6,320	6,070	5,940	99	96	95	95	93	(39)
171	2,010	3,430	1,100	97	107	103	104	113	(40)
88	5,350	4,710	4,120	100	99	99	100	96	(41)
46	3,670	1,690	1,330	nc	nc	nc	nc	nc	(42)
80	1,520	1,220	317	nc	nc	nc	nc	nc	(43)
127	1,400	1,780	644	97	101	98	100	104	(44)
125	3,960	4,950	4,050	101	96	97	96	98	(45)
141	2,370	3,340	2,340	95	100	96	95	116	(46)
119	1,830	2,180	1,590	94	109	102	106	112	(47)
89	7,300	6,500	5,680	98	107	105	105	98	(48)
71	2,790	1,980	1,480	100	98	98	98	104	(49)
119	3,260	3,880	2,840	81	128	104	104	142	(50)
314	12,900	40,600	38,700	100	103	103	103	107	(51)
231	7,580	17,500	16,000	100	98	98	98	97	(52)
58	5,310	3,080	2,530	98	89	87	86	101	(53)
52	3,270	1,700	1,380	67	146	97	98	149	(54)
403	8,290	33,400	30,900	99	101	100	101	105	(55)
106	1,540	1,630	1,110	95	96	91	90	92	(56)
53	4,320	2,290	2,050	100	100	100	100	99	(57)
79	2,490	1,970	1,480	110	73	80	86	103	(58)
28	4,250	1,190	994	nc	nc	nc	nc	nc	(59)
2,420	3,710	89,800	74,200	nc	nc	nc	nc	nc	(60)
523	3,710	19,400	15,100	96	107	103	103	115	(61)
1,190	5,580	66,400	57,600	nc	nc	nc	nc	nc	(62)

3 令和4年産都道府県別の作付面積、10a当たり収量、収穫量及び出荷量 （続き）

(29) なす（続き）
イ 冬春なす

全国農業地域 都道府県		作付面積	10a当たり収量	収穫量	出荷量	対前年産比				(参考)対平均収量比
						作付面積	10a当たり収量	収穫量	出荷量	
		ha	kg	t	t	%	%	%	%	%
全　　国	(1)	1,030	11,100	114,600	108,000	99	101	100	100	102
（全国農業地域）										
北　海　道	(2)	-	-	-	-	nc	nc	nc	nc	nc
都　府　県	(3)	1,030	11,100	114,600	108,000	nc	nc	nc	nc	nc
東　　北	(4)	9	3,870	348	319	nc	nc	nc	nc	nc
北　　陸	(5)	x	x	x	x	nc	nc	nc	nc	nc
関東・東山	(6)	x	x	11,100	10,100	nc	nc	nc	nc	nc
東　　海	(7)	69	11,200	7,740	7,340	nc	nc	nc	nc	nc
近　　畿	(8)	84	7,320	6,150	5,930	nc	nc	nc	nc	nc
中　　国	(9)	23	9,000	2,070	1,880	nc	nc	nc	nc	nc
四　　国	(10)	312	13,400	41,800	39,800	100	104	104	104	106
九　　州	(11)	328	13,600	44,500	41,900	nc	nc	nc	nc	102
沖　　縄	(12)	17	5,150	876	739	nc	nc	nc	nc	nc
（都道府県）										
北　海　道	(13)	-	-	-	-	nc	nc	nc	nc	nc
青　　森	(14)	-	-	-	-	nc	nc	nc	nc	nc
岩　　手	(15)	-	-	-	-	nc	nc	nc	nc	nc
宮　　城	(16)	5	3,390	170	159	nc	nc	nc	nc	nc
秋　　田	(17)	-	-	-	-	nc	nc	nc	nc	nc
山　　形	(18)	4	4,450	178	160	nc	nc	nc	nc	nc
福　　島	(19)	-	-	-	-	nc	nc	nc	nc	nc
茨　　城	(20)	6	7,000	413	378	nc	nc	nc	nc	nc
栃　　木	(21)	23	7,850	1,810	1,700	100	97	97	99	98
群　　馬	(22)	116	5,510	6,390	5,680	97	92	90	90	101
埼　　玉	(23)	23	5,610	1,290	1,180	96	100	96	96	99
千　　葉	(24)	22	5,510	1,210	1,180	100	95	95	95	91
東　　京	(25)	-	-	-	-	nc	nc	nc	nc	nc
神　奈　川	(26)	x	x	x	x	nc	nc	nc	nc	nc
新　　潟	(27)	-	-	-	-	nc	nc	nc	nc	nc
富　　山	(28)	x	x	x	x	nc	nc	nc	nc	nc
石　　川	(29)	1	1,500	11	11	nc	nc	nc	nc	nc
福　　井	(30)	-	-	-	-	nc	nc	nc	nc	nc
山　　梨	(31)	-	-	-	-	nc	nc	nc	nc	nc
長　　野	(32)	-	-	-	-	nc	nc	nc	nc	nc
岐　　阜	(33)	-	-	-	-	nc	nc	nc	nc	nc
静　　岡	(34)	6	5,200	302	278	nc	nc	nc	nc	nc
愛　　知	(35)	58	12,400	7,190	6,820	98	100	98	98	104
三　　重	(36)	5	4,920	246	237	nc	nc	nc	nc	nc
滋　　賀	(37)	6	5,000	300	267	nc	nc	nc	nc	nc
京　　都	(38)	1	6,200	62	56	nc	nc	nc	nc	nc
大　　阪	(39)	50	7,780	3,890	3,820	100	97	97	97	93
兵　　庫	(40)	1	5,440	54	48	nc	nc	nc	nc	nc
奈　　良	(41)	18	6,890	1,240	1,180	100	99	99	99	97
和　歌　山	(42)	8	8,110	608	560	nc	nc	nc	nc	nc
鳥　　取	(43)	-	-	-	-	nc	nc	nc	nc	nc
島　　根	(44)	1	4,700	47	44	nc	nc	nc	nc	nc
岡　　山	(45)	20	9,820	1,960	1,780	95	88	84	84	88
広　　島	(46)	1	6,000	36	34	nc	nc	nc	nc	nc
山　　口	(47)	1	3,200	29	23	nc	nc	nc	nc	nc
徳　　島	(48)	14	9,280	1,300	1,190	100	102	102	103	99
香　　川	(49)	5	7,680	384	325	100	104	104	105	104
愛　　媛	(50)	10	5,190	519	455	100	101	101	100	97
高　　知	(51)	283	14,000	39,600	37,800	100	104	104	104	107
福　　岡	(52)	103	13,800	14,200	13,500	101	100	101	101	99
佐　　賀	(53)	13	13,000	1,690	1,610	100	81	81	81	100
長　　崎	(54)	10	7,920	792	710	100	104	104	104	106
熊　　本	(55)	170	15,000	25,500	23,900	100	102	102	102	104
大　　分	(56)	-	-	-	-	nc	nc	nc	nc	nc
宮　　崎	(57)	23	6,430	1,480	1,380	100	99	99	99	93
鹿　児　島	(58)	9	9,470	852	767	100	102	99	94	127
沖　　縄	(59)	17	5,150	876	739	nc	nc	nc	nc	nc
関東農政局	(60)	x	x	11,400	10,400	nc	nc	nc	nc	nc
東海農政局	(61)	63	11,800	7,440	7,060	nc	nc	nc	nc	nc
中国四国農政局	(62)	335	13,100	43,900	41,700	nc	nc	nc	nc	nc

ウ　夏秋なす

作付面積	10a当たり収量	収穫量	出荷量	対前年産比				(参考)対平均収量比	
				作付面積	10a当たり収量	収穫量	出荷量		
ha	kg	t	t	%	%	%	%	%	
6,920	2,600	180,000	128,900	96	103	98	99	109	(1)
17	2,620	445	279	nc	nc	nc	nc	nc	(2)
6,900	2,600	179,500	128,600	nc	nc	nc	nc	nc	(3)
1,360	1,540	20,900	9,660	nc	nc	nc	nc	nc	(4)
x	x	x	x	nc	nc	nc	nc	nc	(5)
2,140	3,590	76,800	63,100	nc	nc	nc	nc	nc	(6)
541	2,480	13,400	8,670	nc	nc	nc	nc	nc	(7)
610	3,080	18,800	13,300	nc	nc	nc	nc	nc	(8)
569	2,000	11,400	7,070	nc	nc	nc	nc	nc	(9)
281	3,990	11,200	8,880	nc	nc	nc	nc	nc	(10)
654	2,610	17,100	13,600	nc	nc	nc	nc	nc	(11)
11	2,850	314	255	nc	nc	nc	nc	nc	(12)
17	2,620	445	279	nc	nc	nc	nc	nc	(13)
90	1,190	1,070	432	nc	nc	nc	nc	nc	(14)
114	2,510	2,860	1,690	99	91	91	90	100	(15)
177	1,530	2,710	1,140	90	109	99	94	132	(16)
376	1,330	5,000	1,770	98	84	82	82	95	(17)
348	1,460	5,080	2,290	95	83	79	78	104	(18)
255	1,640	4,180	2,340	99	104	104	104	98	(19)
416	4,200	17,500	15,600	99	100	99	100	106	(20)
269	3,590	9,660	8,600	92	102	94	92	104	(21)
408	5,410	22,100	19,100	100	108	109	111	121	(22)
225	3,210	7,220	5,620	99	98	97	97	106	(23)
260	2,070	5,380	3,480	99	102	101	99	95	(24)
68	2,680	1,820	1,630	nc	nc	nc	nc	nc	(25)
x	x	x	x	x	x	x	x	x	(26)
455	1,260	5,730	2,800	93	116	108	110	109	(27)
x	x	x	x	x	x	x	x	x	(28)
37	1,820	673	243	nc	nc	nc	nc	nc	(29)
91	1,280	1,160	475	101	100	101	100	102	(30)
127	4,600	5,840	5,000	99	99	98	98	103	(31)
214	1,720	3,680	828	96	101	98	99	99	(32)
136	2,770	3,770	1,760	90	110	99	92	154	(33)
81	1,820	1,470	634	nc	nc	nc	nc	nc	(34)
183	3,680	6,730	5,430	99	114	113	115	130	(35)
141	1,020	1,440	844	100	106	106	106	75	(36)
120	1,440	1,730	422	90	103	92	80	98	(37)
166	4,210	6,990	6,010	102	97	98	98	89	(38)
46	4,740	2,180	2,120	98	94	92	91	93	(39)
170	1,990	3,380	1,050	97	106	103	103	113	(40)
70	4,960	3,470	2,940	100	99	99	100	96	(41)
38	2,840	1,080	765	nc	nc	nc	nc	nc	(42)
80	1,520	1,220	317	nc	nc	nc	nc	nc	(43)
126	1,370	1,730	600	97	101	98	100	104	(44)
105	2,850	2,990	2,270	102	106	108	108	114	(45)
140	2,360	3,300	2,310	95	100	96	95	116	(46)
118	1,820	2,150	1,570	94	110	103	107	112	(47)
75	6,930	5,200	4,490	97	108	105	105	99	(48)
66	2,420	1,600	1,150	100	97	97	96	104	(49)
109	3,080	3,360	2,380	80	131	104	104	149	(50)
31	3,290	1,020	863	nc	nc	nc	nc	nc	(51)
128	2,560	3,280	2,540	100	90	90	89	88	(52)
45	3,090	1,390	917	98	98	96	97	109	(53)
42	2,160	907	671	nc	nc	nc	nc	nc	(54)
233	3,400	7,920	7,000	99	97	96	96	104	(55)
106	1,540	1,630	1,110	95	96	92	91	92	(56)
30	2,690	807	666	100	101	101	101	101	(57)
70	1,600	1,120	710	nc	nc	nc	nc	nc	(58)
11	2,850	314	255	nc	nc	nc	nc	nc	(59)
2,220	3,530	78,300	63,800	nc	nc	nc	nc	nc	(60)
460	2,590	11,900	8,030	96	111	107	108	125	(61)
850	2,660	22,600	16,000	nc	nc	nc	nc	nc	(62)

3　令和4年産都道府県別の作付面積、10a当たり収量、収穫量及び出荷量　（続き）

(30)　トマト
ア　計

全国農業地域・都道府県	作付面積	10a当たり収量	収穫量	出荷量	対前年産比 作付面積	対前年産比 10a当たり収量	対前年産比 収穫量	対前年産比 出荷量	(参考) 対平均収量比
	ha	kg	t	t	%	%	%	%	%
全　国 (1)	11,200	6,320	707,900	645,300	98	99	98	98	103
(全国農業地域)									
北　海　道 (2)	820	7,670	62,900	58,700	98	98	96	97	105
都　府　県 (3)	10,300	6,260	645,100	586,800	nc	nc	nc	nc	nc
東　北 (4)	1,550	4,700	72,800	61,400	96	92	89	88	97
北　陸 (5)	585	2,650	15,500	11,400	97	101	98	98	99
関東・東山 (6)	3,100	5,980	185,300	171,800	nc	nc	nc	nc	nc
東　海 (7)	1,200	8,130	97,500	90,100	99	100	99	98	106
近　畿 (8)	690	3,590	24,800	20,500	nc	nc	nc	nc	nc
中　国 (9)	618	4,630	28,600	24,300	100	103	103	103	113
四　国 (10)	359	5,820	20,900	18,300	97	98	95	94	101
九　州 (11)	2,200	8,940	196,600	186,400	99	99	98	98	100
沖　縄 (12)	55	5,470	3,010	2,660	95	96	91	91	91
(都道府県)									
北　海　道 (13)	820	7,670	62,900	58,700	98	98	96	97	105
青　森 (14)	358	4,530	16,200	14,000	95	89	84	82	95
岩　手 (15)	201	4,670	9,380	7,740	101	97	97	98	102
宮　城 (16)	219	3,930	8,610	7,340	93	83	78	76	95
秋　田 (17)	223	3,360	7,500	5,380	97	95	91	92	99
山　形 (18)	198	4,610	9,130	7,480	94	95	90	87	96
福　島 (19)	349	6,300	22,000	19,500	99	95	94	93	97
茨　城 (20)	879	5,270	46,300	43,900	98	99	97	97	103
栃　木 (21)	293	10,900	32,000	30,400	98	103	101	102	109
群　馬 (22)	296	7,300	21,600	20,000	97	106	102	102	100
埼　玉 (23)	187	8,130	15,200	14,000	102	102	104	109	103
千　葉 (24)	673	4,710	31,700	28,500	98	99	98	98	99
東　京 (25)	82	4,330	3,550	3,300	nc	nc	nc	nc	nc
神　奈　川 (26)	244	4,960	12,100	11,700	98	98	97	97	102
新　潟 (27)	347	2,410	8,360	5,660	96	102	98	97	94
富　山 (28)	65	2,680	1,740	1,190	94	105	99	103	120
石　川 (29)	94	3,280	3,080	2,510	96	98	94	95	98
福　井 (30)	79	2,950	2,330	2,040	105	99	104	103	107
山　梨 (31)	111	6,070	6,740	6,260	98	100	99	99	112
長　野 (32)	338	4,760	16,100	13,700	101	112	113	115	101
岐　阜 (33)	280	9,710	27,200	25,000	92	113	104	105	123
静　岡 (34)	236	5,680	13,400	12,400	95	102	97	98	101
愛　知 (35)	512	9,320	47,700	44,600	104	94	97	96	103
三　重 (36)	168	5,500	9,240	8,050	99	96	96	97	95
滋　賀 (37)	110	2,830	3,110	2,230	100	99	99	99	100
京　都 (38)	134	3,240	4,340	3,440	98	98	96	97	96
大　阪 (39)	50	4,340	2,170	1,960	nc	nc	nc	nc	nc
兵　庫 (40)	249	3,350	8,330	6,670	98	102	100	104	102
奈　良 (41)	67	5,000	3,350	2,930	99	97	95	95	96
和　歌　山 (42)	80	4,430	3,540	3,250	87	112	97	97	85
鳥　取 (43)	100	3,510	3,510	2,410	98	93	91	91	105
島　根 (44)	102	4,470	4,560	4,000	100	105	105	107	138
岡　山 (45)	108	5,330	5,760	5,020	106	102	108	108	114
広　島 (46)	188	5,690	10,700	9,580	100	103	103	103	111
山　口 (47)	120	3,420	4,100	3,310	96	106	101	101	101
徳　島 (48)	81	6,070	4,920	4,270	96	100	96	97	105
香　川 (49)	67	4,490	3,010	2,450	99	103	102	93	96
愛　媛 (50)	140	4,640	6,500	5,520	97	101	98	99	100
高　知 (51)	71	9,060	6,430	6,050	96	93	89	89	103
福　岡 (52)	198	9,550	18,900	17,300	98	98	95	95	107
佐　賀 (53)	64	5,060	3,240	2,800	98	95	93	93	93
長　崎 (54)	175	6,690	11,700	10,900	95	99	94	95	99
熊　本 (55)	1,250	10,400	130,300	125,800	98	100	98	98	99
大　分 (56)	183	5,570	10,200	9,380	99	101	100	100	101
宮　崎 (57)	205	8,290	17,000	15,800	98	105	102	102	99
鹿　児　島 (58)	120	4,390	5,270	4,410	115	87	100	98	101
沖　縄 (59)	55	5,470	3,010	2,660	95	96	91	91	91
関東農政局 (60)	3,340	5,950	198,700	184,200	nc	nc	nc	nc	nc
東海農政局 (61)	960	8,760	84,100	77,700	99	100	99	99	107
中国四国農政局 (62)	977	5,070	49,500	42,600	99	100	99	99	108

イ 計のうち加工用トマト

作 付 面 積	10 a 当たり収 量	収 穫 量	出 荷 量	対 前 年 産 比				(参考)対平均収量比	
				作付面積	10 a 当たり収 量	収 穫 量	出 荷 量		
ha	kg	t	t	%	%	%	%	%	
435	5,680	24,700	24,600	105	97	102	102	87	(1)
48	5,500	2,640	2,570	137	145	198	199	122	(2)
387	5,710	22,100	22,000	nc	nc	nc	nc	nc	(3)
x	x	x	x	x	x	x	x	x	(4)
4	2,580	103	103	100	52	52	52	57	(5)
290	6,450	18,700	18,700	nc	nc	nc	nc	92	(6)
4	4,450	160	157	100	98	88	89	79	(7)
4	2,350	94	94	nc	nc	nc	nc	nc	(8)
15	2,890	434	434	300	133	398	398	167	(9)
x	x	x	x	nc	nc	nc	nc	nc	(10)
−	−	−	−	nc	nc	nc	nc	nc	(11)
−	−	−	−	nc	nc	nc	nc	nc	(12)
48	5,500	2,640	2,570	137	145	198	199	122	(13)
16	1,830	293	293	94	47	44	44	66	(14)
16	4,950	792	792	160	70	112	112	65	(15)
18	2,860	515	515	82	105	86	86	104	(16)
x	x	x	x	x	x	x	x	x	(17)
7	5,740	402	402	140	77	108	108	82	(18)
10	4,440	444	424	100	94	94	94	67	(19)
160	6,800	10,900	10,900	94	94	88	88	90	(20)
10	6,650	665	665	83	109	91	91	88	(21)
6	6,290	352	352	100	121	119	119	96	(22)
−	−	−	−	nc	nc	nc	nc	nc	(23)
−	−	−	−	nc	nc	nc	nc	nc	(24)
−	−	−	−	nc	nc	nc	nc	nc	(25)
−	−	−	−	nc	nc	nc	nc	nc	(26)
2	3,450	69	69	67	62	41	41	71	(27)
1	3,280	23	23	nc	109	192	192	nc	(28)
1	1,100	11	11	100	58	58	58	58	(29)
−	−	−	−	nc	nc	nc	nc	nc	(30)
1	5,180	57	57	100	160	136	136	186	(31)
113	5,970	6,750	6,750	103	110	113	113	96	(32)
−	−	−	−	nc	nc	nc	nc	nc	(33)
−	−	−	−	nc	nc	nc	nc	nc	(34)
4	4,450	160	157	100	98	88	89	79	(35)
−	−	−	−	nc	nc	nc	nc	−	(36)
3	3,240	81	81	nc	nc	nc	nc	nc	(37)
x	x	x	x	x	x	x	x	x	(38)
−	−	−	−	nc	nc	nc	nc	−	(39)
−	−	−	−	nc	nc	nc	nc	−	(40)
−	−	−	−	nc	nc	nc	nc	−	(41)
x	x	x	x	nc	nc	nc	nc	nc	(42)
−	−	−	−	nc	nc	nc	nc	nc	(43)
2	1,700	29	29	100	121	121	121	96	(44)
−	−	−	−	nc	nc	nc	nc	nc	(45)
13	3,020	405	405	433	117	476	476	176	(46)
−	−	−	−	nc	nc	nc	nc	nc	(47)
−	−	−	−	nc	nc	nc	nc	nc	(48)
−	−	−	−	nc	nc	nc	nc	nc	(49)
x	x	x	x	x	x	x	x	x	(50)
−	−	−	−	nc	nc	nc	nc	nc	(51)
−	−	−	−	nc	nc	nc	nc	nc	(52)
−	−	−	−	nc	nc	nc	nc	nc	(53)
−	−	−	−	nc	nc	nc	nc	nc	(54)
−	−	−	−	nc	nc	nc	nc	nc	(55)
−	−	−	−	nc	nc	nc	nc	nc	(56)
−	−	−	−	nc	nc	nc	nc	nc	(57)
−	−	−	−	nc	nc	nc	nc	nc	(58)
−	−	−	−	nc	nc	nc	nc	nc	(59)
290	6,450	18,700	18,700	nc	nc	nc	nc	92	(60)
4	4,450	160	157	100	98	88	89	79	(61)
x	x	x	x	nc	nc	nc	nc	x	(62)

3　令和4年産都道府県別の作付面積、10a当たり収量、収穫量及び出荷量　（続き）

(30)　トマト（続き）
ウ　計のうちミニトマト

全国農業地域・都道府県		作付面積	10a当たり収量	収穫量	出荷量	対前年産比				(参考)対平均収量比
						作付面積	10a当たり収量	収穫量	出荷量	
		ha	kg	t	t	%	%	%	%	%
全　　国	(1)	2,690	5,850	157,300	146,800	100	97	97	97	101
（全国農業地域）										
北　海　道	(2)	299	4,950	14,800	13,600	101	90	90	92	94
都　府　県	(3)	2,400	5,940	142,600	133,200	nc	nc	nc	nc	nc
東　　北	(4)	379	4,460	16,900	15,000	99	95	93	93	94
北　　陸	(5)	89	2,820	2,510	2,200	92	101	92	93	110
関東・東山	(6)	491	4,660	22,900	21,000	nc	nc	nc	nc	nc
東　　海	(7)	295	8,240	24,300	23,300	104	91	95	94	106
近　　畿	(8)	107	4,020	4,300	3,950	nc	nc	nc	nc	nc
中　　国	(9)	123	5,770	7,100	6,460	104	90	94	94	102
四　　国	(10)	96	4,740	4,550	4,120	96	96	92	93	99
九　　州	(11)	800	7,440	59,500	56,600	102	99	101	101	100
沖　　縄	(12)	15	3,820	573	503	107	97	104	99	97
（都道府県）										
北　海　道	(13)	299	4,950	14,800	13,600	101	90	90	92	94
青　　森	(14)	68	4,570	3,110	2,860	99	88	87	86	93
岩　　手	(15)	57	3,250	1,850	1,560	97	95	92	92	94
宮　　城	(16)	41	3,020	1,240	1,080	93	98	92	95	95
秋　　田	(17)	27	2,760	745	549	100	96	96	96	85
山　　形	(18)	90	3,570	3,210	2,770	100	96	96	95	93
福　　島	(19)	96	7,010	6,730	6,180	101	95	96	96	96
茨　　城	(20)	220	3,820	8,410	7,670	100	106	106	106	106
栃　　木	(21)	14	5,240	733	679	100	97	97	97	95
群　　馬	(22)	28	6,110	1,710	1,510	93	107	100	100	99
埼　　玉	(23)	39	6,820	2,660	2,440	95	103	99	100	99
千　　葉	(24)	101	4,860	4,910	4,640	98	101	99	99	99
東　　京	(25)	5	2,680	134	117	nc	nc	nc	nc	nc
神　奈　川	(26)	3	3,130	94	92	100	95	95	95	117
新　　潟	(27)	45	2,980	1,340	1,170	92	101	92	94	121
富　　山	(28)	13	3,430	446	390	81	101	82	77	112
石　　川	(29)	14	1,690	237	191	93	94	88	87	77
福　　井	(30)	17	2,880	490	450	100	108	108	112	106
山　　梨	(31)	14	4,500	630	604	100	100	100	100	94
長　　野	(32)	67	5,340	3,580	3,230	99	100	99	95	98
岐　　阜	(33)	20	4,360	871	765	95	84	80	80	100
静　　岡	(34)	110	5,160	5,680	5,370	107	101	108	108	93
愛　　知	(35)	142	11,200	15,900	15,400	103	88	91	90	110
三　　重	(36)	23	8,090	1,860	1,800	100	103	103	103	124
滋　　賀	(37)	21	3,260	684	605	105	106	111	112	103
京　　都	(38)	8	3,440	275	222	100	145	145	146	141
大　　阪	(39)	5	4,040	202	182	nc	nc	nc	nc	nc
兵　　庫	(40)	20	4,270	854	803	111	96	106	110	97
奈　　良	(41)	7	2,500	175	159	100	104	104	103	111
和　歌　山	(42)	46	4,590	2,110	1,980	94	96	91	91	84
鳥　　取	(43)	28	3,310	926	794	97	88	85	85	92
島　　根	(44)	20	2,840	568	523	100	84	84	82	96
岡　　山	(45)	31	5,610	1,740	1,590	119	83	99	95	132
広　　島	(46)	31	11,300	3,510	3,300	100	96	96	98	96
山　　口	(47)	13	2,750	357	255	108	91	98	90	98
徳　　島	(48)	25	5,120	1,280	1,130	96	102	98	98	104
香　　川	(49)	41	4,170	1,710	1,590	95	97	92	93	87
愛　　媛	(50)	21	3,620	761	638	95	97	92	90	101
高　　知	(51)	9	8,890	800	757	100	85	85	86	121
福　　岡	(52)	20	2,400	479	422	100	100	100	100	91
佐　　賀	(53)	16	4,880	781	712	100	94	94	94	85
長　　崎	(54)	84	5,200	4,370	4,030	122	78	95	95	78
熊　　本	(55)	501	8,240	41,300	39,900	102	100	102	102	103
大　　分	(56)	39	4,210	1,640	1,490	98	101	99	99	96
宮　　崎	(57)	109	8,430	9,190	8,530	97	104	101	101	106
鹿　児　島	(58)	31	5,680	1,760	1,560	97	102	99	97	107
沖　　縄	(59)	15	3,820	573	503	107	97	104	99	97
関東農政局	(60)	601	4,740	28,500	26,400	nc	nc	nc	nc	nc
東海農政局	(61)	185	10,100	18,600	18,000	102	90	91	90	111
中国四国農政局	(62)	219	5,340	11,700	10,600	100	93	94	94	101

エ　冬春トマト

作付面積	10 a 当たり収量	収穫量	出荷量	対前年産比				(参考)対平均収量比	
				作付面積	10 a 当たり収量	収穫量	出荷量		
ha	kg	t	t	%	%	%	%	%	
3,790	10,200	385,900	366,200	99	99	98	98	101	(1)
106	9,900	10,500	9,810	107	91	97	96	104	(2)
3,690	10,200	375,400	356,400	nc	nc	nc	nc	nc	(3)
119	10,300	12,300	11,500	nc	nc	nc	nc	nc	(4)
96	4,600	4,420	4,110	nc	nc	nc	nc	nc	(5)
963	9,550	92,000	87,100	nc	nc	nc	nc	nc	(6)
667	10,300	68,500	65,000	100	96	96	95	103	(7)
176	7,050	12,400	12,000	nc	nc	nc	nc	nc	(8)
95	8,710	8,270	7,640	nc	nc	nc	nc	nc	(9)
152	9,340	14,200	13,000	97	98	95	94	102	(10)
1,370	11,700	160,200	153,500	nc	nc	nc	nc	nc	(11)
52	5,670	2,950	2,610	93	97	90	91	93	(12)
106	9,900	10,500	9,810	107	91	97	96	104	(13)
12	5,810	697	634	92	107	99	99	90	(14)
3	7,070	212	187	nc	nc	nc	nc	nc	(15)
43	9,830	4,230	3,880	nc	nc	nc	nc	nc	(16)
2	4,750	95	85	nc	nc	nc	nc	nc	(17)
17	7,720	1,310	1,220	nc	nc	nc	nc	nc	(18)
42	13,800	5,800	5,490	100	95	95	95	97	(19)
135	7,280	9,830	9,250	99	99	97	97	90	(20)
185	14,600	27,000	25,700	98	105	103	103	110	(21)
125	8,830	11,000	10,400	93	114	106	106	99	(22)
115	11,300	13,000	12,200	100	103	102	103	104	(23)
226	7,190	16,200	15,000	95	100	95	95	104	(24)
22	6,990	1,540	1,470	nc	nc	nc	nc	nc	(25)
94	8,120	7,630	7,450	99	97	96	96	100	(26)
49	3,980	1,950	1,820	94	95	90	90	84	(27)
8	5,660	453	445	nc	nc	nc	nc	nc	(28)
20	5,920	1,180	1,070	100	111	110	110	96	(29)
19	4,420	840	779	nc	nc	nc	nc	nc	(30)
32	9,880	3,160	3,060	97	101	98	98	112	(31)
29	9,210	2,670	2,570	nc	nc	nc	nc	nc	(32)
43	15,600	6,710	6,310	100	91	91	91	99	(33)
156	6,970	10,900	10,500	95	104	99	99	99	(34)
402	10,900	43,800	41,500	102	94	96	95	105	(35)
66	10,800	7,130	6,670	99	102	100	100	101	(36)
20	5,200	1,040	958	100	98	98	98	92	(37)
28	6,440	1,800	1,680	nc	nc	nc	nc	nc	(38)
12	7,030	844	793	nc	nc	nc	nc	nc	(39)
49	8,750	4,290	4,270	100	101	101	104	103	(40)
23	8,390	1,930	1,850	96	99	95	95	98	(41)
44	5,780	2,540	2,420	100	98	98	98	77	(42)
10	5,240	524	466	nc	nc	nc	nc	nc	(43)
19	6,090	1,160	1,040	100	101	101	102	100	(44)
14	10,000	1,400	1,320	nc	nc	nc	nc	nc	(45)
29	13,500	3,920	3,720	100	99	99	99	100	(46)
23	5,520	1,270	1,090	nc	nc	nc	nc	nc	(47)
36	9,470	3,410	3,210	97	103	101	101	114	(48)
30	6,510	1,950	1,550	100	106	106	95	94	(49)
30	9,130	2,740	2,470	94	98	92	93	99	(50)
56	10,900	6,100	5,800	97	95	91	91	100	(51)
113	15,100	17,100	16,100	97	97	95	95	109	(52)
29	9,330	2,710	2,540	97	95	92	92	97	(53)
121	8,580	10,400	9,880	95	98	94	94	95	(54)
855	12,700	108,600	105,100	99	98	98	98	98	(55)
31	7,340	2,280	2,170	nc	nc	nc	nc	nc	(56)
158	9,500	15,000	14,000	98	106	103	103	101	(57)
59	7,010	4,140	3,700	113	88	100	97	101	(58)
52	5,670	2,950	2,610	93	97	90	91	93	(59)
1,120	9,190	102,900	97,600	nc	nc	nc	nc	nc	(60)
511	11,300	57,600	54,500	101	95	96	95	104	(61)
247	9,110	22,500	20,700	nc	nc	nc	nc	nc	(62)

3 令和4年産都道府県別の作付面積、10a当たり収量、収穫量及び出荷量 （続き）

（30） トマト（続き）
オ 冬春トマトのうちミニトマト

全国農業地域 都 道 府 県		作 付 面 積	10a当たり 収　　量	収 穫 量	出 荷 量	対 前 年 産 比				（参考） 対平均 収量比
						作付面積	10a当たり 収　量	収穫量	出荷量	
		ha	kg	t	t	%	%	%	%	%
全　　国	(1)	1,170	8,600	100,600	96,100	102	97	98	98	100
（全国農業地域）										
北 海 道	(2)	24	5,740	1,380	1,300	120	85	102	105	91
都 府 県	(3)	1,150	8,630	99,200	94,800	nc	nc	nc	nc	nc
東 北	(4)	46	9,350	4,300	4,020	nc	nc	nc	nc	nc
北 陸	(5)	21	3,460	727	687	nc	nc	nc	nc	nc
関 東・東 山	(6)	143	7,130	10,200	9,610	nc	nc	nc	nc	nc
東 海	(7)	215	10,000	21,600	20,900	103	90	94	93	108
近 畿	(8)	58	5,600	3,250	3,070	nc	nc	nc	nc	nc
中 国	(9)	31	11,600	3,590	3,400	nc	nc	nc	nc	nc
四 国	(10)	46	6,980	3,210	3,020	96	95	91	92	100
九 州	(11)	572	9,060	51,800	49,600	nc	nc	nc	nc	nc
沖 縄	(12)	13	4,140	538	476	100	100	100	95	99
（都道府県）										
北 海 道	(13)	24	5,740	1,380	1,300	120	85	102	105	91
青 森	(14)	4	4,800	192	174	80	107	79	79	99
岩 手	(15)	1	5,200	52	46	nc	nc	nc	nc	nc
宮 城	(16)	14	4,300	602	546	nc	nc	nc	nc	nc
秋 田	(17)	1	3,300	33	28	nc	nc	nc	nc	nc
山 形	(18)	6	6,270	376	342	nc	nc	nc	nc	nc
福 島	(19)	20	15,200	3,040	2,880	100	96	96	96	86
茨 城	(20)	33	4,750	1,570	1,470	100	100	101	101	85
栃 木	(21)	8	6,920	533	503	100	99	99	99	99
群 馬	(22)	18	7,290	1,310	1,200	90	110	98	98	102
埼 玉	(23)	21	9,900	2,080	1,960	95	100	96	97	99
千 葉	(24)	41	7,560	3,100	2,970	95	100	96	96	101
東 京	(25)	3	3,600	90	79	nc	nc	nc	nc	nc
神 奈 川	(26)	2	3,300	53	52	100	94	95	95	112
新 潟	(27)	10	3,600	360	338	91	98	89	90	127
富 山	(28)	4	4,620	166	166	nc	nc	nc	nc	nc
石 川	(29)	2	2,170	43	40	100	99	98	98	94
福 井	(30)	5	3,160	158	143	nc	nc	nc	nc	nc
山 梨	(31)	7	5,050	354	343	100	102	102	102	96
長 野	(32)	10	10,600	1,060	1,030	nc	nc	nc	nc	nc
岐 阜	(33)	4	8,180	327	308	100	76	76	76	108
静 岡	(34)	72	6,260	4,510	4,310	107	104	112	112	93
愛 知	(35)	128	11,800	15,100	14,700	102	88	89	89	111
三 重	(36)	11	15,200	1,660	1,620	100	103	104	104	137
滋 賀	(37)	9	5,200	468	439	113	104	117	117	103
京 都	(38)	2	5,050	101	85	nc	nc	nc	nc	nc
大 阪	(39)	2	6,450	129	116	nc	nc	nc	nc	nc
兵 庫	(40)	8	7,850	628	619	114	92	105	109	97
奈 良	(41)	2	2,810	59	53	100	99	100	100	100
和 歌 山	(42)	35	5,300	1,860	1,760	100	94	94	94	81
鳥 取	(43)	4	5,580	223	190	nc	nc	nc	nc	nc
島 根	(44)	4	3,500	154	149	100	116	116	115	110
岡 山	(45)	10	9,540	954	897	nc	nc	nc	nc	nc
広 島	(46)	9	23,000	2,070	2,000	100	96	96	100	91
山 口	(47)	4	4,600	184	164	nc	nc	nc	nc	nc
徳 島	(48)	11	7,990	879	843	100	101	101	101	108
香 川	(49)	21	5,830	1,220	1,140	95	95	90	90	87
愛 媛	(50)	6	6,030	362	317	86	96	83	80	100
高 知	(51)	8	9,410	753	716	100	89	89	90	120
福 岡	(52)	7	3,240	227	212	100	94	94	94	91
佐 賀	(53)	12	5,980	718	667	100	91	91	91	86
長 崎	(54)	51	7,290	3,720	3,520	104	86	90	90	86
熊 本	(55)	380	9,590	36,400	35,200	104	98	102	102	100
大 分	(56)	10	5,020	502	452	nc	nc	nc	nc	nc
宮 崎	(57)	92	9,460	8,700	8,100	98	104	102	102	106
鹿 児 島	(58)	20	7,840	1,570	1,440	100	99	99	99	108
沖 縄	(59)	13	4,140	538	476	100	100	100	95	99
関 東 農 政 局	(60)	215	6,840	14,700	13,900	nc	nc	nc	nc	nc
東 海 農 政 局	(61)	143	12,000	17,100	16,600	101	90	90	89	113
中国四国農政局	(62)	77	8,830	6,800	6,420	nc	nc	nc	nc	nc

カ 夏秋トマト

作 付 面 積	10a当たり収 量	収 穫 量	出 荷 量	対 前 年 産 比				(参考)対平均収量比	
				作付面積	10a当たり収 量	収 穫 量	出 荷 量		
ha	kg	t	t	%	%	%	%	%	
7,380	4,360	322,000	279,100	98	100	97	98	103	(1)
714	7,340	52,400	48,900	97	99	96	98	105	(2)
6,660	4,050	269,600	230,200	nc	nc	nc	nc	nc	(3)
1,430	4,230	60,500	50,000	97	94	91	90	97	(4)
489	2,270	11,100	7,280	96	102	98	101	103	(5)
2,140	4,360	93,200	84,500	nc	nc	nc	nc	nc	(6)
529	5,480	29,000	25,100	97	109	105	107	116	(7)
514	2,410	12,400	8,510	nc	nc	nc	nc	nc	(8)
523	3,900	20,400	16,700	99	103	103	104	116	(9)
207	3,220	6,660	5,260	nc	nc	nc	nc	nc	(10)
829	4,380	36,300	32,800	nc	nc	nc	nc	nc	(11)
3	2,270	59	45	nc	nc	nc	nc	nc	(12)
714	7,340	52,400	48,900	97	99	96	98	105	(13)
346	4,490	15,500	13,400	95	89	84	82	96	(14)
198	4,630	9,170	7,550	101	97	98	98	102	(15)
176	2,490	4,380	3,460	93	91	85	86	104	(16)
221	3,350	7,400	5,290	96	94	91	91	98	(17)
181	4,320	7,820	6,260	98	98	96	95	99	(18)
307	5,280	16,200	14,000	98	94	93	93	95	(19)
744	4,910	36,500	34,600	98	99	97	97	109	(20)
108	4,640	5,010	4,650	97	95	92	93	96	(21)
171	6,210	10,600	9,640	100	99	99	99	103	(22)
72	2,980	2,150	1,770	nc	nc	nc	nc	nc	(23)
447	3,470	15,500	13,500	100	101	101	101	99	(24)
60	3,350	2,010	1,830	nc	nc	nc	nc	nc	(25)
150	2,950	4,430	4,220	98	99	97	97	105	(26)
298	2,150	6,410	3,840	96	104	100	101	98	(27)
57	2,270	1,290	742	95	107	101	107	121	(28)
74	2,570	1,900	1,440	95	90	86	86	99	(29)
60	2,490	1,490	1,260	100	110	110	117	118	(30)
79	4,530	3,580	3,200	99	100	99	99	112	(31)
309	4,340	13,400	11,100	101	106	107	110	99	(32)
237	8,670	20,500	18,700	91	120	110	110	131	(33)
80	3,170	2,540	1,920	95	96	92	92	103	(34)
110	3,510	3,860	3,140	110	100	110	118	90	(35)
102	2,070	2,110	1,380	100	82	82	82	88	(36)
90	2,300	2,070	1,270	100	100	100	100	102	(37)
106	2,400	2,540	1,760	95	98	93	93	95	(38)
38	3,510	1,330	1,170	nc	nc	nc	nc	nc	(39)
200	2,020	4,040	2,400	98	102	100	103	99	(40)
44	3,230	1,420	1,080	100	97	97	96	100	(41)
36	2,780	1,000	832	nc	nc	nc	nc	nc	(42)
90	3,320	2,990	1,940	98	95	93	93	107	(43)
83	4,100	3,400	2,960	100	107	107	109	156	(44)
94	4,640	4,360	3,700	100	103	103	103	111	(45)
159	4,280	6,810	5,860	100	106	106	106	118	(46)
97	2,920	2,830	2,220	97	103	100	101	100	(47)
45	3,360	1,510	1,060	96	92	88	86	89	(48)
37	2,870	1,060	900	97	99	95	90	95	(49)
110	3,420	3,760	3,050	98	105	103	106	104	(50)
15	2,200	330	251	nc	nc	nc	nc	nc	(51)
85	2,080	1,770	1,170	98	101	99	99	100	(52)
35	1,510	529	262	nc	nc	nc	nc	nc	(53)
54	2,380	1,290	980	95	107	102	100	109	(54)
395	5,490	21,700	20,700	97	103	100	100	98	(55)
152	5,220	7,930	7,210	99	100	99	99	102	(56)
47	4,150	1,950	1,770	96	95	91	91	91	(57)
61	1,850	1,130	713	nc	nc	nc	nc	nc	(58)
3	2,270	59	45	nc	nc	nc	nc	nc	(59)
2,220	4,310	95,700	86,400	nc	nc	nc	nc	nc	(60)
449	5,900	26,500	23,200	97	110	107	108	118	(61)
730	3,710	27,100	21,900	nc	nc	nc	nc	nc	(62)

3　令和4年産都道府県別の作付面積、10a当たり収量、収穫量及び出荷量　（続き）

（30）　トマト（続き）

　　　キ　夏秋トマトのうち加工用トマト

全国農業地域 都　道　府　県		作付面積	10a当たり 収　　量	収　穫　量	出　荷　量	対　前　年　産　比				（参考） 対平均 収量比
						作付面積	10a当たり 収　　量	収穫量	出荷量	
全　　国	(1)	ha 435	kg 5,680	t 24,700	t 24,600	% 105	% 97	% 102	% 102	% 87
（全国農業地域）										
北　海　道	(2)	48	5,500	2,640	2,570	137	145	198	199	122
都　府　県	(3)	387	5,710	22,100	22,000	nc	nc	nc	nc	nc
東　　北	(4)	x	x	x	x	x	x	x	x	x
北　　陸	(5)	4	2,580	103	103	100	52	52	52	57
関東・東山	(6)	290	6,450	18,700	18,700	nc	nc	nc	nc	92
東　　海	(7)	4	4,450	160	157	100	98	88	89	79
近　　畿	(8)	4	2,350	94	94	nc	nc	nc	nc	nc
中　　国	(9)	15	2,890	434	434	300	133	398	398	167
四　　国	(10)	x	x	x	x	nc	nc	nc	nc	nc
九　　州	(11)	－	－	－	－	nc	nc	nc	nc	nc
沖　　縄	(12)	－	－	－	－	nc	nc	nc	nc	nc
（都道府県）										
北　海　道	(13)	48	5,500	2,640	2,570	137	145	198	199	122
青　　森	(14)	16	1,830	293	293	94	47	44	44	66
岩　　手	(15)	16	4,950	792	792	160	70	112	112	65
宮　　城	(16)	18	2,860	515	515	82	105	86	86	104
秋　　田	(17)	x	x	x	x	x	x	x	x	x
山　　形	(18)	7	5,740	402	402	140	77	108	108	82
福　　島	(19)	10	4,440	444	424	100	94	94	94	67
茨　　城	(20)	160	6,800	10,900	10,900	94	94	88	88	90
栃　　木	(21)	10	6,650	665	665	83	109	91	91	88
群　　馬	(22)	6	6,290	352	352	100	121	119	119	96
埼　　玉	(23)	－	－	－	－	nc	nc	nc	nc	nc
千　　葉	(24)	－	－	－	－	nc	nc	nc	nc	nc
東　　京	(25)	－	－	－	－	nc	nc	nc	nc	nc
神　奈　川	(26)	－	－	－	－	nc	nc	nc	nc	nc
新　　潟	(27)	2	3,450	69	69	67	62	41	41	71
富　　山	(28)	1	3,280	23	23	nc	109	192	192	nc
石　　川	(29)	1	1,100	11	11	100	58	58	58	58
福　　井	(30)	－	－	－	－	nc	nc	nc	nc	nc
山　　梨	(31)	1	5,180	57	57	100	160	136	136	186
長　　野	(32)	113	5,970	6,750	6,750	103	110	113	113	96
岐　　阜	(33)	－	－	－	－	nc	nc	nc	nc	nc
静　　岡	(34)	－	－	－	－	nc	nc	nc	nc	nc
愛　　知	(35)	4	4,450	160	157	100	98	88	89	79
三　　重	(36)	－	－	－	－	nc	nc	nc	nc	－
滋　　賀	(37)	3	3,240	81	81	nc	nc	nc	nc	nc
京　　都	(38)	x	x	x	x	x	x	x	x	x
大　　阪	(39)	－	－	－	－	nc	nc	nc	nc	nc
兵　　庫	(40)	－	－	－	－	nc	nc	nc	nc	nc
奈　　良	(41)	－	－	－	－	nc	nc	nc	nc	nc
和　歌　山	(42)	x	x	x	x	nc	nc	nc	nc	nc
鳥　　取	(43)	－	－	－	－	nc	nc	nc	nc	nc
島　　根	(44)	2	1,700	29	29	100	121	121	121	96
岡　　山	(45)	－	－	－	－	nc	nc	nc	nc	nc
広　　島	(46)	13	3,020	405	405	433	117	476	476	176
山　　口	(47)	－	－	－	－	nc	nc	nc	nc	nc
徳　　島	(48)	－	－	－	－	nc	nc	nc	nc	nc
香　　川	(49)	－	－	－	－	nc	nc	nc	nc	nc
愛　　媛	(50)	x	x	x	x	x	x	x	x	x
高　　知	(51)	－	－	－	－	nc	nc	nc	nc	nc
福　　岡	(52)	－	－	－	－	nc	nc	nc	nc	nc
佐　　賀	(53)	－	－	－	－	nc	nc	nc	nc	nc
長　　崎	(54)	－	－	－	－	nc	nc	nc	nc	nc
熊　　本	(55)	－	－	－	－	nc	nc	nc	nc	nc
大　　分	(56)	－	－	－	－	nc	nc	nc	nc	nc
宮　　崎	(57)	－	－	－	－	nc	nc	nc	nc	nc
鹿　児　島	(58)	－	－	－	－	nc	nc	nc	nc	nc
沖　　縄	(59)	－	－	－	－	nc	nc	nc	nc	nc
関 東 農 政 局	(60)	290	6,450	18,700	18,700	nc	nc	nc	nc	92
東 海 農 政 局	(61)	4	4,450	160	157	100	98	88	89	79
中国四国農政局	(62)	x	x	x	x	nc	nc	nc	nc	x

ク 夏秋トマトのうちミニトマト

作 付 面 積	10 a 当 たり収 量	収 穫 量	出 荷 量	対 前 年 産 比					(参考)対平均収量比	
				作付面積	10 a 当たり収 量	収 穫 量	出 荷 量			
ha	kg	t	t	%	%	%	%	%		
1,530	3,710	56,800	50,700	100	96	96	96	97	(1)
275	4,880	13,400	12,300	99	90	89	90	94	(2)
1,250	3,470	43,400	38,400	nc	nc	nc	nc	nc	(3)
333	3,780	12,600	11,000	99	94	93	92	96	(4)
68	2,630	1,790	1,520	93	101	94	97	109	(5)
348	3,650	12,700	11,400	nc	nc	nc	nc	nc	(6)
80	3,380	2,700	2,430	104	97	101	101	101	(7)
49	2,160	1,060	882	nc	nc	nc	nc	nc	(8)
92	3,830	3,520	3,060	100	91	91	91	103	(9)
50	2,680	1,340	1,100	nc	nc	nc	nc	nc	(10)
228	3,350	7,630	7,030	nc	nc	nc	nc	nc	(11)
2	2,330	35	27	nc	nc	nc	nc	nc	(12)
275	4,880	13,400	12,300	99	90	89	90	94	(13)
64	4,560	2,920	2,690	100	88	88	86	93	(14)
56	3,220	1,800	1,510	98	95	93	93	94	(15)
27	2,370	640	529	90	87	78	78	90	(16)
26	2,740	712	521	96	96	92	92	85	(17)
84	3,370	2,830	2,430	100	99	99	99	96	(18)
76	4,860	3,690	3,300	101	95	96	96	103	(19)
187	3,660	6,840	6,200	100	107	107	107	107	(20)
6	3,580	200	176	100	91	91	93	89	(21)
10	3,960	396	309	100	105	105	106	91	(22)
18	3,240	583	475	nc	nc	nc	nc	nc	(23)
60	3,010	1,810	1,670	100	105	105	105	107	(24)
2	2,200	44	38	nc	nc	nc	nc	nc	(25)
1	2,900	41	40	100	94	95	95	117	(26)
35	2,800	980	834	92	101	93	97	118	(27)
9	3,110	280	224	90	100	90	91	114	(28)
12	1,620	194	151	92	94	86	85	74	(29)
12	2,770	332	307	100	107	107	114	109	(30)
7	3,940	276	261	100	99	99	98	90	(31)
57	4,420	2,520	2,200	104	101	105	105	101	(32)
16	3,400	544	457	94	88	83	83	92	(33)
38	3,080	1,170	1,060	106	91	96	95	95	(34)
14	5,590	783	732	117	112	131	132	120	(35)
12	1,640	200	179	100	96	96	96	89	(36)
12	1,800	216	166	100	101	100	101	95	(37)
6	2,900	174	137	100	129	129	129	133	(38)
3	2,430	73	66	nc	nc	nc	nc	nc	(39)
12	1,880	226	184	109	101	110	112	84	(40)
5	2,240	116	106	100	106	105	105	106	(41)
11	2,300	253	223	nc	nc	nc	nc	nc	(42)
24	2,930	703	604	96	89	85	86	92	(43)
16	2,590	414	374	100	76	76	73	90	(44)
21	3,760	790	693	100	96	96	96	125	(45)
22	6,540	1,440	1,300	100	96	96	96	104	(46)
9	1,920	173	91	113	88	99	100	94	(47)
14	2,860	400	290	93	100	93	93	84	(48)
20	2,460	492	448	95	105	100	101	90	(49)
15	2,660	399	321	100	104	103	103	109	(50)
1	3,390	47	41	nc	nc	nc	nc	nc	(51)
13	1,940	252	210	100	107	106	107	93	(52)
4	1,580	63	45	nc	nc	nc	nc	nc	(53)
33	1,980	653	510	165	86	143	140	86	(54)
121	4,010	4,850	4,670	95	106	101	101	101	(55)
29	3,930	1,140	1,040	100	96	96	95	96	(56)
17	2,880	490	431	94	92	87	87	96	(57)
11	1,680	185	123	nc	nc	nc	nc	nc	(58)
2	2,330	35	27	nc	nc	nc	nc	nc	(59)
386	3,600	13,900	12,400	nc	nc	nc	nc	nc	(60)
42	3,640	1,530	1,370	102	102	105	106	105	(61)
142	3,420	4,860	4,160	nc	nc	nc	nc	nc	(62)

3 令和4年産都道府県別の作付面積、10a当たり収量、収穫量及び出荷量 （続き）

(31) ピーマン
ア 計

全国農業地域 都 道 府 県		作付面積	10a当たり 収　　量	収 穫 量	出 荷 量	対　前　年　産　比				(参考) 対平均 収量比
						作付面積	10a当たり 収　量	収穫量	出荷量	
		ha	kg	t	t	%	%	%	%	%
全　　国	(1)	3,170	4,730	150,000	134,100	99	102	101	101	106
（全国農業地域）										
北 海 道	(2)	81	6,840	5,540	5,260	92	104	95	96	108
都 府 県	(3)	3,090	4,680	144,500	128,800	nc	nc	nc	nc	nc
東 北	(4)	506	3,790	19,200	16,300	nc	nc	nc	nc	nc
北 陸	(5)	97	958	929	494	nc	nc	nc	nc	nc
関東・東山	(6)	831	4,780	39,700	36,100	nc	nc	nc	nc	nc
東 海	(7)	149	2,070	3,090	2,100	nc	nc	nc	nc	nc
近 畿	(8)	267	2,210	5,900	4,520	nc	nc	nc	nc	nc
中 国	(9)	256	1,690	4,320	2,820	101	113	114	118	118
四 国	(10)	213	7,460	15,900	14,600	nc	nc	nc	nc	nc
九 州	(11)	725	7,260	52,600	49,400	nc	nc	nc	nc	nc
沖 縄	(12)	44	6,430	2,830	2,490	107	97	104	105	98
（都道府県）										
北 海 道	(13)	81	6,840	5,540	5,260	92	104	95	96	108
青 森	(14)	101	3,630	3,670	3,100	96	91	87	85	99
岩 手	(15)	197	4,300	8,480	7,390	102	94	96	97	102
宮 城	(16)	53	4,940	2,620	2,290	102	104	107	110	nc
秋 田	(17)	28	1,700	476	306	nc	nc	nc	nc	131
山 形	(18)	44	2,300	1,010	626	98	97	94	95	105
福 島	(19)	83	3,560	2,950	2,540	99	103	101	102	105
茨 城	(20)	539	6,180	33,300	31,500	99	100	100	100	99
栃 木	(21)	20	1,420	284	154	nc	nc	nc	nc	nc
群 馬	(22)	19	1,930	367	192	nc	nc	nc	nc	nc
埼 玉	(23)	16	1,300	208	87	nc	nc	nc	nc	nc
千 葉	(24)	78	2,590	2,020	1,450	98	110	107	107	98
東 京	(25)	16	1,340	214	181	nc	nc	nc	nc	nc
神 奈 川	(26)	28	1,340	374	332	nc	nc	nc	nc	nc
新 潟	(27)	63	1,030	649	350	97	107	103	106	92
富 山	(28)	4	870	35	15	nc	nc	nc	nc	nc
石 川	(29)	10	1,030	103	64	nc	nc	nc	nc	nc
福 井	(30)	20	710	142	65	nc	nc	nc	nc	nc
山 梨	(31)	15	3,520	528	438	nc	nc	nc	nc	nc
長 野	(32)	100	2,380	2,380	1,750	101	108	109	117	111
岐 阜	(33)	36	1,510	544	364	97	105	102	106	109
静 岡	(34)	21	4,950	1,040	837	nc	nc	nc	nc	nc
愛 知	(35)	45	2,220	997	687	107	135	144	177	143
三 重	(36)	47	1,090	513	211	100	104	104	104	98
滋 賀	(37)	25	1,050	263	134	nc	nc	nc	nc	nc
京 都	(38)	92	2,250	2,070	1,700	101	102	103	103	100
大 阪	(39)	3	1,830	55	38	nc	nc	nc	nc	nc
兵 庫	(40)	98	2,180	2,140	1,490	99	91	90	90	99
奈 良	(41)	25	1,520	381	257	nc	nc	nc	nc	nc
和 歌 山	(42)	24	4,140	993	901	89	102	90	91	102
鳥 取	(43)	46	1,730	796	436	98	107	105	108	111
島 根	(44)	72	1,280	919	525	99	116	114	112	116
岡 山	(45)	33	2,660	877	724	114	141	160	177	148
広 島	(46)	74	1,680	1,240	809	100	104	103	104	104
山 口	(47)	31	1,580	489	330	100	104	104	104	134
徳 島	(48)	26	1,610	418	297	100	95	94	93	81
香 川	(49)	7	1,530	107	22	nc	nc	nc	nc	nc
愛 媛	(50)	61	2,620	1,600	1,220	98	102	101	101	111
高 知	(51)	119	11,600	13,800	13,100	102	105	106	107	110
福 岡	(52)	29	1,430	416	293	nc	nc	nc	nc	nc
佐 賀	(53)	21	2,500	525	415	nc	nc	nc	nc	nc
長 崎	(54)	19	1,640	312	233	nc	nc	nc	nc	nc
熊 本	(55)	87	3,830	3,330	3,080	100	96	97	97	103
大 分	(56)	124	5,350	6,640	6,320	98	89	87	87	99
宮 崎	(57)	304	9,240	28,100	26,400	103	101	105	105	104
鹿 児 島	(58)	141	9,430	13,300	12,700	102	98	100	101	110
沖 縄	(59)	44	6,430	2,830	2,490	107	97	104	105	98
関 東 農 政 局	(60)	852	4,780	40,700	36,900	nc	nc	nc	nc	nc
東 海 農 政 局	(61)	128	1,600	2,050	1,260	102	117	119	135	119
中国四国農政局	(62)	469	4,310	20,200	17,500	nc	nc	nc	nc	nc

イ　計のうちししとう

作付面積	10a当たり収量	収穫量	出荷量	対前年産比 作付面積	10a当たり収量	収穫量	出荷量	(参考)対平均収量比	
ha	kg	t	t	%	%	%	%	%	
293	2,030	5,960	4,910	100	104	105	103	95	(1)
3	2,570	77	68	75	108	79	88	110	(2)
290	2,030	5,890	4,850	nc	nc	nc	nc	nc	(3)
24	1,410	338	203	nc	nc	nc	nc	nc	(4)
15	840	126	61	nc	nc	nc	nc	nc	(5)
57	1,840	1,050	876	nc	nc	nc	nc	nc	(6)
26	1,530	398	289	nc	nc	nc	nc	nc	(7)
49	1,420	696	479	nc	nc	nc	nc	nc	(8)
17	1,310	223	142	100	102	103	104	107	(9)
60	3,980	2,390	2,230	100	102	103	104	107	(10)
40	1,620	647	554	nc	nc	nc	nc	nc	(11)
2	1,050	21	17	200	26	53	47	76	(12)
3	2,570	77	68	75	108	79	88	110	(13)
0	675	2	2	nc	98	100	100	107	(14)
2	1,400	28	20	100	93	93	95	94	(15)
3	1,300	39	19	100	93	93	90	nc	(16)
3	1,330	40	31	nc	nc	nc	nc	106	(17)
13	1,510	196	112	100	108	108	110	104	(18)
3	1,100	33	19	75	119	89	90	102	(19)
7	1,310	92	78	100	105	105	104	79	(20)
4	886	39	30	nc	nc	nc	nc	nc	(21)
1	1,400	11	4	nc	nc	nc	nc	nc	(22)
3	1,080	27	23	nc	nc	nc	nc	nc	(23)
33	2,390	788	693	94	112	106	105	102	(24)
2	1,150	23	17	nc	nc	nc	nc	nc	(25)
2	850	17	16	nc	nc	nc	nc	nc	(26)
11	873	96	50	92	96	88	96	81	(27)
0	800	0	0	nc	nc	nc	nc	nc	(28)
1	900	9	9	nc	nc	nc	nc	nc	(29)
3	700	21	2	nc	nc	nc	nc	nc	(30)
0	753	3	2	nc	nc	nc	nc	nc	(31)
5	1,000	50	13	100	100	100	100	97	(32)
8	1,450	116	74	100	106	105	106	108	(33)
3	1,730	52	33	nc	nc	nc	nc	nc	(34)
7	1,860	130	118	140	135	188	193	154	(35)
8	1,250	100	64	100	104	104	103	110	(36)
10	1,150	115	64	nc	nc	nc	nc	nc	(37)
6	1,270	76	62	100	166	165	159	149	(38)
2	1,800	36	32	nc	nc	nc	nc	nc	(39)
8	1,290	103	37	100	97	97	97	76	(40)
13	1,420	185	126	nc	nc	nc	nc	nc	(41)
10	1,810	181	158	83	94	79	78	88	(42)
7	1,710	120	67	100	100	100	100	101	(43)
3	1,100	30	27	100	138	125	135	135	(44)
3	1,000	30	22	100	100	100	100	97	(45)
3	1,070	32	20	100	107	107	105	135	(46)
1	1,100	11	6	100	85	85	75	110	(47)
10	1,260	126	91	100	102	102	102	64	(48)
1	1,500	8	7	nc	nc	nc	nc	nc	(49)
6	2,280	137	117	100	161	161	167	202	(50)
43	4,930	2,120	2,010	100	102	102	102	93	(51)
3	1,230	37	34	nc	nc	nc	nc	nc	(52)
2	600	12	6	nc	nc	nc	nc	nc	(53)
6	1,430	86	72	nc	nc	nc	nc	nc	(54)
8	1,560	125	106	100	94	94	94	101	(55)
8	1,550	124	108	114	101	116	114	100	(56)
9	2,510	226	207	100	96	96	97	94	(57)
4	925	37	21	100	109	109	105	120	(58)
2	1,050	21	17	200	26	53	47	76	(59)
60	1,830	1,100	909	nc	nc	nc	nc	nc	(60)
23	1,500	346	256	110	115	126	133	122	(61)
77	3,390	2,610	2,370	nc	nc	nc	nc	nc	(62)

3 令和4年産都道府県別の作付面積、10a当たり収量、収穫量及び出荷量 （続き）

(31) ピーマン（続き）
ウ　冬春ピーマン

全 国 農 業 地 域 都　道　府　県		作 付 面 積	10a当たり 収　　量	収 穫 量	出 荷 量	対　前　年　産　比				(参考) 対平均 収量比
						作付面積	10a当たり 収　量	収穫量	出荷量	
		ha	kg	t	t	%	%	%	%	%
全　　国	(1)	746	10,600	78,900	74,600	103	101	104	104	102
（全国農業地域）										
北 海 道	(2)	3	8,420	253	241	nc	nc	nc	nc	nc
都 府 県	(3)	743	10,600	78,600	74,300	nc	nc	nc	nc	nc
東 北	(4)	5	16,900	847	806	nc	nc	nc	nc	nc
北 陸	(5)	1	1,000	12	11	nc	nc	nc	nc	nc
関 東・東 山	(6)	243	8,640	21,000	19,800	nc	nc	nc	nc	nc
東 海	(7)	6	14,200	854	778	nc	nc	nc	nc	nc
近 畿	(8)	14	5,770	808	738	nc	nc	nc	nc	nc
中 国	(9)	8	5,930	474	424	nc	nc	nc	nc	nc
四 国	(10)	88	14,300	12,600	12,000	nc	nc	nc	nc	nc
九 州	(11)	342	11,500	39,400	37,500	nc	nc	nc	nc	nc
沖 縄	(12)	36	7,140	2,570	2,260	106	100	106	106	101
（都道府県）										
北 海 道	(13)	3	8,420	253	241	nc	nc	nc	nc	nc
青 森	(14)	-	-	-	-	nc	nc	nc	nc	nc
岩 手	(15)	0	4,770	5	4	nc	nc	nc	nc	nc
宮 城	(16)	5	16,500	842	802	nc	nc	nc	nc	nc
秋 田	(17)	-	-	-	-	nc	nc	nc	nc	nc
山 形	(18)	-	-	-	-	nc	nc	nc	nc	nc
福 島	(19)	-	-	-	-	nc	nc	nc	nc	nc
茨 城	(20)	236	8,710	20,600	19,400	99	94	94	93	91
栃 木	(21)	-	-	-	-	nc	nc	nc	nc	nc
群 馬	(22)	-	-	-	-	nc	nc	nc	nc	nc
埼 玉	(23)	-	-	-	-	nc	nc	nc	nc	nc
千 葉	(24)	3	5,360	150	125	nc	nc	nc	nc	nc
東 京	(25)	-	-	-	-	nc	nc	nc	nc	nc
神 奈 川	(26)	x	x	x	x	nc	nc	nc	nc	nc
新 潟	(27)	-	-	-	-	nc	nc	nc	nc	nc
富 山	(28)	-	-	-	-	nc	nc	nc	nc	nc
石 川	(29)	1	1,000	12	11	nc	nc	nc	nc	nc
福 井	(30)	-	-	-	-	nc	nc	nc	nc	nc
山 梨	(31)	x	x	x	x	nc	nc	nc	nc	nc
長 野	(32)	x	x	x	x	nc	nc	nc	nc	nc
岐 阜	(33)	-	-	-	-	nc	nc	nc	nc	nc
静 岡	(34)	4	13,200	574	514	nc	nc	nc	nc	nc
愛 知	(35)	2	12,500	275	262	nc	nc	nc	nc	nc
三 重	(36)	0	1,730	5	2	nc	nc	nc	nc	nc
滋 賀	(37)	0	2,500	10	9	nc	nc	nc	nc	nc
京 都	(38)	5	3,620	177	145	nc	nc	nc	nc	nc
大 阪	(39)	-	-	-	-	nc	nc	nc	nc	nc
兵 庫	(40)	-	-	-	-	nc	nc	nc	nc	nc
奈 良	(41)	3	1,640	49	46	nc	nc	nc	nc	nc
和 歌 山	(42)	6	9,080	572	538	86	98	88	88	98
鳥 取	(43)	1	4,000	40	20	nc	nc	nc	nc	nc
島 根	(44)	2	2,200	44	40	nc	nc	nc	nc	nc
岡 山	(45)	4	8,650	372	350	nc	nc	nc	nc	nc
広 島	(46)	0	1,500	3	3	nc	nc	nc	nc	nc
山 口	(47)	1	1,900	15	11	nc	nc	nc	nc	nc
徳 島	(48)	1	5,500	33	24	nc	nc	nc	nc	nc
香 川	(49)	0	1,200	2	1	nc	nc	nc	nc	nc
愛 媛	(50)	0	3,820	4	3	nc	nc	nc	nc	nc
高 知	(51)	87	14,500	12,600	12,000	101	106	107	107	111
福 岡	(52)	1	2,400	24	22	nc	nc	nc	nc	nc
佐 賀	(53)	x	x	x	x	nc	nc	nc	nc	nc
長 崎	(54)	x	x	x	x	nc	nc	nc	nc	nc
熊 本	(55)	19	7,060	1,340	1,270	106	102	108	109	109
大 分	(56)	3	8,100	243	227	nc	nc	nc	nc	nc
宮 崎	(57)	218	11,400	24,900	23,500	105	102	107	107	106
鹿 児 島	(58)	98	13,000	12,700	12,300	102	98	99	100	98
沖 縄	(59)	36	7,140	2,570	2,260	106	100	106	106	101
関 東 農 政 局	(60)	247	8,740	21,600	20,300	nc	nc	nc	nc	nc
東 海 農 政 局	(61)	2	14,000	280	264	nc	nc	nc	nc	nc
中国四国農政局	(62)	96	13,600	13,100	12,500	nc	nc	nc	nc	nc

エ 冬春ピーマンのうちししとう

作付面積	10a当たり収量	収穫量	出荷量	対　前　年　産　比					(参考)対平均収量比	
				作付面積	10a当たり収量	収穫量	出荷量			
ha	kg	t	t	%	%	%	%	%		
30	5,930	1,780	1,660	97	105	102	100	104	(1)
0	2,000	4	2	nc	nc	nc	nc	nc	(2)
30	5,900	1,770	1,660	nc	nc	nc	nc	nc	(3)
-	-	-	-	nc	nc	nc	nc	nc	(4)
0	1,000	2	2	nc	nc	nc	nc	nc	(5)
2	3,000	63	49	nc	nc	nc	nc	nc	(6)
1	4,700	47	45	nc	nc	nc	nc	nc	(7)
x	x	x	x	nc	nc	nc	nc	nc	(8)
0	…	0	0	nc	nc	nc	nc	nc	(9)
21	6,860	1,440	1,360	nc	nc	nc	nc	nc	(10)
x	x	x	x	nc	nc	nc	nc	nc	(11)
1	2,000	10	8	100	100	43	42	94	(12)
0	2,000	4	2	nc	nc	nc	nc	nc	(13)
-	-	-	-	nc	nc	nc	nc	nc	(14)
-	-	-	-	nc	nc	nc	nc	nc	(15)
-	-	-	-	nc	nc	nc	nc	nc	(16)
-	-	-	-	nc	nc	nc	nc	nc	(17)
-	-	-	-	nc	nc	nc	nc	nc	(18)
-	-	-	-	nc	nc	nc	nc	nc	(19)
-	-	-	-	nc	nc	nc	nc	nc	(20)
-	-	-	-	nc	nc	nc	nc	nc	(21)
-	-	-	-	nc	nc	nc	nc	nc	(22)
-	-	-	-	nc	nc	nc	nc	nc	(23)
2	3,000	63	49	nc	nc	nc	nc	nc	(24)
-	-	-	-	nc	nc	nc	nc	nc	(25)
-	-	-	-	nc	nc	nc	nc	nc	(26)
-	-	-	-	nc	nc	nc	nc	nc	(27)
-	-	-	-	nc	nc	nc	nc	nc	(28)
0	1,000	2	2	nc	nc	nc	nc	nc	(29)
-	-	-	-	nc	nc	nc	nc	nc	(30)
-	-	-	-	nc	nc	nc	nc	nc	(31)
-	-	-	-	nc	nc	nc	nc	nc	(32)
-	-	-	-	nc	nc	nc	nc	nc	(33)
-	-	-	-	nc	nc	nc	nc	nc	(34)
1	4,600	46	44	nc	nc	nc	nc	nc	(35)
0	510	1	1	nc	nc	nc	nc	nc	(36)
0	2,000	4	4	nc	nc	nc	nc	nc	(37)
x	x	x	x	nc	nc	nc	nc	nc	(38)
-	-	-	-	nc	nc	nc	nc	nc	(39)
-	-	-	-	nc	nc	nc	nc	nc	(40)
2	1,910	38	36	nc	nc	nc	nc	nc	(41)
x	x	x	x	x	x	x	x	x	(42)
-	-	-	-	nc	nc	nc	nc	nc	(43)
-	-	-	-	nc	nc	nc	nc	nc	(44)
0	800	0	0	nc	nc	nc	nc	nc	(45)
0	500	0	0	nc	nc	nc	nc	nc	(46)
-	-	-	-	nc	nc	nc	nc	nc	(47)
0	5,300	16	13	nc	nc	nc	nc	nc	(48)
-	-	-	-	nc	nc	nc	nc	nc	(49)
-	-	-	-	nc	nc	nc	nc	nc	(50)
21	6,760	1,420	1,350	95	106	101	102	101	(51)
-	-	-	-	nc	nc	nc	nc	nc	(52)
-	-	-	-	nc	nc	nc	nc	nc	(53)
0	2,300	7	5	nc	nc	nc	nc	nc	(54)
x	x	x	x	x	x	x	x	x	(55)
x	x	x	x	nc	nc	nc	nc	nc	(56)
2	5,420	108	100	100	100	100	100	92	(57)
x	x	x	x	x	x	x	x	x	(58)
1	2,000	10	8	100	100	43	42	94	(59)
2	3,000	63	49	nc	nc	nc	nc	nc	(60)
1	4,700	47	45	nc	nc	nc	nc	nc	(61)
21	6,860	1,440	1,360	nc	nc	nc	nc	nc	(62)

3　令和4年産都道府県別の作付面積、10a当たり収量、収穫量及び出荷量　（続き）

(31)　ピーマン（続き）
　　オ　夏秋ピーマン

全国農業地域 都　道　府　県		作 付 面 積	10a当たり 収　　量	収　穫　量	出　荷　量	対　前　年　産　比				(参考) 対平均 収量比
						作付面積	10a当たり 収　量	収穫量	出荷量	
		ha	kg	t	t	%	%	%	%	%
全　　国	(1)	2,420	2,940	71,200	59,500	98	100	98	98	108
(全国農業地域)										
北　海　道	(2)	78	6,780	5,290	5,020	93	98	91	92	105
都　府　県	(3)	2,350	2,800	65,900	54,500	nc	nc	nc	nc	nc
東　　北	(4)	501	3,670	18,400	15,500	nc	nc	nc	nc	nc
北　　陸	(5)	96	955	917	483	nc	nc	nc	nc	nc
関東・東山	(6)	588	3,160	18,600	16,300	nc	nc	nc	nc	nc
東　　海	(7)	143	1,570	2,240	1,320	nc	nc	nc	nc	nc
近　　畿	(8)	253	2,010	5,090	3,780	nc	nc	nc	nc	nc
中　　国	(9)	248	1,550	3,850	2,400	100	106	106	106	111
四　　国	(10)	125	2,600	3,250	2,610	nc	nc	nc	nc	nc
九　　州	(11)	383	3,470	13,300	12,000	nc	nc	nc	nc	nc
沖　　縄	(12)	8	3,260	261	230	nc	nc	nc	nc	nc
(都道府県)										
北　海　道	(13)	78	6,780	5,290	5,020	93	98	91	92	105
青　　森	(14)	101	3,630	3,670	3,100	96	91	87	85	99
岩　　手	(15)	197	4,300	8,470	7,390	102	94	96	97	102
宮　　城	(16)	48	3,710	1,780	1,490	102	100	102	105	nc
秋　　田	(17)	28	1,700	476	306	nc	nc	nc	nc	131
山　　形	(18)	44	2,300	1,010	626	98	97	94	95	105
福　　島	(19)	83	3,560	2,950	2,540	99	103	101	102	105
茨　　城	(20)	303	4,200	12,700	12,100	100	111	111	113	116
栃　　木	(21)	20	1,420	284	154	nc	nc	nc	nc	nc
群　　馬	(22)	19	1,930	367	192	nc	nc	nc	nc	nc
埼　　玉	(23)	16	1,300	208	87	nc	nc	nc	nc	nc
千　　葉	(24)	75	2,490	1,870	1,320	97	108	106	106	97
東　　京	(25)	16	1,340	214	181	nc	nc	nc	nc	nc
神　奈　川	(26)	x	x	x	x	nc	nc	nc	nc	nc
新　　潟	(27)	63	1,030	649	350	97	107	103	106	92
富　　山	(28)	4	870	35	15	nc	nc	nc	nc	nc
石　　川	(29)	9	1,010	91	53	nc	nc	nc	nc	nc
福　　井	(30)	20	710	142	65	nc	nc	nc	nc	nc
山　　梨	(31)	x	x	x	x	nc	nc	nc	nc	nc
長　　野	(32)	x	x	x	x	x	x	x	x	x
岐　　阜	(33)	36	1,510	544	364	97	105	102	106	109
静　　岡	(34)	17	2,710	461	323	nc	nc	nc	nc	nc
愛　　知	(35)	43	1,680	722	425	102	102	104	109	111
三　　重	(36)	47	1,080	508	209	100	104	104	104	98
滋　　賀	(37)	25	1,010	253	125	nc	nc	nc	nc	nc
京　　都	(38)	87	2,170	1,890	1,550	100	100	100	101	97
大　　阪	(39)	3	1,830	55	38	nc	nc	nc	nc	nc
兵　　庫	(40)	98	2,180	2,140	1,490	99	91	90	90	99
奈　　良	(41)	22	1,510	332	211	nc	nc	nc	nc	nc
和　歌　山	(42)	18	2,340	421	363	90	105	94	95	98
鳥　　取	(43)	45	1,680	756	416	98	112	110	112	114
島　　根	(44)	70	1,250	875	485	100	117	117	118	117
岡　　山	(45)	29	1,740	505	374	100	94	94	94	98
広　　島	(46)	74	1,680	1,240	806	100	104	103	103	104
山　　口	(47)	30	1,580	474	319	100	103	103	103	133
徳　　島	(48)	25	1,540	385	273	100	96	96	95	82
香　　川	(49)	7	1,500	105	21	nc	nc	nc	nc	nc
愛　　媛	(50)	61	2,630	1,600	1,220	98	104	102	102	112
高　　知	(51)	32	3,630	1,160	1,100	103	97	100	100	91
福　　岡	(52)	28	1,400	392	271	nc	nc	nc	nc	nc
佐　　賀	(53)	x	x	x	x	nc	nc	nc	nc	nc
長　　崎	(54)	x	x	x	x	nc	nc	nc	nc	nc
熊　　本	(55)	68	2,920	1,990	1,810	99	91	90	90	98
大　　分	(56)	121	5,290	6,400	6,090	98	89	87	87	99
宮　　崎	(57)	86	3,740	3,220	2,930	100	91	91	92	94
鹿　児　島	(58)	43	1,440	619	373	102	113	115	118	113
沖　　縄	(59)	8	3,260	261	230	nc	nc	nc	nc	nc
関東農政局	(60)	605	3,160	19,100	16,600	nc	nc	nc	nc	nc
東海農政局	(61)	126	1,400	1,770	998	100	102	103	107	105
中国四国農政局	(62)	373	1,900	7,100	5,010	nc	nc	nc	nc	nc

カ　夏秋ピーマンのうちししとう

作付面積	10 a 当たり収量	収穫量	出荷量	対　前　年　産　比				(参考)対平均収量比	
				作付面積	10 a 当たり収量	収穫量	出荷量		
ha	kg	t	t	%	%	%	%	%	
263	1,590	4,190	3,250	100	105	106	105	96	(1)
3	2,440	73	66	75	102	76	87	103	(2)
260	1,580	4,120	3,180	nc	nc	nc	nc	nc	(3)
24	1,410	338	203	nc	nc	nc	nc	nc	(4)
15	827	124	59	nc	nc	nc	nc	nc	(5)
55	1,790	987	827	nc	nc	nc	nc	nc	(6)
25	1,400	351	244	nc	nc	nc	nc	nc	(7)
x	x	x	x	nc	nc	nc	nc	nc	(8)
17	1,310	223	142	100	102	103	104	107	(9)
39	2,440	952	862	nc	nc	nc	nc	nc	(10)
x	x	x	x	nc	nc	nc	nc	nc	(11)
1	1,000	11	9	nc	nc	nc	nc	nc	(12)
3	2,440	73	66	75	102	76	87	103	(13)
0	675	2	2	nc	98	100	100	105	(14)
2	1,400	28	20	100	93	93	95	94	(15)
3	1,300	39	19	100	95	95	95	nc	(16)
3	1,330	40	31	nc	nc	nc	nc	106	(17)
13	1,510	196	112	100	108	108	110	104	(18)
3	1,100	33	19	75	119	89	90	102	(19)
7	1,310	92	78	100	105	105	104	79	(20)
4	886	39	30	nc	nc	nc	nc	nc	(21)
1	1,400	11	4	nc	nc	nc	nc	nc	(22)
3	1,080	27	23	nc	nc	nc	nc	nc	(23)
31	2,340	725	644	94	111	104	104	100	(24)
2	1,150	23	17	nc	nc	nc	nc	nc	(25)
2	850	17	16	nc	nc	nc	nc	nc	(26)
11	873	96	50	92	96	88	96	81	(27)
0	800	0	0	nc	nc	nc	nc	nc	(28)
1	1,000	7	7	nc	nc	nc	nc	nc	(29)
3	700	21	2	nc	nc	nc	nc	nc	(30)
0	753	3	2	nc	nc	nc	nc	nc	(31)
5	1,000	50	13	100	100	100	100	97	(32)
8	1,450	116	74	100	106	105	106	108	(33)
3	1,730	52	33	nc	nc	nc	nc	nc	(34)
6	1,400	84	74	120	101	122	121	116	(35)
8	1,290	99	63	100	106	104	103	114	(36)
10	1,110	111	60	nc	nc	nc	nc	nc	(37)
x	x	x	x	x	x	x	x	x	(38)
2	1,800	36	32	nc	nc	nc	nc	nc	(39)
8	1,290	103	37	100	97	97	97	76	(40)
11	1,340	147	90	nc	nc	nc	nc	nc	(41)
x	x	x	x	x	x	x	x	x	(42)
7	1,710	120	67	100	100	100	100	101	(43)
3	1,100	30	27	100	122	125	135	126	(44)
3	1,000	30	22	100	100	100	100	97	(45)
3	1,070	32	20	100	107	107	105	135	(46)
1	1,100	11	6	100	83	85	75	109	(47)
10	1,100	110	78	100	101	101	101	61	(48)
1	1,500	8	7	nc	nc	nc	nc	nc	(49)
6	2,280	137	117	100	161	161	167	193	(50)
22	3,170	697	660	105	98	102	102	85	(51)
3	1,230	37	34	nc	nc	nc	nc	nc	(52)
2	600	12	6	nc	nc	nc	nc	nc	(53)
6	1,320	79	67	nc	nc	nc	nc	nc	(54)
x	x	x	x	x	x	x	x	x	(55)
x	x	x	x	x	x	x	x	x	(56)
7	1,690	118	107	100	93	93	95	95	(57)
x	x	x	x	x	x	x	x	x	(58)
1	1,000	11	9	nc	nc	nc	nc	nc	(59)
58	1,790	1,040	860	nc	nc	nc	nc	nc	(60)
22	1,360	299	211	105	105	109	110	111	(61)
56	2,110	1,180	1,000	nc	nc	nc	nc	nc	(62)

3 令和4年産都道府県別の作付面積、10 a 当たり収量、収穫量及び出荷量 （続き）

（32） スイートコーン

全国農業地域・都道府県		作付面積	10 a 当たり収量	収穫量	出荷量	対前年産比				（参考）対平均収量比
						作付面積	10 a 当たり収量	収穫量	出荷量	
		ha	kg	t	t	%	%	%	%	%
全　　　国	(1)	21,300	980	208,800	172,600	99	96	95	97	98
（全国農業地域）										
北　海　道	(2)	7,040	1,110	78,100	76,300	98	99	97	98	98
都　府　県	(3)	14,300	914	130,700	96,300	nc	nc	nc	nc	nc
東　　　北	(4)	2,210	588	13,000	5,810	nc	nc	nc	nc	nc
北　　　陸	(5)	452	940	4,250	2,470	nc	nc	nc	nc	nc
関東・東山	(6)	7,590	1,010	76,800	61,300	nc	nc	nc	nc	nc
東　　　海	(7)	1,350	993	13,400	8,800	nc	nc	nc	nc	nc
近　　　畿	(8)	285	828	2,360	1,250	nc	nc	nc	nc	nc
中　　　国	(9)	372	747	2,780	1,400	nc	nc	nc	nc	nc
四　　　国	(10)	648	843	5,460	4,270	nc	nc	nc	nc	nc
九　　　州	(11)	1,330	940	12,500	10,800	nc	nc	nc	nc	nc
沖　　　縄	(12)	26	928	241	192	nc	nc	nc	nc	nc
（都道府県）										
北　海　道	(13)	7,040	1,110	78,100	76,300	98	99	97	98	98
青　　　森	(14)	410	584	2,390	1,170	103	77	79	77	74
岩　　　手	(15)	490	592	2,900	2,020	97	98	95	95	99
宮　　　城	(16)	367	515	1,890	430	91	89	81	82	92
秋　　　田	(17)	210	581	1,220	390	nc	nc	nc	nc	nc
山　　　形	(18)	210	825	1,730	677	nc	nc	nc	nc	nc
福　　　島	(19)	520	546	2,840	1,120	96	105	100	102	104
茨　　　城	(20)	1,370	1,080	14,800	11,400	104	96	99	99	89
栃　　　木	(21)	512	1,050	5,380	4,090	90	98	88	88	103
群　　　馬	(22)	1,190	1,060	12,600	10,400	101	101	102	102	114
埼　　　玉	(23)	609	978	5,960	4,970	103	72	75	75	76
千　　　葉	(24)	1,630	1,000	16,300	13,500	97	98	95	96	104
東　　　京	(25)	196	948	1,860	1,530	nc	nc	nc	nc	nc
神　奈　川	(26)	320	1,080	3,460	2,420	nc	nc	nc	nc	nc
新　　　潟	(27)	375	1,020	3,830	2,300	nc	nc	nc	nc	nc
富　　　山	(28)	22	536	118	25	nc	nc	nc	nc	nc
石　　　川	(29)	18	622	112	50	nc	nc	nc	nc	nc
福　　　井	(30)	37	516	191	99	nc	nc	nc	nc	nc
山　　　梨	(31)	709	1,180	8,370	7,120	97	96	94	94	99
長　　　野	(32)	1,050	764	8,020	5,900	99	105	104	106	110
岐　　　阜	(33)	208	894	1,860	704	nc	nc	nc	nc	nc
静　　　岡	(34)	430	965	4,150	2,600	97	99	96	96	105
愛　　　知	(35)	570	1,120	6,380	5,140	100	97	96	96	106
三　　　重	(36)	142	711	1,010	359	nc	nc	nc	nc	nc
滋　　　賀	(37)	32	872	279	187	nc	nc	nc	nc	nc
京　　　都	(38)	45	838	377	154	nc	nc	nc	nc	nc
大　　　阪	(39)	34	979	333	217	nc	nc	nc	nc	nc
兵　　　庫	(40)	115	776	892	456	101	104	105	105	107
奈　　　良	(41)	36	794	286	121	nc	nc	nc	nc	nc
和　歌　山	(42)	23	822	189	113	nc	nc	nc	nc	nc
鳥　　　取	(43)	74	993	735	294	97	118	115	123	102
島　　　根	(44)	65	657	427	300	nc	nc	nc	nc	nc
岡　　　山	(45)	64	880	563	410	nc	nc	nc	nc	nc
広　　　島	(46)	140	611	855	302	nc	nc	nc	nc	nc
山　　　口	(47)	29	693	201	94	nc	nc	nc	nc	nc
徳　　　島	(48)	210	953	2,000	1,600	101	104	105	106	91
香　　　川	(49)	280	906	2,540	1,900	105	94	98	98	74
愛　　　媛	(50)	108	589	636	571	nc	nc	nc	nc	nc
高　　　知	(51)	50	568	284	194	nc	nc	nc	nc	nc
福　　　岡	(52)	140	860	1,200	950	nc	nc	nc	nc	nc
佐　　　賀	(53)	34	524	178	80	nc	nc	nc	nc	nc
長　　　崎	(54)	217	1,210	2,630	2,320	nc	nc	nc	nc	nc
熊　　　本	(55)	250	1,000	2,500	2,230	nc	nc	nc	nc	nc
大　　　分	(56)	300	630	1,890	1,450	nc	nc	nc	nc	nc
宮　　　崎	(57)	331	1,070	3,540	3,340	99	101	99	99	91
鹿　児　島	(58)	59	881	520	405	nc	nc	nc	nc	nc
沖　　　縄	(59)	26	928	241	192	nc	nc	nc	nc	nc
関東農政局	(60)	8,020	1,010	80,900	63,900	nc	nc	nc	nc	nc
東海農政局	(61)	920	1,010	9,250	6,200	nc	nc	nc	nc	nc
中国四国農政局	(62)	1,020	808	8,240	5,670	nc	nc	nc	nc	nc

(33)　さやいんげん

作付面積	10a当たり収量	収穫量	出荷量	対　前　年　産　比				(参考)対平均収量比	
				作付面積	10a当たり収量	収穫量	出荷量		
ha	kg	t	t	%	%	%	%	%	
4,460	742	33,100	22,100	93	98	90	91	103	(1)
341	772	2,630	2,460	69	98	67	66	100	(2)
4,120	740	30,500	19,600	nc	nc	nc	nc	nc	(3)
1,030	604	6,220	3,480	97	98	95	96	101	(4)
134	535	717	297	nc	nc	nc	nc	nc	(5)
1,310	840	11,000	7,350	nc	nc	nc	nc	nc	(6)
249	675	1,680	787	nc	nc	nc	nc	nc	(7)
277	693	1,920	1,030	nc	nc	nc	nc	nc	(8)
246	614	1,510	695	nc	nc	nc	nc	nc	(9)
139	763	1,060	725	nc	nc	nc	nc	nc	(10)
576	790	4,550	3,580	nc	nc	nc	nc	nc	(11)
163	1,120	1,830	1,670	99	97	96	94	97	(12)
341	772	2,630	2,460	69	98	67	66	100	(13)
97	600	582	353	99	91	90	96	83	(14)
89	466	415	191	98	100	98	97	100	(15)
165	433	714	197	98	85	83	83	103	(16)
115	551	634	280	98	97	95	96	105	(17)
116	528	612	293	95	101	95	95	106	(18)
446	731	3,260	2,170	97	101	98	98	102	(19)
167	1,080	1,800	1,080	101	107	108	108	119	(20)
70	656	459	243	80	99	79	79	104	(21)
177	666	1,180	769	102	94	96	96	110	(22)
103	577	594	347	92	104	95	104	104	(23)
389	1,300	5,060	3,660	90	95	86	86	98	(24)
27	948	256	174	nc	nc	nc	nc	nc	(25)
81	628	509	359	98	99	96	96	93	(26)
75	488	366	220	nc	nc	nc	nc	122	(27)
14	570	80	15	nc	nc	nc	nc	nc	(28)
19	500	95	28	nc	nc	nc	nc	nc	(29)
26	677	176	34	nc	nc	nc	nc	nc	(30)
89	454	404	321	94	93	87	87	110	(31)
205	371	761	401	93	106	99	101	110	(32)
80	753	602	349	95	91	87	91	119	(33)
41	695	285	156	nc	nc	nc	nc	nc	(34)
58	516	299	158	nc	nc	nc	nc	nc	(35)
70	706	494	124	nc	nc	nc	nc	nc	(36)
34	606	206	93	nc	nc	nc	nc	nc	(37)
70	720	504	288	nc	nc	nc	nc	nc	(38)
24	850	204	170	nc	nc	nc	nc	nc	(39)
72	596	429	149	nc	nc	nc	nc	nc	(40)
49	710	348	156	nc	nc	nc	nc	nc	(41)
28	818	229	170	nc	nc	nc	nc	nc	(42)
36	675	243	49	nc	nc	nc	nc	nc	(43)
68	654	445	263	nc	nc	nc	nc	nc	(44)
20	617	123	63	nc	nc	nc	nc	nc	(45)
100	583	583	248	100	104	104	104	104	(46)
22	503	111	72	nc	nc	nc	nc	nc	(47)
36	531	191	100	nc	nc	nc	nc	nc	(48)
16	688	110	36	100	97	97	97	109	(49)
68	476	324	168	85	118	100	108	109	(50)
19	2,310	439	421	95	108	103	102	112	(51)
90	721	649	435	99	101	100	99	111	(52)
18	639	115	60	nc	nc	nc	nc	nc	(53)
101	496	501	419	89	104	93	93	96	(54)
84	900	756	567	98	100	98	98	110	(55)
43	600	258	164	nc	nc	nc	nc	nc	(56)
17	912	155	100	nc	nc	nc	nc	nc	(57)
223	951	2,120	1,830	100	102	102	103	98	(58)
163	1,120	1,830	1,670	99	97	96	94	97	(59)
1,350	837	11,300	7,510	nc	nc	nc	nc	nc	(60)
208	673	1,400	631	nc	nc	nc	nc	nc	(61)
385	668	2,570	1,420	nc	nc	nc	nc	nc	(62)

3 令和4年産都道府県別の作付面積、10a当たり収量、収穫量及び出荷量 （続き）

(34) さやえんどう

全国農業地域 都 道 府 県		作付面積	10a当たり 収 量	収 穫 量	出 荷 量	対 前 年 産 比				(参考) 対平均 収量比
						作付面積	10a当たり 収 量	収 穫 量	出 荷 量	
		ha	kg	t	t	%	%	%	%	%
全 国	(1)	2,650	728	19,300	13,100	97	101	97	101	106
（全国農業地域）										
北 海 道	(2)	59	615	363	317	88	100	88	89	98
都 府 県	(3)	2,590	730	18,900	12,700	nc	nc	nc	nc	nc
東 北	(4)	572	474	2,710	1,470	nc	nc	nc	nc	nc
北 陸	(5)	86	507	436	122	nc	nc	nc	nc	nc
関東・東山	(6)	363	521	1,890	904	nc	nc	nc	nc	nc
東 海	(7)	295	908	2,680	1,850	nc	nc	nc	nc	nc
近 畿	(8)	250	716	1,790	1,090	nc	nc	nc	nc	nc
中 国	(9)	217	571	1,240	644	nc	nc	nc	nc	nc
四 国	(10)	142	478	679	405	nc	nc	nc	nc	nc
九 州	(11)	661	1,130	7,470	6,250	nc	nc	nc	nc	nc
沖 縄	(12)	2	565	13	7	nc	nc	nc	nc	nc
（都道府県）										
北 海 道	(13)	59	615	363	317	88	100	88	89	98
青 森	(14)	61	461	281	177	97	107	103	107	104
岩 手	(15)	82	428	351	205	99	101	100	100	109
宮 城	(16)	53	470	249	49	96	103	99	102	98
秋 田	(17)	94	503	473	124	101	99	100	100	104
山 形	(18)	45	656	295	88	nc	nc	nc	nc	nc
福 島	(19)	237	449	1,060	825	97	105	102	103	104
茨 城	(20)	57	805	459	209	93	96	89	90	100
栃 木	(21)	26	554	144	95	nc	nc	nc	nc	nc
群 馬	(22)	22	418	92	48	nc	nc	nc	nc	nc
埼 玉	(23)	33	579	191	97	nc	nc	nc	nc	nc
千 葉	(24)	105	462	485	239	94	100	94	94	97
東 京	(25)	16	500	80	67	nc	nc	nc	nc	nc
神 奈 川	(26)	20	450	90	59	nc	nc	nc	nc	nc
新 潟	(27)	58	459	266	64	97	102	98	149	101
富 山	(28)	11	660	73	15	nc	nc	nc	nc	nc
石 川	(29)	8	538	43	19	nc	nc	nc	nc	nc
福 井	(30)	9	600	54	24	nc	nc	nc	nc	nc
山 梨	(31)	11	418	46	20	nc	nc	nc	nc	nc
長 野	(32)	73	411	300	70	92	104	96	101	107
岐 阜	(33)	22	591	130	32	nc	nc	nc	nc	nc
静 岡	(34)	80	700	560	390	100	92	92	89	96
愛 知	(35)	121	1,230	1,490	1,260	98	111	108	108	125
三 重	(36)	72	697	502	170	100	121	121	121	96
滋 賀	(37)	30	530	159	59	nc	nc	nc	nc	nc
京 都	(38)	58	566	328	195	97	125	121	119	124
大 阪	(39)	18	372	67	46	nc	nc	nc	nc	nc
兵 庫	(40)	82	594	487	128	96	111	107	108	124
奈 良	(41)	11	427	47	23	nc	nc	nc	nc	nc
和 歌 山	(42)	51	1,380	704	634	86	104	90	90	117
鳥 取	(43)	28	516	144	58	nc	nc	nc	nc	nc
島 根	(44)	28	429	120	60	nc	nc	nc	nc	nc
岡 山	(45)	48	583	280	148	104	116	121	120	121
広 島	(46)	93	683	635	355	99	100	99	99	97
山 口	(47)	20	290	58	23	nc	nc	nc	nc	nc
徳 島	(48)	48	542	260	201	100	99	98	99	95
香 川	(49)	20	660	132	36	nc	nc	nc	nc	nc
愛 媛	(50)	58	359	208	99	77	98	75	76	79
高 知	(51)	16	494	79	69	nc	nc	nc	nc	nc
福 岡	(52)	49	549	269	149	100	100	100	100	101
佐 賀	(53)	26	423	110	29	nc	nc	nc	nc	nc
長 崎	(54)	45	1,160	522	422	88	113	99	99	126
熊 本	(55)	52	1,980	1,030	943	108	113	122	122	133
大 分	(56)	42	960	403	290	89	96	86	87	106
宮 崎	(57)	21	750	158	89	nc	nc	nc	nc	nc
鹿 児 島	(58)	426	1,170	4,980	4,330	100	101	101	105	104
沖 縄	(59)	2	565	13	7	nc	nc	nc	nc	nc
関 東 農 政 局	(60)	443	553	2,450	1,290	nc	nc	nc	nc	nc
東 海 農 政 局	(61)	215	986	2,120	1,460	nc	nc	nc	nc	nc
中国四国農政局	(62)	359	535	1,920	1,050	nc	nc	nc	nc	nc

(35)　グリーンピース

作付面積	10a当たり収量	収穫量	出荷量	対前年産比 作付面積	対前年産比 10a当たり収量	対前年産比 収穫量	対前年産比 出荷量	(参考) 対平均収量比	
ha	kg	t	t	%	%	%	%	%	
600	817	4,900	3,880	95	92	88	87	102	(1)
58	563	327	314	118	91	108	105	103	(2)
542	843	4,570	3,570	nc	nc	nc	nc	nc	(3)
25	436	109	88	nc	nc	nc	nc	nc	(4)
3	533	16	8	nc	nc	nc	nc	nc	(5)
3	467	14	6	nc	nc	nc	nc	nc	(6)
40	575	230	103	nc	nc	nc	nc	nc	(7)
266	996	2,650	2,140	91	97	88	87	nc	(8)
30	573	172	90	nc	nc	nc	nc	nc	(9)
44	500	220	165	nc	nc	nc	nc	nc	(10)
131	885	1,160	964	nc	nc	nc	nc	nc	(11)
0	333	1	1	nc	nc	nc	nc	nc	(12)
58	563	327	314	118	91	108	105	103	(13)
-	-	-	-	nc	nc	nc	nc	nc	(14)
-	-	-	-	nc	nc	nc	nc	nc	(15)
1	500	7	3	nc	nc	nc	nc	nc	(16)
-	-	-	-	nc	nc	nc	nc	nc	(17)
1	700	9	9	nc	nc	nc	nc	nc	(18)
23	404	93	76	88	104	92	90	100	(19)
2	500	11	4	nc	nc	nc	nc	nc	(20)
-	-	-	-	nc	nc	nc	nc	nc	(21)
-	-	-	-	nc	nc	nc	nc	nc	(22)
-	-	-	-	nc	nc	nc	nc	nc	(23)
-	-	-	-	nc	nc	nc	nc	nc	(24)
-	-	-	-	nc	nc	nc	nc	nc	(25)
-	-	-	-	nc	nc	nc	nc	nc	(26)
0	1,000	3	2	nc	nc	nc	nc	nc	(27)
0	400	1	1	nc	nc	nc	nc	nc	(28)
1	500	4	1	nc	nc	nc	nc	nc	(29)
2	400	8	4	nc	nc	nc	nc	nc	(30)
-	-	-	-	nc	nc	nc	nc	nc	(31)
1	600	3	2	nc	nc	nc	nc	nc	(32)
22	677	149	56	100	101	101	102	100	(33)
4	602	21	17	nc	nc	nc	nc	nc	(34)
4	349	15	8	nc	nc	nc	nc	nc	(35)
10	450	45	22	nc	nc	nc	nc	nc	(36)
14	550	77	40	100	98	99	100	92	(37)
14	664	93	70	100	108	108	108	nc	(38)
33	576	190	105	100	101	101	101	100	(39)
20	575	115	46	100	89	89	88	110	(40)
18	561	101	49	90	96	86	86	96	(41)
167	1,240	2,070	1,830	87	98	86	86	115	(42)
2	400	8	7	nc	nc	nc	nc	nc	(43)
10	590	59	23	nc	nc	nc	nc	nc	(44)
10	602	60	32	nc	nc	nc	nc	114	(45)
3	567	17	12	nc	nc	nc	nc	nc	(46)
5	560	28	16	nc	nc	nc	nc	nc	(47)
13	731	95	87	nc	nc	nc	nc	nc	(48)
12	308	37	17	nc	nc	nc	nc	nc	(49)
7	571	40	35	nc	nc	nc	nc	nc	(50)
12	400	48	26	nc	nc	nc	nc	nc	(51)
21	743	156	88	100	98	98	94	98	(52)
2	600	12	5	nc	nc	nc	nc	nc	(53)
9	967	87	74	nc	nc	nc	nc	nc	(54)
17	1,010	172	160	77	94	73	73	96	(55)
5	900	45	24	nc	nc	nc	nc	nc	(56)
6	550	33	22	nc	nc	nc	nc	nc	(57)
71	925	657	591	88	99	87	91	108	(58)
0	333	1	1	nc	nc	nc	nc	nc	(59)
7	500	35	23	nc	nc	nc	nc	nc	(60)
36	581	209	86	nc	nc	nc	nc	nc	(61)
74	530	392	255	nc	nc	nc	nc	nc	(62)

3　令和4年産都道府県別の作付面積、10a当たり収量、収穫量及び出荷量　（続き）

(36)　そらまめ

全国農業地域 都　道　府　県		作 付 面 積	10a当たり 収　　量	収 穫 量	出 荷 量	対　前　年　産　比				(参考) 対平均 収量比
						作付面積	10a当たり 収　量	収 穫 量	出 荷 量	
		ha	kg	t	t	%	%	%	%	%
全　　　国	(1)	1,580	835	13,200	9,470	93	102	95	96	103
(全国農業地域)										
北　海　道	(2)	1	727	7	7	nc	nc	nc	nc	nc
都　府　県	(3)	1,580	835	13,200	9,470	nc	nc	nc	nc	nc
東　　　北	(4)	114	785	895	719	nc	nc	nc	nc	nc
北　　　陸	(5)	71	818	581	413	nc	nc	nc	nc	nc
関 東 ・ 東 山	(6)	476	788	3,750	2,730	nc	nc	nc	nc	nc
東　　海	(7)	92	667	614	258	nc	nc	nc	nc	nc
近　　畿	(8)	118	640	755	390	nc	nc	nc	nc	nc
中　　国	(9)	115	599	689	289	nc	nc	nc	nc	nc
四　　国	(10)	213	624	1,330	782	nc	nc	nc	nc	nc
九　　州	(11)	377	1,210	4,560	3,880	nc	nc	nc	nc	nc
沖　　縄	(12)	0	1,000	1	0	nc	nc	nc	nc	nc
(都道府県)										
北　海　道	(13)	1	727	7	7	nc	nc	nc	nc	nc
青　　森	(14)	17	959	163	146	81	96	78	78	105
岩　　手	(15)	1	700	7	6	nc	nc	nc	nc	nc
宮　　城	(16)	66	721	476	359	100	112	112	111	100
秋　　田	(17)	27	830	224	190	100	99	99	99	107
山　　形	(18)	-	-	-	-	nc	nc	nc	nc	nc
福　　島	(19)	3	833	25	18	nc	nc	nc	nc	nc
茨　　城	(20)	115	1,070	1,230	1,020	94	103	97	94	94
栃　　木	(21)	-	-	-	-	nc	nc	nc	nc	nc
群　　馬	(22)	-	-	-	-	nc	nc	nc	nc	nc
埼　　玉	(23)	16	519	83	41	nc	nc	nc	nc	nc
千　　葉	(24)	313	706	2,210	1,540	95	98	93	93	102
東　　京	(25)	4	575	23	9	nc	nc	nc	nc	nc
神　奈　川	(26)	21	771	162	105	nc	nc	nc	nc	nc
新　　潟	(27)	48	831	399	279	94	122	115	133	103
富　　山	(28)	0	500	2	2	nc	nc	nc	nc	nc
石　　川	(29)	2	550	11	2	nc	nc	nc	nc	nc
福　　井	(30)	21	805	169	130	nc	nc	nc	nc	nc
山　　梨	(31)	7	643	45	16	nc	nc	nc	nc	nc
長　　野	(32)	-	-	-	-	nc	nc	nc	nc	nc
岐　　阜	(33)	15	707	106	62	nc	nc	nc	nc	nc
静　　岡	(34)	29	734	213	107	100	91	91	91	nc
愛　　知	(35)	25	644	161	55	nc	nc	nc	nc	nc
三　　重	(36)	23	583	134	34	nc	nc	nc	nc	nc
滋　　賀	(37)	5	660	33	25	nc	nc	nc	nc	nc
京　　都	(38)	5	760	38	16	nc	nc	nc	nc	nc
大　　阪	(39)	35	480	168	109	100	98	98	98	103
兵　　庫	(40)	40	693	277	78	100	105	105	104	148
奈　　良	(41)	6	633	38	9	nc	nc	nc	nc	nc
和　歌　山	(42)	27	744	201	153	82	102	84	84	106
鳥　　取	(43)	50	583	292	58	96	106	102	98	93
島　　根	(44)	10	430	43	24	nc	nc	nc	nc	nc
岡　　山	(45)	17	776	132	96	nc	nc	nc	nc	nc
広　　島	(46)	25	652	163	78	nc	nc	nc	nc	nc
山　　口	(47)	13	454	59	33	nc	nc	nc	nc	nc
徳　　島	(48)	40	613	245	112	98	93	91	86	93
香　　川	(49)	81	551	446	180	103	112	114	115	124
愛　　媛	(50)	85	714	607	465	77	120	93	95	114
高　　知	(51)	7	476	33	25	nc	nc	nc	nc	nc
福　　岡	(52)	49	755	370	263	96	99	95	94	106
佐　　賀	(53)	20	760	152	76	nc	nc	nc	nc	nc
長　　崎	(54)	37	1,090	403	333	90	109	98	97	109
熊　　本	(55)	28	1,120	314	260	90	93	84	86	101
大　　分	(56)	5	780	39	27	nc	nc	nc	nc	nc
宮　　崎	(57)	9	563	51	24	nc	nc	nc	nc	nc
鹿　児　島	(58)	229	1,410	3,230	2,900	93	105	98	100	107
沖　　縄	(59)	0	1,000	1	0	nc	nc	nc	nc	nc
関 東 農 政 局	(60)	505	786	3,970	2,840	nc	nc	nc	nc	nc
東 海 農 政 局	(61)	63	637	401	151	nc	nc	nc	nc	nc
中国四国農政局	(62)	328	616	2,020	1,070	nc	nc	nc	nc	nc

(37)　えだまめ

作付面積	10a当たり収量	収穫量	出荷量	対　前　年　産　比				(参考)対平均収量比	
				作付面積	10a当たり収量	収穫量	出荷量		
ha	kg	t	t	%	%	%	%	%	
12,700	513	65,200	52,200	99	92	91	93	99	(1)
1,340	658	8,820	8,490	104	86	90	90	110	(2)
11,400	495	56,400	43,700	nc	nc	nc	nc	nc	(3)
3,790	343	13,000	9,500	99	89	88	90	91	(4)
1,650	267	4,410	3,280	nc	nc	nc	nc	nc	(5)
3,300	752	24,800	20,300	nc	nc	nc	nc	nc	(6)
661	569	3,760	2,540	nc	nc	nc	nc	nc	(7)
762	591	4,500	3,530	nc	nc	nc	nc	nc	(8)
299	605	1,810	1,270	nc	nc	nc	nc	nc	(9)
390	464	1,810	1,390	nc	nc	nc	nc	nc	(10)
471	469	2,210	1,790	nc	nc	nc	nc	nc	(11)
30	375	113	101	nc	nc	nc	nc	nc	(12)
1,340	658	8,820	8,490	104	86	90	90	110	(13)
239	234	559	286	96	59	56	67	58	(14)
240	290	696	404	96	99	95	96	103	(15)
295	417	1,230	553	97	93	90	91	100	(16)
1,290	352	4,540	3,610	95	94	89	89	96	(17)
1,470	337	4,950	4,320	104	84	88	93	85	(18)
259	383	992	328	98	105	103	104	105	(19)
86	798	686	314	nc	nc	nc	nc	nc	(20)
116	500	580	422	nc	nc	nc	nc	nc	(21)
1,070	667	7,140	6,220	96	100	97	97	113	(22)
613	869	5,330	4,240	96	100	96	96	106	(23)
746	778	5,800	4,910	99	103	102	102	100	(24)
156	880	1,370	1,190	nc	nc	nc	nc	nc	(25)
332	895	2,970	2,570	99	97	96	98	104	(26)
1,530	262	4,010	3,010	96	89	86	101	85	(27)
57	275	157	139	116	94	109	122	85	(28)
13	638	83	39	nc	nc	nc	nc	nc	(29)
49	320	157	95	nc	nc	nc	nc	nc	(30)
67	387	259	188	nc	nc	nc	nc	nc	(31)
117	542	634	229	nc	nc	nc	nc	nc	(32)
218	553	1,210	955	95	107	102	102	111	(33)
164	555	910	638	nc	nc	nc	nc	nc	(34)
212	525	1,110	799	nc	nc	nc	nc	nc	(35)
67	794	532	147	nc	nc	nc	nc	nc	(36)
15	580	87	58	nc	nc	nc	nc	nc	(37)
210	551	1,160	1,020	nc	nc	nc	nc	99	(38)
130	882	1,150	1,050	100	102	103	103	100	(39)
350	499	1,750	1,210	104	101	106	106	94	(40)
28	579	162	80	nc	nc	nc	nc	nc	(41)
29	672	195	113	nc	nc	nc	nc	nc	(42)
14	506	71	35	nc	nc	nc	nc	nc	(43)
19	403	77	49	nc	nc	nc	nc	nc	(44)
49	412	202	152	nc	nc	nc	nc	nc	(45)
162	718	1,160	832	nc	nc	nc	nc	nc	(46)
55	544	299	202	nc	nc	nc	nc	nc	(47)
246	482	1,190	1,000	100	97	98	98	98	(48)
47	355	167	111	85	88	75	75	77	(49)
77	481	370	209	88	109	95	89	134	(50)
20	415	83	71	nc	nc	nc	nc	nc	(51)
58	640	371	260	nc	nc	nc	nc	nc	(52)
10	470	47	24	nc	nc	nc	nc	nc	(53)
7	443	30	17	nc	nc	nc	nc	nc	(54)
8	750	60	41	nc	nc	nc	nc	nc	(55)
38	750	285	186	nc	nc	nc	nc	nc	(56)
295	383	1,130	1,000	110	84	93	93	82	(57)
55	527	290	258	nc	nc	nc	nc	nc	(58)
30	375	113	101	nc	nc	nc	nc	nc	(59)
3,470	741	25,700	20,900	nc	nc	nc	nc	nc	(60)
497	573	2,850	1,900	nc	nc	nc	nc	nc	(61)
689	525	3,620	2,660	nc	nc	nc	nc	nc	(62)

3 令和4年産都道府県別の作付面積、10a当たり収量、収穫量及び出荷量 （続き）

(38) しょうが

全国農業地域 都 道 府 県		作 付 面 積	10a当たり 収 量	収 穫 量	出 荷 量	対 前 年 産 比				(参考) 対平均 収量比
						作付面積	10a当たり 収 量	収穫量	出荷量	
		ha	kg	t	t	%	%	%	%	%
全 国	(1)	1,690	2,730	46,200	36,800	98	98	95	96	101
(全国農業地域)										
北 海 道	(2)	0	3,500	14	14	nc	nc	nc	nc	nc
都 府 県	(3)	1,690	2,730	46,200	36,700	nc	nc	nc	nc	nc
東 北	(4)	8	1,140	91	48	nc	nc	nc	nc	nc
北 陸	(5)	4	1,230	49	41	nc	nc	nc	nc	nc
関 東・東 山	(6)	538	1,540	8,270	5,370	nc	nc	nc	nc	nc
東 海	(7)	164	1,450	2,370	1,780	nc	nc	nc	nc	nc
近 畿	(8)	53	3,890	2,060	1,910	nc	nc	nc	nc	nc
中 国	(9)	30	1,510	453	332	nc	nc	nc	nc	nc
四 国	(10)	439	4,780	21,000	17,300	nc	nc	nc	nc	nc
九 州	(11)	445	2,630	11,700	9,900	nc	nc	nc	nc	nc
沖 縄	(12)	11	1,270	140	105	nc	nc	nc	nc	nc
(都道府県)										
北 海 道	(13)	0	3,500	14	14	nc	nc	nc	nc	nc
青 森	(14)	-	-	-	-	nc	nc	nc	nc	nc
岩 手	(15)	1	1,100	7	5	nc	nc	nc	nc	nc
宮 城	(16)	0	700	3	1	nc	nc	nc	nc	nc
秋 田	(17)	-	-	-	-	nc	nc	nc	nc	nc
山 形	(18)	1	2,200	29	26	nc	nc	nc	nc	nc
福 島	(19)	6	867	52	16	nc	nc	nc	nc	nc
茨 城	(20)	125	1,670	2,090	1,630	98	65	64	64	69
栃 木	(21)	15	1,040	156	125	nc	nc	nc	nc	nc
群 馬	(22)	16	1,010	162	125	nc	nc	nc	nc	nc
埼 玉	(23)	35	1,280	448	378	nc	nc	nc	nc	115
千 葉	(24)	297	1,650	4,900	2,730	100	97	97	96	120
東 京	(25)	10	1,100	110	79	nc	nc	nc	nc	nc
神 奈 川	(26)	34	1,090	371	289	nc	nc	nc	nc	nc
新 潟	(27)	2	1,350	27	24	nc	nc	nc	nc	nc
富 山	(28)	0	735	3	3	nc	nc	nc	nc	nc
石 川	(29)	0	806	1	1	nc	nc	nc	nc	nc
福 井	(30)	2	900	18	13	nc	nc	nc	nc	nc
山 梨	(31)	6	600	36	13	nc	nc	nc	nc	nc
長 野	(32)	-	-	-	-	nc	nc	nc	nc	nc
岐 阜	(33)	8	1,710	137	80	nc	nc	nc	nc	nc
静 岡	(34)	85	1,630	1,390	1,180	99	86	85	86	88
愛 知	(35)	47	1,410	663	450	98	94	92	92	113
三 重	(36)	24	758	182	70	nc	nc	nc	nc	nc
滋 賀	(37)	4	1,280	51	36	nc	nc	nc	nc	nc
京 都	(38)	7	786	55	29	nc	nc	nc	nc	nc
大 阪	(39)	0	1,400	0	0	nc	nc	nc	nc	nc
兵 庫	(40)	3	733	22	12	nc	nc	nc	nc	nc
奈 良	(41)	4	1,100	44	34	nc	nc	nc	nc	nc
和 歌 山	(42)	35	5,400	1,890	1,800	nc	nc	nc	nc	nc
鳥 取	(43)	4	1,880	75	50	nc	nc	nc	nc	nc
島 根	(44)	6	932	56	39	nc	nc	nc	nc	nc
岡 山	(45)	10	2,280	228	184	100	90	90	90	77
広 島	(46)	8	1,050	84	52	nc	nc	nc	nc	nc
山 口	(47)	2	500	10	7	nc	nc	nc	nc	nc
徳 島	(48)	10	3,180	318	277	111	110	122	126	106
香 川	(49)	0	1,020	4	2	nc	nc	nc	nc	nc
愛 媛	(50)	9	2,210	199	177	nc	nc	nc	nc	nc
高 知	(51)	420	4,870	20,500	16,800	97	106	103	104	103
福 岡	(52)	3	1,000	28	18	nc	nc	nc	nc	nc
佐 賀	(53)	18	1,260	227	154	nc	nc	nc	nc	nc
長 崎	(54)	70	1,910	1,340	947	108	103	112	117	96
熊 本	(55)	167	3,150	5,260	4,450	97	104	101	105	106
大 分	(56)	29	2,000	580	512	nc	nc	nc	nc	nc
宮 崎	(57)	79	3,010	2,380	2,110	98	92	90	90	96
鹿 児 島	(58)	79	2,440	1,930	1,710	101	93	94	92	95
沖 縄	(59)	11	1,270	140	105	nc	nc	nc	nc	nc
関 東 農 政 局	(60)	623	1,550	9,660	6,550	nc	nc	nc	nc	nc
東 海 農 政 局	(61)	79	1,240	982	600	nc	nc	nc	nc	nc
中国四国農政局	(62)	469	4,580	21,500	17,600	nc	nc	nc	nc	nc

(39)　いちご

作付面積	10a当たり収量	収穫量	出荷量	対前年産比				(参考)対平均収量比	
				作付面積	10a当たり収量	収穫量	出荷量		
ha	kg	t	t	%	%	%	%	%	
4,850	3,320	161,100	149,200	98	99	98	98	107	(1)
91	1,920	1,750	1,650	98	101	99	99	104	(2)
4,760	3,350	159,400	147,600	nc	nc	nc	nc	nc	(3)
440	2,230	9,830	8,530	nc	nc	nc	nc	nc	(4)
112	1,380	1,550	1,370	nc	nc	nc	nc	nc	(5)
1,320	3,830	50,500	47,300	nc	nc	nc	nc	nc	(6)
725	3,520	25,500	23,700	99	97	96	97	105	(7)
375	1,860	6,980	6,000	nc	nc	nc	nc	nc	(8)
209	2,080	4,340	3,510	nc	nc	nc	nc	nc	(9)
246	3,350	8,240	7,600	nc	nc	nc	nc	nc	(10)
1,320	3,960	52,300	49,500	nc	nc	nc	nc	nc	(11)
5	1,900	91	89	nc	nc	nc	nc	nc	(12)
91	1,920	1,750	1,650	98	101	99	99	104	(13)
73	1,410	1,030	860	91	99	90	91	103	(14)
34	1,560	530	349	nc	nc	nc	nc	nc	(15)
136	3,580	4,870	4,490	100	97	97	98	100	(16)
38	879	334	182	nc	nc	nc	nc	nc	(17)
54	1,270	686	540	nc	nc	nc	nc	nc	(18)
105	2,270	2,380	2,110	98	104	102	102	103	(19)
239	3,890	9,300	8,800	100	101	101	101	104	(20)
505	4,830	24,400	22,900	99	101	100	100	107	(21)
95	2,890	2,750	2,590	98	102	100	100	105	(22)
95	3,180	3,020	2,710	99	102	101	101	106	(23)
220	3,310	7,280	6,870	101	109	110	110	110	(24)
18	1,210	218	204	nc	nc	nc	nc	nc	(25)
50	2,280	1,140	1,010	nc	nc	nc	nc	nc	(26)
80	1,570	1,260	1,170	96	84	81	82	121	(27)
6	2,030	122	110	nc	nc	nc	nc	nc	(28)
8	763	61	25	nc	nc	nc	nc	nc	(29)
18	594	107	61	nc	nc	nc	nc	nc	(30)
19	2,890	549	502	nc	nc	nc	nc	nc	(31)
82	2,280	1,870	1,710	98	99	96	99	nc	(32)
111	2,420	2,690	2,210	97	87	85	88	107	(33)
293	3,550	10,400	9,720	100	99	99	99	101	(34)
251	4,230	10,600	10,000	99	98	96	96	112	(35)
70	2,630	1,840	1,720	100	95	95	96	93	(36)
42	1,810	760	625	nc	nc	nc	nc	nc	(37)
42	2,030	853	814	nc	nc	nc	nc	nc	(38)
24	1,670	401	321	nc	nc	nc	nc	nc	(39)
135	1,360	1,840	1,380	91	132	121	135	133	(40)
97	2,260	2,190	2,020	98	96	94	95	101	(41)
35	2,660	931	841	nc	nc	nc	nc	nc	(42)
21	1,350	284	199	nc	nc	nc	nc	nc	(43)
18	2,650	477	390	nc	nc	nc	nc	nc	(44)
40	2,260	904	723	nc	nc	nc	nc	nc	(45)
30	1,710	513	394	nc	nc	nc	nc	nc	(46)
100	2,160	2,160	1,800	100	95	95	96	94	(47)
70	2,740	1,920	1,730	nc	nc	nc	nc	nc	(48)
85	4,080	3,470	3,270	100	104	104	104	118	(49)
67	3,220	2,160	1,940	nc	nc	nc	nc	106	(50)
24	2,870	689	661	nc	nc	nc	nc	nc	(51)
425	3,950	16,800	15,900	99	102	101	101	106	(52)
157	4,280	6,720	6,240	98	93	91	91	100	(53)
257	4,000	10,300	9,870	97	100	96	96	106	(54)
293	3,990	11,700	11,100	98	98	97	97	108	(55)
65	3,640	2,370	2,260	nc	nc	nc	nc	nc	(56)
72	3,760	2,710	2,530	100	98	99	98	103	(57)
51	3,330	1,700	1,610	nc	nc	nc	nc	104	(58)
5	1,900	91	89	nc	nc	nc	nc	nc	(59)
1,620	3,760	60,900	57,000	nc	nc	nc	nc	nc	(60)
432	3,500	15,100	13,900	99	95	94	95	108	(61)
455	2,770	12,600	11,100	nc	nc	nc	nc	nc	(62)

3 令和4年産都道府県別の作付面積、10a当たり収量、収穫量及び出荷量 （続き）

(40) メロン
ア 計

全国農業地域・都道府県		作付面積	10a当たり収量	収穫量	出荷量	対 前 年 産 比				(参考)対平均収量比
						作付面積	10a当たり収量	収穫量	出荷量	
		ha	kg	t	t	%	%	%	%	%
全 国	(1)	5,790	2,460	142,400	130,500	95	100	95	95	105
(全国農業地域)										
北 海 道	(2)	835	2,380	19,900	18,400	90	108	98	97	104
都 府 県	(3)	4,960	2,470	122,500	112,100	nc	nc	nc	nc	nc
東 北	(4)	1,080	1,950	21,100	18,300	nc	nc	nc	nc	nc
北 陸	(5)	209	2,170	4,540	3,600	nc	nc	nc	nc	nc
関 東・東 山	(6)	1,570	2,730	42,800	40,200	nc	nc	nc	nc	nc
東 海	(7)	659	2,560	16,900	15,900	nc	nc	nc	nc	nc
近 畿	(8)	148	1,490	2,210	1,530	nc	nc	nc	nc	nc
中 国	(9)	144	2,060	2,960	2,470	nc	nc	nc	nc	nc
四 国	(10)	99	2,320	2,300	2,090	nc	nc	nc	nc	nc
九 州	(11)	1,050	2,820	29,600	27,900	nc	nc	nc	nc	nc
沖 縄	(12)	6	1,870	103	88	nc	nc	nc	nc	nc
(都道府県)										
北 海 道	(13)	835	2,380	19,900	18,400	90	108	98	97	104
青 森	(14)	407	1,970	8,020	7,330	91	92	83	87	99
岩 手	(15)	13	1,040	135	50	nc	nc	nc	nc	nc
宮 城	(16)	6	1,270	76	37	nc	nc	nc	nc	nc
秋 田	(17)	160	1,920	3,070	2,400	99	104	103	103	105
山 形	(18)	475	2,010	9,550	8,350	96	95	92	92	97
福 島	(19)	14	1,700	238	166	nc	nc	nc	nc	nc
茨 城	(20)	1,170	2,880	33,700	31,700	97	95	92	93	97
栃 木	(21)	2	1,950	39	33	nc	nc	nc	nc	nc
群 馬	(22)	5	1,270	57	27	nc	nc	nc	nc	nc
埼 玉	(23)	7	2,070	153	129	nc	nc	nc	nc	nc
千 葉	(24)	304	2,460	7,480	7,180	99	96	95	95	104
東 京	(25)	2	1,100	22	6	nc	nc	nc	nc	nc
神 奈 川	(26)	60	1,900	1,140	1,050	nc	nc	nc	nc	nc
新 潟	(27)	140	2,460	3,440	2,750	nc	nc	nc	nc	nc
富 山	(28)	18	978	176	80	nc	nc	nc	nc	nc
石 川	(29)	20	1,520	304	238	91	117	106	118	114
福 井	(30)	31	1,990	617	533	100	109	109	110	103
山 梨	(31)	x	x	x	x	nc	nc	nc	nc	nc
長 野	(32)	18	1,140	205	68	nc	nc	nc	nc	nc
岐 阜	(33)	15	2,270	341	219	nc	nc	nc	nc	nc
静 岡	(34)	237	2,590	6,140	6,050	96	99	95	96	96
愛 知	(35)	371	2,660	9,870	9,280	100	103	103	103	117
三 重	(36)	36	1,600	576	385	nc	nc	nc	nc	nc
滋 賀	(37)	46	1,680	773	638	nc	nc	nc	nc	nc
京 都	(38)	42	1,480	622	486	nc	nc	nc	nc	nc
大 阪	(39)	1	1,700	17	14	nc	nc	nc	nc	nc
兵 庫	(40)	44	1,200	528	225	nc	nc	nc	nc	nc
奈 良	(41)	9	1,610	145	58	nc	nc	nc	nc	nc
和 歌 山	(42)	6	2,310	129	109	nc	nc	nc	nc	nc
鳥 取	(43)	50	2,080	1,040	884	96	110	106	105	100
島 根	(44)	43	2,700	1,160	1,090	nc	nc	nc	nc	nc
岡 山	(45)	11	1,410	155	125	100	108	108	108	104
広 島	(46)	22	1,390	306	134	nc	nc	nc	nc	nc
山 口	(47)	18	1,640	295	238	nc	nc	nc	nc	nc
徳 島	(48)	8	2,180	174	143	nc	nc	nc	nc	nc
香 川	(49)	5	1,360	68	46	nc	nc	nc	nc	nc
愛 媛	(50)	14	2,020	283	249	nc	nc	nc	nc	nc
高 知	(51)	72	2,460	1,770	1,650	nc	nc	nc	nc	nc
福 岡	(52)	21	1,440	302	232	nc	nc	nc	nc	nc
佐 賀	(53)	6	1,350	81	66	nc	nc	nc	nc	nc
長 崎	(54)	89	2,690	2,390	2,260	nc	nc	nc	nc	nc
熊 本	(55)	832	2,930	24,400	23,100	98	98	96	96	117
大 分	(56)	12	2,000	240	220	nc	nc	nc	nc	nc
宮 崎	(57)	55	2,350	1,290	1,180	nc	nc	nc	nc	nc
鹿 児 島	(58)	33	2,570	848	805	nc	nc	nc	nc	nc
沖 縄	(59)	6	1,870	103	88	nc	nc	nc	nc	nc
関 東 農 政 局	(60)	1,810	2,710	49,000	46,300	nc	nc	nc	nc	nc
東 海 農 政 局	(61)	422	2,560	10,800	9,880	nc	nc	nc	nc	nc
中国四国農政局	(62)	243	2,160	5,250	4,560	nc	nc	nc	nc	nc

イ　計のうち温室メロン（アールスフェボリット系）

作 付 面 積	10a当たり収量	収 穫 量	出 荷 量	対 前 年 産 比				(参考)対平均収量比	
				作付面積	10a当たり収量	収 穫 量	出 荷 量		
ha	kg	t	t	%	%	%	%	%	
596	2,750	16,400	15,700	98	98	96	96	102	(1)
-	-	-	-	nc	nc	nc	nc	nc	(2)
596	2,750	16,400	15,700	nc	nc	nc	nc	nc	(3)
-	-	-	-	nc	nc	nc	nc	nc	(4)
23	2,370	544	479	nc	nc	nc	nc	109	(5)
136	2,770	3,770	3,580	nc	nc	nc	nc	nc	(6)
353	2,810	9,910	9,620	nc	nc	nc	nc	nc	(7)
				nc	nc	nc	nc	nc	(8)
18	2,520	453	428	nc	nc	nc	nc	nc	(9)
66	2,530	1,670	1,580	nc	nc	nc	nc	nc	(10)
-	-	-	-	nc	nc	nc	nc	nc	(11)
-	-	-	-	nc	nc	nc	nc	nc	(12)
-	-	-	-	nc	nc	nc	nc	nc	(13)
				nc	nc	nc	nc	nc	(14)
-	-	-	-	nc	nc	nc	nc	nc	(15)
-	-	-	-	nc	nc	nc	nc	nc	(16)
-	-	-	-	nc	nc	nc	nc	nc	(17)
-	-	-	-	nc	nc	nc	nc	nc	(18)
-	-	-	-	nc	nc	nc	nc	nc	(19)
112	2,860	3,200	3,050	101	101	102	102	104	(20)
-	-	-	-	nc	nc	nc	nc	nc	(21)
-	-	-	-	nc	nc	nc	nc	nc	(22)
-	-	-	-	nc	nc	nc	nc	nc	(23)
20	2,500	500	471	95	100	96	96	106	(24)
-	-	-	-	nc	nc	nc	nc	nc	(25)
x	x	x	x	nc	nc	nc	nc	nc	(26)
-	-	-	-	nc	nc	nc	nc	nc	(27)
-	-	-	-	nc	nc	nc	nc	nc	(28)
7	2,770	194	180	117	109	127	125	110	(29)
16	2,190	350	299	100	106	106	106	108	(30)
x	x	x	x	nc	nc	nc	nc	nc	(31)
3	1,640	41	36	nc	nc	nc	nc	nc	(32)
2	3,050	61	58	nc	nc	nc	nc	nc	(33)
220	2,600	5,720	5,640	96	99	95	96	96	(34)
124	3,160	3,920	3,720	100	98	98	98	107	(35)
7	3,000	210	202	nc	nc	nc	nc	nc	(36)
-	-	-	-	nc	nc	nc	nc	nc	(37)
-	-	-	-	nc	nc	nc	nc	nc	(38)
				nc	nc	nc	nc	nc	(39)
-	-	-	-	nc	nc	nc	nc	nc	(40)
-	-	-	-	nc	nc	nc	nc	nc	(41)
-	-	-	-	nc	nc	nc	nc	nc	(42)
4	1,280	56	52	80	100	88	88	84	(43)
11	3,160	348	330	nc	nc	nc	nc	nc	(44)
2	1,710	34	32	100	102	103	103	97	(45)
-	-	-	-	nc	nc	nc	nc	nc	(46)
1	1,500	15	14	nc	nc	nc	nc	nc	(47)
1	2,400	14	12	nc	nc	nc	nc	nc	(48)
-	-	-	-	nc	nc	nc	nc	nc	(49)
				nc	nc	nc	nc	nc	(50)
65	2,560	1,660	1,570	nc	nc	nc	nc	nc	(51)
-	-	-	-	nc	nc	nc	nc	nc	(52)
				nc	nc	nc	nc	nc	(53)
				nc	nc	nc	nc	nc	(54)
				nc	nc	nc	nc	nc	(55)
				nc	nc	nc	nc	nc	(56)
				nc	nc	nc	nc	nc	(57)
				nc	nc	nc	nc	nc	(58)
-	-	-	-	nc	nc	nc	nc	nc	(59)
356	2,670	9,490	9,220	nc	nc	nc	nc	nc	(60)
133	3,150	4,190	3,980	nc	nc	nc	nc	nc	(61)
84	2,540	2,130	2,010	nc	nc	nc	nc	nc	(62)

3 令和4年産都道府県別の作付面積、10a当たり収量、収穫量及び出荷量 （続き）

(41) すいか

全国農業地域 都 道 府 県		作 付 面 積	10a当たり 収 量	収 穫 量	出 荷 量	対 前 年 産 比				(参考) 対平均 収量比
						作付面積	10a当たり 収量	収穫量	出荷量	
		ha	kg	t	t	%	%	%	%	%
全 国	(1)	8,940	3,530	315,900	273,900	97	102	99	99	107
(全国農業地域)										
北 海 道	(2)	318	3,990	12,700	11,700	100	97	98	98	103
都 府 県	(3)	8,630	3,510	303,200	262,200	nc	nc	nc	nc	nc
東 北	(4)	1,470	3,360	49,400	42,000	nc	nc	nc	nc	nc
北 陸	(5)	940	3,970	37,300	33,200	nc	nc	nc	nc	nc
関 東 ・ 東 山	(6)	2,090	3,940	82,300	74,700	nc	nc	nc	nc	nc
東 海	(7)	692	3,370	23,300	19,400	nc	nc	nc	nc	nc
近 畿	(8)	549	2,000	11,000	5,220	nc	nc	nc	nc	nc
中 国	(9)	678	3,580	24,300	19,900	nc	nc	nc	nc	nc
四 国	(10)	243	2,400	5,830	4,560	nc	nc	nc	nc	nc
九 州	(11)	1,880	3,600	67,600	61,300	nc	nc	nc	nc	nc
沖 縄	(12)	81	2,640	2,140	1,900	nc	nc	nc	nc	nc
(都道府県)										
北 海 道	(13)	318	3,990	12,700	11,700	100	97	98	98	103
青 森	(14)	226	2,510	5,670	5,040	91	86	78	80	89
岩 手	(15)	40	2,100	840	447	nc	nc	nc	nc	nc
宮 城	(16)	15	1,150	173	26	nc	nc	nc	nc	nc
秋 田	(17)	385	2,810	10,800	8,920	97	88	86	86	97
山 形	(18)	765	4,100	31,400	27,400	97	100	98	98	105
福 島	(19)	40	1,350	540	130	nc	nc	nc	nc	nc
茨 城	(20)	378	4,050	15,300	13,700	98	98	96	96	101
栃 木	(21)	24	1,480	355	130	nc	nc	nc	nc	nc
群 馬	(22)	124	3,320	4,120	3,190	nc	nc	nc	nc	nc
埼 玉	(23)	28	1,990	557	267	nc	nc	nc	nc	nc
千 葉	(24)	947	3,890	36,800	33,900	97	101	98	98	102
東 京	(25)	11	1,300	143	79	nc	nc	nc	nc	nc
神 奈 川	(26)	282	3,320	9,360	8,850	101	102	103	103	107
新 潟	(27)	480	3,950	19,000	17,100	95	112	107	110	115
富 山	(28)	52	1,320	686	248	nc	nc	nc	nc	nc
石 川	(29)	260	4,960	12,900	11,700	93	110	102	104	114
福 井	(30)	148	3,170	4,690	4,190	99	102	100	100	120
山 梨	(31)	5	1,080	54	17	nc	nc	nc	nc	nc
長 野	(32)	295	5,290	15,600	14,600	97	107	104	105	103
岐 阜	(33)	43	1,150	495	188	nc	nc	nc	nc	nc
静 岡	(34)	162	2,840	4,600	3,630	98	97	95	95	98
愛 知	(35)	393	4,270	16,800	15,100	99	102	101	100	127
三 重	(36)	94	1,490	1,400	459	nc	nc	nc	nc	nc
滋 賀	(37)	66	1,640	1,080	525	99	109	107	107	105
京 都	(38)	80	1,940	1,550	761	nc	nc	nc	nc	nc
大 阪	(39)	33	1,740	574	183	nc	nc	nc	nc	nc
兵 庫	(40)	210	1,720	3,610	859	91	116	106	116	140
奈 良	(41)	78	2,520	1,970	1,060	99	100	99	99	102
和 歌 山	(42)	82	2,750	2,260	1,830	99	99	97	97	100
鳥 取	(43)	374	5,070	19,000	17,500	102	111	114	113	103
島 根	(44)	43	1,020	439	130	nc	nc	nc	nc	nc
岡 山	(45)	52	1,870	972	592	100	111	111	111	142
広 島	(46)	126	1,840	2,320	640	nc	nc	nc	nc	nc
山 口	(47)	83	1,910	1,590	1,060	99	107	106	106	103
徳 島	(48)	16	1,890	302	170	nc	nc	nc	nc	nc
香 川	(49)	25	1,190	298	140	nc	nc	nc	nc	nc
愛 媛	(50)	162	2,410	3,900	3,070	85	125	106	118	130
高 知	(51)	40	3,320	1,330	1,180	nc	nc	nc	nc	nc
福 岡	(52)	99	2,470	2,450	1,860	99	98	97	97	104
佐 賀	(53)	25	1,080	270	120	nc	nc	nc	nc	nc
長 崎	(54)	251	3,580	8,990	7,820	104	102	106	106	109
熊 本	(55)	1,260	3,810	48,000	45,200	98	99	97	97	105
大 分	(56)	154	3,520	5,420	4,270	94	99	93	93	104
宮 崎	(57)	16	2,080	333	256	nc	nc	nc	nc	nc
鹿 児 島	(58)	72	3,000	2,160	1,760	81	108	87	91	113
沖 縄	(59)	81	2,640	2,140	1,900	nc	nc	nc	nc	nc
関 東 農 政 局	(60)	2,260	3,850	86,900	78,400	nc	nc	nc	nc	nc
東 海 農 政 局	(61)	530	3,530	18,700	15,700	nc	nc	nc	nc	nc
中国四国農政局	(62)	921	3,280	30,200	24,500	nc	nc	nc	nc	nc

4　令和4年産都道府県別・品目別の作付面積、収穫量及び出荷量

品　目	北　海　道			青　　森			岩　　手		
	作付面積	収穫量	出荷量	作付面積	収穫量	出荷量	作付面積	収穫量	出荷量
	ha	t	t	ha	t	t	ha	t	t
だ い こ ん (1)	2,780	128,800	121,400	2,700	107,300	97,900	813	22,500	16,400
か ぶ (2)	101	3,430	3,310	166	5,740	5,100	35	623	317
に ん じ ん (3)	4,310	168,200	156,800	1,180	34,400	32,000	160	2,630	1,620
ご ぼ う (4)	482	10,400	9,760	2,340	42,600	40,300	76	866	503
れ ん こ ん (5)	-	-	-	-	-	-	x	x	x
ば れ い し ょ (6)	48,500	1,819,000	1,615,000	606	13,000	9,390	369	5,900	1,130
さ と い も (7)	x	x	x	7	58	15	95	774	390
や ま の い も (8)	1,880	77,500	66,100	2,240	45,500	41,500	173	2,790	2,310
は く さ い (9)	552	23,500	22,000	190	4,910	3,190	291	7,460	3,700
こ ま つ な (10)	158	2,420	2,250	30	390	320	49	495	337
キ ャ ベ ツ (11)	1,160	61,700	58,300	423	15,900	13,800	800	24,100	21,700
ち ん げ ん さ い (12)	35	777	737	9	101	70	14	181	135
ほ う れ ん そ う (13)	389	3,590	3,360	170	1,520	1,080	620	2,980	2,380
ふ き (14)	22	202	188	8	35	11	14	75	37
み つ ば (15)	30	202	185	6	66	53	8	61	41
し ゅ ん ぎ く (16)	16	203	186	27	206	139	33	283	201
み ず な (17)	21	544	513	8	73	52	10	97	77
セ ル リ ー (18)	20	742	699	1	19	17	2	22	15
ア ス パ ラ ガ ス (19)	1,100	3,500	3,190	124	507	385	258	472	399
カ リ フ ラ ワ ー (20)	16	189	182	17	159	126	14	125	69
ブ ロ ッ コ リ ー (21)	3,060	27,600	26,200	150	1,150	1,020	114	855	744
レ タ ス (22)	477	12,900	12,200	88	1,810	1,640	401	7,940	7,280
ね ぎ (23)	603	19,600	18,500	490	12,000	9,340	446	6,770	5,110
に ら (24)	64	2,820	2,720	13	110	68	10	109	78
た ま ね ぎ (25)	14,800	825,800	772,900	22	488	324	75	1,490	845
に ん に く (26)	169	973	781	1,420	13,500	9,300	61	383	237
き ゅ う り (27)	133	14,500	13,600	138	5,250	4,230	223	11,900	9,670
か ぼ ち ゃ (28)	6,810	94,000	87,900	219	1,730	1,120	217	1,660	882
な す (29)	17	445	279	90	1,070	432	114	2,860	1,690
ト マ ト (30)	820	62,900	58,700	358	16,200	14,000	201	9,380	7,740
ピ ー マ ン (31)	81	5,540	5,260	101	3,670	3,100	197	8,480	7,390
ス イ ー ト コ ー ン (32)	7,040	78,100	76,300	410	2,390	1,170	490	2,900	2,020
さ や い ん げ ん (33)	341	2,630	2,460	97	582	353	89	415	191
さ や え ん ど う (34)	59	363	317	61	281	177	82	351	205
グ リ ー ン ピ ー ス (35)	58	327	314	-	-	-	-	-	-
そ ら ま め (36)	1	7	7	17	163	146	1	7	6
え だ ま め (37)	1,340	8,820	8,490	239	559	286	240	696	404
し ょ う が (38)	0	14	14	-	-	-	1	7	5
い ち ご (39)	91	1,750	1,650	73	1,030	860	34	530	349
メ ロ ン (40)	835	19,900	18,400	407	8,020	7,330	13	135	50
す い か (41)	318	12,700	11,700	226	5,670	5,040	40	840	447

宮		城	秋		田	山		形	
作付面積	収穫量	出荷量	作付面積	収穫量	出荷量	作付面積	収穫量	出荷量	
ha	t	t	ha	t	t	ha	t	t	
401	8,210	2,980	517	14,200	6,170	398	14,100	8,180	(1)
30	459	231	48	686	206	225	3,150	2,550	(2)
95	1,150	488	53	609	259	63	823	478	(3)
20	177	26	64	730	257	14	246	200	(4)
15	77	63	x	x	x	-	-	-	(5)
479	4,730	1,290	488	8,200	1,560	180	2,660	340	(6)
85	645	261	120	888	360	180	1,890	1,040	(7)
29	322	65	81	711	367	38	528	315	(8)
374	8,150	3,080	226	5,930	2,060	192	6,030	2,410	(9)
129	1,630	1,290	37	400	324	107	1,270	1,120	(10)
301	6,330	4,540	312	7,400	4,670	141	3,280	2,320	(11)
57	764	597	20	266	213	14	188	132	(12)
339	2,760	1,640	174	1,360	1,040	148	1,850	1,300	(13)
5	50	35	30	277	196	8	41	27	(14)
7	101	86	3	27	21	2	2	2	(15)
51	791	672	18	148	98	9	94	60	(16)
38	414	343	3	31	21	5	66	52	(17)
2	24	10	1	8	2	14	417	383	(18)
10	41	19	330	1,250	1,020	330	1,950	1,690	(19)
20	262	178	22	178	103	25	223	126	(20)
119	796	602	38	229	153	82	617	410	(21)
138	2,360	1,920	20	570	490	21	274	194	(22)
609	9,500	6,900	650	13,600	11,000	414	8,270	5,820	(23)
32	394	279	28	344	206	209	2,760	2,410	(24)
185	4,010	2,730	83	1,940	1,680	36	652	222	(25)
26	112	39	62	273	193	20	89	61	(26)
367	13,900	11,200	257	7,680	5,490	319	11,900	9,000	(27)
209	1,470	654	347	2,570	1,280	288	2,790	1,450	(28)
182	2,880	1,300	376	5,000	1,770	352	5,260	2,450	(29)
219	8,610	7,340	223	7,500	5,380	198	9,130	7,480	(30)
53	2,620	2,290	28	476	306	44	1,010	626	(31)
367	1,890	430	210	1,220	390	210	1,730	677	(32)
165	714	197	115	634	280	116	612	293	(33)
53	249	49	94	473	124	45	295	88	(34)
1	7	3	-	-	-	1	9	9	(35)
66	476	359	27	224	190	-	-	-	(36)
295	1,230	553	1,290	4,540	3,610	1,470	4,950	4,320	(37)
0	3	1	-	-	-	1	29	26	(38)
136	4,870	4,490	38	334	182	54	686	540	(39)
6	76	37	160	3,070	2,400	475	9,550	8,350	(40)
15	173	26	385	10,800	8,920	765	31,400	27,400	(41)

4　令和4年産都道府県別・品目別の作付面積、収穫量及び出荷量（続き）

品　目	福　島			茨　城			栃　木		
	作付面積	収穫量	出荷量	作付面積	収穫量	出荷量	作付面積	収穫量	出荷量
	ha	t	t	ha	t	t	ha	t	t
だ い こ ん (1)	586	20,400	8,610	1,140	54,200	44,700	334	13,400	10,600
か ぶ (2)	103	1,680	815	77	1,770	1,230	52	1,330	1,180
に ん じ ん (3)	141	1,810	861	829	30,000	26,500	123	3,700	3,020
ご ぼ う (4)	97	1,080	365	789	13,400	12,200	144	2,350	2,200
れ ん こ ん (5)	x	x	x	1,730	28,200	24,500	2	30	29
ば れ い し ょ (6)	930	15,300	2,100	1,630	48,500	41,400	450	9,050	2,690
さ と い も (7)	236	2,050	848	248	2,680	1,430	474	7,350	4,770
や ま の い も (8)	56	756	423	104	2,750	2,300	10	157	129
は く さ い (9)	496	15,700	5,340	3,270	244,100	227,600	377	18,400	13,900
こ ま つ な (10)	84	924	542	1,370	25,100	23,300	66	1,060	996
キ ャ ベ ツ (11)	242	5,700	3,480	2,360	106,900	101,000	176	5,470	4,230
ち ん げ ん さ い (12)	34	561	368	489	11,100	10,100	12	215	186
ほ う れ ん そ う (13)	292	2,910	1,940	1,330	18,100	16,300	585	6,080	5,040
ふ き (14)	15	83	70	3	23	6	4	30	28
み つ ば (15)	37	503	442	165	1,640	1,500	4	77	72
し ゅ ん ぎ く (16)	72	907	714	122	2,120	1,710	45	1,020	939
み ず な (17)	16	218	162	996	19,300	17,500	10	119	106
セ ル リ ー (18)	4	66	55	16	1,040	953	-	-	-
ア ス パ ラ ガ ス (19)	334	1,430	1,240	21	225	195	108	1,670	1,560
カ リ フ ラ ワ ー (20)	24	222	112	116	2,660	2,510	4	58	35
ブ ロ ッ コ リ ー (21)	437	3,970	3,470	218	1,970	1,650	166	1,730	1,430
レ タ ス (22)	200	4,180	3,770	3,360	86,800	83,400	155	4,300	3,980
ね ぎ (23)	660	10,800	6,960	2,040	54,300	47,400	650	12,300	9,870
に ら (24)	146	2,420	2,010	197	6,780	6,100	314	8,320	7,860
た ま ね ぎ (25)	174	3,150	1,770	174	5,460	3,790	234	10,300	8,460
に ん に く (26)	43	283	34	15	114	50	5	26	20
き ゅ う り (27)	678	40,500	36,500	478	25,500	22,100	236	10,500	8,900
か ぼ ち ゃ (28)	290	2,090	861	408	6,360	5,190	131	1,990	1,270
な す (29)	255	4,180	2,340	422	17,900	16,000	292	11,500	10,300
ト マ ト (30)	349	22,000	19,500	879	46,300	43,900	293	32,000	30,400
ピ ー マ ン (31)	83	2,950	2,540	539	33,300	31,500	20	284	154
ス イ ー ト コ ー ン (32)	520	2,840	1,120	1,370	14,800	11,400	512	5,380	4,090
さ や い ん げ ん (33)	446	3,260	2,170	167	1,800	1,080	70	459	243
さ や え ん ど う (34)	237	1,060	825	57	459	209	26	144	95
グ リ ー ン ピ ー ス (35)	23	93	76	2	11	4	-	-	-
そ ら ま め (36)	3	25	18	115	1,230	1,020	-	-	-
え だ ま め (37)	259	992	328	86	686	314	116	580	422
し ょ う が (38)	6	52	16	125	2,090	1,630	15	156	125
い ち ご (39)	105	2,380	2,110	239	9,300	8,800	505	24,400	22,900
メ ロ ン (40)	14	238	166	1,170	33,700	31,700	2	39	33
す い か (41)	40	540	130	378	15,300	13,700	24	355	130

群	馬		埼	玉		千	葉		
作付面積	収穫量	出荷量	作付面積	収穫量	出荷量	作付面積	収穫量	出荷量	
ha	t	t	ha	t	t	ha	t	t	
726	28,900	21,700	506	24,100	19,300	2,500	144,900	134,500	(1)
31	744	528	391	16,300	13,700	863	27,400	26,000	(2)
95	1,620	828	423	16,100	13,900	2,820	110,500	103,200	(3)
375	7,010	6,330	92	1,630	1,150	347	6,070	5,380	(4)
-	-	-	x	x	x	117	1,280	972	(5)
243	5,000	1,860	573	10,200	3,300	1,120	28,100	23,300	(6)
240	3,140	1,440	738	17,900	13,700	860	13,200	10,900	(7)
390	4,450	3,600	162	1,610	1,290	475	5,650	4,150	(8)
466	27,000	20,800	497	24,800	18,900	210	7,050	5,180	(9)
532	6,700	6,000	792	13,700	11,800	324	5,380	4,430	(10)
4,280	284,500	243,200	436	17,900	14,700	2,690	109,600	102,700	(11)
129	2,040	1,820	103	2,330	2,060	74	1,150	927	(12)
1,990	22,300	20,200	1,760	21,800	18,100	1,700	20,700	19,000	(13)
82	902	726	3	62	39	4	49	33	(14)
22	508	432	48	1,290	1,180	143	2,800	2,680	(15)
113	2,090	1,760	64	960	718	134	2,430	2,130	(16)
60	840	728	110	1,380	1,200	32	480	441	(17)
1	56	48	3	151	143	19	874	814	(18)
47	138	95	14	71	51	3	36	29	(19)
29	528	466	98	2,060	1,800	34	503	457	(20)
627	6,520	5,640	1,190	15,500	13,300	334	2,870	2,460	(21)
1,380	56,700	53,500	147	3,650	3,080	451	7,950	7,150	(22)
941	18,200	14,000	2,120	51,300	42,900	2,000	53,800	48,800	(23)
146	2,390	2,180	7	99	59	108	2,260	1,960	(24)
198	8,930	8,130	145	4,000	2,830	173	6,190	3,890	(25)
10	136	117	11	85	46	25	182	117	(26)
789	55,800	50,000	564	44,000	40,000	420	31,400	28,400	(27)
177	3,170	2,080	58	847	568	140	2,380	1,720	(28)
524	28,500	24,800	248	8,510	6,800	282	6,590	4,660	(29)
296	21,600	20,000	187	15,200	14,000	673	31,700	28,500	(30)
19	367	192	16	208	87	78	2,020	1,450	(31)
1,190	12,600	10,400	609	5,960	4,970	1,630	16,300	13,500	(32)
177	1,180	769	103	594	347	389	5,060	3,660	(33)
22	92	48	33	191	97	105	485	239	(34)
-	-	-	-	-	-	-	-	-	(35)
-	-	-	16	83	41	313	2,210	1,540	(36)
1,070	7,140	6,220	613	5,330	4,240	746	5,800	4,910	(37)
16	162	125	35	448	378	297	4,900	2,730	(38)
95	2,750	2,590	95	3,020	2,710	220	7,280	6,870	(39)
5	57	27	7	153	129	304	7,480	7,180	(40)
124	4,120	3,190	28	557	267	947	36,800	33,900	(41)

4 令和4年産都道府県別・品目別の作付面積、収穫量及び出荷量（続き）

品　　目	東　　　京			神　奈　川			新　　　潟		
	作付面積	収穫量	出荷量	作付面積	収穫量	出荷量	作付面積	収穫量	出荷量
	ha	t	t	ha	t	t	ha	t	t
だ　い　こ　ん (1)	199	8,050	7,440	1,060	75,400	68,800	1,260	43,800	37,000
か　　　　ぶ (2)	76	1,850	1,750	96	2,110	1,970	130	3,060	2,600
に　ん　じ　ん (3)	101	2,900	2,580	131	2,740	2,270	233	5,850	5,160
ご　ぼ　う (4)	34	585	495	37	474	355	90	835	670
れ　ん　こ　ん (5)	-	-	-	-	-	-	150	2,070	1,860
ば　れ　い　しょ (6)	196	3,440	2,000	384	6,590	4,000	569	7,050	2,020
さ　と　い　も (7)	207	2,730	2,450	391	5,040	3,680	530	6,410	4,590
や　ま　の　いも (8)	9	99	65	29	365	317	68	1,000	893
は　く　さ　い (9)	78	3,530	2,670	152	4,760	3,470	330	7,020	4,320
こ　ま　つ　な (10)	452	8,360	7,900	400	6,600	6,320	115	1,330	1,000
キ　ャ　ベ　ツ (11)	193	6,800	6,230	1,450	67,700	63,800	434	10,300	7,990
ちんげんさい (12)	3	60	56	3	32	23	24	504	454
ほうれんそう (13)	352	4,150	3,720	659	7,710	7,020	150	1,030	910
ふ　　　　き (14)	3	15	2	4	30	26	15	85	75
み　つ　ば (15)	1	8	7	0	3	3	17	245	230
しゅんぎく (16)	19	255	235	15	218	185	28	305	216
み　ず　な (17)	13	177	168	6	77	70	7	100	90
セ　ル　リ　ー (18)	0	9	8	1	57	53	7	27	25
アスパラガス (19)	1	5	4	2	23	21	195	638	554
カリフラワー (20)	28	532	522	39	671	629	90	1,220	1,020
ブロッコリー (21)	166	1,780	1,640	109	1,350	1,220	180	1,940	1,750
レ　タ　ス (22)	24	549	494	117	2,800	2,600	53	577	403
ね　　　　ぎ (23)	124	2,470	1,950	398	7,900	6,940	591	10,400	8,580
に　　　　ら (24)	4	48	11	4	62	57	10	273	245
た　ま　ね　ぎ (25)	35	791	567	186	4,760	4,150	230	4,090	2,700
に　ん　に　く (26)	0	2	2	5	34	29	28	106	65
き　ゅ　う　り (27)	75	2,020	1,800	251	10,400	9,870	383	8,530	5,320
か　ぼ　ち　ゃ (28)	39	558	295	221	3,820	3,210	290	3,130	1,600
な　　　　す (29)	68	1,820	1,630	153	3,640	3,270	455	5,730	2,800
ト　マ　ト (30)	82	3,550	3,300	244	12,100	11,700	347	8,360	5,660
ピ　ー　マ　ン (31)	16	214	181	28	374	332	63	649	350
スイートコーン (32)	196	1,860	1,530	320	3,460	2,420	375	3,830	2,300
さやいんげん (33)	27	256	174	81	509	359	75	366	220
さやえんどう (34)	16	80	67	20	90	59	58	266	64
グリーンピース (35)	-	-	-	-	-	-	0	3	2
そ　ら　ま　め (36)	4	23	9	21	162	105	48	399	279
え　だ　ま　め (37)	156	1,370	1,190	332	2,970	2,570	1,530	4,010	3,010
し　ょ　う　が (38)	10	110	79	34	371	289	2	27	24
い　ち　ご (39)	18	218	204	50	1,140	1,010	80	1,260	1,170
メ　ロ　ン (40)	2	22	6	60	1,140	1,050	140	3,440	2,750
す　い　か (41)	11	143	79	282	9,360	8,850	480	19,000	17,100

富	山		石	川		福	井		
作付面積	収穫量	出荷量	作付面積	収穫量	出荷量	作付面積	収穫量	出荷量	
ha	t	t	ha	t	t	ha	t	t	
139	3,400	2,590	190	7,460	6,070	225	5,410	4,860	(1)
62	1,230	1,080	39	948	782	50	730	478	(2)
85	1,140	1,040	34	425	361	50	955	837	(3)
4	37	5	11	83	19	9	56	6	(4)
2	20	10	95	1,190	1,090	x	x	x	(5)
94	1,050	196	194	2,420	381	303	3,250	622	(6)
96	1,110	712	27	214	87	208	2,850	1,510	(7)
9	65	25	35	345	282	6	38	26	(8)
71	1,440	914	39	799	444	64	1,100	365	(9)
37	525	483	101	1,340	1,190	48	405	311	(10)
88	2,380	1,920	61	1,660	1,330	123	3,210	2,830	(11)
0	5	5	13	196	171	3	27	8	(12)
44	449	330	54	344	282	73	678	542	(13)
1	10	3	5	53	42	2	10	4	(14)
-	-	-	0	0	0	2	36	32	(15)
6	54	26	3	30	21	9	99	70	(16)
4	37	31	7	89	74	23	317	288	(17)
-	-	-	0	0	0	0	1	0	(18)
9	12	9	3	17	13	2	9	4	(19)
6	53	41	2	21	17	0	1	0	(20)
13	114	81	290	1,670	1,540	75	590	454	(21)
7	112	104	20	681	627	35	1,120	992	(22)
157	2,260	1,850	87	862	648	138	2,200	1,940	(23)
9	198	185	0	1	1	0	1	0	(24)
176	7,850	7,190	40	972	621	73	1,550	716	(25)
5	31	21	2	9	3	10	79	42	(26)
52	1,250	582	50	1,760	1,390	67	1,210	931	(27)
26	183	60	209	1,940	1,690	71	569	254	(28)
152	2,040	521	38	684	254	91	1,160	475	(29)
65	1,740	1,190	94	3,080	2,510	79	2,330	2,040	(30)
4	35	15	10	103	64	20	142	65	(31)
22	118	25	18	112	50	37	191	99	(32)
14	80	15	19	95	28	26	176	34	(33)
11	73	15	8	43	19	9	54	24	(34)
0	1	1	1	4	1	2	8	4	(35)
0	2	2	2	11	2	21	169	130	(36)
57	157	139	13	83	39	49	157	95	(37)
0	3	3	0	1	1	2	18	13	(38)
6	122	110	8	61	25	18	107	61	(39)
18	176	80	20	304	238	31	617	533	(40)
52	686	248	260	12,900	11,700	148	4,690	4,190	(41)

4 令和4年産都道府県別・品目別の作付面積、収穫量及び出荷量（続き）

品　　目	山　　梨			長　　野			岐　　阜		
	作付面積	収穫量	出荷量	作付面積	収穫量	出荷量	作付面積	収穫量	出荷量
	ha	t	t	ha	t	t	ha	t	t
だ い こ ん (1)	198	4,850	2,560	608	15,800	8,620	520	20,200	15,300
か ぶ (2)	7	85	59	34	517	169	133	3,130	2,430
に ん じ ん (3)	22	264	211	92	1,370	483	161	6,130	5,140
ご ぼ う (4)	26	255	220	53	774	363	24	269	188
れ ん こ ん (5)	-	-	-	2	11	11	10	169	145
ば れ い し ょ (6)	250	2,410	1,170	812	15,200	1,330	285	3,500	1,240
さ と い も (7)	81	1,070	638	89	1,080	293	297	3,950	1,500
や ま の い も (8)	41	566	432	263	6,440	4,920	19	196	73
は く さ い (9)	152	3,580	1,630	2,910	233,500	207,200	216	8,390	4,720
こ ま つ な (10)	10	152	133	21	263	117	114	2,270	1,990
キ ャ ベ ツ (11)	128	3,720	3,280	1,470	68,600	63,500	213	5,380	4,000
ち ん げ ん さ い (12)	5	57	39	73	1,560	1,440	6	76	37
ほ う れ ん そ う (13)	104	914	635	369	3,230	2,300	1,150	11,000	9,790
ふ き (14)	1	9	3	21	163	71	2	81	71
み つ ば (15)	-	-	-	x	x	x	0	0	0
しゅんぎく (16)	3	51	51	31	341	236	19	355	316
み ず な (17)	3	34	30	9	127	95	18	283	230
セ ル リ ー (18)	-	-	-	226	12,200	12,000	0	0	0
ア ス パ ラ ガ ス (19)	8	28	19	583	1,440	1,280	7	119	89
カ リ フ ラ ワ ー (20)	15	260	215	97	2,060	1,870	6	104	46
ブ ロ ッ コ リ ー (21)	26	255	151	1,130	11,500	11,100	55	533	355
レ タ ス (22)	117	2,740	2,490	5,500	182,600	174,700	31	517	434
ね ぎ (23)	94	1,210	410	757	17,000	11,300	187	2,310	1,180
に ら (24)	-	-	-	9	128	14	2	45	37
た ま ね ぎ (25)	46	1,220	987	167	4,930	2,870	101	2,770	1,480
に ん に く (26)	11	73	56	38	266	179	21	97	45
き ゅ う り (27)	119	4,740	3,830	353	13,700	10,200	155	5,760	4,060
か ぼ ち ゃ (28)	69	697	396	538	6,620	5,200	83	705	326
な す (29)	127	5,840	5,000	214	3,680	828	136	3,770	1,760
ト マ ト (30)	111	6,740	6,260	338	16,100	13,700	280	27,200	25,000
ピ ー マ ン (31)	15	528	438	100	2,380	1,750	36	544	364
スイートコーン (32)	709	8,370	7,120	1,050	8,020	5,900	208	1,860	704
さ や い ん げ ん (33)	89	404	321	205	761	401	80	602	349
さ や え ん ど う (34)	11	46	20	73	300	70	22	130	32
グ リ ー ン ピ ー ス (35)	-	-	-	1	3	2	22	149	56
そ ら ま め (36)	7	45	16	-	-	-	15	106	62
え だ ま め (37)	67	259	188	117	634	229	218	1,210	955
し ょ う が (38)	6	36	13	-	-	-	8	137	80
い ち ご (39)	19	549	502	82	1,870	1,710	111	2,690	2,210
メ ロ ン (40)	x	x	x	18	205	68	15	341	219
す い か (41)	5	54	17	295	15,600	14,600	43	495	188

静	岡		愛	知		三	重		
作付面積	収穫量	出荷量	作付面積	収穫量	出荷量	作付面積	収穫量	出荷量	
ha	t	t	ha	t	t	ha	t	t	
472	18,700	15,700	541	23,600	20,300	270	8,420	5,800	(1)
48	1,020	682	95	2,380	1,720	89	1,370	949	(2)
101	2,950	2,160	376	19,400	17,800	71	1,050	528	(3)
19	239	142	44	682	428	19	247	45	(4)
20	164	123	217	2,760	2,600	6	44	16	(5)
498	13,800	11,600	261	4,060	2,430	185	2,440	1,470	(6)
258	3,790	2,430	280	4,170	2,900	186	1,970	758	(7)
32	323	255	38	286	148	43	388	170	(8)
131	4,800	3,380	359	19,600	17,200	209	9,090	6,660	(9)
142	2,360	2,110	98	1,730	1,620	46	653	478	(10)
531	22,000	20,700	5,440	268,900	253,800	413	11,500	9,080	(11)
292	7,070	6,700	110	2,460	2,320	9	107	30	(12)
328	4,070	3,430	415	4,520	4,000	110	1,140	683	(13)
7	54	40	56	3,230	3,040	6	32	16	(14)
77	1,220	1,140	89	1,930	1,820	18	346	335	(15)
9	166	111	30	636	457	18	241	129	(16)
14	183	160	17	306	288	8	147	103	(17)
83	5,280	5,060	42	2,780	2,640	2	19	5	(18)
21	83	77	10	128	118	7	38	23	(19)
32	458	359	121	2,340	2,100	14	131	86	(20)
266	2,930	2,720	972	15,100	14,100	97	708	420	(21)
902	25,700	24,700	305	5,200	4,780	46	558	395	(22)
497	9,720	8,520	386	7,360	5,470	240	3,810	2,400	(23)
3	40	24	6	36	21	6	64	14	(24)
326	12,300	11,200	475	25,000	22,400	118	2,940	1,660	(25)
5	47	30	14	96	14	7	55	24	(26)
102	3,370	2,540	165	14,900	13,400	105	2,460	1,400	(27)
77	1,090	668	113	1,510	796	155	2,060	834	(28)
87	1,770	912	241	13,900	12,300	146	1,690	1,080	(29)
236	13,400	12,400	512	47,700	44,600	168	9,240	8,050	(30)
21	1,040	837	45	997	687	47	513	211	(31)
430	4,150	2,600	570	6,380	5,140	142	1,010	359	(32)
41	285	156	58	299	158	70	494	124	(33)
80	560	390	121	1,490	1,260	72	502	170	(34)
4	21	17	4	15	8	10	45	22	(35)
29	213	107	25	161	55	23	134	34	(36)
164	910	638	212	1,110	799	67	532	147	(37)
85	1,390	1,180	47	663	450	24	182	70	(38)
293	10,400	9,720	251	10,600	10,000	70	1,840	1,720	(39)
237	6,140	6,050	371	9,870	9,280	36	576	385	(40)
162	4,600	3,630	393	16,800	15,100	94	1,400	459	(41)

4　令和4年産都道府県別・品目別の作付面積、収穫量及び出荷量（続き）

品　　目	滋　　賀			京　　都			大　　阪		
	作付面積	収穫量	出荷量	作付面積	収穫量	出荷量	作付面積	収穫量	出荷量
	ha	t	t	ha	t	t	ha	t	t
だ　い　こ　ん　(1)	115	3,710	2,070	250	6,830	4,370	30	1,200	792
か　　　　ぶ　(2)	166	4,370	3,720	135	4,410	3,900	8	199	149
に　ん　じ　ん　(3)	51	846	503	49	810	684	6	137	100
ご　ぼ　う　(4)	11	121	23	29	239	120	19	475	432
れ　ん　こ　ん　(5)	4	30	24	0	2	1	5	74	60
ば　れ　い　し　ょ　(6)	127	1,250	229	198	2,080	1,000	71	778	476
さ　と　い　も　(7)	78	716	219	140	1,320	648	49	839	728
や　ま　の　い　も　(8)	15	140	76	19	134	90	0	1	1
は　く　さ　い　(9)	129	4,060	3,020	112	3,050	1,720	26	1,130	949
こ　ま　つ　な　(10)	91	1,460	1,290	190	3,880	3,570	189	3,570	3,320
キ　ャ　ベ　ツ　(11)	333	9,840	8,620	248	6,690	5,350	225	9,190	8,510
ち　ん　げ　ん　さ　い　(12)	12	226	193	2	10	6	2	27	23
ほ　う　れ　ん　そ　う　(13)	102	1,160	761	340	5,370	4,620	138	1,930	1,780
ふ　　　　き　(14)	3	27	13	6	27	24	11	790	743
み　つ　ば　(15)	6	78	65	-	-	-	26	585	567
し　ゅ　ん　ぎ　く　(16)	36	497	413	30	450	360	184	3,330	3,160
み　ず　な　(17)	100	1,410	1,270	140	2,730	2,490	45	963	905
セ　ル　リ　ー　(18)	0	4	4	0	2	1	1	20	19
ア　ス　パ　ラ　ガ　ス　(19)	6	32	26	2	20	12	1	4	4
カ　リ　フ　ラ　ワ　ー　(20)	4	40	27	6	89	47	9	199	185
ブ　ロ　ッ　コ　リ　ー　(21)	96	796	674	40	307	218	32	451	420
レ　タ　ス　(22)	30	509	385	95	2,140	2,030	23	449	422
ね　　　　ぎ　(23)	122	2,370	1,650	324	7,400	6,450	257	6,240	5,900
に　　　　ら　(24)	1	17	13	2	14	4	0	2	2
た　ま　ね　ぎ　(25)	124	3,570	2,460	125	2,590	1,740	100	3,130	2,850
に　ん　に　く　(26)	9	63	37	8	41	25	2	11	8
き　ゅ　う　り　(27)	112	3,090	2,160	128	4,640	3,830	44	1,680	1,550
か　ぼ　ち　ゃ　(28)	86	869	484	95	1,350	687	12	160	48
な　　　　す　(29)	126	2,030	689	167	7,050	6,070	96	6,070	5,940
ト　マ　ト　(30)	110	3,110	2,230	134	4,340	3,440	50	2,170	1,960
ピ　ー　マ　ン　(31)	25	263	134	92	2,070	1,700	3	55	38
ス　イ　ー　ト　コ　ー　ン　(32)	32	279	187	45	377	154	34	333	217
さ　や　い　ん　げ　ん　(33)	34	206	93	70	504	288	24	204	170
さ　や　え　ん　ど　う　(34)	30	159	59	58	328	195	18	67	46
グ　リ　ー　ン　ピ　ー　ス　(35)	14	77	40	14	93	70	33	190	105
そ　ら　ま　め　(36)	5	33	25	5	38	16	35	168	109
え　だ　ま　め　(37)	15	87	58	210	1,160	1,020	130	1,150	1,050
し　ょ　う　が　(38)	4	51	36	7	55	29	0	0	0
い　ち　ご　(39)	42	760	625	42	853	814	24	401	321
メ　ロ　ン　(40)	46	773	638	42	622	486	1	17	14
す　い　か　(41)	66	1,080	525	80	1,550	761	33	574	183

兵	庫		奈	良		和	歌	山	
作付面積	収穫量	出荷量	作付面積	収穫量	出荷量	作付面積	収穫量	出荷量	
ha	t	t	ha	t	t	ha	t	t	
344	11,100	5,710	90	3,080	1,840	118	7,790	6,660	(1)
42	991	423	17	524	370	7	131	80	(2)
118	3,410	2,630	27	460	213	51	2,330	2,110	(3)
32	355	100	14	193	96	7	106	72	(4)
30	324	313	2	29	25	x	x	x	(5)
325	3,450	835	156	1,790	652	56	519	188	(6)
155	1,880	414	89	1,340	740	22	266	131	(7)
100	714	523	14	146	101	1	13	7	(8)
425	20,900	16,500	88	3,190	1,790	131	8,030	7,230	(9)
118	1,820	1,600	54	869	754	45	864	793	(10)
719	25,800	21,900	87	2,520	1,800	178	6,190	5,530	(11)
49	774	679	13	274	240	5	76	50	(12)
265	3,180	1,960	277	3,190	2,680	69	787	671	(13)
3	31	26	3	19	9	2	12	8	(14)
2	33	28	2	35	33	3	45	41	(15)
100	1,340	989	28	370	310	17	313	275	(16)
105	1,530	1,330	29	397	384	9	140	122	(17)
4	73	52	-	-	-	x	x	x	(18)
15	159	123	5	58	35	2	17	11	(19)
20	300	170	5	65	33	3	38	29	(20)
230	2,320	1,950	14	167	95	92	779	684	(21)
1,120	24,200	23,100	29	509	364	36	661	587	(22)
307	4,160	2,680	135	2,870	2,280	57	820	648	(23)
5	150	125	2	27	14	x	x	x	(24)
1,600	86,400	78,700	51	1,120	291	98	4,120	3,340	(25)
23	131	104	7	65	38	24	161	135	(26)
167	3,660	1,490	61	1,910	1,500	53	2,470	2,120	(27)
180	2,030	611	74	1,090	567	14	189	149	(28)
171	3,430	1,100	88	4,710	4,120	46	1,690	1,330	(29)
249	8,330	6,670	67	3,350	2,930	80	3,540	3,250	(30)
98	2,140	1,490	25	381	257	24	993	901	(31)
115	892	456	36	286	121	23	189	113	(32)
72	429	149	49	348	156	28	229	170	(33)
82	487	128	11	47	23	51	704	634	(34)
20	115	46	18	101	49	167	2,070	1,830	(35)
40	277	78	6	38	9	27	201	153	(36)
350	1,750	1,210	28	162	80	29	195	113	(37)
3	22	12	4	44	34	35	1,890	1,800	(38)
135	1,840	1,380	97	2,190	2,020	35	931	841	(39)
44	528	225	9	145	58	6	129	109	(40)
210	3,610	859	78	1,970	1,060	82	2,260	1,830	(41)

4　令和4年産都道府県別・品目別の作付面積、収穫量及び出荷量（続き）

品　目	鳥	取		島	根		岡	山	
	作付面積	収穫量	出荷量	作付面積	収穫量	出荷量	作付面積	収穫量	出荷量
	ha	t	t	ha	t	t	ha	t	t
だ い こ ん (1)	218	7,650	4,000	247	5,900	1,940	223	7,990	5,630
か ぶ (2)	34	870	394	57	1,330	998	14	430	343
に ん じ ん (3)	67	1,900	1,620	43	659	249	57	1,020	766
ご ぼ う (4)	36	282	169	35	354	86	49	911	723
れ ん こ ん (5)	1	12	12	3	27	16	92	1,090	982
ば れ い し ょ (6)	162	2,000	345	124	1,460	425	165	1,890	479
さ と い も (7)	87	1,040	677	101	1,340	450	59	631	347
や ま の い も (8)	53	1,400	1,190	17	167	70	11	123	95
は く さ い (9)	99	2,770	1,530	161	4,830	2,860	251	13,000	10,500
こ ま つ な (10)	32	538	489	52	572	480	41	513	384
キ ャ ベ ツ (11)	161	3,760	2,030	264	5,980	4,840	334	12,700	11,300
ち ん げ ん さ い (12)	24	437	402	7	105	93	19	310	248
ほ う れ ん そ う (13)	125	1,180	823	148	1,860	1,400	140	1,510	1,060
ふ き (14)	2	23	18	4	33	22	0	4	3
み つ ば (15)	-	-	-	-	-	-	0	5	4
し ゅ ん ぎ く (16)	3	40	29	20	214	174	17	194	144
み ず な (17)	4	40	32	19	185	165	8	80	62
セ ル リ ー (18)	0	5	4	0	3	3	1	40	36
ア ス パ ラ ガ ス (19)	15	95	72	28	275	240	60	312	270
カ リ フ ラ ワ ー (20)	2	22	10	7	66	45	9	147	125
ブ ロ ッ コ リ ー (21)	805	6,810	6,330	122	850	765	150	1,340	1,180
レ タ ス (22)	18	225	129	39	583	327	93	2,220	1,980
ね ぎ (23)	595	11,700	10,900	154	2,110	1,580	155	2,250	1,750
に ら (24)	1	7	4	2	20	17	17	60	52
た ま ね ぎ (25)	61	1,780	720	139	3,610	2,350	148	4,510	3,380
に ん に く (26)	6	51	25	7	42	22	20	115	85
き ゅ う り (27)	65	1,630	1,010	122	3,620	2,020	76	2,780	2,150
か ぼ ち ゃ (28)	57	678	101	85	893	370	114	1,710	1,330
な す (29)	80	1,220	317	127	1,780	644	125	4,950	4,050
ト マ ト (30)	100	3,510	2,410	102	4,560	4,000	108	5,760	5,020
ピ ー マ ン (31)	46	796	436	72	919	525	33	877	724
ス イ ー ト コ ー ン (32)	74	735	294	65	427	300	64	563	410
さ や い ん げ ん (33)	36	243	49	68	445	263	20	123	63
さ や え ん ど う (34)	28	144	58	28	120	60	48	280	148
グ リ ー ン ピ ー ス (35)	2	8	7	10	59	23	10	60	32
そ ら ま め (36)	50	292	58	10	43	24	17	132	96
え だ ま め (37)	14	71	35	19	77	49	49	202	152
し ょ う が (38)	4	75	50	6	56	39	10	228	184
い ち ご (39)	21	284	199	18	477	390	40	904	723
メ ロ ン (40)	50	1,040	884	43	1,160	1,090	11	155	125
す い か (41)	374	19,000	17,500	43	439	130	52	972	592

広	島		山	口		徳	島		
作付面積	収穫量	出荷量	作付面積	収穫量	出荷量	作付面積	収穫量	出荷量	
ha	t	t	ha	t	t	ha	t	t	
447	10,500	5,800	379	10,700	7,780	318	22,500	20,300	(1)
60	1,000	471	45	801	560	58	1,800	1,600	(2)
52	672	319	61	842	533	937	48,500	44,400	(3)
41	455	101	27	289	156	40	668	472	(4)
60	990	609	203	2,250	2,030	525	4,950	4,050	(5)
512	6,860	2,420	217	2,860	1,160	94	1,660	1,150	(6)
151	1,570	637	153	1,190	927	30	357	130	(7)
13	95	39	21	124	59	1	5	1	(8)
235	5,470	1,400	196	4,700	2,960	76	3,060	2,660	(9)
126	2,150	1,850	24	199	134	95	1,190	1,000	(10)
450	11,500	8,580	294	7,470	6,360	147	6,720	5,820	(11)
27	556	410	7	83	50	35	361	319	(12)
394	4,690	3,680	197	1,660	1,330	364	2,720	2,440	(13)
9	108	93	2	21	14	19	279	225	(14)
2	14	12	x	x	x	4	69	63	(15)
64	1,050	780	22	244	155	11	108	93	(16)
46	791	462	6	64	43	11	134	111	(17)
1	12	6	x	x	x	0	4	1	(18)
113	1,060	861	14	211	182	11	95	78	(19)
7	89	42	8	65	27	79	1,910	1,760	(20)
37	300	244	107	716	657	974	11,700	10,900	(21)
70	1,310	932	93	1,310	912	270	5,760	5,270	(22)
493	8,320	7,170	169	2,040	1,480	238	3,180	2,720	(23)
7	106	63	1	7	5	1	29	25	(24)
210	5,330	2,980	170	4,540	3,320	82	2,330	1,330	(25)
16	83	47	11	73	31	16	131	101	(26)
156	4,000	3,050	125	3,370	2,500	66	7,470	6,550	(27)
166	1,940	975	93	685	442	41	574	391	(28)
141	3,340	2,340	119	2,180	1,590	89	6,500	5,680	(29)
188	10,700	9,580	120	4,100	3,310	81	4,920	4,270	(30)
74	1,240	809	31	489	330	26	418	297	(31)
140	855	302	29	201	94	210	2,000	1,600	(32)
100	583	248	22	111	72	36	191	100	(33)
93	635	355	20	58	23	48	260	201	(34)
3	17	12	5	28	16	13	95	87	(35)
25	163	78	13	59	33	40	245	112	(36)
162	1,160	832	55	299	202	246	1,190	1,000	(37)
8	84	52	2	10	7	10	318	277	(38)
30	513	394	100	2,160	1,800	70	1,920	1,730	(39)
22	306	134	18	295	238	8	174	143	(40)
126	2,320	640	83	1,590	1,060	16	302	170	(41)

4 令和4年産都道府県別・品目別の作付面積、収穫量及び出荷量（続き）

品　　目	香　　　川			愛　　　媛			高　　　知		
	作付面積	収穫量	出荷量	作付面積	収穫量	出荷量	作付面積	収穫量	出荷量
	ha	t	t	ha	t	t	ha	t	t
だ　い　こ　ん (1)	144	6,360	5,390	212	5,990	4,590	144	5,110	3,580
か　　　ぶ (2)	12	210	117	39	624	346	14	276	183
に　ん　じ　ん (3)	108	2,960	2,650	37	540	240	38	766	613
ご　ぼ　う (4)	10	93	48	28	257	77	9	82	74
れ　ん　こ　ん (5)	7	66	23	19	317	268	x	x	x
ば　れ　い　し　ょ (6)	65	727	188	261	2,950	740	95	1,140	695
さ　と　い　も (7)	77	916	207	444	8,880	7,190	65	593	337
や　ま　の　い　も (8)	4	35	21	33	343	289	11	68	21
は　く　さ　い (9)	22	546	195	109	3,730	2,810	57	1,860	1,200
こ　ま　つ　な (10)	36	321	288	32	394	206	23	237	198
キ　ャ　ベ　ツ (11)	233	9,860	8,980	347	11,900	10,200	67	2,180	1,620
ち　ん　げ　ん　さ　い (12)	5	69	43	8	122	70	5	114	105
ほ　う　れ　ん　そ　う (13)	65	636	390	139	1,260	912	58	517	379
ふ　　　き (14)	2	50	30	16	101	65	2	54	50
み　つ　ば (15)	1	7	6	1	6	4	9	133	129
し　ゅ　ん　ぎ　く (16)	10	92	65	19	234	170	19	245	234
み　ず　な (17)	11	146	102	18	203	142	23	271	259
セ　ル　リ　ー (18)	9	842	765	1	7	5	1	34	31
ア　ス　パ　ラ　ガ　ス (19)	87	922	870	39	441	375	6	110	103
カ　リ　フ　ラ　ワ　ー (20)	7	73	57	10	100	74	3	43	38
ブ　ロ　ッ　コ　リ　ー (21)	1,300	13,300	12,700	140	951	738	62	536	508
レ　タ　ス (22)	696	13,600	12,400	98	1,920	1,680	32	658	601
ね　　　ぎ (23)	249	3,280	2,670	149	2,220	1,630	231	2,500	2,280
に　　　ら (24)	1	7	3	3	39	20	250	14,300	13,800
た　ま　ね　ぎ (25)	176	8,570	7,620	261	7,780	6,070	43	933	572
に　ん　に　く (26)	104	728	574	16	84	77	15	127	79
き　ゅ　う　り (27)	100	4,380	3,490	207	8,600	7,560	144	25,500	24,200
か　ぼ　ち　ゃ (28)	36	382	168	94	895	756	53	853	746
な　　　す (29)	71	1,980	1,480	119	3,880	2,840	314	40,600	38,700
ト　マ　ト (30)	67	3,010	2,450	140	6,500	5,520	71	6,430	6,050
ピ　ー　マ　ン (31)	7	107	22	61	1,600	1,220	119	13,800	13,100
ス　イ　ー　ト　コ　ー　ン (32)	280	2,540	1,900	108	636	571	50	284	194
さ　や　い　ん　げ　ん (33)	16	110	36	68	324	168	19	439	421
さ　や　え　ん　ど　う (34)	20	132	36	58	208	99	16	79	69
グ　リ　ー　ン　ピ　ー　ス (35)	12	37	17	7	40	35	12	48	26
そ　ら　ま　め (36)	81	446	180	85	607	465	7	33	25
え　だ　ま　め (37)	47	167	111	77	370	209	20	83	71
し　ょ　う　が (38)	0	4	2	9	199	177	420	20,500	16,800
い　ち　ご (39)	85	3,470	3,270	67	2,160	1,940	24	689	661
メ　ロ　ン (40)	5	68	46	14	283	249	72	1,770	1,650
す　い　か (41)	25	298	140	162	3,900	3,070	40	1,330	1,180

福岡			佐賀			長崎			
作付面積	収穫量	出荷量	作付面積	収穫量	出荷量	作付面積	収穫量	出荷量	
ha	t	t	ha	t	t	ha	t	t	
308	13,900	11,600	73	2,490	1,060	604	41,100	36,300	(1)
98	3,540	3,100	6	112	51	19	483	363	(2)
112	2,490	2,040	27	356	159	795	32,900	30,200	(3)
46	414	329	19	177	51	15	150	115	(4)
13	121	102	461	7,330	5,460	12	122	91	(5)
317	4,380	2,490	140	3,200	2,240	3,100	83,900	73,100	(6)
216	1,550	872	95	659	320	70	639	362	(7)
10	93	64	5	39	30	10	41	16	(8)
193	5,940	4,640	67	2,220	1,090	325	19,400	17,700	(9)
624	11,000	10,800	24	271	202	60	636	564	(10)
690	24,400	22,000	260	7,970	6,600	402	11,400	9,740	(11)
103	1,600	1,500	29	432	359	6	87	65	(12)
778	9,340	8,530	115	884	636	158	1,450	1,160	(13)
7	434	408	0	1	1	-	-	-	(14)
18	248	236	-	-	-	1	10	10	(15)
178	2,470	2,200	7	75	38	10	94	71	(16)
216	3,280	3,200	28	356	310	10	94	72	(17)
47	3,570	3,460	x	x	x	3	135	122	(18)
86	1,810	1,670	116	2,270	2,110	99	1,650	1,580	(19)
50	870	777	3	28	16	8	88	69	(20)
491	3,580	3,270	84	690	518	1,040	10,900	10,100	(21)
927	15,500	14,800	78	1,500	1,280	973	37,000	34,000	(22)
529	6,540	5,980	250	2,430	1,920	167	2,710	2,360	(23)
19	878	772	15	188	162	24	485	435	(24)
139	3,930	2,220	2,010	84,000	78,100	752	28,800	26,400	(25)
28	182	168	10	38	25	6	33	21	(26)
167	9,310	8,490	153	15,300	14,200	127	6,930	6,210	(27)
100	1,100	752	70	840	592	413	4,750	3,990	(28)
231	17,500	16,000	58	3,080	2,530	52	1,700	1,380	(29)
198	18,900	17,300	64	3,240	2,800	175	11,700	10,900	(30)
29	416	293	21	525	415	19	312	233	(31)
140	1,200	950	34	178	80	217	2,630	2,320	(32)
90	649	435	18	115	60	101	501	419	(33)
49	269	149	26	110	29	45	522	422	(34)
21	156	88	2	12	5	9	87	74	(35)
49	370	263	20	152	76	37	403	333	(36)
58	371	260	10	47	24	7	30	17	(37)
3	28	18	18	227	154	70	1,340	947	(38)
425	16,800	15,900	157	6,720	6,240	257	10,300	9,870	(39)
21	302	232	6	81	66	89	2,390	2,260	(40)
99	2,450	1,860	25	270	120	251	8,990	7,820	(41)

4 令和4年産都道府県別・品目別の作付面積、収穫量及び出荷量（続き）

品　　目	熊　　本			大　　分			宮　　崎		
	作付面積	収穫量	出荷量	作付面積	収穫量	出荷量	作付面積	収穫量	出荷量
	ha	t	t	ha	t	t	ha	t	t
だ　い　こ　ん　(1)	796	23,300	19,500	359	11,800	8,320	1,640	64,800	58,300
か　　　　　ぶ　(2)	15	315	212	14	336	205	20	352	282
に　ん　じ　ん　(3)	715	22,700	20,300	134	3,230	2,520	466	13,600	12,200
ご　ぼ　う　(4)	262	3,010	2,560	76	1,240	892	540	8,690	7,910
れ　ん　こ　ん　(5)	195	2,240	1,600	12	168	115	x	x	x
ば　れ　い　し　ょ　(6)	627	14,800	11,500	144	1,880	748	420	10,300	9,650
さ　と　い　も　(7)	463	4,820	3,360	242	2,310	1,380	848	13,600	11,300
や　ま　の　い　も　(8)	23	209	125	9	90	67	4	40	31
は　く　さ　い　(9)	384	15,800	13,800	407	23,300	20,500	317	14,200	12,700
こ　ま　つ　な　(10)	40	656	581	24	336	230	98	1,680	1,500
キ　ャ　ベ　ツ　(11)	1,330	44,800	41,200	495	15,200	13,100	604	21,900	20,000
ち　ん　げ　ん　さ　い　(12)	38	741	682	36	522	460	7	150	125
ほ　う　れ　ん　そ　う　(13)	503	5,080	4,530	137	1,510	1,150	905	12,200	11,000
ふ　　　　　き　(14)	3	21	15	3	45	40	-	-	-
み　つ　ば　(15)	3	39	35	61	878	866	x	x	x
し　ゅ　ん　ぎ　く　(16)	22	209	173	13	156	125	4	53	39
み　ず　な　(17)	7	91	73	3	30	24	4	59	51
セ　ル　リ　ー　(18)	6	300	289	2	60	57	x	x	x
ア　ス　パ　ラ　ガ　ス　(19)	100	2,320	2,170	13	109	101	8	130	115
カ　リ　フ　ラ　ワ　ー　(20)	119	2,560	2,230	2	28	19	2	39	32
ブ　ロ　ッ　コ　リ　ー　(21)	900	8,440	7,490	39	421	322	138	1,630	1,490
レ　タ　ス　(22)	605	17,600	16,500	113	2,040	1,750	70	1,400	1,290
ね　　　　　ぎ　(23)	236	3,710	2,900	1,080	18,100	16,500	140	2,040	1,740
に　　　　　ら　(24)	43	1,360	1,270	59	3,080	2,980	94	3,460	3,210
た　ま　ね　ぎ　(25)	316	12,500	10,600	102	2,390	1,170	54	1,360	1,190
に　ん　に　く　(26)	40	240	182	50	205	163	53	211	199
き　ゅ　う　り　(27)	279	15,300	14,000	131	2,860	2,320	584	64,500	60,800
か　ぼ　ち　ゃ　(28)	153	2,140	1,730	109	1,400	965	210	4,030	3,700
な　　　　　す　(29)	403	33,400	30,900	106	1,630	1,110	53	2,290	2,050
ト　マ　ト　(30)	1,250	130,300	125,800	183	10,200	9,380	205	17,000	15,800
ピ　ー　マ　ン　(31)	87	3,330	3,080	124	6,640	6,320	304	28,100	26,400
ス　イ　ー　ト　コ　ー　ン　(32)	250	2,500	2,230	300	1,890	1,450	331	3,540	3,340
さ　や　い　ん　げ　ん　(33)	84	756	567	43	258	164	17	155	100
さ　や　え　ん　ど　う　(34)	52	1,030	943	42	403	290	21	158	89
グ　リ　ー　ン　ピ　ー　ス　(35)	17	172	160	5	45	24	6	33	22
そ　ら　ま　め　(36)	28	314	260	5	39	27	9	51	24
え　だ　ま　め　(37)	8	60	41	38	285	186	295	1,130	1,000
し　ょ　う　が　(38)	167	5,260	4,450	29	580	512	79	2,380	2,110
い　ち　ご　(39)	293	11,700	11,100	65	2,370	2,260	72	2,710	2,530
メ　ロ　ン　(40)	832	24,400	23,100	12	240	220	55	1,290	1,180
す　い　か　(41)	1,260	48,000	45,200	154	5,420	4,270	16	333	256

鹿　　児　　島			沖　　　　繩			
作付面積	収穫量	出荷量	作付面積	収穫量	出荷量	
ha	t	t	ha	t	t	
1,970	90,400	83,200	21	461	329	(1)
11	196	159	1	15	12	(2)
645	22,200	19,900	126	2,060	1,710	(3)
581	6,970	6,410	3	47	32	(4)
1	10	9	x	x	x	(5)
4,370	97,600	90,200	66	904	708	(6)
503	7,240	6,190	7	38	34	(7)
19	236	200	6	79	44	(8)
381	22,800	19,500	4	99	64	(9)
71	852	774	37	622	531	(10)
1,990	74,500	68,200	194	4,950	4,230	(11)
22	383	344	60	798	676	(12)
130	1,820	1,580	60	690	505	(13)
1	3	3	-	-	-	(14)
2	24	23	1	4	3	(15)
13	146	131	5	74	55	(16)
34	469	408	4	56	50	(17)
1	10	9	9	288	243	(18)
1	16	15	1	9	9	(19)
11	187	160	10	159	113	(20)
373	3,480	3,080	19	203	144	(21)
207	5,470	4,820	226	3,660	3,170	(22)
477	7,400	6,590	12	162	129	(23)
6	60	50	13	264	197	(24)
139	3,640	2,910	16	299	263	(25)
47	351	267	18	191	96	(26)
143	9,550	8,620	79	3,330	2,760	(27)
638	6,890	6,210	376	3,560	3,180	(28)
79	1,970	1,480	28	1,190	994	(29)
120	5,270	4,410	55	3,010	2,660	(30)
141	13,300	12,700	44	2,830	2,490	(31)
59	520	405	26	241	192	(32)
223	2,120	1,830	163	1,830	1,670	(33)
426	4,980	4,330	2	13	7	(34)
71	657	591	0	1	1	(35)
229	3,230	2,900	0	1	0	(36)
55	290	258	30	113	101	(37)
79	1,930	1,710	11	140	105	(38)
51	1,700	1,610	5	91	89	(39)
33	848	805	6	103	88	(40)
72	2,160	1,760	81	2,140	1,900	(41)

5 令和4年産都道府県別の用途別出荷量

(1) だいこん　　　　　　　　　　　　　　　　　　　　　(2) にんじん

単位：t

全国農業地域・都道府県		出荷量計	生食向	加工向	業務用向	出荷量計	生食向
全　　　　国	(1)	986,600	745,800	225,200	15,600	525,200	448,000
（全国農業地域）							
北　海　道	(2)	121,400	95,600	17,800	7,990	156,800	124,000
都　府　県	(3)	865,100	650,000	207,500	7,620	368,400	324,000
東　　　北	(4)	140,200	106,700	30,500	2,980	35,700	32,200
北　　　陸	(5)	50,500	28,500	22,000	15	7,400	6,090
関　東・東　山	(6)	318,200	267,000	49,000	2,190	153,000	131,900
東　　　海	(7)	57,100	49,600	7,470	34	25,600	24,400
近　　　畿	(8)	21,400	19,600	1,800	26	6,240	6,050
中　　　国	(9)	25,200	22,700	2,450	28	3,490	3,370
四　　　国	(10)	33,900	31,500	2,380	13	47,900	47,000
九　　　州	(11)	218,300	124,000	92,000	2,340	87,300	71,200
沖　　　縄	(12)	329	329	－	－	1,710	1,680
（都道府県）							
北　海　道	(13)	121,400	95,600	17,800	7,990	156,800	124,000
青　　　森	(14)	97,900	72,400	22,700	2,800	32,000	29,100
岩　　　手	(15)	16,400	12,500	3,940	－	1,620	1,160
宮　　　城	(16)	2,980	2,590	374	13	488	486
秋　　　田	(17)	6,170	4,580	1,580	12	259	240
山　　　形	(18)	8,180	6,400	1,620	158	478	465
福　　　島	(19)	8,610	8,330	283	1	861	723
茨　　　城	(20)	44,700	22,000	22,700	－	26,500	20,600
栃　　　木	(21)	10,600	9,640	965	－	3,020	2,590
群　　　馬	(22)	21,700	14,600	6,620	458	828	828
埼　　　玉	(23)	19,300	16,000	3,270	5	13,900	13,800
千　　　葉	(24)	134,500	124,600	8,200	1,720	103,200	88,700
東　　　京	(25)	7,440	7,410	27	－	2,580	2,580
神　奈　川	(26)	68,800	65,600	3,190	－	2,270	2,270
新　　　潟	(27)	37,000	17,100	19,900	10	5,160	3,900
富　　　山	(28)	2,590	2,580	8	5	1,040	994
石　　　川	(29)	6,070	5,970	99	－	361	357
福　　　井	(30)	4,860	2,890	1,970	－	837	837
山　　　梨	(31)	2,560	1,910	653	－	211	211
長　　　野	(32)	8,620	5,270	3,350	2	483	319
岐　　　阜	(33)	15,300	14,000	1,270	6	5,140	5,020
静　　　岡	(34)	15,700	12,400	3,310	－	2,160	2,160
愛　　　知	(35)	20,300	18,500	1,840	－	17,800	16,800
三　　　重	(36)	5,800	4,720	1,050	28	528	510
滋　　　賀	(37)	2,070	1,670	394	6	503	398
京　　　都	(38)	4,370	3,270	1,100	－	684	647
大　　　阪	(39)	792	762	25	5	100	100
兵　　　庫	(40)	5,710	5,670	45	0	2,630	2,620
奈　　　良	(41)	1,840	1,800	24	14	213	209
和　歌　山	(42)	6,660	6,450	209	1	2,110	2,080
鳥　　　取	(43)	4,000	3,150	850	－	1,620	1,540
島　　　根	(44)	1,940	1,940	4	－	249	249
岡　　　山	(45)	5,630	4,770	832	28	766	737
広　　　島	(46)	5,800	5,570	232	－	319	314
山　　　口	(47)	7,780	7,250	533	－	533	530
徳　　　島	(48)	20,300	19,600	675	1	44,400	43,600
香　　　川	(49)	5,390	5,390	－	－	2,650	2,640
愛　　　媛	(50)	4,590	4,490	90	12	240	234
高　　　知	(51)	3,580	1,970	1,610	－	613	613
福　　　岡	(52)	11,600	11,100	460	61	2,040	1,180
佐　　　賀	(53)	1,060	1,060	－	－	159	159
長　　　崎	(54)	36,300	33,600	2,710	－	30,200	28,600
熊　　　本	(55)	19,500	18,800	747	－	20,300	19,600
大　　　分	(56)	8,320	7,980	339	－	2,520	2,400
宮　　　崎	(57)	58,300	5,130	51,300	1,870	12,200	6,170
鹿　児　島	(58)	83,200	46,400	36,400	405	19,900	13,100
沖　　　縄	(59)	329	329	－	－	1,710	1,680
関 東 農 政 局	(60)	333,900	279,400	52,300	2,190	155,200	134,100
東 海 農 政 局	(61)	41,400	37,200	4,160	34	23,500	22,300
中国四国農政局	(62)	59,000	54,100	4,830	41	51,400	50,400

(3)　ばれいしょ（じゃがいも）

加工向	業務用向	出荷量計	生食向	加工向	業務用向	
72,300	4,900	1,933,000	618,000	1,315,000	…	(1)
28,800	3,960	1,615,000	371,000	1,244,000	…	(2)
43,500	943	318,400	247,800	70,600	…	(3)
3,360	180	15,800	11,900	3,900	…	(4)
1,270	42	3,220	2,980	238	…	(5)
20,900	192	81,100	51,900	29,200	…	(6)
1,090	80	16,700	15,600	1,120	…	(7)
104	84	3,380	3,190	187	…	(8)
109	9	4,830	4,480	346	…	(9)
857	1	2,770	1,960	810	…	(10)
15,800	349	189,900	155,100	34,800	…	(11)
23	6	708	705	3	…	(12)
28,800	3,960	1,615,000	371,000	1,244,000	…	(13)
2,730	172	9,390	6,510	2,880	…	(14)
462	–	1,130	848	282	…	(15)
2	0	1,290	567	723	…	(16)
19	–	1,560	1,550	11	…	(17)
13	–	340	340	–	…	(18)
130	8	2,100	2,100	–	…	(19)
5,710	171	41,400	18,900	22,500	…	(20)
430	–	2,690	2,450	236	…	(21)
–	–	1,860	1,860	–	…	(22)
75	21	3,300	2,740	560	…	(23)
14,500	–	23,300	17,500	5,820	…	(24)
–	–	2,000	2,000	–	…	(25)
–	–	4,000	3,890	113	…	(26)
1,230	30	2,020	2,020	5	…	(27)
34	12	196	196	–	…	(28)
4	–	381	381	–	…	(29)
–	–	622	389	233	…	(30)
–	–	1,170	1,170	–	…	(31)
164	–	1,330	1,330	–	…	(32)
118	5	1,240	837	x	…	(33)
–	–	11,600	11,300	278	…	(34)
961	67	2,430	2,320	106	…	(35)
10	8	1,470	1,140	334	…	(36)
35	70	229	133	96	…	(37)
37	–	1,000	980	20	…	(38)
0	0	476	476	–	…	(39)
7	6	835	764	71	…	(40)
–	4	652	652	–	…	(41)
25	4	188	188	–	…	(42)
81	–	345	345	–	…	(43)
–	–	425	425	–	…	(44)
26	3	479	479	–	…	(45)
2	3	2,420	2,120	298	…	(46)
0	3	1,160	1,110	48	…	(47)
843	–	1,150	340	810	…	(48)
9	–	188	188	–	…	(49)
5	1	740	740	–	…	(50)
–	–	695	695	–	…	(51)
865	–	2,490	830	1,660	…	(52)
–	–	2,240	700	1,540	…	(53)
1,510	136	73,100	71,200	1,910	…	(54)
707	–	11,500	5,840	5,660	…	(55)
125	–	748	575	173	…	(56)
5,940	90	9,650	2,340	7,310	…	(57)
6,670	123	90,200	73,700	16,500	…	(58)
23	6	708	705	3	…	(59)
20,900	192	92,700	63,200	29,500	…	(60)
1,090	80	5,140	4,300	x	…	(61)
966	10	7,600	6,440	1,160	…	(62)

5　令和4年産都道府県別の用途別出荷量（続き）

(4)　さといも　　　　　　　　　　　　　　　　(5)　はくさい

単位：t

全国農業地域 ・ 都　道　府　県		出荷量計	生食向	加工向	業務用向	出荷量計	生食向
全　　　　　国	(1)	94,300	90,900	2,880	542	728,400	668,400
（全国農業地域）							
北　海　道	(2)	x	x	x	x	22,000	19,300
都　府　県	(3)	94,300	90,900	2,880	542	706,500	649,200
東　　　北	(4)	2,910	2,810	94	2	19,800	18,600
北　　　陸	(5)	6,900	6,760	132	10	6,040	5,960
関　東・東　山	(6)	39,300	39,200	25	49	501,400	459,200
東　　　海	(7)	7,590	7,590	3	0	32,000	28,800
近　　　畿	(8)	2,880	2,840	9	30	31,200	29,700
中　　　国	(9)	3,040	2,970	67	1	19,300	17,400
四　　　国	(10)	7,860	7,660	204	-	6,870	6,070
九　　　州	(11)	23,800	21,000	2,340	450	89,900	83,400
沖　　　縄	(12)	34	34	-	-	64	
（都道府県）							
北　海　道	(13)	x	x	x	x	22,000	19,300
青　　　森	(14)	15	15	-	-	3,190	3,100
岩　　　手	(15)	390	390	-	-	3,700	3,660
宮　　　城	(16)	261	257	4	-	3,080	2,660
秋　　　田	(17)	360	360	-	-	2,060	1,950
山　　　形	(18)	1,040	948	90	2	2,410	1,990
福　　　島	(19)	848	848	-	0	5,340	5,210
茨　　　城	(20)	1,430	1,410	18	-	227,600	221,900
栃　　　木	(21)	4,770	4,770	-	-	13,900	12,600
群　　　馬	(22)	1,440	1,440	-	-	20,800	19,100.
埼　　　玉	(23)	13,700	13,700	1	49	18,900	16,400
千　　　葉	(24)	10,900	10,900	6	-	5,180	5,180
東　　　京	(25)	2,450	2,450	-	-	2,670	2,670
神　奈　川	(26)	3,680	3,680	-	-	3,470	3,220
新　　　潟	(27)	4,590	4,590	0	5	4,320	4,290
富　　　山	(28)	712	700	7	5	914	877
石　　　川	(29)	87	87	-	-	444	440
福　　　井	(30)	1,510	1,390	125	-	365	365
山　　　梨	(31)	638	638	-	-	1,630	1,260
長　　　野	(32)	293	293	-	-	207,200	176,900
岐　　　阜	(33)	1,500	1,500	-	-	4,720	4,600
静　　　岡	(34)	2,430	2,430	3	-	3,380	3,380
愛　　　知	(35)	2,900	2,900	-	-	17,200	16,600
三　　　重	(36)	758	758	-	0	6,660	4,220
滋　　　賀	(37)	219	215	1	3	3,020	2,330
京　　　都	(38)	648	648	0	0	1,720	1,290
大　　　阪	(39)	728	720	8	0	949	947
兵　　　庫	(40)	414	414	-	-	16,500	16,500
奈　　　良	(41)	740	713	-	27	1,790	1,740
和　歌　山	(42)	131	131	-	-	7,230	6,880
鳥　　　取	(43)	677	610	67	-	1,530	1,530
島　　　根	(44)	450	450	-	-	2,860	2,860
岡　　　山	(45)	347	347	-	-	10,500	8,600
広　　　島	(46)	637	636	-	1	1,400	1,400
山　　　口	(47)	927	927	-	-	2,960	2,960
徳　　　島	(48)	130	130	-	-	2,660	2,330
香　　　川	(49)	207	207	-	-	195	195
愛　　　媛	(50)	7,190	6,990	204	-	2,810	2,810
高　　　知	(51)	337	337	-	-	1,200	727
福　　　岡	(52)	872	872	-	-	4,640	4,580
佐　　　賀	(53)	320	320	-	-	1,090	1,090
長　　　崎	(54)	362	359	3	-	17,700	16,900
熊　　　本	(55)	3,360	3,350	13	-	13,800	13,700
大　　　分	(56)	1,380	1,380	-	-	20,500	19,800
宮　　　崎	(57)	11,300	8,630	2,220	450	12,700	11,300
鹿　児　島	(58)	6,190	6,090	105	0	19,500	16,100
沖　　　縄	(59)	34	34	-	-	64	64
関　東　農　政　局	(60)	41,700	41,600	28	49	504,700	462,500
東　海　農　政　局	(61)	5,160	5,160	-	0	28,600	25,400
中国四国農政局	(62)	10,900	10,600	271	1	26,100	23,400

(6) キャベツ

単位：t　　　　　　　　　　　　　　　　　　　　　　　単位：t

加工向	業務用向	出荷量計	生食向	加工向	業務用向	
46,800	13,200	1,310,000	1,042,000	182,000	86,300	(1)
2,680	0	58,300	29,100	28,800	418	(2)
44,100	13,200	1,251,000	1,012,000	153,200	85,900	(3)
800	405	50,500	42,300	7,430	788	(4)
55	21	14,100	10,900	3,150	68	(5)
30,100	12,100	602,600	506,700	45,800	50,100	(6)
2,890	283	287,600	223,700	36,600	27,300	(7)
1,370	151	51,700	40,900	10,600	182	(8)
1,890	6	33,100	23,800	7,910	1,350	(9)
799	–	26,600	16,900	9,630	37	(10)
6,240	225	180,800	142,800	32,000	6,020	(11)
–	–	4,230	4,100	125	4	(12)
2,680	0	58,300	29,100	28,800	418	(13)
90	–	13,800	10,000	3,780	20	(14)
42	–	21,700	19,500	1,660	498	(15)
415	2	4,540	4,080	457	–	(16)
50	56	4,670	3,740	741	191	(17)
200	220	2,320	1,640	603	78	(18)
3	127	3,480	3,290	191	1	(19)
5,750	–	101,000	85,000	14,900	1,150	(20)
1,320	–	4,230	4,230	–	–	(21)
1,400	290	243,200	183,500	19,700	40,000	(22)
2,130	376	14,700	12,600	842	1,280	(23)
–	–	102,700	100,600	2,100	–	(24)
–	–	6,230	6,230	–	–	(25)
255	–	63,800	63,500	276	–	(26)
25	10	7,990	7,420	555	20	(27)
26	11	1,920	742	1,130	48	(28)
4	–	1,330	1,180	150	–	(29)
–	–	2,830	1,520	1,310	–	(30)
218	148	3,280	1,460	759	1,060	(31)
19,000	11,300	63,500	49,600	7,230	6,630	(32)
120	–	4,000	2,790	1,210	–	(33)
–	–	20,700	8,340	10,600	1,760	(34)
328	282	253,800	205,700	23,200	24,900	(35)
2,440	1	9,080	6,870	1,550	663	(36)
597	92	8,620	2,180	6,400	44	(37)
430	0	5,350	4,040	1,310	3	(38)
1	1	8,510	8,090	309	116	(39)
5	0	21,900	19,400	2,510	0	(40)
9	43	1,800	1,690	103	10	(41)
332	15	5,530	5,520	–	9	(42)
–	–	2,030	2,030	–	–	(43)
–	–	4,840	4,030	810	–	(44)
1,890	6	11,300	5,480	5,750	67	(45)
–	–	8,580	6,740	742	1,100	(46)
–	–	6,360	5,570	611	180	(47)
326	–	5,820	2,960	2,820	36	(48)
–	–	8,980	5,060	3,920	–	(49)
–	–	10,200	7,310	2,890	1	(50)
473	–	1,620	1,620	–	–	(51)
65	–	22,000	19,900	897	1,250	(52)
–	–	6,600	4,660	1,350	594	(53)
680	100	9,740	6,600	2,950	195	(54)
0	125	41,200	32,800	6,780	1,580	(55)
690	–	13,100	11,200	1,870	–	(56)
1,390	–	20,000	13,900	5,920	150	(57)
3,410	–	68,200	53,800	12,200	2,250	(58)
–	–	4,230	4,100	125	4	(59)
30,100	12,100	623,300	515,000	56,400	51,900	(60)
2,890	283	266,900	215,300	26,000	25,600	(61)
2,690	6	59,700	40,800	17,500	1,380	(62)

5 令和4年産都道府県別の用途別出荷量（続き）

(7) ほうれんそう

(8) レタス

単位：t

全国農業地域・都道府県		出荷量計	生食向	加工向	業務用向	出荷量計	生食向
全　　　　　国	(1)	179,000	165,800	12,100	1,090	519,900	439,300
（全国農業地域）							
北 海 道	(2)	3,360	2,960	397	－	12,200	10,500
都 府 県	(3)	175,600	162,800	11,700	1,090	507,900	429,000
東 北	(4)	9,380	9,300	14	69	15,300	13,100
北 陸	(5)	2,060	2,060	0	3	2,130	1,980
関 東・東 山	(6)	92,300	90,800	1,320	162	331,400	283,200
東 海	(7)	17,900	17,300	8	609	30,300	25,900
近 畿	(8)	12,500	12,400	12	84	26,900	26,400
中 国	(9)	8,290	8,280	－	10	4,280	4,150
四 国	(10)	4,120	4,060	60	－	20,000	18,900
九 州	(11)	28,600	18,100	10,300	153	74,400	52,400
沖 縄	(12)	505	504	1	－	3,170	2,950
（都道府県）							
北 海 道	(13)	3,360	2,960	397	－	12,200	10,500
青 森	(14)	1,080	1,080	－	－	1,640	1,420
岩 手	(15)	2,380	2,380	2	－	7,280	6,510
宮 城	(16)	1,640	1,640	－	0	1,920	1,730
秋 田	(17)	1,040	1,040	－	－	490	490
山 形	(18)	1,300	1,300	－	1	194	194
福 島	(19)	1,940	1,860	12	68	3,770	2,740
茨 城	(20)	16,300	15,500	807	3	83,400	78,400
栃 木	(21)	5,040	4,980	60	－	3,980	3,980
群 馬	(22)	20,200	20,100	58	22	53,500	34,900
埼 玉	(23)	18,100	18,000	5	78	3,080	2,850
千 葉	(24)	19,000	18,600	373	57	7,150	6,900
東 京	(25)	3,720	3,720	－	－	494	494
神 奈 川	(26)	7,020	7,020	－	－	2,600	2,600
新 潟	(27)	910	908	0	2	403	403
富 山	(28)	330	329	－	1	104	104
石 川	(29)	282	282	－	－	627	616
福 井	(30)	542	542	－	－	992	856
山 梨	(31)	635	635	－	－	2,490	1,520
長 野	(32)	2,300	2,280	14	2	174,700	151,500
岐 阜	(33)	9,790	9,730	8	51	434	434
静 岡	(34)	3,430	2,870	－	558	24,700	20,300
愛 知	(35)	4,000	4,000	－	－	4,780	4,780
三 重	(36)	683	683	－	0	395	381
滋 賀	(37)	761	740	8	13	385	242
京 都	(38)	4,620	4,550	1	70	2,030	1,790
大 阪	(39)	1,780	1,780	－	0	422	403
兵 庫	(40)	1,960	1,960	－	0	23,100	23,000
奈 良	(41)	2,680	2,680	1	1	364	362
和 歌 山	(42)	671	669	2	－	587	575
鳥 取	(43)	823	823	－	－	129	129
島 根	(44)	1,400	1,400	－	－	327	327
岡 山	(45)	1,060	1,060	－	－	1,980	1,970
広 島	(46)	3,680	3,670	－	10	932	807
山 口	(47)	1,330	1,330	－	－	912	912
徳 島	(48)	2,440	2,380	60	－	5,270	4,810
香 川	(49)	390	390	－	－	12,400	11,900
愛 媛	(50)	912	912	－	－	1,680	1,610
高 知	(51)	379	379	－	－	601	601
福 岡	(52)	8,530	8,440	82	13	14,800	14,600
佐 賀	(53)	636	636	－	－	1,280	1,100
長 崎	(54)	1,160	1,140	24	－	34,000	22,700
熊 本	(55)	4,530	3,300	1,230	－	16,500	7,790
大 分	(56)	1,150	950	200	－	1,750	1,750
宮 崎	(57)	11,000	2,060	8,800	140	1,290	1,130
鹿 児 島	(58)	1,580	1,580	－	－	4,820	3,360
沖 縄	(59)	505	504	1	－	3,170	2,950
関 東 農 政 局	(60)	95,700	93,700	1,320	720	356,100	303,400
東 海 農 政 局	(61)	14,500	14,400	8	51	5,610	5,600
中国四国農政局	(62)	12,400	12,300	60	10	24,200	23,000

(9)　ねぎ

単位：t　　　　　　　　　　　　　　　　単位：t

加工向	業務用向	出荷量計	生食向	加工向	業務用向	
45,800	34,800	367,700	348,900	12,000	6,830	(1)
1,460	213	18,500	18,200	120	209	(2)
44,300	34,600	349,200	330,800	11,800	6,620	(3)
374	1,840	45,100	43,300	1,100	737	(4)
−	147	13,000	12,800	172	38	(5)
24,500	23,700	183,600	177,000	3,410	3,200	(6)
2,740	1,670	17,600	16,300	505	758	(7)
212	259	19,600	15,500	3,210	908	(8)
32	103	22,900	22,300	566	60	(9)
693	383	9,300	6,940	2,080	282	(10)
15,600	6,430	38,000	36,500	814	641	(11)
144	72	129	129	−	−	(12)
1,460	213	18,500	18,200	120	209	(13)
76	149	9,340	9,170	152	19	(14)
132	635	5,110	5,020	6	82	(15)
166	23	6,900	6,210	471	219	(16)
−	−	11,000	10,300	309	352	(17)
−	−	5,820	5,800	−	17	(18)
−	1,030	6,960	6,750	159	48	(19)
3,030	2,020	47,400	43,000	2,510	1,850	(20)
−	−	9,870	9,810	60	−	(21)
9,350	9,220	14,000	13,400	481	110	(22)
126	101	42,900	42,400	227	234	(23)
252	−	48,800	48,600	112	93	(24)
−	−	1,950	1,950	−	−	(25)
−	−	6,940	6,940	−	−	(26)
−	0	8,580	8,430	124	27	(27)
−	−	1,850	1,800	39	10	(28)
−	11	648	647	−	1	(29)
−	136	1,940	1,930	9	−	(30)
681	290	410	410	−	−	(31)
11,100	12,100	11,300	10,400	20	912	(32)
−	−	1,180	1,180	−	−	(33)
2,740	1,660	8,520	7,340	433	751	(34)
−	−	5,470	5,470	−	4	(35)
−	14	2,400	2,330	72	3	(36)
118	25	1,650	1,310	281	64	(37)
32	206	6,450	4,760	903	790	(38)
6	13	5,900	4,720	1,170	8	(39)
56	1	2,680	2,400	273	4	(40)
−	2	2,280	1,660	579	42	(41)
−	12	648	648	−	−	(42)
−	−	10,900	10,700	164	−	(43)
−	−	1,580	1,580	−	−	(44)
7	3	1,750	1,610	136	6	(45)
25	100	7,170	6,880	242	45	(46)
−	−	1,480	1,450	24	9	(47)
438	19	2,720	1,270	1,440	7	(48)
250	297	2,670	2,250	287	132	(49)
5	67	1,630	1,150	342	134	(50)
−	−	2,280	2,260	10	9	(51)
60	138	5,980	5,970	5	3	(52)
99	83	1,920	1,910	−	7	(53)
9,050	2,240	2,360	2,310	52	−	(54)
5,660	3,050	2,900	2,900	−	−	(55)
3	−	16,500	15,600	253	631	(56)
158	−	1,740	1,710	30	−	(57)
541	923	6,590	6,120	474	−	(58)
144	72	129	129	−	−	(59)
27,300	25,400	192,100	184,300	3,840	3,950	(60)
−	14	9,050	8,970	72	7	(61)
725	486	32,200	29,200	2,650	342	(62)

5　令和4年産都道府県別の用途別出荷量（続き）

(10)　たまねぎ　　　　　　　　　　　　　　　　　　　(11)　きゅうり

単位：t

全国農業地域・都道府県		出荷量計	生食向	加工向	業務用向	出荷量計	生食向
全　　　　　国	(1)	1,105,000	889,400	198,200	17,400	476,900	471,100
（全国農業地域）							
北　海　道	(2)	772,900	584,600	174,300	14,000	13,600	13,200
都　府　県	(3)	331,800	304,500	23,900	3,440	463,400	458,000
東　　北	(4)	7,570	6,030	1,050	494	76,100	74,400
北　　陸	(5)	11,200	8,610	2,560	27	8,220	7,900
関東・東山	(6)	35,700	31,200	4,280	256	175,100	173,400
東　　海	(7)	36,700	34,500	1,520	723	21,400	21,000
近　　畿	(8)	89,400	86,300	3,020	71	12,700	12,400
中　　国	(9)	12,800	10,800	2,000	16	10,700	10,700
四　　国	(10)	15,600	11,100	4,340	124	41,800	41,400
九　　州	(11)	122,600	115,800	5,110	1,710	114,600	114,100
沖　　縄	(12)	263	253	－	10	2,760	2,750
（都道府県）							
北　海　道	(13)	772,900	584,600	174,300	14,000	13,600	13,200
青　　森	(14)	324	314	10	－	4,230	4,160
岩　　手	(15)	845	694	151	－	9,670	9,500
宮　　城	(16)	2,730	1,990	337	404	11,200	11,200
秋　　田	(17)	1,680	1,240	445	－	5,490	5,460
山　　形	(18)	222	198	17	7	9,000	8,820
福　　島	(19)	1,770	1,590	94	83	36,500	35,200
茨　　城	(20)	3,790	2,370	1,420	－	22,100	21,600
栃　　木	(21)	8,460	8,110	353	－	8,900	8,900
群　　馬	(22)	8,130	6,070	2,060	2	50,000	49,600
埼　　玉	(23)	2,830	2,650	69	116	40,000	39,800
千　　葉	(24)	3,890	3,710	180	－	28,400	28,400
東　　京	(25)	567	567	－	－	1,800	1,800
神　奈　川	(26)	4,150	4,150	－	－	9,870	9,870
新　　潟	(27)	2,700	2,330	360	10	5,320	5,100
富　　山	(28)	7,190	5,120	2,050	17	582	582
石　　川	(29)	621	621	－	－	1,390	1,390
福　　井	(30)	716	568	148	－	931	839
山　　梨	(31)	987	987	－	－	3,830	3,830
長　　野	(32)	2,870	2,530	198	138	10,200	9,470
岐　　阜	(33)	1,480	1,340	137	8	4,060	4,060
静　　岡	(34)	11,200	10,900	81	257	2,540	2,540
愛　　知	(35)	22,400	20,700	1,270	440	13,400	13,000
三　　重	(36)	1,660	1,610	36	18	1,400	1,390
滋　　賀	(37)	2,460	701	1,750	9	2,160	2,140
京　　都	(38)	1,740	1,230	500	10	3,830	3,620
大　　阪	(39)	2,850	2,760	78	10	1,550	1,550
兵　　庫	(40)	78,700	78,300	335	16	1,490	1,490
奈　　良	(41)	291	268	15	8	1,500	1,470
和　歌　山	(42)	3,340	2,980	339	18	2,120	2,100
鳥　　取	(43)	720	720	－	－	1,010	1,000
島　　根	(44)	2,350	1,910	435	10	2,020	2,020
岡　　山	(45)	3,380	1,820	1,560	0	2,150	2,140
広　　島	(46)	2,980	2,980	－	1	3,050	3,050
山　　口	(47)	3,320	3,310	2	5	2,500	2,500
徳　　島	(48)	1,330	1,160	160	9	6,550	6,450
香　　川	(49)	7,620	6,880	720	20	3,490	3,490
愛　　媛	(50)	6,070	2,520	3,460	95	7,560	7,460
高　　知	(51)	572	572	－	－	24,200	24,000
福　　岡	(52)	2,220	2,220	－	－	8,490	8,440
佐　　賀	(53)	78,100	73,900	3,190	1,030	14,200	14,200
長　　崎	(54)	26,400	24,500	1,320	570	6,210	5,780
熊　　本	(55)	10,600	10,400	163	－	14,000	14,000
大　　分	(56)	1,170	1,170	－	－	2,320	2,320
宮　　崎	(57)	1,190	1,030	90	72	60,800	60,800
鹿　児　島	(58)	2,910	2,520	347	42	8,620	8,620
沖　　縄	(59)	263	253	－	10	2,760	2,750
関東農政局	(60)	46,900	42,000	4,360	513	177,600	175,900
東海農政局	(61)	25,500	23,600	1,440	466	18,900	18,500
中国四国農政局	(62)	28,300	21,800	6,340	140	52,500	52,000

（12）なす

加工向	業務用向	出荷量計	生食向	加工向	業務用向	
4,660	1,150	236,900	234,100	2,500	261	(1)
138	237	279	279	-	-	(2)
4,520	913	236,700	233,900	2,500	261	(3)
1,720	8	9,980	9,680	285	18	(4)
317	-	4,050	3,650	350	50	(5)
940	800	73,300	72,400	755	103	(6)
362	0	16,100	16,100	40	0	(7)
205	77	19,200	18,200	886	67	(8)
16	4	8,940	8,900	34	3	(9)
440	-	48,700	48,600	50	15	(10)
521	17	55,500	55,400	102	4	(11)
-	7	994	993	-	1	(12)
138	237	279	279	-	-	(13)
67	-	432	432	-	-	(14)
175	-	1,690	1,690	-	-	(15)
7	-	1,300	1,270	9	18	(16)
31	-	1,770	1,730	42	-	(17)
181	-	2,450	2,220	228	-	(18)
1,260	8	2,340	2,330	6	-	(19)
43	408	16,000	15,800	70	99	(20)
-	-	10,300	9,940	359	-	(21)
367	12	24,800	24,600	220	-	(22)
135	42	6,800	6,700	100	4	(23)
-	-	4,660	4,660	-	-	(24)
-	-	1,630	1,630	-	-	(25)
-	-	3,270	3,270	-	-	(26)
225	-	2,800	2,400	350	50	(27)
-	-	521	521	-	-	(28)
-	-	254	254	-	-	(29)
92	-	475	475	-	-	(30)
-	-	5,000	4,990	6	-	(31)
395	338	828	828	-	-	(32)
-	-	1,760	1,760	-	-	(33)
-	-	912	912	-	-	(34)
353	-	12,300	12,300	40	-	(35)
9	0	1,080	1,080	-	0	(36)
14	8	689	663	25	1	(37)
172	36	6,070	5,650	411	5	(38)
2	2	5,940	5,590	350	5	(39)
4	1	1,100	1,100	-	0	(40)
-	26	4,120	4,010	59	56	(41)
13	4	1,330	1,290	41	-	(42)
8	1	317	317	-	-	(43)
-	-	644	644	-	-	(44)
7	2	4,050	4,020	34	1	(45)
-	-	2,340	2,340	-	1	(46)
1	1	1,590	1,590	-	1	(47)
100	-	5,680	5,630	50	-	(48)
5	-	1,480	1,470	-	15	(49)
100	-	2,840	2,840	-	-	(50)
235	-	38,700	38,700	-	-	(51)
39	9	16,000	15,900	60	1	(52)
-	-	2,530	2,530	-	-	(53)
419	8	1,380	1,380	-	-	(54)
50	-	30,900	30,900	42	3	(55)
-	-	1,110	1,110	-	-	(56)
13	-	2,050	2,050	-	-	(57)
-	-	1,480	1,480	-	-	(58)
-	7	994	993	-	1	(59)
940	800	74,200	73,300	755	103	(60)
362	0	15,100	15,100	40	0	(61)
456	4	57,600	57,500	84	18	(62)

5 令和4年産都道府県別の用途別出荷量（続き）

(13) トマト

(14) ピーマン

単位：t

全 国 農 業 地 域・都 道 府 県		出荷量計	生食向	加工向	業務用向	出荷量計	生食向
全　　　　国	(1)	645,300	614,800	27,800	2,710	134,100	133,900
（全国農業地域）							
北　海　道	(2)	58,700	54,500	3,860	360	5,260	5,130
都　府　県	(3)	586,800	560,600	23,900	2,350	128,800	128,800
東　　　北	(4)	61,400	58,700	2,670	37	16,300	16,300
北　　　陸	(5)	11,400	11,200	198	13	494	492
関 東 ・ 東 山	(6)	171,800	152,300	19,200	282	36,100	36,100
東　　　海	(7)	90,100	89,000	1,000	101	2,100	2,100
近　　　畿	(8)	20,500	20,200	140	155	4,520	4,510
中　　　国	(9)	24,300	23,800	484	17	2,820	2,820
四　　　国	(10)	18,300	18,000	23	302	14,600	14,600
九　　　州	(11)	186,400	184,800	140	1,440	49,400	49,400
沖　　　縄	(12)	2,660	2,650	6	4	2,490	2,480
（都道府県）							
北　海　道	(13)	58,700	54,500	3,860	360	5,260	5,130
青　　　森	(14)	14,000	13,700	304	－	3,100	3,100
岩　　　手	(15)	7,740	6,900	841	－	7,390	7,390
宮　　　城	(16)	7,340	6,820	515	10	2,290	2,290
秋　　　田	(17)	5,380	5,210	170	－	306	306
山　　　形	(18)	7,480	7,060	404	12	626	624
福　　　島	(19)	19,500	19,100	431	15	2,540	2,540
茨　　　城	(20)	43,900	32,900	10,900	97	31,500	31,500
栃　　　木	(21)	30,400	29,700	665	－	154	154
群　　　馬	(22)	20,000	19,000	814	175	192	192
埼　　　玉	(23)	14,000	14,000	7	7	87	87
千　　　葉	(24)	28,500	28,500	28	－	1,450	1,450
東　　　京	(25)	3,300	3,300	－	－	181	181
神　奈　川	(26)	11,700	11,700	－	－	332	332
新　　　潟	(27)	5,660	5,520	130	12	350	348
富　　　山	(28)	1,190	1,140	45	1	15	15
石　　　川	(29)	2,510	2,490	23	－	64	64
福　　　井	(30)	2,040	2,040	－	－	65	65
山　　　梨	(31)	6,260	6,200	57	－	438	438
長　　　野	(32)	13,700	6,950	6,750	3	1,750	1,740
岐　　　阜	(33)	25,000	24,300	691	53	364	364
静　　　岡	(34)	12,400	12,300	101	9	837	837
愛　　　知	(35)	44,600	44,400	208	39	687	683
三　　　重	(36)	8,050	8,050	－	0	211	211
滋　　　賀	(37)	2,230	2,050	84	93	134	133
京　　　都	(38)	3,440	3,400	7	32	1,700	1,690
大　　　阪	(39)	1,960	1,950	－	9	38	38
兵　　　庫	(40)	6,670	6,670	－	0	1,490	1,490
奈　　　良	(41)	2,930	2,880	32	21	257	257
和　歌　山	(42)	3,250	3,230	17	－	901	901
鳥　　　取	(43)	2,410	2,390	10	10	436	436
島　　　根	(44)	4,000	3,970	29	－	525	525
岡　　　山	(45)	5,020	5,010	12	2	724	724
広　　　島	(46)	9,580	9,180	405	－	809	809
山　　　口	(47)	3,310	3,280	28	5	330	330
徳　　　島	(48)	4,270	3,960	7	302	297	296
香　　　川	(49)	2,450	2,450	－	－	22	22
愛　　　媛	(50)	5,520	5,500	16	－	1,220	1,220
高　　　知	(51)	6,050	6,050	－	－	13,100	13,100
福　　　岡	(52)	17,300	16,000	79	1,260	293	293
佐　　　賀	(53)	2,800	2,800	－	－	415	415
長　　　崎	(54)	10,900	10,900	10	－	233	233
熊　　　本	(55)	125,800	125,800	33	－	3,080	3,080
大　　　分	(56)	9,380	9,360	16	－	6,320	6,320
宮　　　崎	(57)	15,800	15,600	2	166	26,400	26,400
鹿　児　島	(58)	4,410	4,400	－	15	12,700	12,700
沖　　　縄	(59)	2,660	2,650	6	4	2,490	2,480
関 東 農 政 局	(60)	184,200	164,600	19,300	291	36,900	36,900
東 海 農 政 局	(61)	77,700	76,700	899	92	1,260	1,260
中国四国農政局	(62)	42,600	41,800	507	319	17,500	17,500

単位：t

加工向	業務用向	
46	135	(1)
22	112	(2)
24	23	(3)
1	2	(4)
2	0	(5)
–	9	(6)
–	4	(7)
7	6	(8)
0	0	(9)
1	–	(10)
–	–	(11)
13	2	(12)
22	112	(13)
1	–	(14)
–	–	(15)
–	–	(16)
–	–	(17)
–	2	(18)
–	–	(19)
–	–	(20)
–	–	(21)
–	–	(22)
–	–	(23)
–	–	(24)
–	–	(25)
–	–	(26)
2	–	(27)
0	0	(28)
–	–	(29)
–	–	(30)
–	–	(31)
–	9	(32)
–	–	(33)
–	–	(34)
–	4	(35)
–	0	(36)
1	–	(37)
6	6	(38)
–	–	(39)
–	0	(40)
–	–	(41)
–	–	(42)
–	–	(43)
–	–	(44)
0	0	(45)
–	–	(46)
–	–	(47)
1	–	(48)
–	–	(49)
–	–	(50)
–	–	(51)
–	–	(52)
–	–	(53)
–	–	(54)
–	–	(55)
–	–	(56)
–	–	(57)
–	–	(58)
13	2	(59)
–	9	(60)
–	4	(61)
1	0	(62)

6　令和4年産市町村別の作付面積、収穫量及び出荷量

(1)　だいこん
ア　春だいこん　　　　　　　　イ　夏だいこん

主要産地 市町村	作付面積	収穫量	出荷量	主要産地 市町村	作付面積	収穫量	出荷量
	ha	t	t		ha	t	t
北　海　道				**北　海　道**			
七　　飯　　町	96	5,090	4,870	函　　館　　市	8	416	382
				旭　　川　　市	1	20	19
青　森　県				帯　　広　　市	367	13,300	12,800
三　　沢　　市	30	1,510	1,350	網　　走　　市	-	-	-
				千　　歳　　市	58	2,470	2,300
栃　木　県							
小　　山　　市	9	432	389	富　良　野　市	3	83	76
下　　野　　市	4	220	209	恵　　庭　　市	70	3,610	3,370
野　　木　　町	1	45	42	北　広　島　市	29	1,390	1,300
				七　　飯　　町	7	350	324
埼　玉　県				厚　沢　部　町	4	167	138
川　　越　　市	16	888	817				
所　　沢　　市	10	535	433	乙　　部　　町	-	-	-
狭　　山　　市	21	2,040	1,810	今　　金　　町	23	1,220	1,160
三　　芳　　町	9	491	457	ニ　セ　コ　町	1	59	55
				真　　狩　　村	147	8,860	8,430
千　葉　県				留　寿　都　村	260	14,800	14,100
銚　　子　　市	441	24,500	24,000				
東　　金　　市	1	20	16	喜　茂　別　町	1	27	25
旭　　　　市	60	3,340	3,090	京　　極　　町	3	145	138
市　　原　　市	72	5,620	5,340	倶　知　安　町	1	27	25
山　　武　　市	3	122	109	東　神　楽　町	1	19	18
大　網　白　里　市	1	20	16	上　　　川　　町	52	1,870	1,710
九　十　九　里　町	1	20	16				
芝　　山　　町	1	40	32	南　富　良　野　町	20	694	635
横　芝　光　町	1	20	16	芽　　室　　町	40	2,280	2,180
				大　　樹　　町	41	2,120	2,040
愛　知　県				広　　尾　　町	x	x	x
江　　南　　市	17	739	702	幕　　　別　　町	185	8,560	8,220
愛　　西　　市	39	1,890	1,780				
				豊　　頃　　町	13	708	680
山　口　県				浦　　幌　　町	39	1,880	1,800
萩　　　　市	36	1,290	1,100	釧　　路　　町	97	3,350	3,190
				標　　茶　　町	123	5,920	5,640
香　川　県				鶴　　居　　村	x	x	x
坂　　出　　市	46	2,910	2,790				
				中　標　津　町	79	3,290	3,140
長　崎　県							
島　　原　　市	116	9,570	9,090	**青　森　県**			
雲　　仙　　市	34	3,200	3,040	黒　　石　　市	25	998	903
				三　　沢　　市	69	2,310	1,960
熊　本　県				む　つ　市	72	3,150	2,980
大　　津　　町	13	308	246	平　　川　　市	52	2,030	1,840
南　小　国　町	5	154	136	東　　北　　町	139	5,840	5,560
小　　国　　町	36	1,070	956				
				六　ヶ　所　村	131	6,110	5,840
				お　い　ら　せ　町	160	6,590	6,180
				東　　通　　村	21	1,170	1,100
				五　　戸　　町	17	587	539
				新　　郷　　村	19	570	481
				岩　手　県			
				盛　　岡　　市	6	162	95
				宮　　古　　市	15	324	231
				八　幡　平　市	33	1,000	972
				滝　　沢　　市	59	2,250	2,220
				雫　　石　　町	24	946	887
				葛　　巻　　町	19	514	442
				岩　　手　　町	79	2,310	2,280
				岩　　泉　　町	2	60	50
				田　野　畑　村	10	251	200
				栃　木　県			
				日　　光　　市	4	78	69
				那　須　塩　原　市	29	626	558
				塩　　谷　　町	3	58	38

注：1　野菜指定産地（令和4年5月6日農林水産省告示第868号）が含まれている市町村並びにばれいしょの北海道については全市町村を対象に調査を
　　　行った（以下（14）まで同じ。）。
　　2　ばれいしょは季節別に調査を実施していることから、品目計と季節別に掲載した。
　　3　秋植えばれいしょのうち北海道、青森県及び千葉県は、当該市町村において作付けがなかったことから掲載していない。

ウ 秋冬だいこん

主要産地市町村	作付面積	収穫量	出荷量	主要産地市町村	作付面積	収穫量	出荷量
	ha	t	t		ha	t	t
群馬県				**北海道**			
沼田市	86	3,890	3,610	函館市	29	1,360	1,270
片品村	126	5,120	4,470	千歳市	9	508	471
長野県				恵庭市	40	2,200	2,040
諏訪市	3	70	60	北広島市	3	104	94
茅野市	24	580	544	七飯町	9	414	377
岐阜県				厚沢部町	12	540	489
高山市	11	429	363	今金町	6	276	260
飛騨市	2	75	48	せたな町	1	46	37
郡上市	120	6,410	6,050	**青森県**			
兵庫県				おいらせ町	168	7,980	7,520
養父市	7	161	137	**千葉県**			
新温泉町	17	1,120	1,060	銚子市	493	37,500	33,700
岡山県				成田市	32	1,600	1,440
真庭市	24	833	729	旭市	75	5,700	5,080
広島県				市原市	115	9,090	8,450
庄原市	40	724	579	袖ヶ浦市	80	4,450	4,090
山口県				八街市	22	1,060	982
萩市	25	515	418	富里市	16	688	640
熊本県				香取市	24	1,390	1,230
南小国町	10	239	223	多古町	18	1,120	960
小国町	36	767	647	**神奈川県**			
				横須賀市	16	1,360	1,240
				三浦市	656	59,400	54,000
				新潟県			
				新潟市	460	22,900	21,300
				石川県			
				金沢市	57	2,950	2,670
				羽咋市	23	709	589
				かほく市	11	336	276
				内灘町	15	754	679
				志賀町	5	100	40
				福井県			
				福井市	18	361	143
				あわら市	44	1,200	1,090
				坂井市	45	1,200	1,110
				岐阜県			
				岐阜市	32	940	686
				静岡県			
				御前崎市	23	1,010	813
				牧之原市	34	1,560	1,260
				吉田町	2	80	66
				滋賀県			
				高島市	10	395	280
				兵庫県			
				たつの市	56	1,790	1,440

6　令和4年産市町村別の作付面積、収穫量及び出荷量（続き）

(1)　だいこん（続き）
ウ　秋冬だいこん（続き）

(2)　にんじん
ア　春夏にんじん

主要産地 市町村	作付面積	収穫量	出荷量	主要産地 市町村	作付面積	収穫量	出荷量
	ha	t	t		ha	t	t
奈良県				**北海道**			
桜井市	8	395	309	七飯町	106	3,500	3,280
宇陀市	12	395	285				
御杖村	1	22	1	**青森県**			
				三沢市	182	5,860	5,470
和歌山県				七戸町	1	27	21
和歌山市	60	5,080	4,800	六戸町	128	4,250	3,910
				東北町	24	780	730
岡山県				六ヶ所村	5	150	126
真庭市	29	1,020	745	おいらせ町	202	6,870	6,610
広島県				**埼玉県**			
庄原市	36	629	273	熊谷市	51	1,870	1,770
				深谷市	31	1,090	1,040
山口県				**千葉県**			
萩市	65	1,980	1,750	千葉市	20	760	722
				船橋市	62	2,360	2,240
徳島県				成田市	40	1,600	1,540
徳島市	7	462	416	東金市	3	48	40
鳴門市	160	12,400	11,700	習志野市	10	380	361
吉野川市	27	1,530	1,200				
阿波市	32	1,940	1,530	八千代市	19	760	730
松茂町	21	1,550	1,280	八街市	43	1,720	1,630
北島町	2	121	96	富里市	31	1,180	1,120
板野町	5	330	290	香取市	18	720	675
				山武市	20	860	834
香川県							
坂出市	45	2,430	2,350	神崎町	2	80	72
				多古町	22	880	818
福岡県				芝山町	16	543	526
福岡市	53	4,390	4,010				
糸島市	16	925	751	**新潟県**			
				新潟市	18	322	300
長崎県				新発田市	1	7	6
島原市	185	15,400	13,700	胎内市	9	272	260
雲仙市	71	5,730	4,660	聖籠町	1	7	6
熊本県				**岐阜県**			
大津町	10	300	218	各務原市	58	2,970	2,870
南小国町	7	224	200				
小国町	43	1,160	1,040	**静岡県**			
				掛川市	27	983	845
鹿児島県							
大崎町	300	12,800	12,400	**兵庫県**			
				たつの市	49	2,210	2,130
				徳島県			
				徳島市	68	2,930	2,610
				鳴門市	3	83	77
				阿南市	19	651	609
				吉野川市	97	4,070	3,780
				阿波市	12	343	276
				美馬市	5	134	59
				石井町	21	769	624
				藍住町	304	17,300	16,100
				板野町	332	17,800	16,600
				上板町	58	2,900	2,600
				つるぎ町	1	20	15

イ　秋にんじん

主要産地 市町村	作付面積	収穫量	出荷量	主要産地 市町村	作付面積	収穫量	出荷量
	ha	t	t		ha	t	t
長　崎　県				**北　海　道**			
島　原　市	238	10,900	10,200	函　館　市	61	1,890	1,820
雲　仙　市	26	1,320	1,100	帯　広　市	189	5,670	5,290
南　島　原　市	2	39	30	北　見　市	49	2,460	2,310
				岩　見　沢　市	22	602	582
熊　本　県				網　走　市	21	1,290	1,200
大　津　町	7	224	205	美　唄　市	1	11	11
菊　陽　町	104	3,540	3,240	江　別　市	30	1,160	1,060
				千　歳　市	6	139	125
沖　縄　県				富　良　野　市	172	7,830	7,220
糸　満　市	16	296	261	恵　庭　市	30	1,080	993
				北　広　島　市	23	761	698
				石　狩　市	36	977	892
				北　斗　市	16	480	456
				七　飯　町	4	124	106
				今　金　町	34	1,290	1,240
				ニ　セ　コ　町	33	1,800	1,680
				真　狩　村	168	8,870	8,320
				留　寿　都　村	67	3,360	3,150
				京　極　町	142	5,500	5,160
				倶　知　安　町	36	1,580	1,490
				上　富　良　野　町	17	457	421
				中　富　良　野　町	72	3,490	3,210
				南　富　良　野　町	337	13,700	12,700
				美　幌　町	408	21,200	19,800
				斜　里　町	419	17,900	16,600
				清　里　町	11	506	474
				小　清　水　町	128	4,860	4,500
				訓　子　府　町	8	451	417
				大　空　町	78	4,610	4,350
				豊　浦　町	26	753	704
				洞　爺　湖　町	48	1,360	1,270
				音　更　町	518	15,200	14,100
				新　得　町	28	1,030	963
				芽　室　町	141	5,240	4,890
				更　別　村	57	2,140	2,000
				幕　別　町	454	14,700	13,800
				足　寄　町	12	165	155
				青　森　県			
				黒　石　市	15	440	359
				平　川　市	58	1,480	1,340
				七　戸　町	1	11	9
				東　北　町	12	246	217
				六　ヶ　所　村	7	126	115

6　令和4年産市町村別の作付面積、収穫量及び出荷量（続き）

(2)　にんじん（続き）
ウ　冬にんじん

主 要 産 地 市　町　村	作 付 面 積	収 穫 量	出 荷 量	主 要 産 地 市　町　村	作 付 面 積	収 穫 量	出 荷 量
	ha	t	t		ha	t	t
青　森　県				**長　崎　県**			
お い ら せ 町	59	1,560	1,490	島　原　市	190	8,090	7,730
				諫　早　市	225	8,440	7,660
茨　城　県				大　村　市	23	860	810
水　戸　市	21	765	660	雲　仙　市	50	2,110	1,800
鉾　田　市	296	10,500	9,070	南 島 原 市	4	126	92
茨　城　町	50	1,800	1,550				
				熊　本　県			
埼　玉　県				大　津　町	70	2,170	1,850
川　越　市	16	672	565	菊　陽　町	154	3,870	3,300
所　沢　市	71	2,950	2,240				
狭　山　市	17	702	520	**鹿　児　島　県**			
入　間　市	2	68	34	枕　崎　市	18	598	500
朝　霞　市	37	1,490	1,280	指　宿　市	27	832	750
				南 さ つ ま 市	6	181	160
志　木　市	1	40	32	志 布 志 市	125	5,400	5,010
和　光　市	7	258	237	南　九　州　市	155	5,040	4,540
新　座　市	29	1,110	984				
富 士 見 市	6	232	160	**沖　縄　県**			
ふ じ み 野 市	5	210	185	糸　満　市	24	390	343
三　芳　町	13	475	399				
千　葉　県							
千　葉　市	83	2,990	2,780				
成　田　市	75	2,700	2,510				
東　金　市	12	456	410				
八　街　市	530	20,100	18,700				
富　里　市	690	31,100	29,500				
香　取　市	98	3,530	3,300				
山　武　市	273	10,900	9,830				
神　崎　町	2	72	65				
多　古　町	76	2,810	2,670				
芝　山　町	235	8,460	7,610				
横 芝 光 町	18	738	664				
新　潟　県							
新　潟　市	43	800	670				
新　発　田　市	3	49	15				
胎　内　市	45	1,240	1,180				
聖　籠　町	3	52	18				
石　川　県							
小　松　市	18	222	201				
岐　阜　県							
各 務 原 市	30	750	593				
愛　知　県							
碧　南　市	172	11,000	10,300				
西　尾　市	27	1,290	1,190				
愛　西　市	21	944	868				
鳥　取　県							
米　子　市	32	864	790				
境　港　市	2	41	38				
香　川　県							
坂　出　市	72	2,160	2,020				

(3) ばれいしょ（じゃがいも）
ア 計

主要産地 市町村	作付面積	収穫量	出荷量	主要産地 市町村	作付面積	収穫量	出荷量
	ha	t	t		ha	t	t
北 海 道				**北海道（続き）**			
札 幌 市	x	x	x	喜 茂 別 町	282	9,700	7,850
函 館 市	285	7,410	6,730	京 極 町	678	24,000	21,400
小 樽 市	4	93	84	倶 知 安 町	1,170	39,900	33,900
旭 川 市	150	5,590	5,120	共 和 町	253	8,710	8,220
室 蘭 市	x	x	x	岩 内 町	2	51	29
釧 路 市	x	x	x	泊 村	x	x	x
帯 広 市	3,540	119,900	105,000	神 恵 内 村	-	-	-
北 見 市	1,780	77,300	65,800	積 丹 町	6	157	141
夕 張 市	2	48	43	古 平 町	x	x	x
岩 見 沢 市	56	1,820	1,130	仁 木 町	0	6	4
網 走 市	2,290	97,900	91,900	余 市 町	2	52	47
留 萌 市	0	1	-	赤 井 川 村	24	807	723
苫 小 牧 市	x	x	x	南 幌 町	3	73	65
稚 内 市	x	x	x	奈 井 江 町	0	2	-
美 唄 市	5	115	104	上 砂 川 町	-	-	-
芦 別 市	42	1,230	304	由 仁 町	172	7,060	2,190
江 別 市	83	2,810	2,430	長 沼 町	88	3,140	1,800
赤 平 市	x	x	x	栗 山 町	186	8,790	550
紋 別 市	-	-	-	月 形 町	2	52	46
士 別 市	129	4,480	3,850	浦 臼 町	9	269	246
名 寄 市	138	4,760	3,930	新 十 津 川 町	x	x	x
三 笠 市	4	107	96	妹 背 牛 町	0	2	-
根 室 市	-	-	-	秩 父 別 町	0	2	-
千 歳 市	151	6,150	2,260	雨 竜 町	0	2	-
滝 川 市	0	6	6	北 竜 町	0	2	-
砂 川 市	0	2	-	沼 田 町	6	237	217
歌 志 内 市	-	-	-	鷹 栖 町	0	2	-
深 川 市	39	1,490	478	東 神 楽 町	5	139	128
富 良 野 市	186	5,930	5,300	当 麻 町	2	32	29
登 別 市	-	-	-	比 布 町	x	x	x
恵 庭 市	244	9,040	7,380	愛 別 町	0	2	-
伊 達 市	43	1,450	1,210	上 川 町	31	955	874
北 広 島 市	52	1,800	1,380	東 川 町	x	x	x
石 狩 市	111	3,510	2,900	美 瑛 町	788	31,200	25,700
北 斗 市	20	520	468	上 富 良 野 町	367	13,100	10,400
当 別 町	53	1,660	1,500	中 富 良 野 町	110	3,520	2,980
新 篠 津 村	x	x	x	南 富 良 野 町	245	8,600	4,730
松 前 町	1	9	4	占 冠 村	x	x	x
福 島 町	1	18	12	和 寒 町	9	277	253
知 内 町	1	20	14	剣 淵 町	163	6,130	5,170
木 古 内 町	1	20	14	下 川 町	0	2	-
七 飯 町	10	250	224	美 深 町	30	1,080	976
鹿 部 町	-	-	-	音 威 子 府 村	x	x	x
森 町	190	5,510	4,990	中 川 町	x	x	x
八 雲 町	37	962	576	幌 加 内 町	10	216	197
長 万 部 町	1	21	17	増 毛 町	x	x	x
江 差 町	36	936	846	小 平 町	x	x	x
上 ノ 国 町	13	312	281	苫 前 町	x	x	x
厚 沢 部 町	425	13,600	5,530	羽 幌 町	0	1	-
乙 部 町	32	800	733	初 山 別 村	x	x	x
奥 尻 町	1	9	2	遠 別 町	15	299	274
今 金 町	416	11,600	9,030	天 塩 町	0	1	-
せ た な 町	160	4,480	3,600	猿 払 村	-	-	-
島 牧 村	1	16	15	浜 頓 別 町	-	-	-
寿 都 町	x	x	x	中 頓 別 町	0	1	-
黒 松 内 町	93	3,240	1,390	枝 幸 町	x	x	x
蘭 越 町	65	2,220	1,880	豊 富 町	-	-	-
ニ セ コ 町	237	8,100	6,960	礼 文 町	-	-	-
真 狩 村	529	18,000	15,700	利 尻 町	-	-	-
留 寿 都 村	473	17,000	15,600	利 尻 富 士 町	-	-	-

6　令和4年産市町村別の作付面積、収穫量及び出荷量（続き）

(3)　ばれいしょ（じゃがいも）（続き）
ア　計（続き）

主要産地 市町村	作付面積	収穫量	出荷量	主要産地 市町村	作付面積	収穫量	出荷量
	ha	t	t		ha	t	t
北海道（続き）				青　森　県			
幌　延　町	x	x	x	五所川原市	9	58	32
美　幌　町	1,280	53,500	48,800	三　沢　市	78	1,790	1,510
津　別　町	530	19,800	17,300	中　泊　町	3	24	18
斜　里　町	2,530	109,200	104,200	野　辺　地　町	4	97	75
清　里　町	2,050	91,500	87,300	七　戸　町	2	36	29
小　清　水　町	2,090	93,700	90,700	六　戸　町	5	99	77
訓　子　府　町	717	33,100	27,100	横　浜　町	128	3,650	3,290
置　戸　町	340	15,700	12,200	東　北　町	80	2,180	1,980
佐　呂　間　町	x	x	x	六　ヶ　所　村	19	379	193
遠　軽　町	75	2,800	2,560				
湧　別　町	48	1,610	1,450	千　葉　県			
滝　上　町	2	24	24	山　武　市	10	240	194
興　部　町	-	-	-	九　十　九　里　町	1	24	19
西　興　部　村	-	-	-	芝　山　町	39	936	758
雄　武　町	x	x	x	横　芝　光　町	5	120	97
大　空　町	1,910	87,500	77,700				
豊　浦　町	32	1,100	1,010	静　岡　県			
壮　瞥　町	34	1,050	959	浜　松　市	263	7,530	6,720
白　老　町	-	-	-	三　島　市	24	575	511
厚　真　町	77	2,540	2,130	湖　西　市	35	840	738
洞　爺　湖　町	184	6,160	5,920				
安　平　町	38	1,410	1,350	三　重　県			
む　か　わ　町	90	2,970	2,640	四　日　市　市	24	221	148
日　高　町	32	1,050	988				
平　取　町	x	x	x	広　島　県			
新　冠　町	x	x	x	竹　原　市	64	514	63
浦　河　町	3	48	18	東　広　島　市	126	1,510	527
様　似　町	x	x	x				
え　り　も　町	x	x	x	佐　賀　県			
新　ひ　だ　か　町	1	10	9	唐　津　市	17	371	262
音　更　町	2,160	74,200	69,300	玄　海　町	4	76	25
士　幌　町	2,050	75,800	68,300				
上　士　幌　町	700	24,800	23,000	長　崎　県			
鹿　追　町	980	34,200	28,700	諫　早　市	610	17,800	16,000
新　得　町	169	6,240	5,270	大　村　市	15	325	279
清　水　町	867	26,500	23,600	平　戸　市	34	919	526
芽　室　町	3,140	107,100	99,500	五　島　市	16	250	177
中　札　内　村	1,030	43,200	39,700	雲　仙　市	1,360	36,800	32,100
更　別　村	1,990	76,000	72,200				
大　樹　町	308	11,900	8,200	南　島　原　市	884	23,900	21,400
広　尾　町	x	x	x				
幕　別　町	2,510	81,900	75,700	熊　本　県			
池　田　町	314	11,000	9,630	八　代　市	106	2,860	2,500
豊　頃　町	901	29,600	27,400	天　草　市	21	309	239
本　別　町	588	19,100	18,100	氷　川　町	22	453	405
足　寄　町	207	7,080	7,060	苓　北　町	4	54	37
陸　別　町	x	x	x				
浦　幌　町	719	21,900	20,800	鹿　児　島　県			
釧　路　町	-	-	-	西　之　表　市	121	3,630	3,440
厚　岸　町	-	-	-	いちき串木野市	18	215	138
				長　島　町	983	27,200	25,800
浜　中　町	-	-	-	錦　江　町	51	1,800	1,740
標　茶　町	-	-	-	南　大　隅　町	113	3,280	3,190
弟　子　屈　町	411	13,800	13,000				
鶴　居　村	-	-	-	中　種　子　町	27	381	359
白　糠　町	x	x	x	南　種　子　町	7	143	137
				天　城　町	208	4,040	3,850
別　海　町	-	-	-	和　泊　町	620	9,610	7,770
中　標　津　町	366	12,100	9,250	知　名　町	583	9,010	8,560
標　津　町	23	667	511				
羅　臼　町	-	-	-				

イ 春植えばれいしょ

主要産地 市　町　村	作付 面積	収穫量	出荷量	主要産地 市　町　村	作付 面積	収穫量	出荷量
	ha	t	t		ha	t	t
北　海　道				**北海道（続き）**			
札　幌　市	x	x	x	喜　茂　別　町	282	9,700	7,850
函　館　市	285	7,410	6,730	京　極　町	678	24,000	21,400
小　樽　市	4	93	84	倶　知　安　町	1,170	39,900	33,900
旭　川　市	150	5,590	5,120	共　和　町	253	8,710	8,220
室　蘭　市	x	x	x	岩　内　町	2	51	29
釧　路　市	x	x	x	泊　村	x	x	x
帯　広　市	3,540	119,900	105,000	神　恵　内　村	-	-	-
北　見　市	1,780	77,300	65,800	積　丹　町	6	157	141
夕　張　市	2	48	43	古　平　町	x	x	x
岩　見　沢　市	56	1,820	1,130	仁　木　町	0	6	4
網　走　市	2,290	97,900	91,900	余　市　町	2	52	47
留　萌　市	0	1	-	赤　井　川　村	24	807	723
苫　小　牧　市	x	x	x	南　幌　町	3	73	65
稚　内　市	x	x	x	奈　井　江　町	0	2	-
美　唄　市	5	115	104	上　砂　川　町	-	-	-
芦　別　市	42	1,230	304	由　仁　町	172	7,060	2,190
江　別　市	83	2,810	2,430	長　沼　町	88	3,140	1,800
赤　平　市	x	x	x	栗　山　町	186	8,790	550
紋　別　市	-	-	-	月　形　町	2	52	46
士　別　市	129	4,480	3,850	浦　臼　町	9	269	246
名　寄　市	138	4,760	3,930	新　十　津　川　町	x	x	x
三　笠　市	4	107	96	妹　背　牛　町	0	2	-
根　室　市	-	-	-	秩　父　別　町	0	2	-
千　歳　市	151	6,150	2,260	雨　竜　町	0	2	-
滝　川　市	0	6	6	北　竜　町	0	2	-
砂　川　市	0	2	-	沼　田　町	6	237	217
歌　志　内　市	-	-	-	鷹　栖　町	0	2	-
深　川　市	39	1,490	478	東　神　楽　町	5	139	128
富　良　野　市	186	5,930	5,300	当　麻　町	2	32	29
登　別　市	-	-	-	比　布　町	x	x	x
恵　庭　市	244	9,040	7,380	愛　別　町	0	2	-
伊　達　市	43	1,450	1,210	上　川　町	31	955	874
北　広　島　市	52	1,800	1,380	東　川　町	x	x	x
石　狩　市	111	3,510	2,900	美　瑛　町	788	31,200	25,700
北　斗　市	20	520	468	上　富　良　野　町	367	13,100	10,400
当　別　町	53	1,660	1,500	中　富　良　野　町	110	3,520	2,980
新　篠　津　村	x	x	x	南　富　良　野　町	245	8,600	4,730
松　前　町	1	9	4	占　冠　村	x	x	x
福　島　町	1	18	12	和　寒　町	9	277	253
知　内　町	1	20	14	剣　淵　町	163	6,130	5,170
木　古　内　町	1	20	14	下　川　町	0	2	-
七　飯　町	10	250	224	美　深　町	30	1,080	976
鹿　部　町	-	-	-	音　威　子　府　村	x	x	x
森　町	190	5,510	4,990	中　川　町	x	x	x
八　雲　町	37	962	576	幌　加　内　町	10	216	197
長　万　部　町	1	21	17	増　毛　町	x	x	x
江　差　町	36	936	846	小　平　町	x	x	x
上　ノ　国　町	13	312	281	苫　前　町	x	x	x
厚　沢　部　町	425	13,600	5,530	羽　幌　町	0	1	-
乙　部　町	32	800	733	初　山　別　村	x	x	x
奥　尻　町	1	9	2	遠　別　町	15	299	274
今　金　町	416	11,600	9,030	天　塩　町	0	1	-
せ　た　な　町	160	4,480	3,600	猿　払　村	-	-	-
島　牧　村	1	16	15	浜　頓　別　町	-	-	-
寿　都　町	x	x	x	中　頓　別　町	0	1	-
黒　松　内　町	93	3,240	1,390	枝　幸　町	x	x	x
蘭　越　町	65	2,220	1,880	豊　富　町	-	-	-
ニ　セ　コ　町	237	8,100	6,960	礼　文　町	-	-	-
真　狩　村	529	18,000	15,700	利　尻　町	-	-	-
留　寿　都　村	473	17,000	15,600	利　尻　富　士　町	-	-	-

6　令和4年産市町村別の作付面積、収穫量及び出荷量（続き）

(3)　ばれいしょ（じゃがいも）（続き）
イ　春植えばれいしょ（続き）

主要産地市町村	作付面積	収穫量	出荷量	主要産地市町村	作付面積	収穫量	出荷量
	ha	t	t		ha	t	t
北海道（続き）				青　森　県			
幌延町	x	x	x	五所川原市	9	58	32
美幌町	1,280	53,500	48,800	三沢市	78	1,790	1,510
津別町	530	19,800	17,300	中泊町	3	24	18
斜里町	2,530	109,200	104,200	野辺地町	4	97	75
清里町	2,050	91,500	87,300	七戸町	2	36	29
小清水町	2,090	93,700	90,700	六戸町	5	99	77
訓子府町	717	33,100	27,100	横浜町	128	3,650	3,290
置戸町	340	15,700	12,200	東北町	80	2,180	1,980
佐呂間町	x	x	x	六ヶ所村	19	379	193
遠軽町	75	2,800	2,560				
				千　葉　県			
湧別町	48	1,610	1,450	山武市	10	240	194
滝上町	2	24	24	九十九里町	1	24	19
興部町	-	-	-	芝山町	39	936	758
西興部村	-	-	-	横芝光町	5	120	97
雄武町	x	x	x				
				静　岡　県			
大空町	1,910	87,500	77,700	浜松市	249	7,300	6,520
豊浦町	32	1,100	1,010	三島市	24	573	511
壮瞥町	34	1,050	959	湖西市	34	825	725
白老町	-	-	-				
厚真町	77	2,540	2,130	三　重　県			
				四日市市	22	209	144
洞爺湖町	184	6,160	5,920				
安平町	38	1,410	1,350	広　島　県			
むかわ町	90	2,970	2,640	竹原市	30	250	28
日高町	32	1,050	988	東広島市	75	1,040	355
平取町	x	x	x				
				佐　賀　県			
新冠町	x	x	x	唐津市	11	255	184
浦河町	3	48	18	玄海町	2	50	15
様似町	x	x	x				
えりも町	x	x	x	長　崎　県			
新ひだか町	1	10	9	諫早市	472	14,900	13,400
				大村市	9	257	227
音更町	2,160	74,200	69,300	平戸市	26	819	478
士幌町	2,050	75,800	68,300	五島市	14	230	166
上士幌町	700	24,800	23,000	雲仙市	996	29,000	25,300
鹿追町	980	34,200	28,700				
新得町	169	6,240	5,270	南島原市	634	18,500	16,500
清水町	867	26,500	23,600	熊　本　県			
芽室町	3,140	107,100	99,500	八代市	102	2,820	2,470
中札内村	1,030	43,200	39,700	天草市	17	269	218
更別村	1,990	76,000	72,200	氷川町	20	440	396
大樹町	308	11,900	8,200	苓北町	3	44	31
広尾町	x	x	x	鹿　児　島　県			
幕別町	2,510	81,900	75,700	西之表市	121	3,620	3,430
池田町	314	11,000	9,630	いちき串木野市	16	185	118
豊頃町	901	29,600	27,400	長島町	621	19,500	18,300
本別町	588	19,100	18,100	錦江町	49	1,710	1,660
				南大隅町	113	3,280	3,190
足寄町	207	7,080	7,060				
陸別町	x	x	x	中種子町	27	375	355
浦幌町	719	21,900	20,800	南種子町	7	137	133
釧路町	-	-	-	天城町	208	4,040	3,850
厚岸町	-	-	-	和泊町	620	9,610	7,770
				知名町	583	9,010	8,560
浜中町	-	-	-				
標茶町	-	-	-				
弟子屈町	411	13,800	13,000				
鶴居村	-	-	-				
白糠町	x	x	x				
別海町	-	-	-				
中標津町	366	12,100	9,250				
標津町	23	667	511				
羅臼町	-	-	-				

(4)　さといも
秋冬さといも

ウ　秋植えばれいしょ

主要産地 市　町　村	作付 面積	収穫量	出荷量	主要産地 市　町　村	作付 面積	収穫量	出荷量
	ha	t	t		ha	t	t
静　岡　県				**岩　手　県**			
浜　松　市	14	228	199	北　上　市	40	294	189
三　島　市	x	x	x				
湖　西　市	x	x	x	**埼　玉　県**			
				川　越　市	66	1,900	1,330
				所　沢　市	134	4,070	3,180
三　重　県				飯　能　市	4	91	52
四　日　市　市	2	12	4	狭　山　市	119	3,740	3,140
				入　間　市	17	459	298
広　島　県				富　士　見　市	4	108	66
竹　原　市	34	264	35	日　高　市	12	334	180
東　広　島　市	51	465	172	ふ　じ　み　野　市	7	209	134
				三　芳　町	27	764	520
佐　賀　県							
唐　津　市	6	116	78	**新　潟　県**			
玄　海　町	2	26	10	新　潟　市	90	963	650
				五　泉　市	100	1,270	1,190
長　崎　県							
諫　早　市	138	2,880	2,590	**富　山　県**			
大　村　市	6	68	52	滑　川　市	4	27	9
平　戸　市	8	100	48	砺　波　市	8	64	25
五　島　市	2	20	11	南　砺　市	26	301	209
雲　仙　市	365	7,770	6,830	上　市　町	12	167	120
南　島　原　市	250	5,410	4,900	立　山　町	4	62	53
熊　本　県				**福　井　県**			
八　代　市	4	38	26	大　野　市	98	1,420	790
天　草　市	4	40	21	勝　山　市	36	540	272
氷　川　町	2	13	9				
苓　北　町	1	10	6	**岐　阜　県**			
				関　市	23	330	198
鹿　児　島　県				美　濃　市	5	67	30
西　之　表　市	0	8	6	各　務　原　市	17	175	99
いちき串木野市	2	30	20				
長　島　町	362	7,670	7,500	**静　岡　県**			
錦　江　町	2	88	81	磐　田　市	36	511	405
南　大　隅　町	-	-	-				
				大　阪　府			
中　種　子　町	0	6	4	貝　塚　市	1	12	11
南　種　子　町	0	6	4	泉　佐　野　市	7	118	101
天　城　町	-	-	-	泉　南　市	7	123	102
和　泊　町	-	-	-	阪　南　市	1	14	10
知　名　町	-	-	-	熊　取　町	2	42	36
				熊　本　県			
				西　原　村	32	400	330
				山　都　町	44	537	425
				宮　崎　県			
				小　林　市	74	935	803
				高　原　町	11	95	79

6　令和4年産市町村別の作付面積、収穫量及び出荷量（続き）

(5)　はくさい

ア　春はくさい

主要産地 市町村	作付面積	収穫量	出荷量
	ha	t	t
茨 城 県			
結 城 市	96	7,200	6,980
坂 東 市	97	7,360	7,140
八 千 代 町	205	14,400	13,900
長 野 県			
松 本 市	7	338	300
小 諸 市	55	3,640	3,350
塩 尻 市	8	429	397
佐 久 市	70	4,830	4,440
小 海 町	47	3,690	3,390
川 上 村	30	2,500	2,300
南 牧 村	76	6,770	6,280
南 相 木 村	2	143	130
北 相 木 村	0	7	5
佐 久 穂 町	6	398	363
軽 井 沢 町	4	237	213
御 代 田 町	6	404	357
立 科 町	0	18	12
山 形 村	1	70	64
朝 日 村	13	591	557
筑 北 村	3	151	138
愛 知 県			
一 宮 市	13	791	751
稲 沢 市	3	189	177
長 崎 県			
島 原 市	147	10,800	10,200
南 島 原 市	13	497	453

イ　夏はくさい

主要産地 市町村	作付面積	収穫量	出荷量
	ha	t	t
北 海 道			
北 見 市	13	726	686
岩 見 沢 市	77	2,680	2,560
美 唄 市	2	51	50
幕 別 町	36	2,300	2,150
群 馬 県			
長 野 原 町	68	3,360	3,060
嬬 恋 村	18	860	740
昭 和 村	10	547	497
長 野 県			
松 本 市	4	175	82
上 田 市	54	3,020	2,740
小 諸 市	37	2,270	2,040
塩 尻 市	13	734	655
佐 久 市	105	6,970	6,330
東 御 市	14	757	683
小 海 町	248	20,800	18,600
川 上 村	542	48,200	43,500
南 牧 村	551	49,200	43,200
南 相 木 村	78	6,300	5,690
北 相 木 村	19	1,490	1,370
佐 久 穂 町	38	2,700	2,440
軽 井 沢 町	2	135	119
御 代 田 町	3	158	123
立 科 町	1	79	73
長 和 町	1	68	57
上 松 町	-	-	-
木 祖 村	33	2,150	1,970
木 曽 村	32	2,190	1,990
麻 績 村	1	25	13
山 形 村	1	45	36
朝 日 村	11	653	606
筑 北 村	4	211	182

ウ　秋冬はくさい

主要産地 市町村	作付 面積	収穫量	出荷量	主要産地 市町村	作付 面積	収穫量	出荷量
	ha	t	t		ha	t	t
北 海 道				**山 口 県**			
岩 見 沢 市	48	1,820	1,720	萩 市	21	506	463
美 唄 市	1	53	50	阿 武 町	6	148	128
宮 城 県				**愛 媛 県**			
色 麻 町	6	153	95	大 洲 市	36	1,900	1,650
加 美 町	19	567	384				
				大 分 県			
茨 城 県				日 田 市	87	6,350	5,770
古 河 市	248	17,700	16,400				
結 城 市	455	34,400	31,800	**鹿 児 島 県**			
下 妻 市	96	7,560	6,980	曽 於 市	138	13,500	11,700
常 総 市	177	14,000	13,000				
坂 東 市	146	10,500	9,670				
八 千 代 町	628	49,600	45,800				
群 馬 県							
伊 勢 崎 市	54	2,750	2,200				
館 林 市	13	1,250	1,020				
長 野 原 町	51	2,370	1,880				
嬬 恋 村	4	146	103				
玉 村 町	3	129	108				
板 倉 町	4	347	280				
明 和 町	3	263	207				
千 代 田 町	9	902	828				
大 泉 町	3	284	238				
邑 楽 町	48	4,820	4,340				
愛 知 県							
豊 橋 市	112	6,810	6,220				
一 宮 市	13	827	700				
豊 川 市	16	795	650				
豊 田 市	24	1,150	905				
江 南 市	10	459	320				
稲 沢 市	23	1,210	1,050				
み よ し 市	8	710	649				
三 重 県							
四 日 市 市	29	1,490	1,230				
鈴 鹿 市	27	1,320	1,070				
菰 野 町	5	197	118				
滋 賀 県							
近 江 八 幡 市	14	532	330				
東 近 江 市	45	1,670	1,370				
兵 庫 県							
洲 本 市	16	720	610				
南 あ わ じ 市	204	13,600	11,900				
淡 路 市	3	100	38				
和 歌 山 県							
和 歌 山 市	75	5,230	4,900				
岩 出 市	8	530	491				
岡 山 県							
岡 山 市	32	1,760	1,560				
玉 野 市	1	21	13				
瀬 戸 内 市	77	5,530	4,810				
吉 備 中 央 町	4	157	132				

6 令和4年産市町村別の作付面積、収穫量及び出荷量（続き）

(6) キャベツ
ア 春キャベツ

主要産地 市　町　村	作付面積	収穫量	出荷量	主要産地 市　町　村	作付面積	収穫量	出荷量
	ha	t	t		ha	t	t
宮　城　県				**山　口　県**			
登　米　市	30	534	438	下　関　市	22	616	542
千　葉　県				**香　川　県**			
銚　子　市	932	38,200	36,100	三　豊　市	44	2,290	2,140
野　田　市	23	1,100	1,050				
旭　　　市	60	2,460	2,260	**福　岡　県**			
				北　九　州　市	54	1,330	1,260
神　奈　川　県				宗　像　市	5	148	139
横　浜　市	72	2,740	2,610	福　津　市	16	492	458
横　須　賀　市	140	7,030	6,690	糸　島　市	48	1,710	1,600
藤　沢　市	21	849	808	芦　屋　町	6	208	194
三　浦　市	575	29,600	28,100	遠　賀　町	1	30	27
葉　山　町	1	28	27				
				熊　本　県			
長　野　県				熊　本　市	41	1,270	830
松　本　市	9	424	367				
小　諸　市	12	688	639	**鹿　児　島　県**			
塩　尻　市	28	1,530	1,410	曽　於　市	52	1,990	1,830
佐　久　市	4	221	199				
軽　井　沢　町	4	231	213				
御　代　田　町	10	522	481				
山　形　村	2	107	99				
朝　日　村	33	1,830	1,720				
愛　知　県							
稲　沢　市	24	710	664				
田　原　市	587	34,400	32,700				
三　重　県							
津　　　市	72	1,820	1,480				
四　日　市　市	29	725	618				
松　阪　市	1	19	3				
鈴　鹿　市	20	716	676				
亀　山　市	1	16	2				
い　な　べ　市	4	80	50				
菰　野　町	4	96	72				
大　阪　府							
貝　塚　市	1	24	23				
泉　佐　野　市	11	393	377				
泉　南　市	4	126	121				
阪　南　市	2	54	52				
熊　取　町	3	110	106				
田　尻　町	1	17	16				
兵　庫　県							
神　戸　市	39	1,180	1,060				
明　石　市	21	693	635				
豊　岡　市	14	331	221				
加　古　川　市	3	90	67				
南　あ　わ　じ　市	122	5,160	4,900				
稲　美　町	11	363	324				
香　美　町	1	11	1				
新　温　泉　町	1	17	2				
和　歌　山　県							
和　歌　山　市	51	1,890	1,730				
紀　の　川　市	2	69	63				
岩　出　市	2	70	64				

イ 夏秋キャベツ

主要産地 市 町 村	作 付 面 積	収 穫 量	出 荷 量	主要産地 市 町 村	作 付 面 積	収 穫 量	出 荷 量
	ha	t	t		ha	t	t
北 海 道				**長 野 県（続き）**			
岩 見 沢 市	27	977	946	佐 久 穂 町	28	1,410	1,300
江 別 市	21	1,170	1,080	軽 井 沢 町	112	5,080	4,710
千 歳 市	34	1,910	1,770	御 代 田 町	81	3,650	3,380
恵 庭 市	79	4,040	3,730				
伊 達 市	56	2,320	2,160	立 科 町	1	29	18
				長 和 町	5	224	199
北 広 島 市	10	475	438	富 士 見 町	32	1,300	1,230
南 幌 町	44	2,150	2,080	原 村	41	1,680	1,600
美 幌 町	32	1,530	1,510	麻 績 村	1	27	12
む か わ 町	54	1,780	1,670				
鹿 追 町	79	6,410	6,230	山 形 村	3	107	82
				朝 日 村	100	4,490	4,200
芽 室 町	96	6,850	6,650	筑 北 村	9	318	277
幕 別 町	59	2,880	2,800	信 濃 町	17	515	464
				飯 綱 町	4	128	89
青 森 県							
黒 石 市	6	288	265	**鳥 取 県**			
三 沢 市	22	695	609	倉 吉 市	17	357	261
平 川 市	16	672	611	北 栄 町	2	24	22
お い ら せ 町	92	2,950	2,640				
				熊 本 県			
岩 手 県				阿 蘇 市	121	3,760	3,540
盛 岡 市	19	387	306	高 森 町	49	1,650	1,540
二 戸 市	2	53	29	山 都 町	139	4,030	3,660
八 幡 平 市	73	2,390	2,300				
滝 沢 市	4	116	88				
雫 石 町	14	340	275				
葛 巻 町	14	429	405				
岩 手 町	416	14,100	13,400				
一 戸 町	82	2,050	1,850				
宮 城 県							
登 米 市	40	818	713				
群 馬 県							
中 之 条 町	4	223	132				
長 野 原 町	268	13,000	7,330				
嬬 恋 村	3,170	233,500	203,500				
草 津 町	40	2,420	1,990				
昭 和 村	131	6,520	5,680				
神 奈 川 県							
横 浜 市	20	556	534				
山 梨 県							
富 士 吉 田 市	1	25	20				
鳴 沢 村	40	1,180	1,050				
長 野 県							
長 野 市	32	934	669				
松 本 市	12	385	261				
上 田 市	13	588	510				
小 諸 市	76	3,330	3,070				
茅 野 市	56	2,380	2,250				
塩 尻 市	78	3,110	2,870				
佐 久 市	159	7,280	6,730				
東 御 市	6	260	229				
小 海 町	67	3,600	3,350				
川 上 村	69	3,860	3,590				
南 牧 村	271	15,600	15,000				
北 相 木 村	2	99	91				

6　令和４年産市町村別の作付面積、収穫量及び出荷量（続き）

(6)　キャベツ（続き）
ウ　冬キャベツ

主要産地 市町村	作付面積	収穫量	出荷量	主要産地 市町村	作付面積	収穫量	出荷量
	ha	t	t		ha	t	t
北海道				**大阪府（続き）**			
和寒町	55	3,050	2,800	熊取町	4	163	150
剣淵町	11	646	592	田尻町	2	57	52
千葉県							
銚子市	868	40,800	39,200	**兵庫県**			
野田市	60	2,800	2,660	神戸市	102	3,770	3,430
旭市	84	3,610	3,400	明石市	31	1,090	1,040
				加古川市	22	660	627
神奈川県				南あわじ市	118	4,720	4,440
横浜市	57	2,080	1,920	稲美町	24	792	752
横須賀市	192	9,880	9,130				
三浦市	185	9,120	8,430	**和歌山県**			
葉山町	1	46	43	和歌山市	80	2,750	2,490
				紀の川市	4	117	99
福井県				岩出市	4	136	127
あわら市	26	795	754				
坂井市	11	229	147	**鳥取県**			
				倉吉市	25	425	274
静岡県				琴浦町	1	20	11
浜松市	121	5,440	5,180	北栄町	10	298	111
磐田市	80	3,900	3,710				
袋井市	17	636	603	**島根県**			
湖西市	102	4,510	4,250	松江市	38	768	753
				出雲市	17	561	550
愛知県							
豊橋市	1,640	81,600	77,500	**岡山県**			
半田市	2	91	70	岡山市	34	1,130	936
豊川市	51	2,560	2,310	玉野市	1	29	24
常滑市	31	1,510	1,420	瀬戸内市	48	1,930	1,730
稲沢市	20	679	563				
東海市	2	113	70	**山口県**			
大府市	40	1,810	1,700	下関市	29	699	596
知多市	7	273	230	宇部市	20	524	446
田原市	2,130	104,200	99,000	山口市	43	1,350	1,150
阿久比町	4	173	150	山陽小野田市	2	48	41
東浦町	5	226	200				
南知多町	46	2,280	2,160	**福岡県**			
美浜町	4	134	100	北九州市	128	5,160	4,870
武豊町	4	118	100	福岡市	24	1,020	936
				宗像市	7	178	164
三重県				福津市	22	601	557
津市	95	2,240	1,750	糸島市	53	2,300	2,150
四日市市	25	589	494	芦屋町	11	479	452
松阪市	4	99	62	岡垣町	1	30	28
鈴鹿市	18	806	701	遠賀町	4	140	132
亀山市	1	43	34				
いなべ市	9	204	88	**佐賀県**			
東員町	1	24	16	白石町	91	3,390	3,050
菰野町	9	189	79				
				熊本県			
滋賀県				八代市	192	5,860	5,000
近江八幡市	63	2,000	1,740	山都町	23	764	710
高島市	18	432	227	氷川町	56	1,740	1,480
東近江市	98	3,210	2,940				
				鹿児島県			
大阪府				大崎町	90	4,150	3,980
貝塚市	8	342	315				
泉佐野市	115	5,030	4,560				
泉南市	15	657	604				
阪南市	6	241	222				

(7)　ほうれんそう

主要産地 市　町　村	作付 面積	収穫量	出荷量	主要産地 市　町　村	作付 面積	収穫量	出荷量
	ha	t	t		ha	t	t
北　海　道				**群馬県（続き）**			
富　良　野　市	21	204	182	昭　和　村	492	6,050	5,860
北　斗　市	32	356	339	玉　村　町	2	17	16
知　内　町	10	105	97				
七　飯　町	34	442	425	**埼　玉　県**			
上　富　良　野　町	x	x	x	川　越　市	171	2,330	2,030
				所　沢　市	141	1,970	1,620
中　富　良　野　町	0	2	2	狭　山　市	115	1,610	1,340
厚　真　町	15	84	79	富　士　見　市	33	436	340
安　平　町	7	58	56	ふ　じ　み　野　市	49	686	530
む　か　わ　町	33	246	237				
音　更　町	15	266	250	三　芳　町	72	1,000	800
岩　手　県				**福　井　県**			
盛　岡　市	18	83	57	福　井　市	33	321	221
久　慈　市	82	432	387				
八　幡　平　市	156	828	696	**岐　阜　県**			
滝　沢　市	9	47	37	高　山　市	883	8,360	7,960
雫　石　町	11	49	34	飛　驒　市	84	621	542
				郡　上　市	17	82	42
葛　巻　町	11	57	49				
岩　手　町	17	77	52	**愛　知　県**			
普　代　村	12	59	49	一　宮　市	10	105	56
野　田　村	12	66	54	稲　沢　市	34	417	355
洋　野　町	64	305	248	清　須　市	15	159	103
				北　名　古　屋　市	1	14	4
宮　城　県							
大　崎　市	25	194	87	**滋　賀　県**			
富　谷　市	1	2	1	草　津　市	24	276	210
大　和　町	6	24	10				
大　郷　町	10	40	20	**兵　庫　県**			
大　衡　村	3	15	7	神　戸　市	49	637	572
涌　谷　町	20	170	111	**奈　良　県**			
美　里　町	7	57	36	奈　良　市	15	204	163
				大　和　高　田　市	4	63	50
秋　田　県				天　理　市	52	806	749
大　仙　市	14	83	60	橿　原　市	5	79	57
仙　北　市	16	91	59	桜　井　市	13	183	151
美　郷　町	4	22	4				
				葛　城　市	5	73	56
福　島　県				宇　陀　市	50	430	373
会　津　若　松　市	17	139	87	山　添　村	4	28	22
下　郷　町	2	18	14	川　西　町	4	51	44
磐　梯　町	20	214	197	三　宅　町	1	15	12
栃　木　県				田　原　本　町	12	178	147
日　光　市	109	1,330	1,270	曽　爾　村	35	245	223
小　山　市	7	75	46	御　杖　村	30	216	190
那　須　塩　原　市	120	1,390	1,330				
下　野　市	120	1,280	1,070	**和　歌　山　県**			
上　三　川　町	10	107	73	和　歌　山　市	26	294	271
野　木　町	3	32	23	**鳥　取　県**			
塩　谷　町	6	61	55	倉　吉　市	8	60	41
那　須　町	28	291	274	湯　梨　浜　町	12	108	73
				琴　浦　町	4	40	31
群　馬　県				北　栄　町	31	325	239
前　橋　市	150	1,490	1,380				
高　崎　市	36	370	278	**広　島　県**			
桐　生　市	18	191	156	府　中　市	3	16	11
伊　勢　崎　市	285	2,590	2,420	三　次　市	17	187	146
太　田　市	512	6,270	5,760				
渋　川　市	141	1,330	1,240				
み　ど　り　市	109	1,160	1,050				

6　令和4年産市町村別の作付面積、収穫量及び出荷量（続き）

(7)　ほうれんそう（続き）　　　　　　(8)　レタス
　　　　　　　　　　　　　　　　　　　　　ア　春レタス

主要産地 市町村	作付面積	収穫量	出荷量	主要産地 市町村	作付面積	収穫量	出荷量
	ha	t	t		ha	t	t
広島県（続き）				岩　手　県			
庄　原　市	66	395	261	盛　岡　市	4	131	115
				花　巻　市	11	216	163
徳　島　県				紫　波　町	1	25	19
徳　島　市	204	1,540	1,450	矢　巾　町	4	105	87
吉　野　川　市	11	76	40				
阿　波　市	17	150	125	茨　城　県			
美　馬　市	7	52	19	古　河　市	168	4,490	4,370
佐　那　河　内　村	1	5	5	結　城　市	178	4,950	4,810
				坂　東　市	403	10,700	10,400
石　井　町	95	677	600	境　町	163	4,350	4,230
北　島　町	2	17	15				
藍　住　町	4	28	27	栃　木　県			
上　板　町	13	98	90	小　山　市	28	711	700
				下　野　市	3	75	70
愛　媛　県				野　木　町	4	100	95
西　条　市	27	244	159				
				群　馬　県			
福　岡　県				沼　田　市	61	2,680	2,560
久　留　米　市	416	4,850	4,630	昭　和　村	173	7,180	6,820
う　き　は　市	5	48	38				
				長　野　県			
佐　賀　県				松　本　市	24	858	812
佐　賀　市	46	442	376	上　田　市	15	486	463
神　埼　市	16	129	100	飯　田　市	6	131	95
				小　諸　市	51	1,810	1,770
熊　本　県				塩　尻　市	156	6,110	5,980
阿　蘇　市	2	14	12	佐　久　市	31	1,040	1,000
南　小　国　町	31	198	185	東　御　市	3	106	96
小　国　町	46	299	280	佐　久　穂　町	2	61	58
産　山　村	24	163	153	軽　井　沢　町	8	261	255
高　森　町	x	x	x	御　代　田　町	57	1,720	1,680
山　都　町	14	160	148	立　科　町	1	22	19
				青　木　村	1	13	8
				松　川　町	1	17	8
				高　森　町	3	67	48
				阿　智　村	1	19	11
				下　條　村	1	21	13
				泰　阜　村	1	17	12
				喬　木　村	2	35	24
				豊　丘　村	1	21	10
				山　形　村	5	163	157
				朝　日　村	55	2,280	2,230
				兵　庫　県			
				南　あ　わ　じ　市	260	6,030	5,790
				岡　山　県			
				岡　山　市	18	270	227
				瀬　戸　内　市	2	24	20
				徳　島　県			
				阿　波　市	36	827	785
				美　馬　市	6	115	89
				板　野　町	1	15	14
				上　板　町	2	35	31
				香　川　県			
				丸　亀　市	5	78	58
				善　通　寺　市	4	64	50

イ 夏秋レタス

主 要 産 地 市 町 村	作 付 面 積	収 穫 量	出 荷 量	主 要 産 地 市 町 村	作 付 面 積	収 穫 量	出 荷 量
	ha	t	t		ha	t	t
香川県（続き）				**北 海 道**			
観 音 寺 市	66	1,650	1,550	伊 達 市	45	1,020	952
三 豊 市	9	113	95	幕 別 町	46	1,400	1,290
琴 平 町	1	15	13				
				青 森 県			
福 岡 県				黒 石 市	25	595	549
久 留 米 市	108	2,040	1,930	平 川 市	11	283	265
小 郡 市	10	167	157				
大 刀 洗 町	57	1,040	990	**岩 手 県**			
				盛 岡 市	7	118	98
沖 縄 県				八 幡 平 市	1	23	16
糸 満 市	23	475	408	滝 沢 市	2	36	25
豊 見 城 市	2	35	30	雫 石 町	5	71	55
南 城 市	5	75	64	葛 巻 町	1	17	10
八 重 瀬 町	4	63	54	岩 手 町	58	1,240	1,150
				紫 波 町	2	33	18
				矢 巾 町	2	41	27
				一 戸 町	261	5,220	5,010
				茨 城 県			
				古 河 市	128	3,570	3,480
				結 城 市	110	2,970	2,890
				坂 東 市	310	8,640	8,400
				境 町	70	1,800	1,750
				群 馬 県			
				沼 田 市	206	9,020	8,590
				長 野 原 町	21	697	544
				嬬 恋 村	9	185	170
				片 品 村	49	2,180	2,070
				昭 和 村	655	28,200	26,900
				長 野 県			
				松 本 市	42	877	785
				上 田 市	346	11,800	10,800
				小 諸 市	235	5,860	5,640
				茅 野 市	7	203	197
				塩 尻 市	497	10,600	10,100
				佐 久 市	88	2,170	2,060
				東 御 市	19	605	578
				小 海 町	65	1,800	1,730
				川 上 村	2,260	86,800	83,600
				南 牧 村	645	23,800	22,400
				南 相 木 村	27	874	818
				北 相 木 村	9	278	270
				佐 久 穂 町	24	627	580
				軽 井 沢 町	40	1,100	1,070
				御 代 田 町	367	8,830	8,630
				立 科 町	7	207	202
				長 和 町	3	89	82
				富 士 見 町	62	2,140	2,130
				原 村	11	395	391
				山 形 村	13	292	271
				朝 日 村	227	5,630	5,380
				大 分 県			
				竹 田 市	26	310	290

6 令和4年産市町村別の作付面積、収穫量及び出荷量（続き）

（8） レタス（続き）
ウ 冬レタス

主要産地 市　町　村	作付 面積	収穫量	出荷量	主要産地 市　町　村	作付 面積	収穫量	出荷量
	ha	t	t		ha	t	t
茨 城 県				**香 川 県**			
古 河 市	203	5,370	5,070	高 松 市	11	220	102
結 城 市	123	3,310	3,120	丸 亀 市	15	315	275
筑 西 市	28	724	683	坂 出 市	45	1,400	1,380
坂 東 市	490	12,500	11,800	善 通 寺 市	45	900	700
境 町	175	4,600	4,340	観 音 寺 市	400	7,240	7,000
				さ ぬ き 市	5	88	35
栃 木 県				東 か が わ 市	17	287	230
小 山 市	44	1,410	1,360	三 豊 市	33	627	500
真 岡 市	7	210	200	土 庄 町	3	50	25
下 野 市	6	184	172	琴 平 町	5	90	80
上 三 川 町	2	53	48				
茂 木 町	1	9	9	多 度 津 町	1	15	2
				ま ん の う 町	1	15	4
芳 賀 町	1	15	14				
野 木 町	6	194	185	**愛 媛 県**			
				伊 予 市	20	356	267
埼 玉 県				松 前 町	15	303	287
本 庄 市	31	806	708				
				福 岡 県			
千 葉 県				久 留 米 市	324	5,470	5,300
館 山 市	29	546	509	柳 川 市	18	245	234
木 更 津 市	21	361	329	八 女 市	54	983	946
旭 市	79	1,500	1,440	筑 後 市	2	30	28
君 津 市	12	204	186	行 橋 市	1	18	16
袖 ヶ 浦 市	45	675	614				
				豊 前 市	10	163	136
静 岡 県				小 郡 市	81	1,260	1,220
浜 松 市	75	1,900	1,770	大 刀 洗 町	53	835	808
三 島 市	33	1,070	1,010	広 川 町	2	22	20
島 田 市	125	3,390	3,250	み や こ 町	1	15	14
磐 田 市	17	468	436				
焼 津 市	22	554	523	吉 富 町	x	x	x
				上 毛 町	1	38	33
掛 川 市	34	951	856	築 上 町	24	295	242
藤 枝 市	30	897	861				
袋 井 市	8	231	216	**佐 賀 県**			
御 前 崎 市	7	187	170	白 石 町	23	467	402
菊 川 市	137	4,110	3,940				
				長 崎 県			
牧 之 原 市	120	3,560	3,540	島 原 市	110	3,590	3,300
函 南 町	x	x	x	諫 早 市	118	4,660	4,280
吉 田 町	76	2,330	2,240	雲 仙 市	380	15,300	14,400
森 町	107	3,210	3,080				
				熊 本 県			
愛 知 県				八 代 市	180	6,520	6,130
東 海 市	2	27	20	上 天 草 市	40	1,160	1,090
知 多 市	15	249	233	天 草 市	31	837	787
田 原 市	80	1,390	1,290	氷 川 町	3	93	82
				苓 北 町	114	2,910	2,730
兵 庫 県							
洲 本 市	28	605	540	**沖 縄 県**			
南 あ わ じ 市	730	15,800	15,200	糸 満 市	103	1,470	1,290
淡 路 市	9	180	150	豊 見 城 市	1	8	7
				南 城 市	17	285	245
岡 山 県				八 重 瀬 町	14	215	185
岡 山 市	28	375	337				
瀬 戸 内 市	1	11	4				
徳 島 県							
阿 波 市	179	3,920	3,640				
美 馬 市	11	180	155				
板 野 町	3	59	52				
上 板 町	9	192	157				

(9) ねぎ

ア　春ねぎ

主要産地 市町村	作付面積	収穫量	出荷量
	ha	t	t
茨城県			
坂東市	216	8,470	8,160
群馬県			
太田市	16	368	329
千葉県			
東金市	3	78	70
旭市	3	108	100
匝瑳市	16	576	533
山武市	54	1,730	1,640
大網白里市	7	208	198
九十九里町	2	45	35
芝山町	2	48	38
横芝光町	30	960	912
三重県			
伊勢市	21	328	245
玉城町	2	19	15
鳥取県			
米子市	38	969	920
境港市	19	599	581
日吉津村	1	15	14
大山町	9	205	191
南部町	2	31	27
伯耆町	3	68	65
広島県			
安芸高田市	50	740	645
徳島県			
徳島市	22	264	245
佐那河内村	2	14	12
香川県			
高松市	4	54	43
丸亀市	5	70	59
坂出市	1	9	7
善通寺市	10	134	108
観音寺市	18	225	190
さぬき市	8	108	80
東かがわ市	8	104	80
三豊市	3	36	34
多度津町	2	20	16
まんのう町	1	11	7
高知県			
高知市	4	35	30
南国市	9	108	91
土佐市	7	67	60
香南市	5	66	60
香美市	49	408	383
福岡県			
朝倉市	73	911	864
佐賀県			
唐津市	30	393	354

イ　夏ねぎ

主要産地 市町村	作付面積	収穫量	出荷量
	ha	t	t
北海道			
北斗市	49	1,720	1,650
七飯町	74	2,740	2,640
八雲町	0	20	18
厚沢部町	2	64	62
南幌町	25	605	586
長沼町	22	667	642
青森県			
八戸市	10	288	233
五所川原市	3	46	29
十和田市	46	1,360	1,170
つがる市	31	574	484
中泊町	1	18	13
七戸町	4	82	65
東北町	6	128	103
三戸町	6	175	146
五戸町	8	243	198
田子町	0	9	8
南部町	6	181	153
階上町	11	337	295
新郷村	2	66	53
岩手県			
盛岡市	9	166	146
花巻市	27	335	276
北上市	13	150	128
遠野市	3	39	27
八幡平市	21	420	371
滝沢市	6	115	61
雫石町	11	194	175
岩手町	2	36	20
紫波町	3	40	30
矢巾町	9	159	141
山形県			
新庄市	14	402	358
金山町	1	17	11
最上町	5	169	148
舟形町	7	202	194
真室川町	6	158	149
大蔵村	4	130	124
鮭川村	2	65	58
戸沢村	2	67	58
茨城県			
坂東市	254	6,120	5,750
境町	50	1,460	1,390
埼玉県			
吉川市	18	416	383
新潟県			
新潟市	45	648	550
富山県			
富山市	7	93	68
高岡市	2	26	14
氷見市	6	98	88
滑川市	1	12	9

6 令和4年産市町村別の作付面積、収穫量及び出荷量（続き）

(9) ねぎ（続き）
イ 夏ねぎ（続き）　　　　　　　　　　ウ 秋冬ねぎ

主要産地市町村	作付面積	収穫量	出荷量	主要産地市町村	作付面積	収穫量	出荷量
	ha	t	t		ha	t	t
富山県（続き）				**北　海　道**			
黒　部　市	5	97	90	北　斗　市	38	1,290	1,230
				七　飯　町	57	2,200	2,100
砺　波　市	2	21	15	八　雲　町	7	455	433
南　砺　市	4	59	45	厚　沢　部　町	6	168	152
射　水　市	2	42	38				
舟　橋　村	0	5	4	**青　森　県**			
上　市　町	2	26	22	八　戸　市	7	206	179
				五　所　川　原　市	4	80	41
立　山　町	3	44	40	十　和　田　市	62	1,900	1,790
入　善　町	2	27	21	つ　が　る　市	30	630	516
				深　浦　町	3	77	66
長　野　県							
松　本　市	44	1,430	1,320	中　泊　町	1	18	13
塩　尻　市	6	150	107	七　戸　町	3	88	76
麻　績　村	1	16	5	東　北　町	2	47	41
山　形　村	21	605	569	三　戸　町	9	292	258
朝　日　村	2	69	60	五　戸　町	5	148	124
筑　北　村	1	23	5	田　子　町	3	90	74
				南　部　町	16	538	474
三　重　県				階　上　町	9	304	261
伊　勢　市	21	210	168	新　郷　村	2	60	54
玉　城　町	2	17	13				
				岩　手　県			
鳥　取　県				盛　岡　市	38	635	523
米　子　市	73	876	805	花　巻　市	32	491	412
境　港　市	29	630	610	北　上　市	12	171	151
日　吉　津　村	1	10	9	遠　野　市	4	63	45
大　山　町	13	220	209	八　幡　平　市	12	213	162
南　部　町	3	10	8	滝　沢　市	8	147	107
				雫　石　町	26	360	293
伯　耆　町	12	49	45	岩　手　町	12	167	124
日　南　町	2	23	22				
日　野　町	1	8	6	**宮　城　県**			
江　府　町	2	15	13	石　巻　市	34	498	345
				東　松　島　市	30	501	408
広　島　県				色　麻　町	15	225	172
安　芸　高　田　市	56	696	557	加　美　町	22	393	297
北　広　島　町	1	14	11				
				秋　田　県			
香　川　県				能　代　市	125	3,440	2,980
高　松　市	8	96	63	大　館　市	15	300	195
丸　亀　市	6	72	50	鹿　角　市	9	261	198
坂　出　市	1	16	13	由　利　本　荘　市	6	102	34
善　通　寺　市	6	75	65	北　秋　田　市	6	172	125
観　音　寺　市	32	426	420				
				に　か　ほ　市	19	285	200
さ　ぬ　き　市	4	52	40	小　坂　町	1	17	8
東　か　が　わ　市	4	54	36				
三　豊　市	3	32	26	**山　形　県**			
多　度　津　町	1	12	11	鶴　岡　市	35	630	368
ま　ん　の　う　町	2	18	16	酒　田　市	40	551	380
				新　庄　市	18	362	305
				金　山　町	2	33	14
福　岡　県				最　上　町	8	198	140
朝　倉　市	70	724	690				
				舟　形　町	8	243	227
				真　室　川　町	9	210	183
				大　蔵　村	3	92	78
				鮭　川　村	3	72	55
				戸　沢　村	3	80	60
				三　川　町	8	145	104
				庄　内　町	7	115	62
				遊　佐　町	2	28	20

主要産地 市 町 村	作付 面積	収 穫 量	出 荷 量	主要産地 市 町 村	作付 面積	収 穫 量	出 荷 量
	ha	t	t		ha	t	t
福 島 県				**長 野 県**			
い わ き 市	40	795	644	松 本 市	68	1,930	1,530
				伊 那 市	44	1,060	844
茨 城 県				駒 ヶ 根 市	13	337	252
坂 東 市	169	4,560	4,380	塩 尻 市	10	242	128
				辰 野 町	5	102	46
栃 木 県				箕 輪 町	9	210	126
大 田 原 市	84	2,410	2,290	飯 島 町	12	300	233
那 須 塩 原 市	26	629	548	南 箕 輪 村	14	367	333
那 須 町	5	126	120	中 川 村	7	186	147
				宮 田 村	4	97	84
群 馬 県				麻 績 村	1	29	14
太 田 市	147	2,930	2,240	山 形 村	25	799	732
渋 川 市	42	761	585	朝 日 村	6	149	132
富 岡 市	46	830	707	筑 北 村	2	58	22
下 仁 田 町	31	332	276	**岐 阜 県**			
南 牧 村	2	15	6	岐 阜 市	9	117	35
甘 楽 町	21	245	183	岐 南 町	10	129	47
				笠 松 町	1	16	9
埼 玉 県							
熊 谷 市	215	5,310	4,460	**静 岡 県**			
				磐 田 市	52	945	772
千 葉 県				袋 井 市	9	157	136
茂 原 市	40	800	720				
東 金 市	7	175	161	**愛 知 県**			
旭 市	21	487	390	一 宮 市	16	310	148
匝 瑳 市	37	1,040	960	江 南 市	12	315	200
山 武 市	200	5,200	4,780	岩 倉 市	2	41	20
大 網 白 里 市	27	527	484				
九 十 九 里 町	2	46	42	**三 重 県**			
芝 山 町	5	100	92	伊 勢 市	39	632	430
横 芝 光 町	118	3,250	2,920	玉 城 町	2	24	16
一 宮 町	3	57	51	南 伊 勢 町	1	13	8
長 生 村	8	152	137				
白 子 町	2	38	34	**兵 庫 県**			
長 柄 町	3	57	51	朝 来 市	27	140	125
新 潟 県				**奈 良 県**			
新 潟 市	130	3,000	2,700	大 和 高 田 市	10	242	219
新 発 田 市	24	383	290	御 所 市	4	77	52
村 上 市	20	416	370	葛 城 市	22	594	548
胎 内 市	17	264	220				
聖 籠 町	4	55	40	**鳥 取 県**			
関 川 村	1	15	12	鳥 取 市	39	559	407
				米 子 市	80	1,430	1,350
富 山 県				倉 吉 市	33	669	649
富 山 市	22	295	215	境 港 市	45	1,280	1,250
高 岡 市	7	85	55	岩 美 町	5	61	44
氷 見 市	7	96	74	若 桜 町	2	24	19
滑 川 市	3	44	37	智 頭 町	2	17	13
黒 部 市	12	206	192	八 頭 町	13	252	165
砺 波 市	7	109	98	湯 梨 浜 町	1	13	8
南 砺 市	7	88	60	琴 浦 町	17	391	375
射 水 市	10	150	141	北 栄 町	15	348	321
舟 橋 村	1	13	12	日 吉 津 村	1	22	20
上 市 町	6	82	68	大 山 町	35	770	735
立 山 町	9	127	114	南 部 町	6	79	75
入 善 町	6	80	68	伯 耆 町	19	492	470
朝 日 町	3	44	36	日 南 町	6	139	133

6 令和4年産市町村別の作付面積、収穫量及び出荷量（続き）

(9) ねぎ（続き）
ウ 秋冬ねぎ（続き）

(10) たまねぎ

主要産地市町村	作付面積	収穫量	出荷量	主要産地市町村	作付面積	収穫量	出荷量
	ha	t	t		ha	t	t
鳥取県（続き）				**北 海 道**			
日 野 町	2	29	24	札 幌 市	270	13,100	11,800
江 府 町	3	51	46	旭 川 市	3	105	96
				帯 広 市	128	5,640	5,290
広 島 県				北 見 市	3,960	257,700	245,100
安 芸 高 田 市	92	1,780	1,390	岩 見 沢 市	1,140	54,400	49,900
北 広 島 町	6	90	50				
				美 唄 市	30	1,620	1,480
徳 島 県				江 別 市	41	1,990	1,790
徳 島 市	37	557	465	士 別 市	129	6,840	6,270
佐 那 河 内 村	3	33	20	名 寄 市	43	2,170	1,990
				三 笠 市	163	7,740	7,100
香 川 県							
高 松 市	12	155	139	滝 川 市	29	1,120	1,030
丸 亀 市	8	106	99	砂 川 市	95	4,420	4,050
坂 出 市	1	14	10	深 川 市	x	x	x
善 通 寺 市	17	228	175	富 良 野 市	1,450	92,200	84,400
観 音 寺 市	22	367	316	新 篠 津 村	118	6,010	5,390
さ ぬ き 市	14	188	164	南 幌 町	30	1,060	975
東 か が わ 市	14	168	135	由 仁 町	145	7,380	6,770
三 豊 市	5	84	64	長 沼 町	260	12,500	11,400
多 度 津 町	5	72	66	栗 山 町	343	16,700	15,300
ま ん の う 町	3	41	33	新 十 津 川 町	8	371	340
				妹 背 牛 町	x	x	x
高 知 県				雨 竜 町	x	x	x
高 知 市	4	47	40	美 瑛 町	114	5,440	4,980
南 国 市	22	240	220	上 富 良 野 町	44	2,020	1,850
土 佐 市	8	150	136	中 富 良 野 町	837	49,900	45,700
香 南 市	5	110	104				
香 美 市	49	690	656	南 富 良 野 町	12	626	573
				美 幌 町	1,080	68,800	65,600
福 岡 県				津 別 町	420	24,200	22,900
朝 倉 市	107	1,530	1,440	斜 里 町	85	4,550	4,300
				清 里 町	68	3,400	3,220
佐 賀 県							
唐 津 市	56	566	490	小 清 水 町	185	7,950	7,530
				訓 子 府 町	1,500	65,600	62,300
鹿 児 島 県				置 戸 町	195	9,880	9,390
伊 佐 市	27	405	365	湧 別 町	551	25,700	24,400
湧 水 町	5	75	68	大 空 町	261	18,700	17,600
				音 更 町	95	4,340	4,070
				芽 室 町	87	3,030	2,840
				幕 別 町	250	11,800	11,100
				池 田 町	102	4,180	3,920
				福 島 県			
				南 相 馬 市	17	301	165
				広 野 町	x	x	x
				楢 葉 町	4	27	24
				富 岡 町	x	x	x
				大 熊 町	-	-	-
				浪 江 町	15	149	140
				栃 木 県			
				宇 都 宮 市	10	437	302
				真 岡 市	44	1,970	1,830
				下 野 市	43	2,020	1,900
				上 三 川 町	19	1,340	1,060
				芳 賀 町	10	538	506
				群 馬 県			
				富 岡 市	24	1,460	1,340
				下 仁 田 町	1	18	16
				甘 楽 町	8	501	436

主要産地 市 町 村	作付面積	収穫量	出荷量	主要産地 市 町 村	作付面積	収穫量	出荷量
	ha	t	t		ha	t	t
埼 玉 県				**島 根 県**			
本 庄 市	20	641	539	出 雲 市	47	1,600	1,560
千 葉 県				**岡 山 県**			
長 生 村	3	100	88	岡 山 市	28	896	672
白 子 町	27	1,160	1,060	玉 野 市	3	92	64
				瀬 戸 内 市	3	86	64
富 山 県				吉 備 中 央 町	2	57	40
砺 波 市	103	4,920	4,690				
南 砺 市	49	2,270	2,140	**山 口 県**			
				山 口 市	30	840	614
長 野 県				萩 市	23	662	484
長 野 市	37	919	445	防 府 市	20	484	354
松 本 市	7	228	62	阿 武 町	2	53	39
千 曲 市	13	330	189				
安 曇 野 市	37	1,440	1,120	**香 川 県**			
				高 松 市	7	175	122
岐 阜 県				丸 亀 市	5	180	126
大 垣 市	4	127	73	坂 出 市	4	128	105
海 津 市	6	215	89	善 通 寺 市	9	360	183
養 老 町	3	102	21	観 音 寺 市	105	6,090	5,970
揖 斐 川 町	2	34	7	さ ぬ き 市	8	304	198
大 野 町	4	111	39	三 豊 市	21	683	383
				三 木 町	3	108	106
池 田 町	2	40	17	綾 川 町	3	126	123
				琴 平 町	2	42	41
静 岡 県				多 度 津 町	1	36	35
浜 松 市	240	10,000	9,340	まんのう 町	3	87	85
湖 西 市	9	365	338				
				愛 媛 県			
愛 知 県				松 山 市	28	722	510
碧 南 市	125	10,600	10,100	西 条 市	62	2,000	1,690
西 尾 市	29	1,220	1,030	伊 予 市	9	288	141
常 滑 市	9	453	401	東 温 市	9	295	229
東 海 市	42	1,740	1,580	松 前 町	2	63	45
大 府 市	50	1,950	1,740				
知 多 市	30	1,210	1,050	砥 部 町	3	94	71
阿 久 比 町	2	108	90				
東 浦 町	2	108	85	**福 岡 県**			
南 知 多 町	23	924	830	久 留 米 市	32	1,040	792
美 浜 町	5	211	163				
				佐 賀 県			
武 豊 町	2	72	60	佐 賀 市	105	3,480	2,580
				唐 津 市	216	7,690	6,910
大 阪 府				鳥 栖 市	10	295	210
岸 和 田 市	10	335	305	多 久 市	7	267	240
貝 塚 市	7	244	222	伊 万 里 市	36	1,430	1,320
泉 佐 野 市	39	1,350	1,230				
泉 南 市	15	518	471	武 雄 市	24	958	910
阪 南 市	4	132	120	鹿 島 市	208	8,110	7,880
				小 城 市	20	680	510
熊 取 町	3	93	85	嬉 野 市	4	138	118
田 尻 町	2	46	42	神 埼 市	15	429	258
				吉 野 ヶ 里 町	1	25	13
兵 庫 県				基 山 町	2	57	41
洲 本 市	125	6,380	5,550	上 峰 町	4	110	92
南 あ わ じ 市	1,220	67,700	64,100	み や き 町	13	263	179
淡 路 市	52	2,500	2,070	玄 海 町	29	1,020	918
				有 田 町	8	250	232
和 歌 山 県				大 町 町	5	170	140
紀 の 川 市	69	3,330	2,990	江 北 町	75	2,930	2,010
岩 出 市	2	85	66	白 石 町	1,180	54,000	52,100

6　令和4年産市町村別の作付面積、収穫量及び出荷量（続き）

(10)　たまねぎ（続き）　　　　　　　(11)　きゅうり
　　　　　　　　　　　　　　　　　　　ア　冬春きゅうり

主要産地市町村	作付面積	収穫量	出荷量	主要産地市町村	作付面積	収穫量	出荷量
	ha	t	t		ha	t	t
佐賀県（続き）				**宮　城　県**			
太　良　町	47	1,640	1,470	石　巻　市	8	765	685
				岩　沼　市	6	504	448
長　崎　県				登　米　市	32	2,040	1,870
諫　早　市	204	6,000	5,470	東　松　島　市	7	614	527
平　戸　市	20	583	526	亘　理　町	1	92	81
雲　仙　市	127	5,390	4,730				
南　島　原　市	245	10,700	10,400	**山　形　県**			
				山　形　市	15	1,200	1,140
熊　本　県							
水　俣　市	41	1,430	1,300	**福　島　県**			
芦　北　町	14	455	410	福　島　市	20	1,970	1,870
津　奈　木　町	11	385	347	白　河　市	2	144	129
				須　賀　川　市	19	1,360	1,270
				二　本　松　市	6	483	455
				伊　達　市	16	1,120	1,060
				本　宮　市	1	88	82
				桑　折　町	1	45	42
				国　見　町	1	36	33
				大　玉　村	1	63	59
				鏡　石　町	6	444	416
				天　栄　村	0	9	9
				泉　崎　村	1	93	84
				矢　吹　町	4	282	263
				玉　川　村	1	52	46
				浅　川　町	0	24	23
				茨　城　県			
				下　妻　市	4	330	312
				常　総　市	11	897	849
				筑　西　市	44	5,270	4,980
				桜　川　市	5	504	477
				栃　木　県			
				小　山　市	10	1,400	1,330
				下　野　市	10	1,480	1,420
				野　木　町	1	144	130
				群　馬　県			
				前　橋　市	53	5,300	4,880
				高　崎　市	14	1,410	1,310
				桐　生　市	12	1,740	1,700
				伊　勢　崎　市	37	3,520	3,290
				太　田　市	11	1,060	908
				館　林　市	53	6,380	6,000
				富　岡　市	5	521	501
				み　ど　り　市	5	566	537
				甘　楽　町	5	712	695
				玉　村　町	3	295	266
				板　倉　町	68	9,020	8,490
				明　和　町	6	673	615
				邑　楽　町	1	73	65
				埼　玉　県			
				熊　谷　市	13	1,430	1,320
				行　田　市	1	84	71
				加　須　市	25	3,180	2,870
				本　庄　市	35	4,680	4,360
				羽　生　市	10	1,280	1,190
				鴻　巣　市	8	886	809
				深　谷　市	83	9,920	9,220

主要産地 市町村	作付 面積	収穫量	出荷量	主要産地 市町村	作付 面積	収穫量	出荷量
	ha	t	t		ha	t	t
埼玉県（続き）				**高知県（続き）**			
美里町	7	849	790	室戸市	1	220	209
神川町	5	560	517	南国市	4	438	416
上里町	8	1,000	924	土佐市	10	1,950	1,850
				須崎市	25	5,590	5,310
千葉県							
東金市	1	66	61	宿毛市	x	x	x
旭市	99	12,500	12,000	土佐清水市	4	856	812
匝瑳市	6	759	732	四万十市	1	207	197
山武市	1	55	52	香南市	7	858	816
大網白里市	3	300	285	いの町	1	145	138
九十九里町	10	1,200	1,080	中土佐町	1	342	336
				四万十町	1	346	329
神奈川県				黒潮町	13	2,240	2,130
平塚市	8	709	681	**福岡県**			
大磯町	3	272	261	久留米市	7	976	929
				朝倉市	4	548	516
新潟県				糸島市	11	1,650	1,570
新潟市	22	1,440	1,370	筑前町	5	845	802
山梨県				**佐賀県**			
南アルプス市	9	602	578	佐賀市	12	1,950	1,870
中央市	8	496	452	唐津市	12	1,380	1,310
				伊万里市	11	1,530	1,480
岐阜県				武雄市	8	1,380	1,330
海津市	11	1,640	1,550	鹿島市	1	133	127
愛知県				小城市	4	615	590
岡崎市	1	106	91	嬉野市	4	543	515
碧南市	5	957	908	有田町	1	64	61
刈谷市	1	210	199	大町町	2	357	339
安城市	12	3,070	2,910	江北町	2	308	285
西尾市	16	3,450	3,270	白石町	4	525	499
				長崎県			
和歌山県				南島原市	13	1,240	1,160
御坊市	1	54	50				
美浜町	6	523	498	**熊本県**			
日高町	1	57	53	熊本市	33	3,090	2,950
印南町	1	57	52	山鹿市	7	309	294
				宇土市	8	757	696
徳島県				宇城市	5	504	464
徳島市	2	472	442				
小松島市	7	1,330	1,230	**宮崎県**			
阿南市	8	1,770	1,660	宮崎市	252	33,100	31,500
勝浦町	-	-	-	都城市	21	3,610	3,430
海陽町	8	1,320	1,220	日南市	5	674	640
				日向市	5	346	311
香川県				串間市	12	1,990	1,890
観音寺市	5	230	200	西都市	57	4,170	3,540
三豊市	5	225	195	三股町	4	489	474
				国富町	55	6,170	5,800
愛媛県				綾町	29	3,920	3,720
今治市	3	226	183	川南町	4	434	412
西条市	8	766	728	都農町	4	462	434
大洲市	3	223	198	門川町	1	66	59
西予市	7	473	421	美郷町	1	37	24
内子町	1	102	91				
				鹿児島県			
高知県				鹿屋市	3	543	519
高知市	50	11,500	11,000	東串良町	23	4,970	4,730
				肝付町	5	782	743

6　令和4年産市町村別の作付面積、収穫量及び出荷量（続き）

（11）　きゅうり（続き）
イ　夏秋きゅうり

主要産地市町村	作付面積	収穫量	出荷量	主要産地市町村	作付面積	収穫量	出荷量
	ha	t	t		ha	t	t
北　海　道				**山形県（続き）**			
北　斗　市	15	856	816	鶴　岡　市	22	457	269
鷹　栖　町	12	1,190	1,090	新　庄　市	5	118	82
				上　山　市	6	78	31
青　森　県				山　辺　町	1	32	16
八　戸　市	7	364	311	中　山　町	3	76	50
十　和　田　市	8	331	276	金　山　町	3	118	94
三　戸　町	3	123	100	最　上　町	4	135	112
五　戸　町	7	328	246	舟　形　町	3	195	162
田　子　町	4	208	167	真　室　川　町	4	145	124
南　部　町	6	270	235	大　蔵　村	2	127	100
階　上　町	1	24	12	鮭　川　村	5	412	353
新　郷　村	4	205	186	戸　沢　村	1	66	55
岩　手　県				**福　島　県**			
盛　岡　市	22	1,280	1,060	福　島　市	54	2,210	1,960
大　船　渡　市	1	45	23	会　津　若　松　市	14	649	501
花　巻　市	16	697	590	郡　山　市	30	1,320	1,070
北　上　市	7	267	177	白　河　市	10	782	711
遠　野　市	3	143	95	須　賀　川　市	84	5,650	5,290
一　関　市	29	1,200	850	喜　多　方　市	22	1,630	1,460
陸　前　高　田　市	4	160	132	相　馬　市	2	65	45
二　戸　市	22	1,880	1,740	二　本　松　市	77	3,990	3,630
八　幡　平　市	6	263	197	南　相　馬　市	5	177	148
奥　州　市	26	1,230	976	伊　達　市	92	6,470	6,070
滝　沢　市	3	148	107	本　宮　市	10	380	302
雫　石　町	10	601	543	桑　折　町	6	197	161
葛　巻　町	1	61	42	国　見　町	6	268	226
岩　手　町	3	139	87	川　俣　町	4	123	80
紫　波　町	17	888	749	大　玉　村	6	351	304
矢　巾　町	5	279	235	鏡　石　町	20	1,270	1,180
金　ヶ　崎　町	5	228	196	天　栄　村	8	734	681
平　泉　町	2	38	9	下　郷　町	3	55	11
住　田　町	3	155	129	南　会　津　町	5	78	22
軽　米　町	1	41	29	北　塩　原　村	5	511	476
一　戸　町	3	135	103	西　会　津　町	5	225	185
				会　津　坂　下　町	12	807	719
				湯　川　村	2	81	57
宮　城　県				柳　津　町	3	87	67
白　石　市	6	106	67	三　島　町	1	7	－
角　田　市	6	104	47				
登　米　市	64	2,430	1,800	会　津　美　里　町	21	1,210	1,080
栗　原　市	43	839	433	西　郷　村	1	10	－
蔵　王　町	13	292	194	泉　崎　村	4	385	350
				中　島　村	2	156	142
大　河　原　町	1	22	8	矢　吹　町	14	914	857
村　田　町	4	76	47				
柴　田　町	4	60	35	棚　倉　町	3	114	88
丸　森　町	4	76	40	矢　祭　町	4	153	131
				塙　町	5	491	453
				鮫　川　村	1	10	－
秋　田　県				石　川　町	3	99	64
横　手　市	57	1,480	1,020				
湯　沢　市	25	1,080	946	玉　川　村	7	409	373
鹿　角　市	22	1,400	1,260	平　田　村	2	40	20
大　仙　市	16	352	148	浅　川　町	2	92	70
小　坂　町	1	34	25	古　殿　町	1	24	12
				三　春　町	3	167	151
美　郷　町	17	655	425				
羽　後　町	12	450	379	新　地　町	1	44	32
東　成　瀬　村	1	28	20				
				茨　城　県			
山　形　県				下　妻　市	6	208	156
山　形　市	76	2,540	1,990	常　総　市	15	582	438

主 要 産 地 市　町　村	作 付 面 積	収 穫 量	出 荷 量	主 要 産 地 市　町　村	作 付 面 積	収 穫 量	出 荷 量
	ha	t	t		ha	t	t
栃　木　県				**長野県（続き）**			
小　山　市	22	724	608	須　坂　市	3	67	23
下　野　市	19	684	547	伊　那　市	15	381	236
野　木　町	7	231	203	駒 ヶ 根 市	3	88	32
				中　野　市	15	656	567
群　馬　県				飯　山　市	15	643	559
前　橋　市	74	4,240	3,650	塩　尻　市	7	249	173
高　崎　市	28	1,120	774				
桐　生　市	19	989	863	東　御　市	6	134	62
伊　勢　崎　市	69	3,960	3,560	安 曇 野 市	9	259	83
太　田　市	35	1,130	988	青　木　村	2	43	22
				長　和　町	2	33	9
館　林　市	52	2,310	1,980	飯　島　町	5	151	102
富　岡　市	10	430	355				
み　ど　り　市	22	940	817	南　箕　輪　村	1	21	9
甘　楽　町	10	421	367	中　川　村	4	114	90
玉　村　町	5	285	257	松　川　町	5	236	179
				高　森　町	10	697	647
板　倉　町	67	3,050	2,730	阿　智　村	5	370	348
明　和　町	14	540	487				
邑　楽　町	3	71	40	下　條　村	4	263	253
				泰　阜　村	1	40	36
埼　玉　県				喬　木　村	8	538	504
行　田　市	1	44	40	豊　丘　村	4	197	178
加　須　市	17	855	743	山　形　村	2	48	33
本　庄　市	43	2,600	2,340				
羽　生　市	6	310	266	朝　日　村	1	28	12
鴻　巣　市	4	186	162	小　布　施　町	2	67	45
				高　山　村	2	37	17
深　谷　市	91	5,180	4,660	山 ノ 内 町	1	26	2
美　里　町	6	346	308	木　島　平　村	7	269	250
神　川　町	4	257	226				
上　里　町	8	442	394	野 沢 温 泉 村	2	83	71
				小　川　村	1	18	4
				飯　綱　町	3	56	13
				栄　村	1	49	37
千　葉　県							
茂　原　市	1	30	24				
一　宮　町	3	78	55	**岐　阜　県**			
睦　沢　町	0	8	5	海　津　市	11	630	586
長　生　村	1	42	29	養　老　町	2	33	14
白　子　町	1	30	21	輪 之 内 町	2	47	35
長　柄　町	0	5	4	**大　阪　府**			
長　南　町	0	5	4	富　田　林　市	17	764	706
				太　子　町	1	47	43
神　奈　川　県				河　南　町	3	115	106
平　塚　市	12	334	310	千 早 赤 阪 村	1	41	36
大　磯　町	4	112	104				
				奈　良　県			
新　潟　県				桜　井　市	7	279	209
新　潟　市	77	1,840	1,380	五　條　市	7	193	148
				御　所　市	2	48	36
山　梨　県				宇　陀　市	6	95	72
甲　府　市	6	217	184	高　取　町	2	51	39
韮　崎　市	1	25	13				
南 アルプス 市	19	722	598	明　日　香　村	3	87	66
北　杜　市	7	145	86				
甲　斐　市	3	94	77	**和　歌　山　県**			
				橋　本　市	2	79	70
笛　吹　市	6	166	102	紀 の 川 市	10	519	499
				か つ ら ぎ 町	3	133	109
長　野　県							
長　野　市	43	948	503	**香　川　県**			
松　本　市	27	1,030	793	高　松　市	15	570	355
上　田　市	17	488	301	観　音　寺　市	15	713	510
飯　田　市	30	2,000	1,810	三　豊　市	12	486	392

6　令和4年産市町村別の作付面積、収穫量及び出荷量（続き）

(11)　きゅうり（続き）
　　イ　夏秋きゅうり（続き）

主要産地 市　町　村	作付 面積	収穫量	出荷量	主要産地 市　町　村	作付 面積	収穫量	出荷量
	ha	t	t		ha	t	t
香川県（続き）				宮　崎　県			
三　木　町	6	234	144	宮　崎　市	10	397	381
綾　川　町	4	180	121	都　城　市	7	320	294
				小　林　市	8	270	251
まんのう町	3	94	75	西　都　市	10	207	188
				え　び　の　市	2	60	55
愛　媛　県							
松　山　市	18	511	409	三　股　町	1	37	34
今　治　市	32	848	750	高　原　町	1	24	22
宇　和　島　市	8	229	194	国　富　町	3	135	128
新　居　浜　市	4	114	65	綾　　　町	7	161	153
西　条　市	29	1,120	974	高　千　穂　町	9	578	530
大　洲　市	19	828	794	日　之　影　町	1	66	59
伊　予　市	7	200	174	五　ヶ　瀬　町	3	171	157
西　予　市	19	756	665				
松　前　町	2	70	56				
砥　部　町	2	76	63				
内　子　町	14	439	386				
松　野　町	2	51	38				
鬼　北　町	6	142	116				
福　岡　県							
糸　島　市	12	863	809				
佐　賀　県							
唐　津　市	21	1,660	1,490				
伊　万　里　市	17	1,100	982				
武　雄　市	9	716	644				
鹿　島　市	1	43	40				
嬉　野　市	4	244	221				
有　田　町	1	35	33				
大　町　町	2	160	147				
江　北　町	2	154	135				
白　石　町	5	360	324				
熊　本　県							
熊　本　市	34	1,100	1,010				
人　吉　市	2	65	58				
山　鹿　市	5	179	157				
菊　池　市	2	48	40				
上　天　草　市	6	194	159				
阿　蘇　市	3	197	183				
天　草　市	7	342	226				
合　志　市	11	244	200				
美　里　町	1	46	34				
南　小　国　町	9	455	415				
小　国　町	5	263	236				
益　城　町	3	81	48				
山　都　町	13	562	425				
錦　　　町	4	145	133				
多　良　木　町	15	745	713				
湯　前　町	5	160	98				
水　上　村	2	67	56				
相　良　村	2	64	55				
山　江　村	1	28	21				
あさぎり町	16	778	710				
大　分　県							
竹　田　市	11	154	116				

(12)　なす
ア　冬春なす

主要産地市町村	作付面積	収穫量	出荷量	主要産地市町村	作付面積	収穫量	出荷量
	ha	t	t		ha	t	t
栃　木　県				**徳島県（続き）**			
真　岡　市	7	1,050	998	板　野　町	0	38	35
益　子　町	1	83	78				
茂　木　町	0	24	22	**高　知　県**			
市　貝　町	0	39	37	高　知　市	4	532	508
芳　賀　町	0	26	24	室　戸　市	13	2,260	2,160
				安　芸　市	148	21,000	20,000
群　馬　県				南　国　市	3	176	168
桐　生　市	7	374	308	土　佐　市	x	x	x
伊　勢　崎　市	37	2,200	1,960				
太　田　市	12	739	710	香　南　市	10	1,340	1,280
み　ど　り　市	24	1,240	1,090	東　洋　町	2	187	178
玉　村　町	6	336	299	奈　半　利　町	5	734	700
				田　野　町	9	1,050	1,000
埼　玉　県				安　田　町	23	3,370	3,210
加　須　市	4	219	206				
羽　生　市	1	40	35	北　川　村	1	80	76
鴻　巣　市	1	79	74	芸　西　村	60	8,160	7,790
				福　岡　県			
愛　知　県				柳　川　市	22	3,080	2,940
豊　橋　市	18	1,990	1,910	八　女　市	15	1,820	1,740
岡　崎　市	6	926	888	筑　後　市	8	954	909
一　宮　市	8	940	903	大　川　市	x	x	x
碧　南　市	3	479	460	み　や　ま　市	52	7,680	7,320
安　城　市	1	67	63				
				大　木　町	x	x	x
西　尾　市	2	205	195				
稲　沢　市	3	282	270				
弥　富　市	3	233	224	**佐　賀　県**			
幸　田　町	4	579	556	佐　賀　市	6	851	808
				多　久　市	1	78	74
				小　城　市	3	351	333
大　阪　府				神　埼　市	1	124	118
岸　和　田　市	6	483	474				
貝　塚　市	3	226	222				
泉　佐　野　市	8	609	598	**熊　本　県**			
富　田　林　市	18	1,410	1,380	熊　本　市	127	19,300	18,000
泉　南　市	1	81	80	荒　尾　市	x	x	x
				玉　名　市	14	2,460	2,380
阪　南　市	1	79	78	山　鹿　市	2	206	183
熊　取　町	1	75	74	宇　土　市	2	346	332
田　尻　町	1	41	40				
太　子　町	2	120	118	宇　城　市	12	1,760	1,640
河　南　町	6	476	467	南　関　町	1	160	154
				和　水　町	4	372	357
千　早　赤　阪　村	1	79	78				
				宮　崎　県			
奈　良　県				宮　崎　市	18	1,150	1,090
大　和　高　田　市	1	58	56				
大　和　郡　山　市	2	147	141				
天　理　市	1	73	69				
桜　井　市	1	75	71				
葛　城　市	1	64	61				
斑　鳩　町	1	62	57				
田　原　本　町	1	78	75				
高　取　町	1	62	59				
広　陵　町	6	466	452				
岡　山　県							
岡　山　市	15	1,500	1,350				
玉　野　市	4	376	356				
徳　島　県							
吉　野　川　市	6	574	527				
阿　波　市	6	564	516				

6　令和4年産市町村別の作付面積、収穫量及び出荷量（続き）

（12）　なす（続き）
ア　夏秋なす

主要産地 市　町　村	作付面積	収穫量	出荷量	主要産地 市　町　村	作付面積	収穫量	出荷量
	ha	t	t		ha	t	t
岩　手　県				**埼玉県（続き）**			
一　関　市	36	1,310	894	美　里　町	6	226	190
平　泉　町	2	51	27	神　川　町	5	177	152
				上　里　町	5	172	137
宮　城　県							
大　崎　市	28	527	295	**新　潟　県**			
				新　潟　市	80	1,220	790
福　島　県							
郡　山　市	5	154	92	**富　山　県**			
須　賀　川　市	12	419	385	高　岡　市	16	255	70
二　本　松　市	19	369	221				
田　村　市	6	117	78	**山　梨　県**			
伊　達　市	13	191	84	甲　府　市	34	2,140	2,020
				笛　吹　市	29	1,300	1,190
本　宮　市	5	77	33	中　央　市	17	820	700
大　玉　村	2	28	8	市　川　三　郷　町	3	158	147
鏡　石　町	1	14	8	昭　和　町	3	196	185
天　栄　村	2	49	42				
中　島　村	2	77	67	**岐　阜　県**			
				関　市	11	250	142
矢　吹　町	2	76	64	中　津　川　市	11	349	147
石　川　町	1	59	50	美　濃　市	4	90	54
玉　川　村	1	37	33	恵　那　市	8	211	103
三　春　町	3	80	73	美　濃　加　茂　市	7	132	90
小　野　町	1	24	10				
				可　児　市	5	110	79
栃　木　県				坂　祝　町	1	18	7
栃　木　市	13	657	459	富　加　町	2	46	30
小　山　市	11	383	328	川　辺　町	2	41	18
真　岡　市	37	1,580	1,240	七　宗　町	1	15	8
大　田　原　市	22	1,100	810				
那　須　塩　原　市	14	790	724	八　百　津　町	2	26	10
				白　川　町	2	40	19
下　野　市	11	460	414	東　白　川　村	1	20	9
益　子　町	6	212	162	御　嵩　町	2	39	20
茂　木　町	4	155	118				
市　貝　町	5	136	111	**愛　知　県**			
芳　賀　町	3	102	90	岡　崎　市	13	450	374
				幸　田　町	8	677	630
壬　生　町	2	101	86				
野　木　町	2	71	60	**京　都　府**			
那　須　町	8	431	332	城　陽　市	1	86	74
				八　幡　市	5	292	251
群　馬　県				京　田　辺　市	9	707	608
前　橋　市	50	2,850	2,420	久　御　山　町	4	204	176
高　崎　市	30	1,810	1,580				
桐　生　市	23	1,160	1,050	**大　阪　府**			
伊　勢　崎　市	62	3,510	3,020	岸　和　田　市	6	353	343
太　田　市	37	2,060	1,860	貝　塚　市	4	257	250
				泉　佐　野　市	8	447	434
館　林　市	20	1,070	799	泉　南　市	3	181	176
藤　岡　市	15	970	853	阪　南　市	1	54	52
富　岡　市	22	1,420	1,260				
み　ど　り　市	28	1,600	1,550	熊　取　町	2	108	105
下　仁　田　町	2	110	100	田　尻　町	1	56	54
甘　楽　町	16	1,020	920	**奈　良　県**			
玉　村　町	8	438	377	奈　良　市	4	217	186
板　倉　町	14	523	298	大　和　高　田　市	1	60	50
明　和　町	2	83	71	大　和　郡　山　市	4	255	217
千　代　田　町	2	52	46	天　理　市	7	454	408
				橿　原　市	1	36	23
大　泉　町	1	24	15				
邑　楽　町	5	169	132	桜　井　市	3	184	157
埼　玉　県							
本　庄　市	24	1,040	907				

(13) トマト
ア　冬春トマト

主要産地 市町村	作付面積	収穫量	出荷量	主要産地 市町村	作付面積	収穫量	出荷量
	ha	t	t		ha	t	t
奈良県（続き）				**北　海　道**			
五　條　市	10	477	442	平　取　町	42	4,630	4,320
御　所　市	1	32	17	新　冠　町	x	x	x
葛　城　市	4	202	173	新 ひ だ か 町	13	471	437
宇　陀　市	4	123	95				
				茨　城　県			
山　添　村	1	25	14	結　城　市	7	642	604
斑　鳩　町	2	80	53	取　手　市	2	139	131
田　原　本　町	7	401	338	坂　東　市	14	1,170	1,100
高　取　町	2	100	79	つくばみらい市	6	416	391
明　日　香　村	1	30	19	境　　町	3	185	174
				栃　木　県			
広　陵　町	11	593	493	宇　都　宮　市	25	2,900	2,820
吉　野　町	1	17	11	足　利　市	23	4,140	4,000
大　淀　町	1	24	13	栃　木　市	23	4,490	4,300
				鹿　沼　市	13	2,200	2,060
山　口　県				小　山　市	17	2,740	2,630
下　関　市	21	382	279				
				真　岡　市	16	2,190	2,080
徳　島　県				大　田　原　市	7	560	480
吉　野　川　市	7	483	440	矢　板　市	1	33	28
阿　波　市	32	2,530	2,330	那　須　塩　原　市	2	192	185
美　馬　市	7	489	421	さ　く　ら　市	1	41	35
三　好　市	6	398	328				
板　野　町	5	315	264	下　野　市	1	163	155
				上　三　川　町	12	1,580	1,530
上　板　町	3	204	166	市　貝　町	1	85	81
つ　る　ぎ　町	0	26	21	芳　賀　町	6	605	543
東　み　よ　し　町	2	133	114	壬　生　町	9	1,760	1,720
香　川　県				野　木　町	12	1,780	1,720
観　音　寺　市	16	427	351	塩　谷　町	1	82	74
三　豊　市	7	192	74	高　根　沢　町	8	656	590
愛　媛　県				**群　馬　県**			
松　山　市	18	526	342	高　崎　市	9	765	710
伊　予　市	13	376	282	桐　生　市	1	72	71
東　温　市	5	145	90	伊　勢　崎　市	44	3,510	3,330
松　前　町	2	71	53	藤　岡　市	11	1,440	1,320
砥　部　町	4	105	84	み　ど　り　市	14	1,260	1,250
				玉　村　町	2	159	145
熊　本　県							
熊　本　市	40	1,330	1,200	**埼　玉　県**			
荒　尾　市	2	108	96	加　須　市	8	1,520	1,440
玉　名　市	5	192	170	本　庄　市	4	418	394
南　関　町	4	214	185	上　里　町	7	735	685
和　水　町	14	552	465				
				千　葉　県			
大　分　県				銚　子　市	10	710	667
佐　伯　市	10	153	128	野　田　市	7	567	539
豊　後　大　野　市	17	340	300	茂　原　市	2	144	115
				旭　市	37	2,630	2,470
				匝　瑳　市	9	639	604
				横　芝　光　町	2	51	48
				一　宮　町	21	1,500	1,460
				睦　沢　町	x	x	x
				長　生　村	4	263	210
				白　子　町	18	1,330	1,200
				長　柄　町	x	x	x
				神　奈　川　県			
				藤　沢　市	21	1,800	1,750

6　令和４年産市町村別の作付面積、収穫量及び出荷量（続き）

(13)　トマト（続き）
ア　冬春トマト（続き）

主要産地 市町村	作付面積	収穫量	出荷量	主要産地 市町村	作付面積	収穫量	出荷量
	ha	t	t		ha	t	t
神奈川県（続き）				和歌山県（続き）			
茅ヶ崎市	6	504	492	印南町	18	1,020	967
海老名市	8	545	532	みなべ町	2	101	96
寒川町	1	44	43	日高川町	5	244	234
新潟県				香川県			
新潟市	33	1,640	1,550	高松市	3	120	114
石川県				丸亀市	1	27	24
小松市	8	657	599	坂出市	2	57	52
加賀市	1	93	83	善通寺市	2	83	77
白山市	8	243	223	さぬき市	10	660	600
山梨県				東かがわ市	3	180	156
南アルプス市	4	192	155	三木町	0	12	11
中央市	11	458	428	多度津町	4	228	210
				まんのう町	1	34	32
岐阜県				愛媛県			
海津市	25	3,810	3,520	今治市	8	546	437
養老町	5	687	631	新居浜市	0	16	13
輪之内町	x	x	x	大洲市	13	1,210	1,030
				四国中央市	0	24	22
静岡県				福岡県			
三島市	7	440	428	福岡市	10	1,590	1,510
島田市	1	37	33	久留米市	6	855	809
焼津市	12	359	319	柳川市	7	921	875
掛川市	18	1,730	1,690	八女市	11	1,580	1,500
藤枝市	3	74	65	筑後市	9	1,320	1,260
御前崎市	10	802	779	大川市	x	x	x
菊川市	15	1,110	1,090	うきは市	20	3,590	3,410
伊豆の国市	20	2,320	2,270	朝倉市	5	633	600
函南町	6	546	534	みやま市	3	192	180
				広川町	x	x	x
愛知県				佐賀県			
豊橋市	120	16,000	15,200	佐賀市	10	875	814
豊川市	60	6,060	5,760	小城市	x	x	x
津島市	2	202	190	長崎県			
田原市	100	12,000	11,400	南島原市	44	4,530	4,300
愛西市	22	2,240	2,130				
弥富市	25	2,610	2,480	熊本県			
飛島村	1	142	133	八代市	457	61,700	60,000
				荒尾市	x	x	x
三重県				玉名市	213	28,800	27,700
桑名市	9	935	871	宇土市	9	718	690
木曽岬町	29	3,440	3,200	宇城市	66	5,080	4,900
兵庫県				長洲町	14	1,760	1,680
神戸市	12	828	804	和水町	x	x	x
				氷川町	15	2,000	1,880
奈良県				宮崎県			
奈良市	3	238	223	宮崎市	62	5,950	5,550
大和郡山市	4	325	307	日向市	8	681	645
天理市	8	714	688	高鍋町	4	371	349
田原本町	2	166	153	新富町	10	946	858
				木城町	1	88	82
和歌山県				川南町	13	1,280	1,200
御坊市	4	262	253	都農町	36	3,430	3,310
美浜町	x	x	x	門川町	9	765	704
日高町	2	170	158				
由良町	x	x	x				

イ　夏秋トマト

主要産地 市　町　村	作付 面積	収穫量	出荷量	主要産地 市　町　村	作付 面積	収穫量	出荷量
	ha	t	t		ha	t	t
宮崎県（続き）				**北　海　道**			
美　郷　町	3	280	257	小　樽　市	7	407	373
				旭　川　市	7	414	380
				砂　川　市	9	615	562
沖　縄　県				富　良　野　市	26	1,260	1,160
豊　見　城　市	22	1,660	1,470	北　斗　市	38	2,930	2,830
				知　内　町	3	267	252
				木　古　内　町	2	131	126
				七　飯　町	1	90	85
				森　町	18	1,380	1,330
				蘭　越　町	13	803	729
				ニ　セ　コ　町	3	242	222
				真　狩　村	1	30	28
				喜　茂　別　町	5	490	449
				京　極　町	1	103	94
				倶　知　安　町	1	45	42
				仁　木　町	70	3,390	3,090
				余　市　町	33	2,240	2,040
				奈　井　江　町	14	1,050	962
				浦　臼　町	2	181	165
				新　十　津　川　町	8	299	273
				東　神　楽　町	2	175	161
				当　麻　町	21	948	868
				美　瑛　町	44	5,490	5,020
				上　富　良　野　町	5	150	137
				中　富　良　野　町	14	624	571
				南　富　良　野　町	3	116	106
				日　高　町	8	769	718
				平　取　町	62	6,830	6,380
				新　冠　町	x	x	x
				新　ひ　だ　か　町	18	946	881
				青　森　県			
				青　森　市	20	634	527
				弘　前　市	25	850	719
				八　戸　市	9	344	283
				黒　石　市	17	944	834
				五　所　川　原　市	26	967	812
				十　和　田　市	4	142	116
				つ　が　る　市	32	1,020	887
				平　川　市	27	1,560	1,390
				平　内　町	1	26	21
				今　別　町	1	16	13
				蓬　田　村	11	464	403
				外　ヶ　浜　町	1	27	15
				鰺　ヶ　沢　町	2	65	53
				深　浦　町	12	312	259
				藤　崎　町	5	197	156
				大　鰐　町	12	564	483
				田　舎　館　村	15	749	662
				板　柳　町	5	174	151
				鶴　田　町	2	51	38
				中　泊　町	9	276	228
				七　戸　町	17	988	874
				東　北　町	2	103	81
				三　戸　町	20	1,060	903
				五　戸　町	2	76	63
				田　子　町	8	375	333
				南　部　町	12	481	390
				階　上　町	1	12	10
				新　郷　村	3	142	131

6 令和4年産市町村別の作付面積、収穫量及び出荷量（続き）

(13) トマト（続き）
イ 夏秋トマト（続き）

主要産地 市町村	作付面積	収穫量	出荷量	主要産地 市町村	作付面積	収穫量	出荷量
	ha	t	t		ha	t	t
岩 手 県				**福 島 県（続き）**			
盛 岡 市	25	1,270	1,090	大 玉 村	1	34	18
花 巻 市	11	321	227				
北 上 市	6	368	294	鏡 石 町	3	128	110
一 関 市	35	1,830	1,520	天 栄 村	1	16	6
二 戸 市	8	381	329	下 郷 町	4	161	137
				只 見 町	10	862	802
八 幡 平 市	19	1,020	894	南 会 津 町	26	2,010	1,860
奥 州 市	21	948	768				
滝 沢 市	3	115	85	北 塩 原 村	1	22	6
雫 石 町	6	216	138	西 会 津 町	2	31	13
葛 巻 町	1	29	12	磐 梯 町	2	92	73
				猪 苗 代 町	7	413	367
岩 手 町	6	325	294	会 津 坂 下 町	5	207	147
紫 波 町	8	292	224				
矢 巾 町	3	108	87	湯 川 村	2	87	66
金 ヶ 崎 町	2	76	57	柳 津 町	4	233	205
平 泉 町	2	81	48	三 島 町	0	6	2
				昭 和 村	0	6	-
九 戸 村	4	236	210	会 津 美 里 町	8	356	284
一 戸 町	9	618	565				
				西 郷 村	1	33	18
宮 城 県				泉 崎 村	8	407	370
石 巻 市	28	831	625	中 島 村	8	798	741
東 松 島 市	9	235	168	矢 吹 町	21	1,310	1,220
				棚 倉 町	2	69	37
秋 田 県							
横 手 市	25	800	472	矢 祭 町	2	69	47
湯 沢 市	29	1,010	793	塙 町	3	108	79
鹿 角 市	14	643	508	鮫 川 村	2	45	33
大 仙 市	23	851	647	石 川 町	5	169	141
仙 北 市	3	66	47	玉 川 村	3	126	106
小 坂 町	2	62	50	平 田 村	1	27	20
美 郷 町	15	585	463	浅 川 町	1	48	40
羽 後 町	11	385	303	古 殿 町	4	106	94
東 成 瀬 村	5	160	126	三 春 町	2	74	65
				小 野 町	1	22	16
山 形 県							
山 形 市	16	954	842	新 地 町	5	355	291
鶴 岡 市	27	1,030	892				
新 庄 市	1	63	55	**茨 城 県**			
舟 形 町	0	32	28	筑 西 市	88	2,780	2,640
真 室 川 町	1	77	66	桜 川 市	37	1,320	1,250
				行 方 市	14	767	727
大 蔵 村	12	1,030	950	鉾 田 市	286	14,100	13,400
鮭 川 村	2	145	127	茨 城 町	16	729	691
戸 沢 村	3	118	100				
三 川 町	2	43	28	**栃 木 県**			
庄 内 町	2	55	27	宇 都 宮 市	16	710	660
				小 山 市	8	361	325
				真 岡 市	2	120	110
				下 野 市	7	350	325
福 島 県				益 子 町	5	408	400
福 島 市	7	195	139				
会 津 若 松 市	13	614	450	市 貝 町	2	88	72
郡 山 市	16	887	766	芳 賀 町	1	38	31
白 河 市	19	988	888	野 木 町	1	43	39
須 賀 川 市	9	277	209				
				群 馬 県			
喜 多 方 市	17	543	384	沼 田 市	34	3,070	2,920
相 馬 市	2	49	26	片 品 村	33	2,700	2,560
二 本 松 市	13	346	258	川 場 村	4	344	324
田 村 市	14	676	592	昭 和 村	20	1,440	1,390
南 相 馬 市	6	215	180	み な か み 町	6	391	350
伊 達 市	13	300	243				
本 宮 市	4	127	78				
桑 折 町	1	27	17	**千 葉 県**			
川 俣 町	4	144	124	銚 子 市	36	1,580	1,510

主 要 産 地 市 町 村	作付面積	収穫量	出荷量	主 要 産 地 市 町 村	作付面積	収穫量	出荷量
	ha	t	t		ha	t	t
千葉県（続き）				**岐 阜 県**			
東 金 市	0	10	7	高 山 市	119	13,000	12,400
旭 市	56	2,460	2,340	中 津 川 市	27	1,860	1,570
八 街 市	49	1,910	1,820	恵 那 市	12	610	495
富 里 市	38	1,220	1,110	飛 驒 市	17	1,510	1,400
				郡 上 市	14	617	556
匝 瑳 市	8	280	266				
山 武 市	32	1,180	1,070	下 呂 市	15	1,570	1,450
大 網 白 里 市	6	198	158	七 宗 町	1	21	13
九 十 九 里 町	10	340	272	白 川 町	7	341	272
芝 山 町	27	928	788	東 白 川 村	6	342	277
横 芝 光 町	9	306	245				
一 宮 町	7	343	336	**岡 山 県**			
長 生 村	4	123	92	高 梁 市	22	1,450	1,410
白 子 町	14	574	551	新 見 市	15	728	532
				吉 備 中 央 町	2	61	44
富 山 県							
富 山 市	26	650	460	**広 島 県**			
				安 芸 高 田 市	5	100	65
				北 広 島 町	14	672	457
石 川 県				神 石 高 原 町	17	1,500	1,390
小 松 市	15	614	550				
				山 口 県			
福 井 県				山 口 市	18	574	524
福 井 市	9	214	163	萩 市	11	553	442
あ わ ら 市	7	163	92	阿 武 町	1	25	20
坂 井 市	8	192	115				
				香 川 県			
山 梨 県				高 松 市	5	113	100
韮 崎 市	1	26	11	丸 亀 市	1	23	12
北 杜 市	20	1,950	1,820	坂 出 市	2	47	40
				善 通 寺 市	3	68	65
				さ ぬ き 市	8	176	110
長 野 県							
長 野 市	24	683	439	東 か が わ 市	2	42	22
松 本 市	27	1,530	1,390	多 度 津 町	2	42	35
上 田 市	8	261	157	ま ん の う 町	3	69	65
飯 田 市	8	255	178				
伊 那 市	14	631	453	**愛 媛 県**			
				松 山 市	9	233	140
駒 ヶ 根 市	5	210	160	伊 予 市	12	304	198
中 野 市	5	160	98	久 万 高 原 町	20	1,440	1,350
飯 山 市	13	599	555	砥 部 町	3	104	73
塩 尻 市	8	473	418	内 子 町	3	61	37
東 御 市	5	198	166				
				熊 本 県			
青 木 村	1	16	3	熊 本 市	20	840	800
長 和 町	2	84	70	八 代 市	71	4,300	4,070
箕 輪 町	4	168	106	宇 土 市	3	99	92
飯 島 町	3	91	50	宇 城 市	35	1,050	1,000
南 箕 輪 村	5	189	158	阿 蘇 市	54	4,970	4,780
宮 田 村	1	42	25	産 山 村	3	263	250
松 川 町	2	44	23	高 森 町	4	267	250
阿 南 町	3	102	89	南 阿 蘇 村	23	1,680	1,590
売 木 村	1	28	25	御 船 町	3	92	74
泰 阜 村	2	61	51	嘉 島 町	3	92	81
喬 木 村	1	25	14	益 城 町	4	130	119
豊 丘 村	1	31	20	山 都 町	71	5,330	5,130
山 形 村	3	179	173	氷 川 町	4	244	234
木 島 平 村	1	45	38				
信 濃 町	4	156	137	**大 分 県**			
				竹 田 市	63	4,560	4,360
小 川 村	1	16	5	由 布 市	3	90	83
栄 村	3	158	151				

6 令和4年産市町村別の作付面積、収穫量及び出荷量（続き）

(13) トマト（続き）
イ 夏秋トマト（続き）

(14) ピーマン
ア 冬春ピーマン

主 要 産 地 市　町　村	作 付 面 積	収 穫 量	出 荷 量	主 要 産 地 市　町　村	作 付 面 積	収 穫 量	出 荷 量
	ha	t	t		ha	t	t
大分県（続き）				**茨　城　県**			
九　重　町	19	1,360	1,250	神　栖　市	218	20,100	18,900
玖　珠　町	6	364	309				
				高　知　県			
宮　崎　県				高　知　市	2	227	212
高 千 穂 町	11	676	640	室　戸　市	1	187	178
日 之 影 町	1	47	43	安　芸　市	7	1,120	1,060
五 ヶ 瀬 町	5	209	195	南 国 市	15	1,560	1,480
				土　佐　市	28	4,610	4,380
				須　崎　市	6	503	478
				四 万 十 市	2	284	270
				香　南　市	6	936	889
				香　美　市	1	96	81
				奈 半 利 町	x	x	x
				田　野　町	0	18	17
				安　田　町	2	131	113
				芸 西 村	13	2,580	2,450
				四 万 十 町	1	148	144
				黒　潮　町	x	x	x
				宮　崎　県			
				宮　崎　市	42	4,760	4,520
				日　南　市	13	1,560	1,480
				小　林　市	8	923	877
				串　間　市	8	1,000	954
				西　都　市	91	9,760	9,170
				高　原　町	1	141	134
				国　富　町	12	1,430	1,360
				高　鍋　町	3	341	324
				新　富　町	31	4,080	3,870
				木　城　町	1	69	65
				鹿 児 島 県			
				鹿　屋　市	14	2,050	1,950
				志 布 志 市	32	4,790	4,640
				大　崎　町	2	290	280
				東 串 良 町	27	4,030	3,940
				肝　付　町	4	541	514
				沖　縄　県			
				南　城　市	3	185	160
				八 重 瀬 町	22	1,750	1,530

イ 夏秋ピーマン

主要産地 市町村	作付面積	収穫量	出荷量	主要産地 市町村	作付面積	収穫量	出荷量
	ha	t	t		ha	t	t
青 森 県				**長 野 県（続き）**			
青 森 市	6	111	78	筑 北 村	0	8	5
八 戸 市	10	447	381	木 島 平 村	2	49	41
平 内 町	4	77	59				
三 戸 町	12	588	535	野 沢 温 泉 村	1	17	14
五 戸 町	7	316	287	信 濃 町	2	35	27
				小 川 村	1	21	14
田 子 町	4	202	169	飯 綱 町	1	31	16
南 部 町	10	450	416	栄 村	0	7	4
階 上 町	1	23	17				
新 郷 村	6	290	270	**兵 庫 県**			
				豊 岡 市	21	630	500
岩 手 県				養 父 市	4	106	71
盛 岡 市	8	220	161	朝 来 市	3	79	40
大 船 渡 市	2	83	63	香 美 町	2	70	62
花 巻 市	20	948	810	新 温 泉 町	4	103	85
北 上 市	6	248	170				
遠 野 市	10	489	417	**愛 媛 県**			
一 関 市	20	1,240	1,130	松 山 市	3	68	24
八 幡 平 市	11	384	332	伊 予 市	3	75	54
奥 州 市	46	2,120	1,830	西 予 市	5	138	97
滝 沢 市	3	87	63	久 万 高 原 町	14	544	528
雫 石 町	5	154	123	砥 部 町	1	20	13
葛 巻 町	1	22	11	内 子 町	5	171	169
岩 手 町	30	968	885				
紫 波 町	3	96	72	**熊 本 県**			
矢 巾 町	2	43	30	高 森 町	2	35	31
金 ヶ 崎 町	3	143	116	南 阿 蘇 村	1	20	14
大 槌 町	2	82	78	御 船 町	2	34	31
				山 都 町	24	1,100	1,040
福 島 県							
二 本 松 市	10	234	196	**大 分 県**			
田 村 市	16	1,130	1,060	大 分 市	8	263	250
伊 達 市	5	104	91	中 津 市	6	105	82
本 宮 市	2	58	45	日 田 市	4	116	108
大 玉 村	0	8	6	佐 伯 市	1	21	20
三 春 町	6	431	403	臼 杵 市	31	2,370	2,320
小 野 町	3	200	186	竹 田 市	14	590	565
				豊 後 大 野 市	33	1,830	1,780
茨 城 県				九 重 町	2	265	240
神 栖 市	188	8,560	8,160	玖 珠 町	9	302	292
長 野 県				**宮 崎 県**			
長 野 市	15	341	248	小 林 市	8	389	356
松 本 市	7	160	123	え び の 市	4	198	178
飯 田 市	7	197	166	高 原 町	2	90	80
中 野 市	2	54	25				
飯 山 市	5	141	115				
塩 尻 市	10	261	237				
松 川 町	1	32	24				
高 森 町	2	53	43				
阿 南 町	1	30	26				
阿 智 村	1	12	9				
根 羽 村	0	5	3				
下 條 村	1	33	29				
天 龍 村	0	8	6				
泰 阜 村	1	19	16				
喬 木 村	1	22	18				
豊 丘 村	1	35	27				
麻 績 村	0	4	3				
山 形 村	1	14	12				

［付］調査票

秘
農林水産省

統計法に基づく基幹統計
作 物 統 計

政府統計

統計法に基づく国の
統計調査です。調査
票情報の秘密の保護
に万全を期します。

	年 産	都道府県	管理番号	市区町村	客体番号
2 0					

令 和 　　年 産

野菜作付面積調査・収穫量調査調査票（団体用）

春植えばれいしょ用

○ この調査票は、秘密扱いとし、統計以外の目的に使うことは絶対ありませんので、ありのままを記入してください。

○ 黒色の鉛筆又はシャープペンシルで記入し、間違えた場合は、消しゴムできれいに消してください。

○ 調査及び調査票の記入に当たって、不明な点等がありましたら、下記の「問い合わせ先」にお問い合わせください。

★ 数字は、1マスに1つずつ、枠からはみ出さないように右づめで
　記入してください。

記入例	8	8	8	9	8	7	6	5	4	0

つなげる　　　　すきまをあける

★ 該当する場合は、記入例のように
　点線をなぞってください。

記入例	╱	→	╱

★ マスが足りない場合は、一番左
　のマスにまとめて記入してください。

記入例	11	2	8

記入していただいた調査票は、　　月　　日までに提出してください。
調査票の記入及び提出は、インターネットでも可能です。
詳しくは同封の「オンライン調査システム操作ガイド」を御覧ください。

【問い合わせ先】

【1】貴団体で集荷している春植えばれいしょの作付面積及び出荷量について

記入上の注意
○ 主たる収穫・出荷期間は、北海道は9月から10月まで、都府県は4月から8月までですが、この期間以降に出荷を予定している量も含めて記入してください。
○ 作付面積の単位は「ha」とし、小数点第一位(10a単位)まで記入してください。0.05ha未満の結果は「0.0」と記入してください。
○ 作付面積及び出荷量には種ばれいしょを含めないでください。
○ 出荷量の「うち加工向け」はでんぷん原料用及び加工食品用です。

作物名		作付面積	出荷量	うち加工向け
春植えばれいしょ	前年産	ha	t	t
	本年産	8 8 8 8 8 . 8	8 8 8 8 8 8 8 8	8 8 8 8 8 8 8 8

【2】作付面積の増減要因等について

作付面積の主な増減要因について記入してください。

主な増減地域と増減面積について記入してください。

貴団体において、貴団体に出荷されない管内の作付団地等の状況(作付面積、作付地域等)を把握していれば記入してください。

【3】収穫量の増減要因等について

前年産と比べた本年産の作柄の良否、被害の多少、主な被害の要因について該当する項目の点線をなぞってください。

作物名	作柄の良否			被害の多少			➡	主な被害の要因(複数回答可)									
	良	並	悪	少	並	多		高温	低温	日照不足	多雨	少雨	台風	病害	虫害	鳥獣害	その他
春植えばれいしょ	/	/	/	/	/	/		/	/	/	/	/	/	/	/	/	/

被害以外の増減要因(品種、栽培方法などの変化)があれば、記入してください。

秘
農林水産省

統計法に基づく基幹統計
作物統計

政府統計

統計法に基づく国の統計調査です。調査票情報の秘密の保護に万全を期します。

年産	都道府県	管理番号	市区町村	客体番号
2 0				

令和　　年産
野菜作付面積調査・収穫量調査調査票（団体用）

○ この調査票は、秘密扱いとし、統計以外の目的に使うことは絶対ありませんので、ありのままを記入してください。
○ 黒色の鉛筆又はシャープペンシルで記入し、間違えた場合は、消しゴムできれいに消してください。
○ 調査及び調査票の記入に当たって、不明な点等がありましたら、下記の「問い合わせ先」にお問い合わせください。

★ 右づめで記入し、マスが足りない場合は一番左のマスにまとめて記入してください。

★ 該当する場合は、記入例のように点線をなぞってください。

記入例	1	1	9	8	6	5	8

つなげる　すきまをあける

記入例	/	→	/

記入していただいた調査票は、　　月　　日までに提出してください。
調査票の記入及び提出は、インターネットでも可能です。
詳しくは同封の「オンライン調査システム操作ガイド」を御覧ください。

【問い合わせ先】

【１】 貴団体で集荷している作付面積及び出荷量について

記入上の注意
○ 「作付面積」は、は種又は植付けし、発芽又は定着した作物の利用面積を記入してください。単位は「ha」とし、小数点第一位（10a単位）まで記入してください。0.05ha未満の場合は「0.0」と記入してください。
○ 「出荷量」には、種子用や飼料用として出荷した量は含めません。
○ 「加工向け」は、加工場や加工を目的とする業者へ出荷した量を記入してください。
○ 「業務用向け」は、飲食店、学校給食、ホテルや総菜等を含む外食産業や中食産業に出荷した量を記入してください。

品目名 品目コード	主たる収穫・出荷期間	区分	作付面積	出荷量	うち加工向け	うち業務用向け
		前年産	ha	t	t	t
		本年産				
		前年産				
		本年産				
		前年産				
		本年産				
		前年産				
		本年産				

次のページに進んでください。

【１】 貴団体で集荷している作付面積及び出荷量について（続き）

品目名／品目コード	主たる収穫・出荷期間	区分	作付面積	出荷量	うち加工向け	うち業務用向け
		前年産	ha	t	t	t
		本年産				
		前年産				
		本年産				
		前年産				
		本年産				
		前年産				
		本年産				
		前年産				
		本年産				
		前年産				
		本年産				
		前年産				
		本年産				
		前年産				
		本年産				
		前年産				
		本年産				
		前年産				
		本年産				
		前年産				
		本年産				
		前年産				
		本年産				
		前年産				
		本年産				
		前年産				
		本年産				

【１】 貴団体で集荷している作付面積及び出荷量について（続き）

品目名 / 品目コード	主たる収穫・出荷期間	区分	作付面積	出荷量	うち加工向け	うち業務用向け
		前年産	ha	t	t	t
		本年産			次のページに進んでください。	
		前年産				
		本年産				
		前年産				
		本年産				
		前年産				
		本年産				
		前年産				
		本年産				
		前年産				
		本年産				
		前年産				
		本年産				
		前年産				
		本年産				
		前年産				
		本年産				
		前年産				
		本年産				
		前年産				
		本年産				
		前年産				
		本年産				
		前年産				
		本年産				
品目名 / 品目コード		前年産	作付面積	出荷量	うち加工向け	うち業務用向け
		本年産				

次のページに進んでください。

【１】 貴団体で集荷している作付面積及び出荷量について（続き）

品目名 / 品目コード	主たる収穫・出荷期間	区分	作付面積	出荷量	うち加工向け	うち業務用向け
		前年産	ha	t	t	t
		本年産				
		前年産				
		本年産				
		前年産				
		本年産				
		前年産				
		本年産				
		前年産				
		本年産				
		前年産				
		本年産				
		前年産				
		本年産				
		前年産				
		本年産				

【２】作付面積、生育、作柄及び被害の状況について

主な品目ごとの作付面積の増減要因について記入してください。

主な品目ごとの増減地域と増減面積について記入してください。

主な品目ごとの生育、作柄及び被害状況について記入してください。

← ← ← 入力方向

| 秘 | 統計法に基づく基幹統計 |
| 農林水産省 | 作物統計 |

統計法に基づく国の統計調査です。調査票情報の秘密の保護に万全を期します。

政府統計

調査票	枚目のうち		枚目		4	3	6	3
年　産		都道府県	管理番号	市区町村		客体番号		
2　0								

令和　　年産
野菜作付面積調査・収穫量調査調査票（団体用）

指定産地（市町村）用

○ この調査票は、秘密扱いとし、統計以外の目的に使うことは絶対ありませんので、ありのままを記入してください。

○ 黒色の鉛筆又はシャープペンシルで記入し、間違えた場合は、消しゴムできれいに消してください。

○ 調査及び調査票の記入に当たって、不明な点等がありましたら、下記の「問い合わせ先」にお問い合わせください。

★ 数字は、1マスに1つずつ、枠からはみ出さないように右づめで記入してください。

記入例	8	8	8	9	8	7	6	5	4	0

つなげる　　すきまをあける

★ マスが足りない場合は、一番左のマスにまとめて記入してください。

記入例	11	2	8

記入していただいた調査票は、　　月　　日までに提出してください。
調査票の記入及び提出は、インターネットでも可能です。
詳しくは同封の「オンライン調査システム操作ガイド」を御覧ください。

【問い合わせ先】

SAMPLE

【 1 】 貴団体で集荷している市町村別の作付面積及び出荷量について

記入上の注意
○ その品目の指定産地が存在する市町村について、指定産地の内外にかかわらず記入してください。
○ 「作付面積」は、は種又は植付けし、発芽又は定着した作物の利用面積を記入してください。単位は「ha」とし、小数点第一位（10a単位）まで記入してください。0.05ha未満の場合は「0.0」と記入してください。
○ 「作付面積」及び「出荷量」には、種子用や飼料用は含めません。

品目名 コード	主たる収穫・出荷期間	指定産地名 コード	市町村名 コード	区分	作付面積 ha	出荷量 t
				前年		
				本年		
				前年		
				本年		
				前年		
				本年		
				前年		
				本年		
				前年		
				本年		
				前年		
				本年		
				前年		
				本年		
				前年		
				本年		
				前年		
				本年		
				前年		
				本年		
				前年		
				本年		
				前年		
				本年		
				前年		
				本年		

【１】 貴団体で集荷している市町村別の作付面積及び出荷量について（続き）

品目名 コード	主たる収穫・出荷期間	指定産地名 コード	市町村名 コード	区分	作付面積 ha	出荷量 t
				前年		
				本年		
				前年		
				本年		
				前年		
				本年		
				前年		
				本年		
				前年		
				本年		
				前年		
				本年		
				前年		
				本年		
				前年		
				本年		
				前年		
				本年		
				前年		
				本年		
				前年		
				本年		
				前年		
				本年		
				前年		
				本年		

次のページに進んでください。

【１】 貴団体で集荷している市町村別の作付面積及び出荷量について（続き）

品目名 / コード	主たる収穫・出荷期間	指定産地名 / コード	市町村名 / コード	区分	作付面積 ha	出荷量 t
				前年		
				本年		
				前年		
				本年		
				前年		
				本年		
				前年		
				本年		
				前年		
				本年		
				前年		
				本年		
				前年		
				本年		
				前年		
				本年		
				前年		
				本年		
				前年		
				本年		
				前年		
				本年		
				前年		
				本年		
				前年		
				本年		
				前年		
				本年		
				前年		
				本年		

← ← ← 入力方向

4 3 7 1

秘 農林水産省	統計法に基づく基幹統計 作物統計	都道府県	管理番号	市区町村	旧市区町村	農業集落	調査区	経営体

政府統計

統計法に基づく国の統計調査です。調査票情報の秘密の保護に万全を期します。

令和　　年産
野菜収穫量調査調査票（経営体用）

春植えばれいしょ用

○ この調査票は、秘密扱いとし、統計以外の目的に使うことは絶対ありませんので、ありのままを記入してください。
○ 黒色の鉛筆又はシャープペンシルで記入し、間違えた場合は、消しゴムできれいに消してください。
○ 調査及び調査票の記入に当たって、不明な点等がありましたら、下記の「問い合わせ先」にお問い合わせください。

★ 右づめで記入し、マスが足りない場合は一番左のマスにまとめて記入してください。

★ 該当する場合は、記入例のように点線をなぞってください。

記入例	1	1	9	8	6	5	3
記入例							

つなげる　　すきまをあける

記入していただいた調査票は、　　月　　日までに提出してください。

【問い合わせ先】

SAMPLE

【1】本年の生産の状況について

本年の作付状況について教えてください。
必ず、該当する項目の点線を1つなぞってください。

本年、作付けを行った	/
本年、作付けを行わなかった	/

【2】来年以降の作付予定について

来年以降の作付予定について教えてください。
必ず、該当する項目の点線を1つなぞってください。

来年以降、作付予定がある	/
来年以降、作付予定はない	/
今のところ未定	/
農業をやめたため、農作物を作付け（栽培）する予定はない	/

・本年作付けを行った方は、【3】（裏面）に進んでください。

・本年作付けを行わなかった方はここで終了となりますので、調査票を提出していただくようお願いします。
　御協力ありがとうございました。

【3】作付面積、出荷量及び自家用等の量について

本年産の作付面積、出荷量及び自家用等の量について記入してください。

記入上の注意

○ 「作付面積」は、被害等で収穫できなかった面積（収穫量のなかった面積）も含めてください。
また、1年間のうち、同じほ場に複数回作付けした場合（収穫後、同じ作物を新たに植えた場合）は、その延べ面積としてください。

○ 「収穫量」は、「箱」、「袋」、「t」等で把握されている場合は、「kg」に換算して記入してください。
（例：10kg箱で150箱出荷した場合→1,500kgと記入）

○ 「出荷量」は、農協や市場へ出荷したものや、消費者に直接販売したものなど、販売した全ての量を含めてください。また、販売する予定で保管されている量も「出荷量」に含めてください。
なお、種子用のばれいしょは出荷量に含めないでください。

○ 「自家用、無償の贈答用、種子用等の量」は、ご家庭で消費したもの、無償で他の方にあげたもの、翌年産の種子用にするものなどを指します。

○ 北海道は、9月～10月に主に収穫、出荷したものについて記入してください。
なお、9月以前に出荷した量、又は10月以降に出荷が予定されている場合はその量も出荷量に含めてください。
都府県は、4月～8月に主に収穫、出荷したものについて記入してください。

○ 1a、1kgに満たない場合は四捨五入して整数単位で記入してください。
（例：0.4a、0.4kg以下→「0」、0.5a、0.5kg以上→「1」と記入）

○ 「出荷先の割合」は、記入した「出荷量」について該当する出荷先に出荷した割合を％で記入してください。
「直売所・消費者へ直接販売」は、農協の直売所、庭先販売、宅配便、インターネット販売などをいいます。
「その他」は、仲買業者、スーパー、外食産業などを含みます。

SAMPLE

作物名	作付面積 (町)(反)(畝) ha a	収穫量		
		出荷量（販売した量及び販売目的で保管している量） t kg	自家用、無償の贈与、種子用等の量 t kg	
春植えばれいしょ				

○ 記入した出荷量について該当する出荷先に出荷した割合を記入してください。

【4】出荷先の割合について

作物名	加工業者	直売所・消費者へ直接販売	市場	農協以外の集出荷団体	農協	その他	合計
春植えばれいしょ	％	％	％	％	％	％	100%

【5】作柄及び被害の状況について

前年産と比べた本年産の作柄の良否、被害の多少、主な被害の要因について該当する項目の点線をなぞってください。

作物名	作柄の良否			被害の多少			主な被害の要因（複数回答可）									
	良	並	悪	少	並	多	高温	低温	日照不足	多雨	少雨	台風	病害	虫害	鳥獣害	その他
春植えばれいしょ																

調査はここで終了です。御協力ありがとうございました。

秘 統計法に基づく基幹統計

農林水産省 作 物 統 計

政府統計

○ 統計法に基づく国の
統計調査です。調査
票情報の秘密の保護
に万全を期します。

4 3 8 1

入力方向

年 産	都道府県	管理番号	市区町村	旧市区町村	農業集落	調査区	経営体
2 0							

令和　　　年産

野菜収穫量調査調査票（経営体用）

○ この調査票は、秘密扱いとし、統計以外の目的に使うことは絶対ありませんので、ありのままを記入してください。
○ 黒色の鉛筆又はシャープペンシルで記入し、間違えた場合は、消しゴムできれいに消してください。
○ 調査及び調査票の記入に当たって、不明な点等に当たりましたら、下記の【問い合わせ先】にお問い合わせください。

★ 右づめで記入し、マスが足りない場合は
一番左のマスにまとめて記入してください。

★ 該当する場合は、記入例のように
点線をなぞってください。

記入例　11 9 8 6 5 3
つなげ　すきまをあけ

記入例　／

記入していただいた調査票は、　　月　　日までに提出してください。

【問い合わせ先】

【１】本年の生産の状況について

本年の作付け状況について教えてください。
必ず、該当する項目の点線を1つなぞってください。

本年、作付けを行った	／
本年、作付けを行わなかった	／

【２】来年以降の作付予定について

来年以降の作付予定について教えてください。
必ず、該当する項目の点線を1つなぞってください。

来年以降、作付予定がある	／
来年以降、作付予定はない	／
今のところ未定	／
農業をやめたため、農作物を
作付け（栽培）する予定はない	／

【１】本年の生産状況の確認で
・本年作付けを行った方は、
（次のページ）に進んでください。
・本年作付けを行わなかった方はここ
で終了となりますので、調査票を提
出していただくようお願いします。
御協力ありがとうございました。

本年、作付けを行った方のみ記入してください。

[3] 作付面積、出荷量及び自家用等の量について

本年産の作付面積、出荷量及び自家用等の量について記入してください。

記入上の注意

○ 「作付面積」は、被害等で収穫できなかった面積（収穫量のなかった面積）も含めてください。
また、1年間のうち、同じほ場に複数回作付けした場合（収穫後、同じ作付物を新たに植えた場合）は、その延べ面積としてください。

○ 「収穫量」は、「箱」、「袋」、「t」等で把握されている場合は、「kg」に換算して記入してください。
（例）10kg箱で150箱出荷した場合→1,500kgと記入

○ 「自家用、無償の贈与」は、ご家庭で消費したもの、無償で他の方にあげたもの、翌年産の種子用にするものなどを指します。

○ 1aに満たない場合は四捨五入して整数単位で記入してください。
（例）0.4a、0.4kg以下→「0」、0.5a、0.5kg以上→「1」と記入

○ 「出荷先の割合」は、記入した「出荷量」について該当する出荷先に出荷する割合を％で記入してください。
「直売所・消費者へ直接販売」は、農協の直売所、庭先販売、スーパーなどの直売所、インターネット販売などを含みます。
「その他」は、仲買業者、スーパーなどへ直接販売した場合などを含みます。

○ 「主な被害の要因」は被害があった場合に記入してください。
（例）「高温」、「多雨」、「台風」、「病害」、「虫害」等

品目名	品目コード	主たる収穫・出荷期間	作付面積 （町）(反)(畝) ha a	収穫量 出荷量（贈答用の販売を含む。）t - kg	収穫量 自家用・無償の贈与 kg	出荷先の割合（各出荷先の合計が100%となるようにしてください。） 加工業者	外食産業等の業者	直売所・消費者へ直接販売	市場	農協以外の集出荷団体	農協	その他	被害の多少 少	並	多	主な被害の要因

【3】作付面積、出荷量及び自家消費等の量について（続き）

品目名	主たる収穫期間・出荷期間	品目コード	作付面積 (町)(反)(畝) ha a	収穫量 出荷量（贈答用の販売を含む。）t kg	収穫量 自家用、無償の贈与 t kg	出荷先の割合（各出荷先の合計が100%となるようにしてください。） 加工業者	外食産業等の業者	直売所・消費者へ直接販売	市場	農協以外の集出荷団体	農協	その他	被害の多少 少	並	多	主な被害の要因

次のページに進んでください。

【3】作付面積、出荷量及び自家消費等の量について（続き）

品目名	主たる収穫・出荷期間	品目コード	作付面積 (町)(反)(畝) ha a	収穫量 出荷量（贈答用の販売を含む。） t kg	自家用、無償の贈与等 t kg	出荷先の割合（各出荷先の合計が100%となるようにしてください。） 加工業者	外食産業等の業者	直売所・消費者へ直接販売	市場	農協以外の集出荷団体	農協	その他	被害の多少 少	並	多	主な被害の要因

調査はここで終了です。御協力ありがとうございました。

令和4年産　野菜生産出荷統計

令和6年7月　発行　　　　　　定価は表紙に表示してあります。

編　集　　〒100-8950　東京都千代田区霞が関１－２－１
　　　　　　　　　　　農 林 水 産 省 大 臣 官 房 統 計 部

発　行　　〒141-0022　東京都品川区東五反田5-27-10 野村ビル
　　　　　　　　　　　一般財団法人　農 林 統 計 協 会
　　　　　　　　　　　振替　　00190-5-70255　　TEL 03(6450)2851

ISBN978-4-541-04461-7 C3061